U0385295

消防工程
从入门到精通

阳鸿钧 等 编著

化学工业出版社
·北京·

内容简介

本书对消防工程的知识和技能进行了全面介绍，涉及消防工程基础知识、施工安装、识图、验收、问题处理、管理等全方面内容，兼顾入门、提高与精通、实战等不同层次的需求。

本书以实际需要、市场需求技能为出发点，结合最新政策、标准、规范，配合现场实况进行讲解，更辅之以大量现场图片、相关视频。全书逻辑清晰、图文并茂、简单直观，使读者能够轻松掌握消防工程知识与技能，实现从零基础入门到提高与精通的进阶。

本书可供消防工程、安全工程、管道工程、设备与环境工程等技术人员、施工人员、管理人员以及设计人员、监理人员、物业人员、操作安装工等学习参考，还可以作为灵活就业、想快速掌握一门技能与手艺的读者的自学参考用书，以及可供大中专院校师生作为教材参考使用。

图书在版编目（CIP）数据

消防工程从入门到精通 / 阳鸿钧等编著 . —北京：化学工业出版社，2024.3（2025.5重印）
ISBN 978-7-122-45137-8

Ⅰ. ①消… Ⅱ. ①阳… Ⅲ. ①消防 - 工程 Ⅳ. ① TU998.1

中国国家版本馆 CIP 数据核字（2024）第 044044 号

责任编辑：彭明兰　　文字编辑：李旺鹏
责任校对：王鹏飞　　装帧设计：史利平

出版发行：化学工业出版社
（北京市东城区青年湖南街 13 号　邮政编码 100011）
印　　装：河北京平诚乾印刷有限公司
787mm×1092mm　1/16　印张 17　字数 436 千字
2025 年 5 月北京第 1 版第 4 次印刷

购书咨询：010-64518888　　售后服务：010-64518899
网　　址：http：//www.cip.com.cn
凡购买本书，如有缺损质量问题，本社销售中心负责调换。

定　　价：78.00 元

版权所有　违者必究

前言

“失火”与“防火”是建筑中两大永恒的主题。现代社会各种建筑层出不穷，它们功能复杂，一旦发生火灾极难扑救，极易造成人员伤亡和财产损失。目前我国城市化水平迅速提高，建筑业得到了突飞猛进的发展，各种建筑物数量增加，并且出现了许多新型、大型、高层的特殊类型建筑，消防工程理论与技术得到迅速发展，消防工程的施工难度在日益加大。消防工程作为公共安全管理的重要内容，在现代风险社会的功能与作用愈加凸显。

在建筑工程中，消防工程关系到人民的生命与财产安全，因此国家也越来越重视其施工质量，社会上对消防工程技术人员的要求也比较高，需要相关人员掌握消防工程有关知识与技能。在此急迫背景下，特编写了本书。

为使读者轻松而扎实地掌握消防工程知识，本书在编写上设计了以下方面的特点：

（1）内容丰富。消防工程基础知识、施工安装、识图、验收、问题处理、管理等方面内容均有细致讲述。

（2）实用性强。配合现场实况进行讲解，满足实际需要，帮助快速掌握核心技能。

（3）内容新。根据最新现行标准要求进行编写。

（4）简单易懂。配有大量现场照片与相关视频，通俗直观，可帮助快速建立现场概念。

在内容上，本书分为三篇，即入门篇、提高与精通篇、实战篇，以满足不同层次的知识需求。其细分的9章，既讲述了消防工程通用性知识与技能，例如消防基础知识与常识、消防工程常用的设备与材料等；也对具体种类消防工程的知识与技能进行了介绍，例如泡沫灭火系统与消火栓系统、自动喷水灭火系统、其他灭火系统、消防防排烟与防火卷帘门系统、消防广播电话及电气控制与火灾自动报警系统等；还介绍了消防识图、消防工程一线施工与安装等实战性的内容。

总的来说，本书内容新、脉络清晰、重点突出、实用性强，可作为读者学习消防工程知识与技能的一个较好的切入点。

本书由阳鸿钧、阳育杰、阳许倩、许四一、阳红珍、许小菊、阳梅开、阳苟妹等人员参加编写或支持编写。

另外，本书的编写还得到了一些同行、朋友及有关单位的帮助与支持，在此，向他们表示衷心的感谢！

由于时间有限，书中难免存在不足之处，敬请读者批评、指正。

目 录

入 门 篇

第2章 消防工程常用的设备与材料 //18

提高与精通篇

第3章 泡沫灭火系统与消火栓系统 // 89

第4章 自动喷水灭火系统 // 113

实 战 篇

入门篇

第1章 消防基础知识与常识

1.1 火灾与消防

1.1.1 燃烧与火灾的定义

燃烧，是指可燃物与氧化剂作用发生的放热反应，常伴有火焰、发光或发烟现象。火灾，是指在时间和空间上失去控制的燃烧。

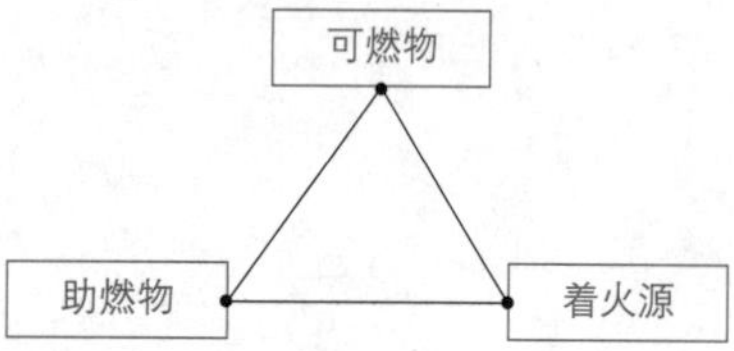

可燃物

助燃物　着火源

图 1-1 燃烧的必要条件

燃烧的必要条件：可燃物、助燃物、着火源，如图 1-1 所示。防火的所有措施都是以防止燃烧的三个条件结合在一起为目的，即控制可燃物、隔绝助燃物、消灭着火源等。

有焰燃烧的必要条件：可燃物、助燃物、温度、未受抑制的链式反应等，如图 1-2 所示。

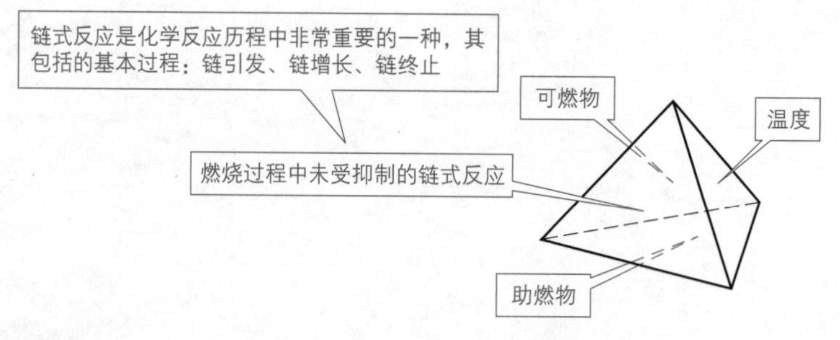

图 1-2 有焰燃烧的必要条件

1.1.2 火灾的种类

火灾的种类有固体火灾、液体火灾、气体火灾、电器火灾、金属火灾等，如图 1-3 所示。

另外，根据可燃物的类型与燃烧特性，火灾可以划分为不同性质，如图 1-4 所示。根据一次火灾所造成的损失大小也可对火灾分类，如图 1-5 所示。

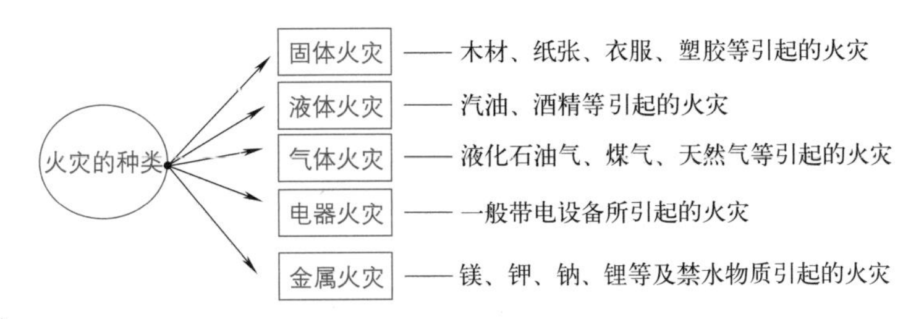

图 1-3 火灾的种类

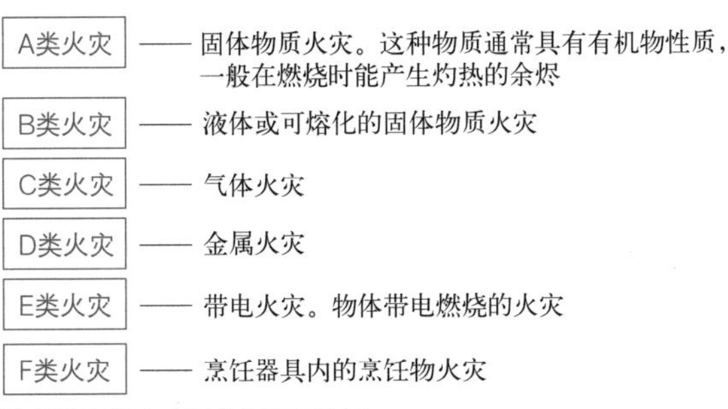

图 1-4 根据可燃物的类型与燃烧特性可将火灾划分为不同性质

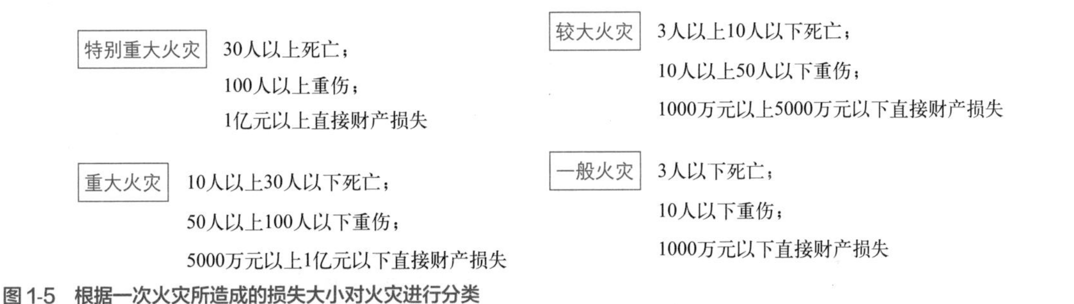

图 1-5 根据一次火灾所造成的损失大小对火灾进行分类

根据起火原因的火灾分类如图 1-6 所示。根据火灾发生地点的火灾分类如图 1-7 所示。

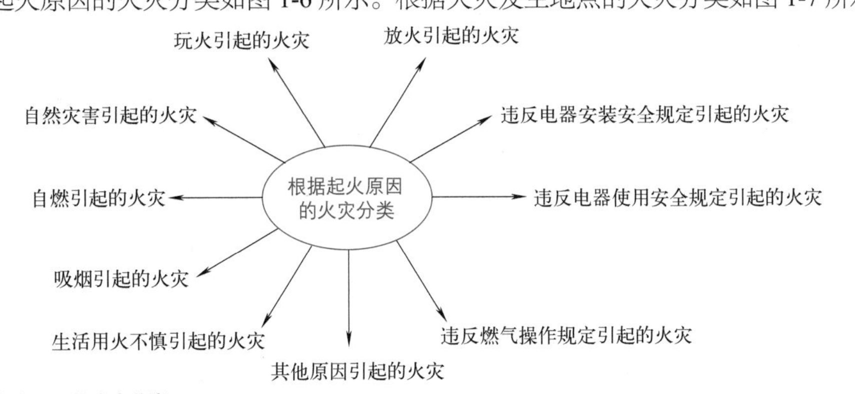

图 1-6 根据起火原因的火灾分类

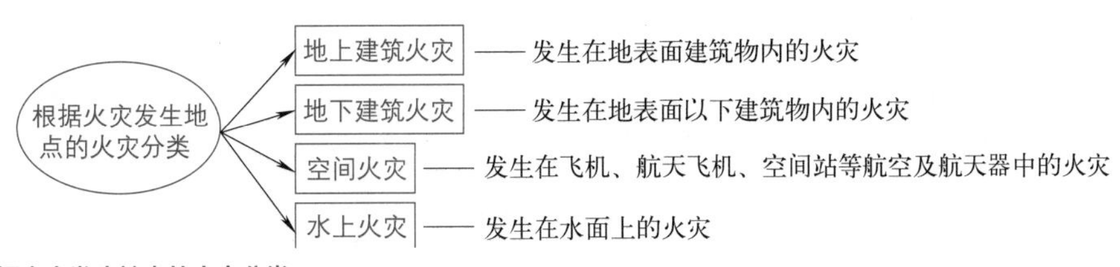

图 1-7 根据火灾发生地点的火灾分类

自动喷水灭火系统设置场所火灾危险等级的划分，应符合如图 1-8 所示的规定。

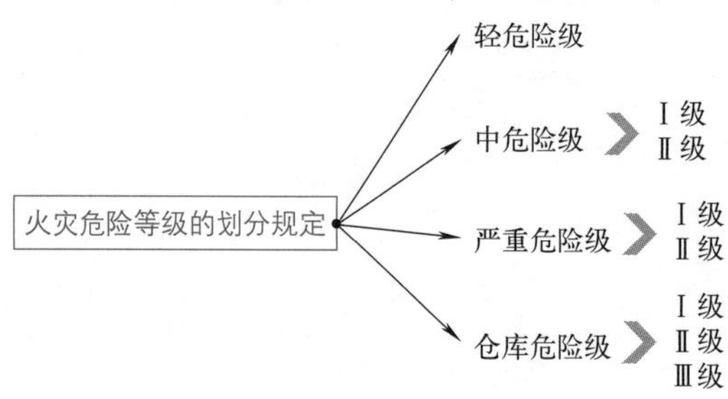

图 1-8 火灾危险等级的划分规定

1.1.3 设置场所火灾危险等级的规定

场所的火灾危急等级，需要根据其用途、容纳物品的火灾荷载、室内空间条件等因素，在分析火灾特点、热气流驱动喷头开放及喷水到位的难易程度后确定。

设置场所火灾危险等级的规定在《自动喷水灭火系统设计规范》（GB 50084—2017）中如表 1-1 所示。

表 1-1 设置场所火灾危险等级的规定（GB 50084—2017）

火灾危险等级	设置场所举例
轻危险级	（1）建筑高度为 24m 及以下的旅馆、办公楼。 （2）仅在走道设置闭式系统的建筑等
中危险级：Ⅰ级	（1）高层民用建筑：邮政楼、金融电信楼、旅馆、办公楼、综合楼、指挥调度楼、广播电视楼（塔）等。 （2）公共建筑（含单多高层）：疗养院、图书馆（书库除外）、医院、档案馆、展览馆（厅）、影剧院、音乐厅、礼堂（舞台除外）、其他娱乐场所；火车站、机场、码头建筑；总建筑面积小于 5000m² 的商场、总建筑面积小于 1000m² 的地下商场等。 （3）工业建筑：家用电器、食品、玻璃制品等工厂的备料与生产车间等；冷藏库、钢屋架等建筑构件。 （4）文化遗产建筑：木结构古建筑、国家文物保护单位等
中危险级：Ⅱ级	（1）民用建筑：书库，舞台（葡萄架除外），汽车停车场，总建筑面积 5000m² 及以上的商场，总建筑面积 1000m² 及以上的地下商场，净空高度不超过 8m、物品高度不超过 3.5m 的超级市场等。 （2）工业建筑：棉毛麻丝及化纤的纺织、织物及制品、木材木器及胶合板、谷物加工、饮用酒（啤酒除外）、烟草及制品、皮革及制品、造纸及纸制品、制药等工厂的备料与生产车间
严重危险级：Ⅰ级	印刷厂、酒精制品、可燃液体制品等工厂的备料与生产车间，净空高度不超过 8m、物品高度超过 3.5m 的超级市场等
严重危险级：Ⅱ级	易燃液体喷雾操作区域，可燃的气溶胶制品、固体易燃物品、溶剂清洗、喷涂油漆、沥青制品等工厂的备料及生产车间，摄影棚，舞台（葡萄架下部）
仓库危险级：Ⅰ级	食品、烟酒，木箱包装的不燃难燃物品等
仓库危险级：Ⅱ级	木材、皮革、纸、谷物及制品、棉毛麻丝化纤及制品、家用电器、电缆、B 组塑料与橡胶及其制品、钢塑混合材料制品、各种塑料瓶盒包装的不燃难燃物品及各类物品混杂储存的仓库等
仓库危险级：Ⅲ级	A 组塑料与橡胶及其制品，沥青制品等

注：1. A 组——丙烯腈 - 丁二烯 - 苯乙烯共聚物（ABS）、缩醛（聚甲醛）、聚甲基丙烯酸甲酯、玻璃纤维增强聚酯（FRP）、热塑性聚酯（PET）、聚丁二烯、聚碳酸酯、聚乙烯、聚丙烯、聚苯乙烯、聚氨基甲酸酯、高增塑聚氯乙烯（PVC，如人造革、胶片等）、苯乙烯 - 丙烯腈（SAN）等。丁基橡胶、乙丙橡胶（EPDM）、发泡类天然橡胶、腈橡胶（丁腈橡胶）、聚酯合成橡胶、丁苯橡胶（SBR）等。

2. B 组——醋酸纤维素、醋酸丁酸纤维素、乙基纤维素、氟塑料、锦纶（锦纶 6、锦纶 66）、三聚氰胺甲醛、酚醛塑料、硬聚氯乙烯（PVC，如管道、管件等）、聚偏二氟乙烯（PVDC）、聚偏氟乙烯（PVDF）、聚氟乙烯（PVF）、脲甲醛、氯丁橡胶、不发泡类天然橡胶、硅橡胶等。

1.1.4 导致火灾的原因

导致火灾的原因如图 1-9 所示。

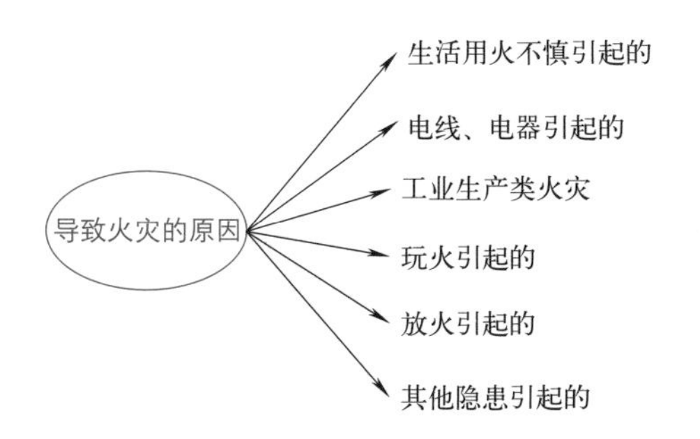

图 1-9 导致火灾的原因

1.2 消防及其设置要求

扫码看视频
建筑防火应达到的目标要求

1.2.1 建筑防火应达到的目标要求

消防，是指消除隐患、预防灾患。狭义的消防是指扑灭火灾的意思。

消防工程是保证建筑物消防安全与人员疏散安全的重要设施，其是现代建筑的重要组成部分。建筑设计中，应采用必要的技术措施、方法来预防建筑火灾和减少建筑火灾危害，保护人身安全、财产安全。消防工程，是建筑设计的基本消防安全目标。

要使建筑具有较高的消防安全性能，需要设计单位、建设单位、消防监督机构的密切配合，使之“防患于未然”。

建筑的防火性能和设防标准应与建筑的高度（埋深）、层数、规模、类别、使用性质、功能用途、火灾危险性等相适应。

建筑防火应达到的目标要求如图 1-10 所示。

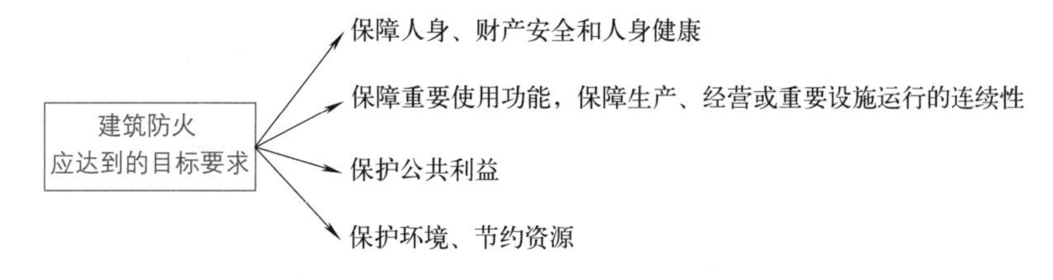

图 1-10 建筑防火应达到的目标要求

一点通

用于控火、灭火的消防设施，应能有效地控制或扑救建（构）筑物的火灾。用于防护冷却或防火分隔的消防设施，应能在规定时间内阻止火灾蔓延。

1.2.2 消防设施的基本规定

消防设施的施工现场，应满足施工的要求。消防设施的安装过程，应进行质量控制，每道工序结束后应进行质量检查。隐蔽工程在隐蔽前应进行验收；其他工程在施工完成后，应对其安装质量、系统与设备的功能进行检查、测试。

消防设施的安装工程，应进行工程质量、消防设施功能验收。验收结果，应有明确的合格与不合格的结论。

消防设施施工、验收过程，应有相应的记录，并应存档。

消防设施投入使用后，应定期进行巡查、检查、维护，并且应保证其处于正常运行或工作状态，不应擅自关停、拆改、移动。

超过有效期的灭火介质、消防设施或经检验不符合继续使用要求的管道、组件、压力容器，不应使用。

消防设施上或附近应设置区别于环境的明显标识、说明文字，其应准确、清楚且易于识别。颜色、符号、标志应规范。手动操作按钮等装置处，应采取防止误操作或被损坏的防护措施。

灭火的基本方法如表 1-2 所示。

表 1-2 灭火的基本方法

方法名称	灭火方法
隔离法	将可燃 / 易燃 / 助燃物质与火源分开
冷却法	用水直接喷射到燃烧物体上，使温度降到燃点以下
窒息法	用湿棉毯、温麻袋、温棉被、干沙等不燃物覆盖在燃烧物的表面，隔绝空气，使燃烧停止
化学抑制法	用含氮的化学灭火器喷射到燃烧物上，使灭火剂参与到燃烧中，发生化学作用，覆盖火焰使燃烧的化学连锁反应中断，使火熄灭

一点通

用电起火预防措施包括：不要乱拉乱接电线；使用电炉、电暖器时，要注意安全；离开宿舍或睡觉时，应检查电器具是否断电等。扑救火灾的一般原则为：报警早、损失少；边报警，边扑救；先控制，后灭火；先救人，后救物；防中毒，防窒息；听指挥，莫惊慌。

1.2.3 建筑消防水泵房的布置和防火分隔的规定

建筑消防水泵房的布置和防火分隔的规定如图 1-11 所示。

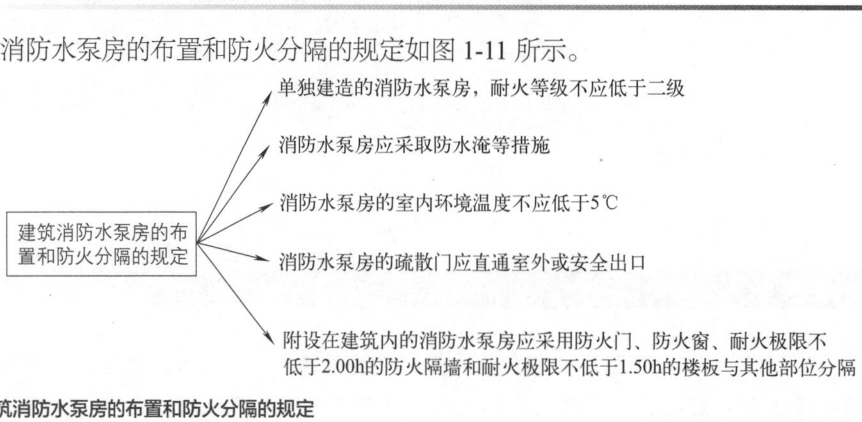

建筑消防水泵房的布置和防火分隔的规定
- 单独建造的消防水泵房，耐火等级不应低于二级
- 消防水泵房应采取防水淹等措施
- 消防水泵房的室内环境温度不应低于5℃
- 消防水泵房的疏散门应直通室外或安全出口
- 附设在建筑内的消防水泵房应采用防火门、防火窗、耐火极限不低于2.00h的防火隔墙和耐火极限不低于1.50h的楼板与其他部位分隔

图 1-11 建筑消防水泵房的布置和防火分隔的规定

1.2.4 应设置火灾自动报警系统的工业建筑或场所

应设置火灾自动报警系统的工业建筑或场所如图 1-12 所示。

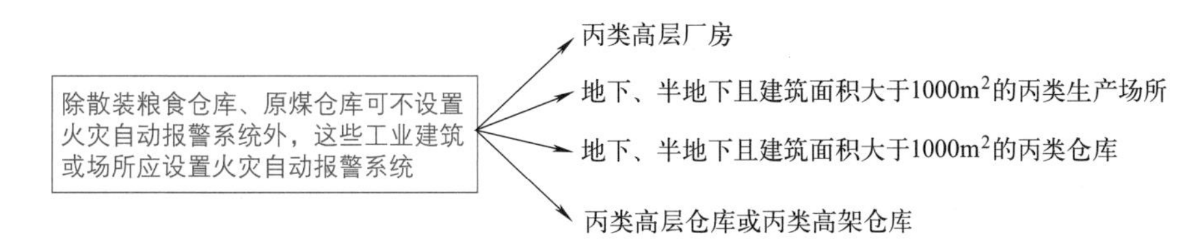

图 1-12　应设置火灾自动报警系统的工业建筑或场所

一点通

消防灭火系统工程分为五类：自动喷水灭火系统工程、水喷雾灭火系统工程、气体灭火系统工程、泡沫灭火系统工程、干粉灭火系统工程等。

1.2.5 应设置火灾自动报警系统的民用建筑或场所

应设置火灾自动报警系统的民用建筑或场所如图 1-13 所示。

应设置火灾自动报警系统的民用建筑或场所

- 旅馆建筑
- 商店建筑、展览建筑、财贸金融建筑、客运和货运建筑等类似用途的建筑
- 建筑高度大于100m的住宅建筑
- 图书或文物的珍藏库，每座藏书超过50万册的图书馆，重要的档案馆
- 地市级及以上广播电视建筑、邮政建筑、电信建筑，城市或区域性电力、交通和防灾等指挥调度建筑
- 疗养院的病房楼，床位数不少于100张的医院的门诊楼、病房楼、手术部等
- 歌舞娱乐放映游艺场所
- 特等、甲等剧场，座位数超过1500个的其他等级的剧场或电影院，座位数超过2000个的会堂或礼堂，座位数超过3000个的体育馆
- 托儿所、幼儿园，老年人照料设施，任一层建筑面积大于$500m^2$或总建筑面积大于1000m 的其他儿童活动场所
- 其他二类高层公共建筑内建筑面积大于$50m^2$的可燃物品库房和建筑面积大于$500m^2$的商店营业厅，以及其他一类高层公共建筑

图 1-13　应设置火灾自动报警系统的民用建筑或场所

1.2.6 应设置室内消火栓系统的建筑或场所

除了不适合用水保护或灭火的场所、远离城镇且无人值守的独立建筑、散装粮食仓库、金库可不设置室内消火栓系统外，应设置室内消火栓系统的建筑如图 1-14 所示。

应设置室内消火栓系统的建筑或场所
- 建筑占地面积大于300m²的甲、乙、丙类厂房
- 建筑占地面积大于300m²的甲、乙、丙类仓库
- 高层公共建筑，建筑高度大于21m的住宅建筑
- 通行机动车的一、二、三类城市交通隧道
- 建筑面积大于300m²的汽车库和修车库
- 建筑面积大于300m²且平时使用的人民防空工程
- 特等和甲等剧场，座位数大于800个的乙等剧场，座位数大于800个的电影院，座位数大于1200个的礼堂，座位数大于1200个的体育馆等建筑
- 建筑体积大于5000m³的下列单、多层建筑：车站、码头、机场的候车(船、机)建筑，展览、商店、旅馆和医疗建筑，老年人照料设施，档案馆，图书馆
- 建筑高度大于15m或建筑体积大于10000m³的办公建筑、教学建筑及其他单、多层民用建筑
- 地铁工程中的地下区间、控制中心、车站及长度大于30m的人行通道，车辆基地内建筑面积大于300m²的建筑

图 1-14 应设置室内消火栓系统的建筑或场所

1.2.7 应设置自动灭火系统的民用建筑或场所

除了建筑内的游泳池、浴池、溜冰场可不设置自动灭火系统外，应设置自动灭火系统的民用建筑、场所，如图 1-15 所示。

应设置自动灭火系统的民用建筑、场所
- 一类高层公共建筑及其地下、半地下室
- 二类高层公共建筑及其地下、半地下室中的公共活动用房、走道、办公室、旅馆的客房、可燃物品库房
- 建筑高度大于100m的住宅建筑
- 特等和甲等剧场，座位数大于1500个的乙等剧场，座位数大于2000个的会堂或礼堂，座位数大于3000个的体育馆，座位数大于5000个的体育场的室内人员休息室与器材间等
- 任一层建筑面积大于1500m²或总建筑面积大于3000m²的单、多层展览建筑、商店建筑、餐饮建筑和旅馆建筑
- 中型和大型幼儿园，老年人照料设施，任一层建筑面积大于1500m²或总建筑面积大于3000m²的单、多层病房楼或门诊楼和手术部
- 除本条上述规定外，设置具有送回风道(管)系统的集中空气调节系统且总建筑面积大于3000m²的其他单、多层公共建筑
- 总建筑面积大于500m²的地下或半地下商店
- 设置在地下或半地下、多层建筑的地上第四层及以上楼层、高层民用建筑内的歌舞娱乐放映游艺场所，设置在多层建筑第一层至第三层且楼层建筑面积大于300m²的地上歌舞娱乐放映游艺场所
- 位于地下或半地下且座位数大于800个的电影院、剧场或礼堂的观众厅
- 建筑面积大于1000m²且平时使用的人民防空工程

图 1-15 应设置自动灭火系统的民用建筑、场所

1.2.8 应设置雨淋灭火系统的建筑或部位

应设置雨淋灭火系统的建筑或部位如图 1-16 所示。

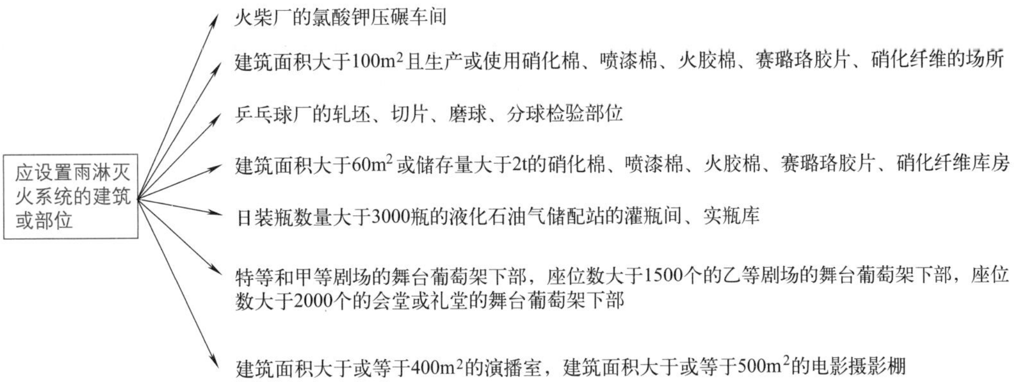

应设置雨淋灭火系统的建筑或部位
火柴厂的氯酸钾压碾车间
建筑面积大于100m²且生产或使用硝化棉、喷漆棉、火胶棉、赛璐珞胶片、硝化纤维的场所
乒乓球厂的轧坯、切片、磨球、分球检验部位
建筑面积大于60m²或储存量大于2t的硝化棉、喷漆棉、火胶棉、赛璐珞胶片、硝化纤维库房
日装瓶数量大于3000瓶的液化石油气储配站的灌瓶间、实瓶库
特等和甲等剧场的舞台葡萄架下部，座位数大于1500个的乙等剧场的舞台葡萄架下部，座位数大于2000个的会堂或礼堂的舞台葡萄架下部
建筑面积大于或等于400m²的演播室，建筑面积大于或等于500m²的电影摄影棚

图 1-16 应设置雨淋灭火系统的建筑或部位

1.2.9 消防用电的规定

消防用电的规定如表 1-3 所示。

表 1-3 消防用电的规定

项目	解　说
建筑高度大于 150m 的工业与民用建筑的消防用电的规定	（1）应根据特级负荷供电。 （2）消防用电设备的供电电源干线应有两个路由。 （3）应急电源的消防供电回路应采用专用线路连接到专用母线段
除了筒仓、散装粮食仓库、工作塔外，消防用电负荷等级不应低于一级的建筑	消防用电负荷等级不应低于一级的建筑如下： （1）一、二类城市交通隧道。 （2）建筑高度大于 50m 的乙、丙类厂房。 （3）建筑高度大于 50m 的丙类仓库。 （4）二层式、二层半式、多层式民用机场航站楼。 （5）Ⅰ类汽车库。 （6）地铁工程。 （7）一类高层民用建筑。 （8）建筑面积大于 5000m² 并且平时使用的人民防空工程
消防用电负荷等级不应低于二级的建筑	消防用电负荷等级不应低于二级的建筑如下： （1）室外消防用水量大于 30L/s 的厂房。 （2）室外消防用水量大于 30L/s 的仓库。 （3）座位数大于 1500 个的电影院或剧场，座位数大于 3000 个的体育馆。 （4）任一层建筑面积大于 3000m² 的商店和展览建筑。 （5）Ⅱ类、Ⅲ类汽车库，Ⅰ类修车库。 （6）水利工程、水电工程。 （7）三类城市交通隧道。 （8）省（市）级及以上的广播电视、电信、财贸金融建筑。 （9）总建筑面积大于 3000m² 的地下、半地下商业设施。 （10）民用机场航站楼
应设置疏散照明的建筑	除了筒仓、散装粮食仓库、火灾发展缓慢的场所外，厂房、丙类仓库、民用建筑、平时使用的人民防空工程等建筑中的下列部位应设置疏散照明： （1）安全出口、疏散楼梯（间）、疏散楼梯间的前室或合用前室、避难走道及其前室、避难层、消防专用通道、避难间、兼作人员疏散的天桥与连廊。 （2）地铁工程中的车站公共区，自动扶梯、自动人行道，楼梯，连接通道或换乘通道，车辆基地，地下区间内的纵向疏散平台。

续表

项目	解　说
应设置疏散照明的建筑	（3）城市交通隧道两侧，人行横通道或人行疏散通道。 （4）城市综合管廊的人行道及人员出入口。 （5）城市地下人行通道。 （6）展览厅、观众厅、多功能厅及其疏散口。 （7）建筑面积大于 200m² 的营业厅、演播室、餐厅、售票厅、候车（机、船）厅等人员密集的场所及其疏散口。 （8）建筑面积大于 100m² 的地下或半地下公共活动场所

1.2.10　消防电话、广播与警报装置设置要求

消防电话、广播与警报装置设置要求如图 1-17 所示。

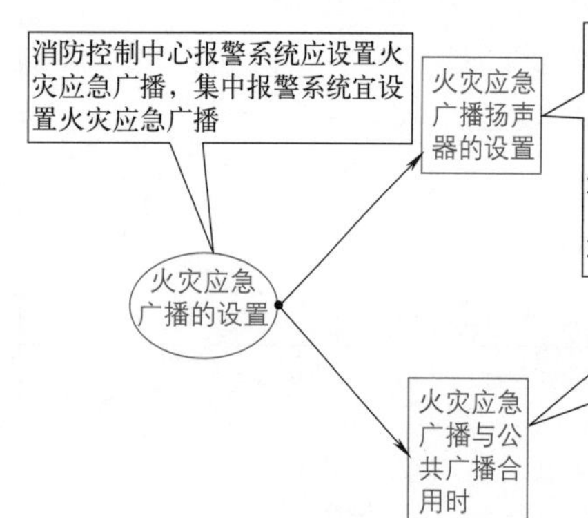
消防专用电话网络应为独立的消防通信系统。
消防控制室应设置消防专用电话总机，且宜选择共电式电话总机或对讲通信电话设备
消防专用电话的设置
消防专用电话分机的设置
1.灭火控制系统操作装置处或控制室。
2.企业消防站、消防值班室、总调度室。
3.消防水泵房、备用发电机房、配变电室、计算机网络机房、主要通风和空调机房、防排烟机房、消防电梯机房及其他与消防联动控制有关的且经常有人值班的机房。
4.消防控制室、消防值班室或企业消防站等处，应设置可直接报警的外线电话
电话塞孔的设置
1.设有手动火灾报警按钮或消火栓按钮等处宜设置电话塞孔。
电话塞孔在墙上安装时，其底边距地面高度宜为1.3～1.5m。
2.特级保护对象的各避难层应每隔20m设置一个消防专用电话分机或电话塞孔
消防控制中心报警系统应设置火灾应急广播，集中报警系统宜设置火灾应急广播
火灾应急广播的设置
火灾应急广播扬声器的设置
1.民用建筑内扬声器应设置在走道和大厅等公共场所，每个扬声器的额定功率不应小于3W，其数量应能保证从一个防火分区的任何部位到最近一个扬声器的距离不大于25m。
走道内最后一个扬声器至走道末端的距离不应大于12.5m。
2.在环境噪声大于60dB的场所设置的扬声器，在其播放范围内最远点的播放声压级应高于背景噪声15dB。
3.客房设置专用扬声器时，其功率不宜小于1.0W
火灾应急广播与公共广播合用时
1.床头控制柜内设有服务性音乐广播扬声器时，应有火灾应急广播功能。
2.应设置火灾应急广播备用扩音机，其容量不应小于火灾时需同时广播的范围内火灾应急广播扬声器最大容量总和的1.5倍。
3.火灾时应能在消防控制室将火灾疏散层的扬声器和公共广播扩音机强制转入火灾应急广播状态。
4.消防控制室应能监控用于火灾应急广播时的扩音机的工作状态，并应具有遥控开启扩音机和采用传声器播音的功能
火灾警报装置的设置
1.在环境噪声大于60dB的场所设置火灾警报装置时，其声警报器的声压级应高于背景噪声15dB。
2.同一建筑中设置多个火灾声警报器时，应能同时启动和停止所有火灾声警报器工作。
3.火灾自动报警系统均应设置火灾声警报装置，并在发生火灾时发出警报。
4.每个防火分区的安全出口处应设置火灾声光警报器，其位置宜设在各楼层走道靠近楼梯出口处

图 1-17　消防电话、广播与警报装置设置要求

1.2.11　火灾信息处理要求

火灾信息处理要求如图 1-18 所示。

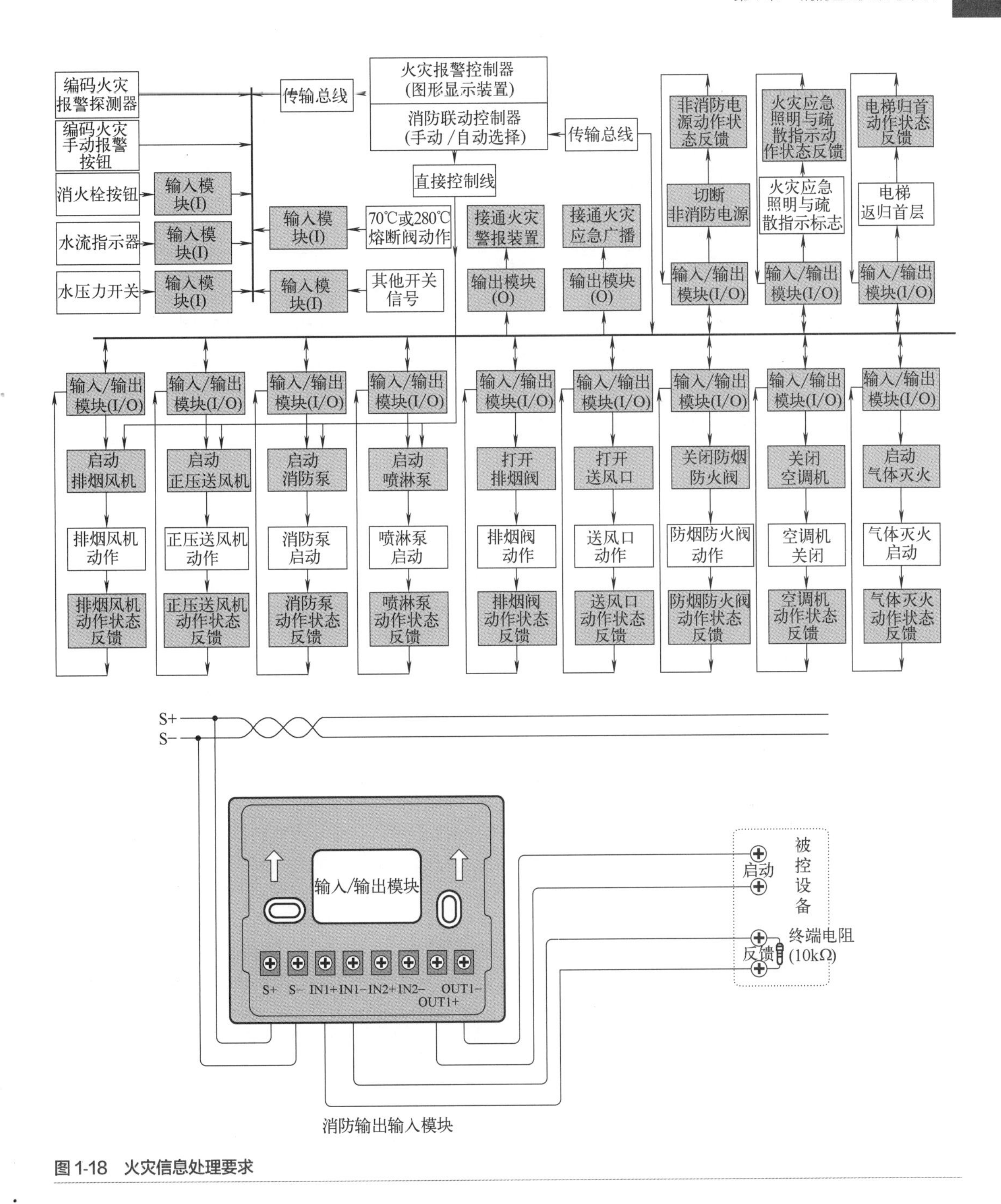

图 1-18　火灾信息处理要求

1.3　消防安全标志

1.3.1　消防安全标志的概述

消防安全标志，是指用于指示消防设施、消防通道、安全出口、避难场所等的图形符号。

消防安全标志是消防安全管理的重要组成部分，也是消防宣传教育的有效手段。

消防安全标志的设置和使用，有助于提高公众的消防意识，增强公众的自救逃生能力，减少火灾事故的损失。

消防安全标志一般是由几何形状、安全色、表示特定消防安全信息的图形符号构成的。标志的几何形状、安全色、对比色、图形符号色的含义如图 1-19 所示。

消防安全标志的几何形状、安全色及对比色、图形符号色的含义

几何形状	安全色	安全色的对比色	图形符号色	含义
正方形	红色	白色	白色	标示消防设施(如火灾报警装置和灭火设备)
正方形	绿色	白色	白色	提示安全状况(如紧急疏散逃生)
带斜杠的圆形	红色	白色	黑色	表示禁止
等边三角形	黄色	黑色	黑色	表示警告

图 1-19 消防安全标志的几何形状、安全色、对比色、图形符号色的含义

消防安全标志根据其功能的分类如图 1-20 所示。标志的名称可以作为文字辅助标志。

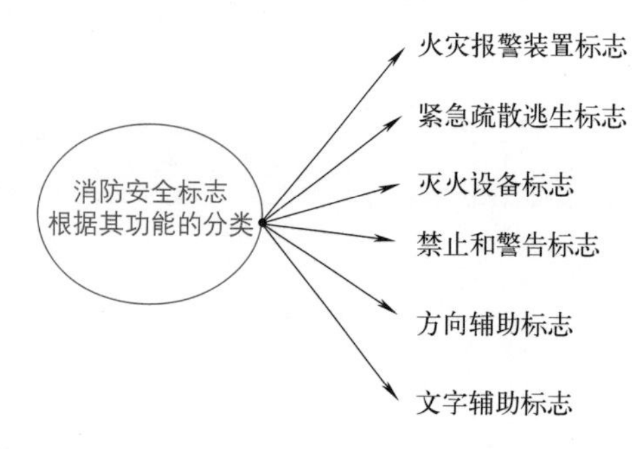

图 1-20 消防安全标志根据其功能的分类

1.3.2 火灾报警装置标志

火灾报警装置标志如图 1-21 所示。

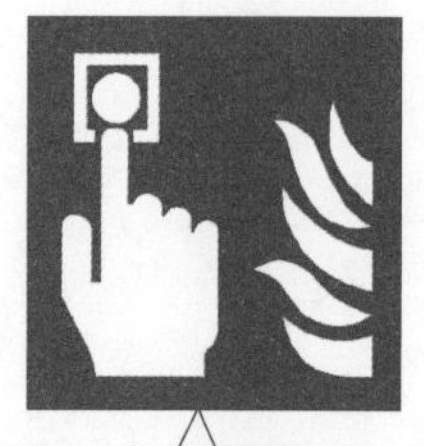

消防按钮
标示火灾报警按钮和消防设备启动按钮的位置

发声警报器
标示发声警报器的位置

火警电话
标示火警电话的位置和号码

消防电话
标示火灾报警系统中消防电话及插孔的位置

图 1-21 火灾报警装置标志

1.3.3 紧急疏散逃生标志

紧急疏散逃生标志如图 1-22 所示。

安全出口
提示通往安全场所的疏散出口。
根据到达出口的方向，可选用向左或向右的标志

滑动开门
提示滑动门的位置及方向

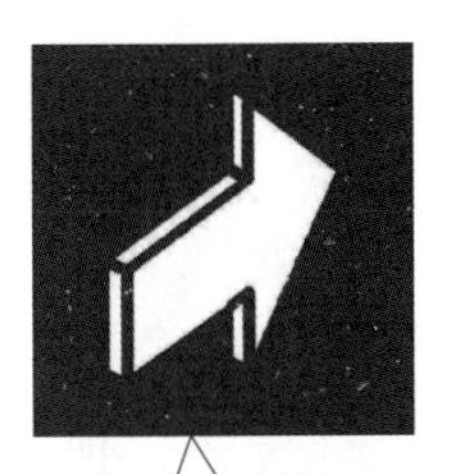

推开
提示门的推开方向

拉开
提示门的拉开方向

击碎板面
提示需击碎板面才能取到钥匙、工具，操作应急设备或开启紧急逃生出口

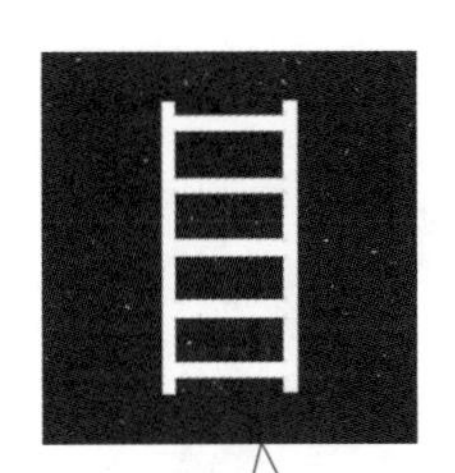

逃生梯
提示固定安装的逃生梯的位置

图1-22 紧急疏散逃生标志（绿底白标）

1.3.4 灭火设备标志

灭火设备标志如图1-23所示。

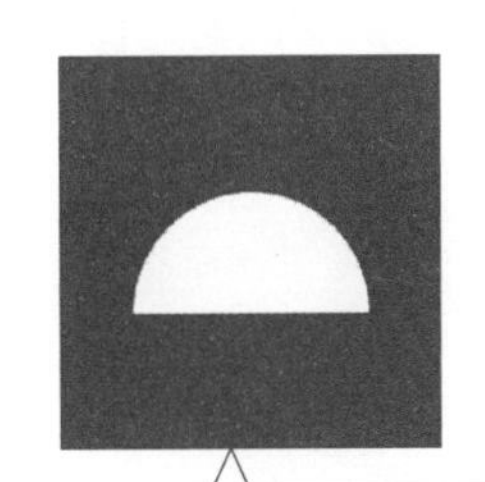

灭火设备
标示灭火设备集中摆放的位置

手提式灭火器
标示手提式灭火器的位置

推车式灭火器
标示推车式灭火器的位置

消防炮
标示消防炮的位置

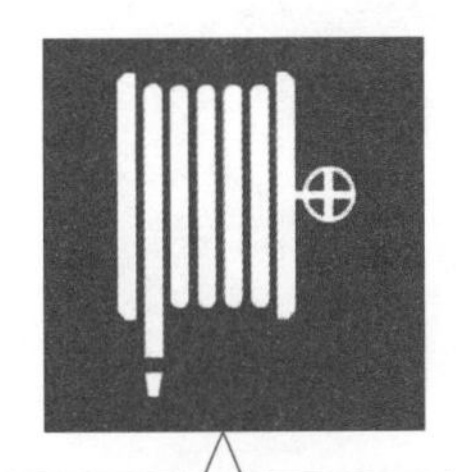

消防软管卷盘
标示消防软管卷盘、消火栓箱、消防水带的位置

地下消火栓
标示地下消火栓的位置

地上消火栓
标示地上消火栓的位置

消防水泵接合器
标示消防水泵接合器的位置

图1-23 灭火设备标志

1.3.5 禁止和警告标志

禁止和警告标志如图 1-24 所示。

禁止吸烟
表示禁止吸烟

禁止烟火
表示禁止吸烟或各种形式的明火

禁止放易燃物
表示禁止存放易燃物

禁止燃放鞭炮
表示禁止燃放鞭炮或焰火

禁止用水灭火
表示禁止用水作灭火剂或用水灭火

禁止阻塞
表示禁止阻塞的指定区域(如疏散通道)

禁止锁闭
表示禁止锁闭的指定部位(如疏散通道和安全出口的门)

当心易燃物(黄底黑标)
警示来自易燃物质的危险

当心氧化物(黄底黑标)
警示来自氧化物的危险

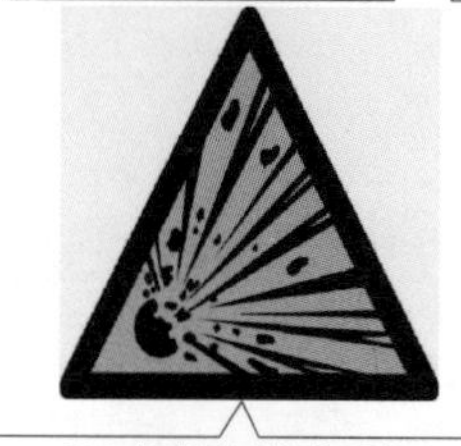

当心爆炸物(黄底黑标)
警示来自爆炸物的危险，在爆炸物附近或处置爆炸物时应当心

图 1-24 禁止和警告标志

1.3.6 方向辅助标志

方向辅助标志如图 1-25 所示。

疏散方向(绿底白标)
指示安全出口的方向。
箭头的方向还可为上、下、左上、右上、右、右下等

火灾报警装置或灭火设备的方位
指示火灾报警装置或灭火设备的方位。
箭头的方向还可为上、下、左上、右上、右、右下等

图 1-25 方向辅助标志

1.3.7 “安全出口”与方向辅助组合标志

“安全出口”与方向辅助组合标志如图 1-26 所示。

面向疏散方向设置(如悬挂在大厅、疏散通道上方等)指示“安全出口”在前方;沿疏散方向设置在地面上，指示“安全出口”在前方

指示“安全出口”在左上方

指示“安全出口”在左方

指示“安全出口”在左下方

图 1-26　“安全出口”与方向辅助组合标志（绿底白标）

1.3.8 位于两个安全出口中间的“安全出口 ”与方向辅助组合标志

位于两个安全出口中间的“安全出口”与方向辅助组合标志如图 1-27 所示。

指示向左或向右皆可到达安全出口

指示向左或向右皆可到达安全出口

图 1-27　位于两个安全出口中间的“安全出口”与方向辅助组合标志（绿底白标）

1.3.9 “消防按钮”与方向辅助组合标志

“消防按钮”与方向辅助组合标志如图 1-28 所示。

指示“消防按钮”在左方

指示“消防按钮”在右方

图 1-28　“消防按钮”与方向辅助组合标志

1.3.10 “消防电话”与方向辅助组合标志

“消防电话”与方向辅助组合标志如图 1-29 所示。

图 1-29 “消防电话”与方向辅助组合标志

1.3.11 “手提式灭火器”与方向辅助组合标志

“手提式灭火器”与方向辅助组合标志如图 1-30 所示。

图 1-30 “手提式灭火器”与方向辅助组合标志

1.3.12 “消防软管卷盘”与方向辅助组合标志

“消防软管卷盘”与方向辅助组合标志如图 1-31 所示。

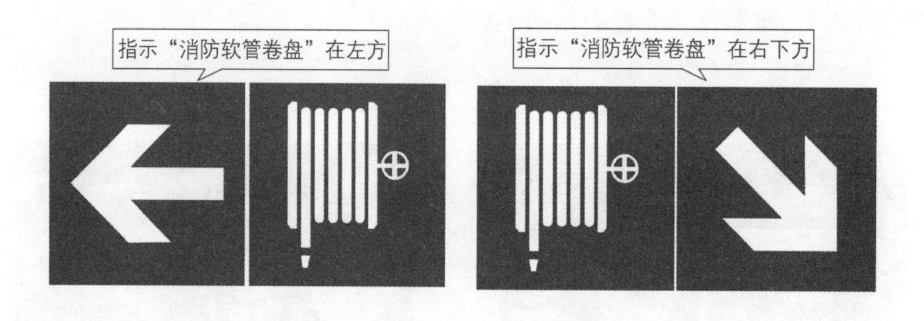

图 1-31 “消防软管卷盘”与方向辅助组合标志

1.3.13 “地上消火栓”与方向辅助组合标志

“地上消火栓”与方向辅助组合标志如图 1-32 所示。

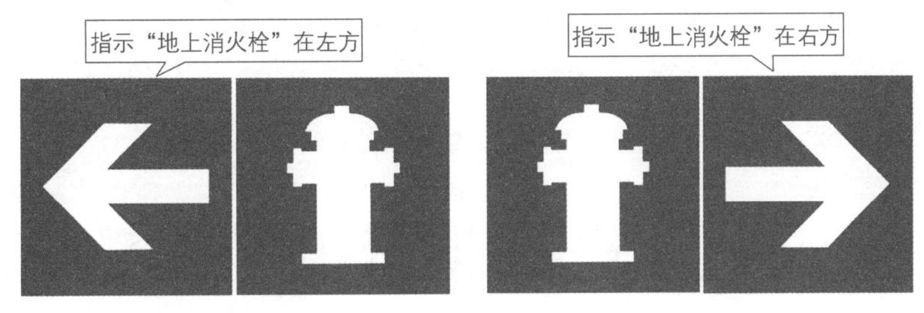

图 1-32 “地上消火栓”与方向辅助组合标志

1.3.14 标志、方向与文字辅助组合标志

标志、方向与文字辅助组合标志如图 1-33 所示。

图 1-33 标志、方向与文字辅助组合标志

一点通

地面疏散标志如图 1-34 所示。

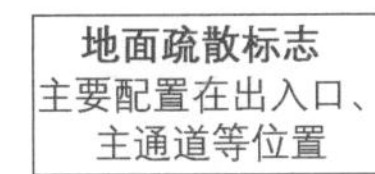

地面疏散标志
主要配置在出入口、
主通道等位置

紧急出口
EXIT
地面疏散标志是一种可无限次在
亮处吸光、暗处发光的消防指示
牌，它可挂、可贴，主要用于在
火灾发生时在黑暗场所自动发光，
指示安全通道、安全门

图 1-34 地面疏散标志（绿底黑标）

第2章

消防工程常用的设备与材料

2.1 探测器

2.1.1 探测器的选型

火灾探测器，是指消防火灾自动报警系统中，对现场进行探查，以发现火灾的一种设备。火灾探测器是系统的“感觉器官”，其作用是监视环境中有没有火灾发生。一旦有了火情，就会将火灾的特征物理量，例如温度、烟雾、气体、辐射光强等转换成电信号，并且立即向火灾报警控制器发送报警信号。

火灾探测器属于触发装置。触发装置包括火灾探测器、手动报警按钮等。

探测器的类型有感温火灾探测器、感烟火灾探测器、感光火灾探测器、可燃气体探测器、复合式火灾探测器等，如图 2-1 所示。

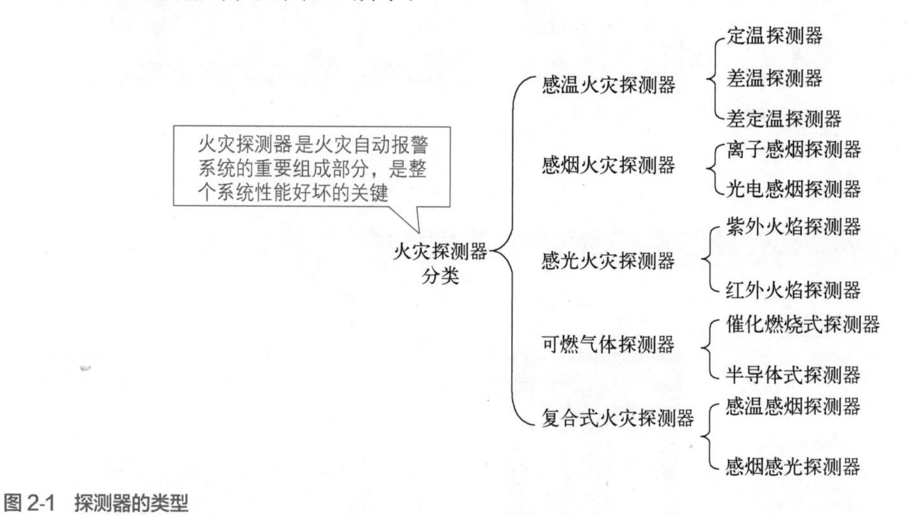

图 2-1 探测器的类型

一些探测器的外形如图 2-2 所示。

离子感烟探测器——根据烟雾能遮挡镅元素放射出的 α 射线的原理制作。

光电感烟探测器——根据火灾产生的烟雾遮挡可见光或红外光从而发出电信号的原理制作。

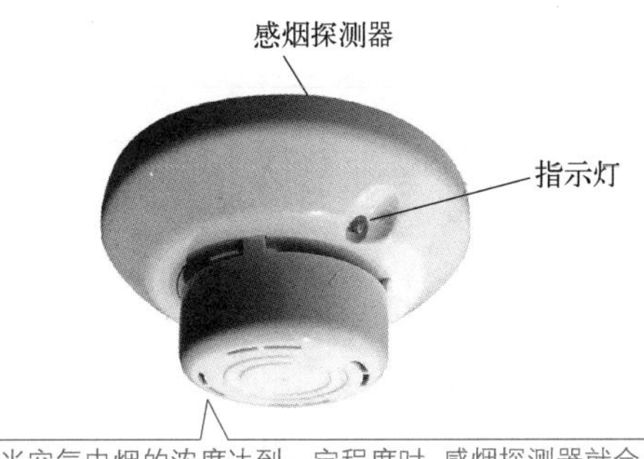

当空气中烟的浓度达到一定程度时，感烟探测器就会自动报警，提醒人们发生火灾的位置

感烟探测器是指利用着火时产生的烟雾探测火灾的传感器，是应用最为广泛的火灾探测器，感烟探测器分为离子感烟、光电感烟等种类

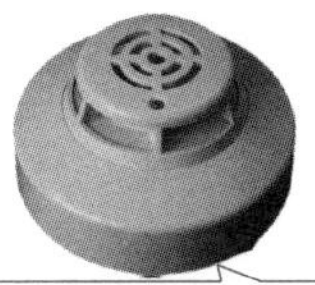

利用着火时产生的温度探测火灾的传感器称为感温探测器。感温探测器分为差温、定温、差定温等种类。差温探测器是指在发生火灾时温升速率达到一定值而报警的感温探测器。定温探测器是指利用低熔点合金达到一定温度后而报警的感温探测器。差定温探测器是差温探测器与定温探测器的组合

火焰探测器是指利用火焰发出的红外、紫外光探测火灾的传感器。火焰探测器分为红外火焰探测器、紫外火焰探测器

可燃气体探测器是指探测保护对象空间可燃气体浓度大小的一种传感器，其使用气敏元件制作，本身具有防爆性能

图 2-2 一些探测器的外形

感烟探测器——主要应用于低粉尘环境，例如通信机房、电子计算机房、办公楼、宾馆等，而不适用于有灰尘或水蒸气、湿度大、风速大的场所，也不适用于有腐蚀性气体与工艺过程中产生烟的场所。

感温探测器——适用于感烟探测器不能应用的有粉尘或水蒸气、湿度大及正常情况下有少量烟雾的场所，例如厨房、发电机房、吸烟室、汽车库、锅炉房等建筑物内。

红外火焰探测器——一般用硫化铝、硫化镉等制成的光导电池感应火灾放出的红外线，从而发出电信号报警。

紫外火焰探测器——通过紫外光敏电子管接收火焰放出的紫外线，发出火灾报警信号。紫外火焰探测器受环境影响小，对火焰反应快，主要用于存放燃烧速度较快的油类、化学危险物品的场所。紫外火焰探测器不适用于阴燃火灾的探测。

可燃气体探测器——主要应用于涉及天然气、液化石油气、城市煤气、石油化工生产的场所及油库等爆炸危险场所。可燃气体探测器能够在空间可燃气体含量在爆炸下限以下就发出信号报警，以便事先采取有效的防火防爆措施，避免事故的发生。

探测器的选型如表 2-1 所示。

表 2-1 探测器的选型

探测器安装场所及环境条件		定温（双金属）	差定温（膜合式）	电子感温	离子感烟	光电感烟	光焰探测器	红外光束感烟	空气采样早期感烟	空气管式感温	线型光纤感温	可燃气体探测器	缆式线型定温	线型光束图像感烟
环境条件	相对湿度经常高于95%的场所	可	可	×	×									
	气流速度大于5m/s的部位				×									
	0℃以下，温度变化较大的场所	×	×						可					
	进行干燥烘干的场所	可		< 50℃ 可										
	有大量粉尘的场所	可	可		×	×		×						
	有强光直射的部位，有明火作业					×	×	×						×
	火灾发生过程为阴燃有烟火				可	可		可						可
	火灾发生过程为速燃有烟火	可	可	可	可	可	可	可						
	在正常情况下有水雾或蒸气的场所	可	可		×	×		×						
	有腐蚀性气体的场所		×		×	×								
	在正常情况下有烟滞留	可			×	×		×						
	产生醇类、醚类、酮类等有机物				×	×								
	可能产生黑烟					×	×							
	存在高频电磁干扰					×				可	可			
	可能发生无烟火灾	可	可	可			可							
	可能产生油雾					×		×						
	火灾时有强烈的火焰辐射、液体燃烧火灾等，需对火焰做出快速反应						可							
	除液化石油气外的石油储罐									可	可			
建筑物性质及部位	卧室、饭店、旅馆、商场、礼堂、医院	可	可	可	可	可	可							
	办公楼的厅堂、办公室、教学楼、餐厅、会客室、库房及其他公共活动场所	可	可	可	可	可	可							
	非燃气锅炉房、开水间、消毒间、厨房、发动机房、换热站、热力入口闸	可	可	可	×	×	×							
	电影或电视放映室、电视演播室	可	可	可	可	可	可							
	楼梯间、前室和走廊通道、电梯机房及有防排烟功能要求的房间	可	可	可	可	可								

续表

探测器安装场所及环境条件		定温（双金属）	差定温（膜合式）	电子感温	离子感烟	光电感烟	光焰探测器	红外光束感烟	空气采样早期感烟	空气管式感温	线型光纤感温	可燃气体探测器	缆式线型定温	线型光束图像感烟
建筑物性质及部位	电子计算机房、通信机房、图书馆、博物馆、剧场、电影院	可	可	可	可	可			可					
	电子设备机房、配电室、控制室、空调机房、防排烟机房	可	可	可	可	可								
	书库、地下仓库、档案库等	可	可	可	可	可								
	有电气火灾危险的场所	可	可	可	可	可								
	吸烟室及小会议室	可	可	可	可	可								
	煤气站、存储液化石油气罐场所、煤气表房、燃气锅炉房、燃气厨（开水）房	可										可		
	立体停车场、发电机房、飞机房、大型无遮挡空间的库房	可		可		可	可	可						
	电缆隧道、电缆夹层、电缆沟、电缆竖井、电缆托架								可				可	

根据房间高度选择感烟探测器的方法如表 2-2 所示。

表 2-2　根据房间高度选择感烟探测器的方法

房间高度 h/m	感温探测器		火焰探测器	红外光束感烟探测器	感烟探测器
	A1	A2、B、C、D、E、F、G			
$12 < h \leqslant 20$	不适合	不适合	适合	适合	不适合
$8 < h \leqslant 12$	不适合	不适合	适合	适合	适合
$6 < h \leqslant 8$	适合	不适合	适合	适合	适合
$h \leqslant 6$	适合	适合	适合	适合	适合

注：A1、A2、B、C、D、E、F、G 为感温探测器的类别，具有不同的应用温度。

一点通

火灾探测器的选择需要满足设置场所火灾初期特征参数的探测报警要求。除了消防控制室设置的火灾报警控制器、消防联动控制器外，每台控制器直接连接的火灾探测器、手动报警按钮和模块等设备不应跨越避难层。可燃气体探测报警系统需要独立组成，可燃气体探测器不应直接接入火灾报警控制器的报警总线。电气火灾监控系统要独立组成，电气火灾监控探测器的设置不应影响所在场所供配电系统的正常工作。

2.1.2 探测器的保护面积与保护半径

探测器常见的性能与参数包括安装间距、保护面积、保护半径等。其中，安装间距是指两个相邻火灾探测器中心之间的水平距离。探测器的保护面积是指一个探测器能有效探测的地面面积。探测器的保护半径是指一个探测器能有效探测的单向最大水平距离。探测器的保护面积与保护半径如表 2-3 所示。

表 2-3 探测器的保护面积与保护半径

<table>
<tr><th rowspan="4">火灾探测器种类</th><th rowspan="4">地面面积 S/m^2</th><th rowspan="4">房间高度 h/m</th><th colspan="6">探测器的保护面积 A 和保护半径 R</th><th rowspan="4">图示</th></tr>
<tr><th colspan="6">屋顶坡度 θ</th></tr>
<tr><th colspan="2">$\theta \leqslant 15°$</th><th colspan="2">$15° < \theta \leqslant 30°$</th><th colspan="2">$\theta > 30°$</th></tr>
<tr><th>A/m^2</th><th>R/m</th><th>A/m^2</th><th>R/m</th><th>A/m^2</th><th>R/m</th></tr>
<tr><td rowspan="2">感温探测器</td><td>$S \leqslant 30$</td><td>$h \leqslant 8$</td><td>30</td><td>4.4</td><td>30</td><td>4.9</td><td>30</td><td>5.5</td><td rowspan="5"></td></tr>
<tr><td>$S > 30$</td><td>$h \leqslant 8$</td><td>20</td><td>3.6</td><td>30</td><td>4.9</td><td>40</td><td>6.3</td></tr>
<tr><td rowspan="3">感烟探测器</td><td>$S \leqslant 80$</td><td>$h \leqslant 12$</td><td>80</td><td>6.7</td><td>80</td><td>7.2</td><td>80</td><td>8.0</td></tr>
<tr><td rowspan="2">$S > 80$</td><td>$6 < h \leqslant 12$</td><td>80</td><td>6.7</td><td>100</td><td>8.0</td><td>120</td><td>9.9</td></tr>
<tr><td>$h \leqslant 6$</td><td>60</td><td>5.8</td><td>80</td><td>7.2</td><td>100</td><td>9.0</td></tr>
</table>

2.1.3 感烟探测器的距离要求

感烟火灾探测器是一种响应燃烧或热解产生的固体微粒的火灾探测器。根据烟雾粒子可以直接或间接改变某些物理量的性质或强弱，感烟探测器可以分为光电型、离子型、激光型、电容型、半导体型等种类。

探测器布置安装是有要求的，例如探测区域每个房间至少设置一个火灾探测器；探测器到墙壁、梁边的水平距离不应小于 0.5m；探测器周围 0.5m 内不应有遮挡物；探测器到空调送风口边的水平距离不应小于 1.5m 等。探测器的安装间距如表 2-4 所示。

表 2-4 探测器的安装间距

<table>
<tr><th colspan="2">场所</th><th>安装间距要求 /m</th></tr>
<tr><td rowspan="7">探测器边缘与不同设施边缘的间距</td><td>至墙壁、梁边的水平距离</td><td>≥ 0.5</td></tr>
<tr><td>至空调送风口边的水平距离</td><td>≥ 1.5</td></tr>
<tr><td>至多孔送风顶棚孔口的水平距离</td><td>≥ 0.5</td></tr>
<tr><td>与照明灯具的水平距离</td><td>≥ 0.2</td></tr>
<tr><td>与不凸出的扬声器的净距</td><td>≥ 0.1</td></tr>
<tr><td>与各种自动喷水灭火喷头的净距</td><td>≥ 0.3</td></tr>
<tr><td>与防火门、防火卷帘门的间距</td><td>1 ～ 2</td></tr>
<tr><td rowspan="2">宽度小于 3m 的内走道探测器安装间距</td><td>感烟探测器</td><td>≤ 15</td></tr>
<tr><td>感温探测器</td><td>≤ 10</td></tr>
</table>

另外，感烟探测器下表面到顶棚等的距离要求如表 2-5 所示。

表 2-5 感烟探测器下表面到顶棚等的距离要求

探测器的安装高度 h/m	感烟探测器下表面至顶棚或屋顶的距离 d/mm						图示
	顶棚或屋顶坡度 θ						
	$\theta \leqslant 15°$		$15° < \theta \leqslant 30°$		$\theta > 30°$		
	最小	最大	最小	最大	最小	最大	
$h \leqslant 6$	30	200	200	300	300	500	
$6 < h \leqslant 8$	70	250	250	400	400	600	
$8 < h \leqslant 10$	100	300	300	500	500	700	
$10 < h \leqslant 12$	150	350	350	600	600	800	

一点通

感温火灾探测器一般是由感温元件、电路、报警器等部分组成。根据感温元件不同，分为定温式、差温式、差定温式感温火灾报警器等类型。感温火灾探测器的感温面积一般为 30 ～ 40m^2。

2.1.4 线型感温火灾探测器的分类

感温火灾探测器，简称温感探测器，其主要是利用热敏元件来探测火灾的。在火灾初始阶段，有大量烟雾产生，物质在燃烧过程中释放出大量热量，并且周围环境温度急剧上升。探测器中的热敏元件会发生物理变化，响应异常温度、温度速率、温差，从而将温度信号转变成电信号，以及进行相应的报警处理。

线型火灾探测器是指感知某一连续线路附近火灾产生的物理或化学现象的探测器。线型感温火灾探测器的分类如图 2-3 所示。

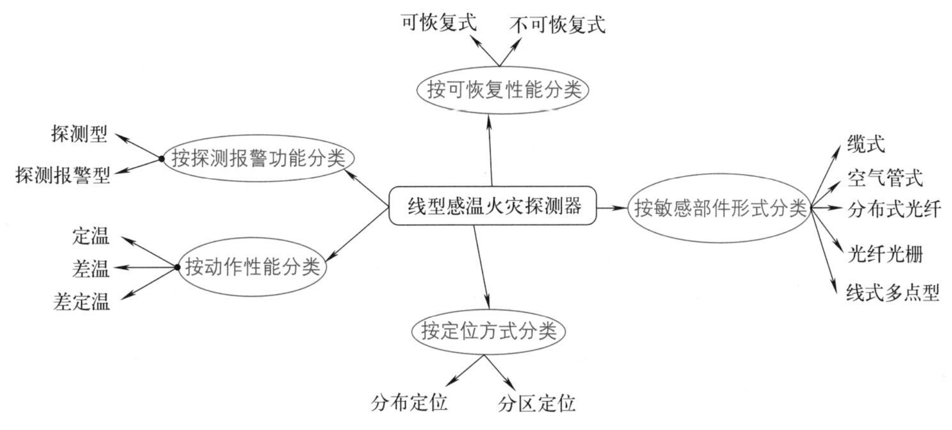

图 2-3 线型感温火灾探测器的分类

一点通

设置线型感温火灾探测器的场所有联动要求时，宜采用两个不同火灾探测器的报警信号组合。与线型感温火灾探测器连接的模块不宜设置在长期潮湿或温度变化较大的场所。

2.1.5 点型感温火灾探测器的分类

点型感温火灾探测器结构简单，配用电子线路少，与感烟及其他类型探测器相比，其可靠性高但灵敏度略低。

感温火灾探测器根据其传感器的机械结构不同，可以分为电子式、机械式等类型。感温火灾探测器如图 2-4 所示。

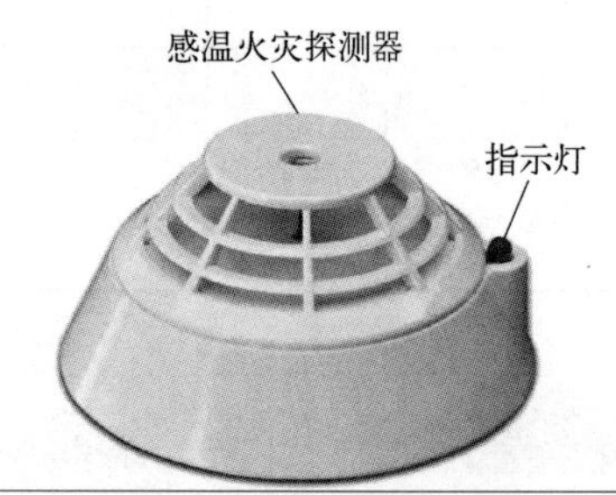
感温火灾探测器
指示灯
当空气中热量达到一定程度时，感温火灾探测器就会自动报警，提醒人们发生火灾的位置

图 2-4 感温火灾探测器

点型感温火灾探测器的分类如表 2-6 所示。

表 2-6 点型感温火灾探测器的分类

探测器类别	典型应用温度 /℃	最高应用温度 /℃	动作温度下限值 /℃	动作温度上限值 /℃
A1	25	50	54	65
A2	25	50	54	70
B	40	65	69	85
C	55	80	84	100
D	70	95	99	115
E	85	110	114	130
F	100	125	129	145
G	115	140	144	160

一点通

点型感烟火灾探测器以烟雾为主要探测对象，适用于初起火灾有阻燃阶段的场所。感烟探测器一般适用于旅馆、教学楼、办公楼的厅堂、卧室、电子计算机房、通信机房、办公室书库、档案库等场所。

2.1.6 点型火灾探测器的应用选择

点型火灾探测器的应用选择如图 2-5 所示。

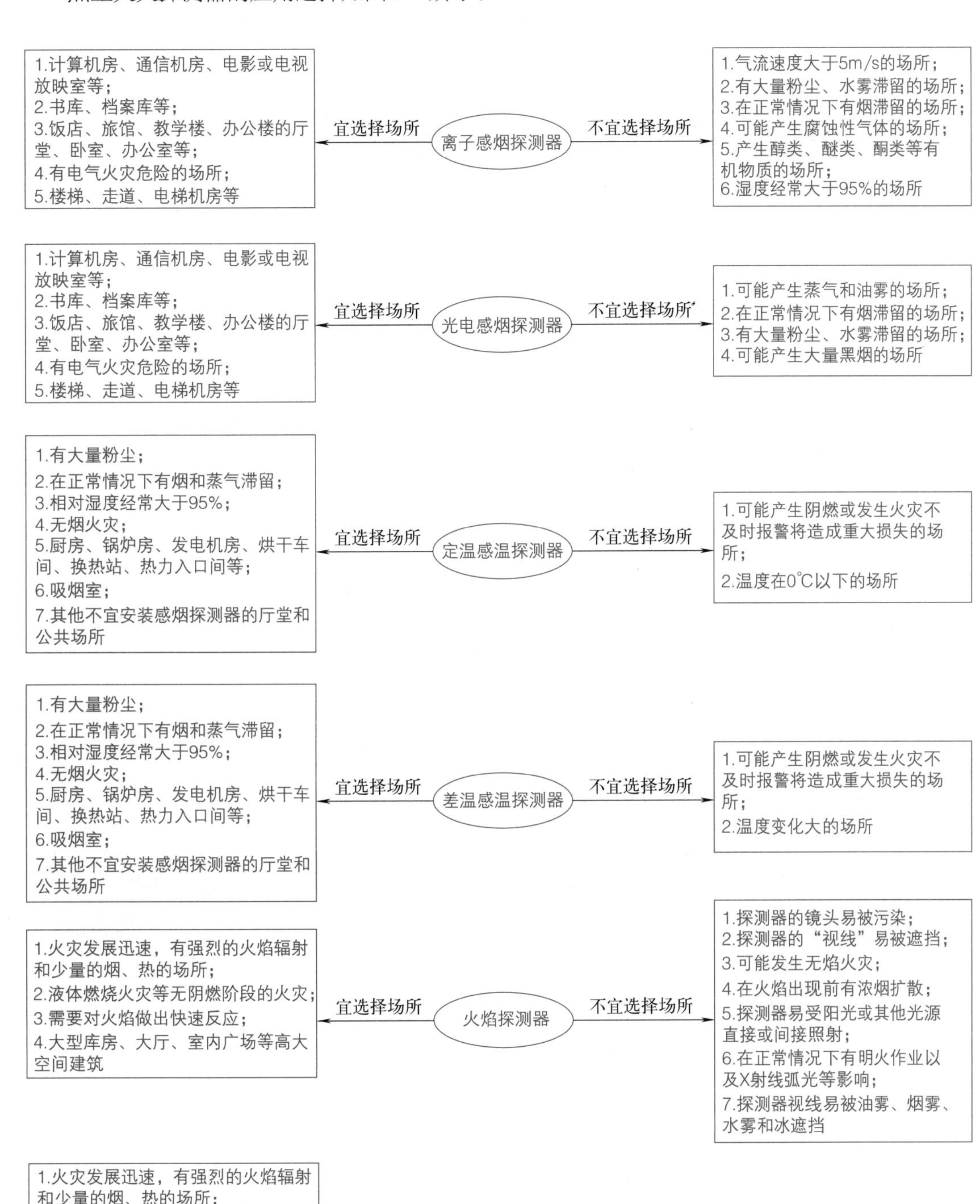

图 2-5

单波段红外火焰探测器

宜选择场所：
1.火灾发展迅速，有强烈的火焰辐射和少量的烟、热的场所；
2.液体燃烧火灾等无阴燃阶段的火灾；
3.需要对火焰做出快速反应；
4.大型库房、大厅、室内广场等高大空间建筑

不宜选择场所：
1.探测器易受阳光、白炽灯等光源直接或间接照射的场所；
2.探测区域内正常情况下有高温黑体的场所

紫外火焰探测器

宜选择场所：
1.火灾发展迅速，有强烈的火焰辐射和少量的烟、热的场所；
2.液体燃烧火灾等无阴燃阶段的火灾；
3.需要对火焰做出快速反应；
4.大型库房、大厅、室内广场等高大空间建筑

不宜选择场所：
正常情况下有阳光、明火作业及易受X射线、弧光和闪电等影响的场所

可燃气体探测器

宜选择场所：
1.煤气站和煤气表房以及存储液化石油气罐的场所；
2.其他散发可燃气体和可燃蒸气的场所；
3.使用管道煤气或天然气的场所；
4.有可能产生一氧化碳气体的场所，宜选择一氧化碳气体探测器

一氧化碳气体探测器

宜选择场所：
1.点型感烟、感温和火焰探测器不适宜的场所；
2.需要多信号复合报警的场所；
3.在房顶上无法安装其他点型探测器的场所；
4.有可能产生一氧化碳气体的场所

图 2-5 点型火灾探测器的应用选择

2.1.7 线型火灾探测器的应用选择

线型火灾探测器的应用选择，如图 2-6 所示。

红外光束感烟探测器

宜选择场所：
无遮挡大空间或有特殊要求的场所，如:大型库房、大厅、室内广场等高大空间建筑

不宜选择场所：
1.可能产生蒸气和油雾的场所；
2.在正常情况下有烟滞留的场所；
3.有大量粉尘、水雾滞留的场所；
4.探测器固定的建筑结构由于振动等会产生较大位移的场所

线型光纤感温探测器

宜选择场所：
1.存在强电磁干扰的场所；
2.除液化石油气外的石油储罐等；
3.需要设置线型感温火灾探测器的易燃易爆场所；
4.需要监测环境温度的电缆隧道、地下空间等场所宜设置具有实时温度监测功能的线型光纤感温火灾探测器

不宜选择场所：
要求对直径小于10cm的小火焰或局部过热处进行快速响应的电缆类火灾场所

空气管式感温探测器

宜选择场所：
1.存在强电磁干扰的场所；
2.除液化石油气外的石油储罐等；
3.需要设置线型感温火灾探测器的易燃易爆场所；
4.需要监测环境温度的电缆隧道、地下空间等场所宜设置具有实时温度监测功能的线型光纤感温火灾探测器

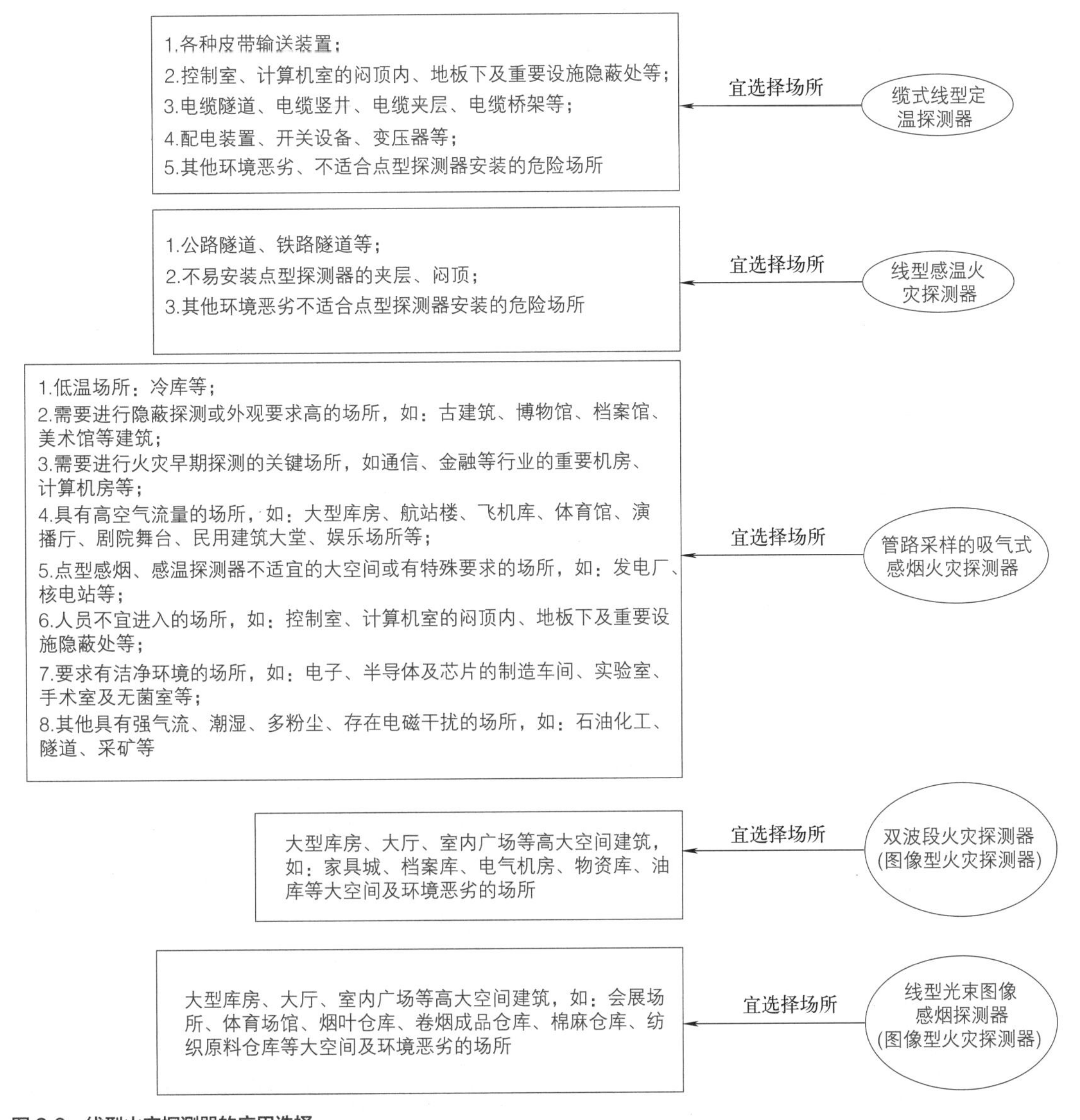

图 2-6 线型火灾探测器的应用选择

2.1.8 线型火灾探测器安装要求

线型火灾探测器安装要求如图 2-7 所示。

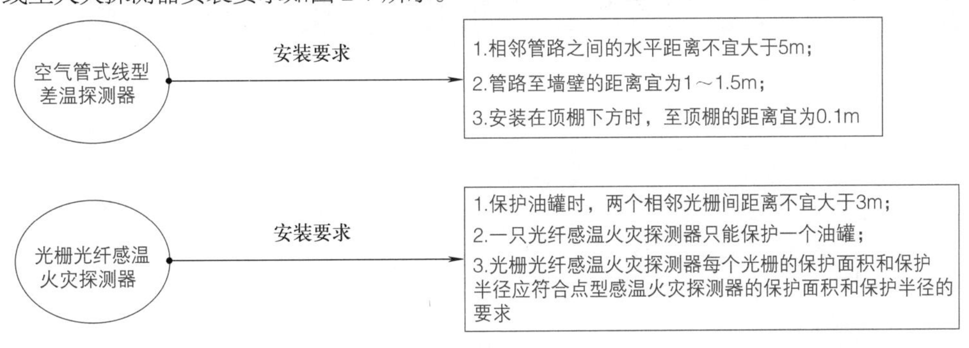

图 2-7

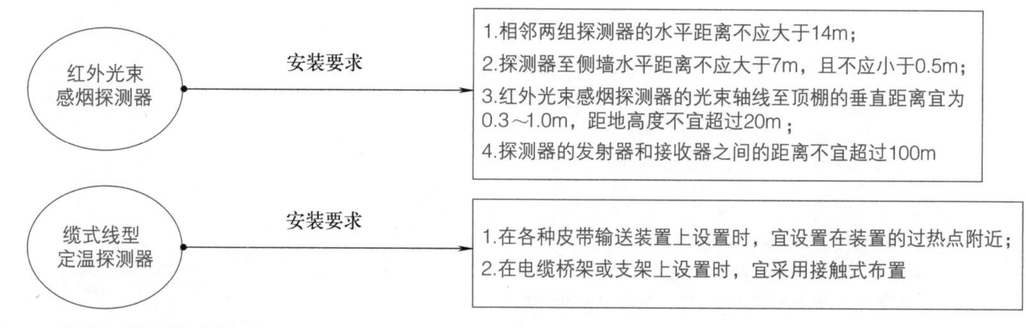

图 2-7 线型火灾探测器安装要求

2.2 消防接口

2.2.1 消防接口通用技术条件

消防接口的型式有水带接口、管牙接口、扣式接口、卡式接口、内螺纹固定接口、外螺纹固定接口、异型接口等。一些消防接口的特点如图 2-8 所示。

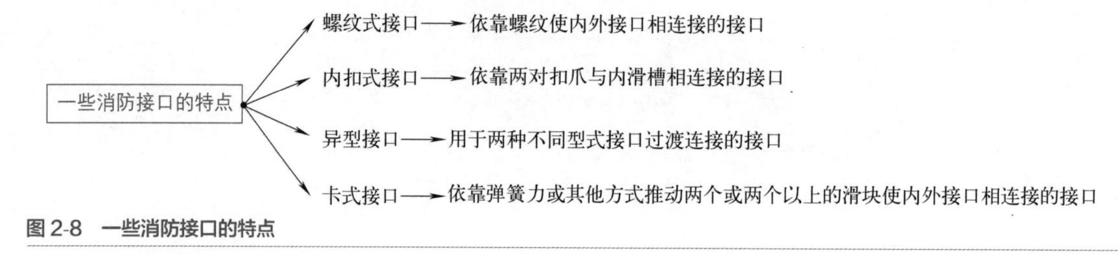

图 2-8 一些消防接口的特点

消防接口操作力、操作力矩性能要求：接口成对连接后，操作力、操作力矩应符合表 2-7 规定。

消防水压性能要求：接口在 1.5 倍公称压力水压下，不应出现可见裂缝或断裂现象。接口经水压强度试验后应能正常操作使用。

消防接口密封性能要求：接口成对连接后，在 0.3MPa 水压和公称压力水压下均不应发生渗漏现象。

表 2–7 接口成对连接后操作力和操作力矩的规定要求

规格	内扣式接口操作力矩 /（N·m）	卡式接口操作力 /N
25	0.5 ～ 2.5	—
40		30 ～ 90
50		35 ～ 105
65		40 ～ 135
80		45 ～ 50
100		—
125		—
135		—
150		—

一点通

消防接口外观质量要求如下。

（1）铸件表面应无裂痕、无结疤、无砂眼。

（2）铸件加工表面应无伤痕。

（3）接口与水带、吸水管连接部锐角均应倒钝。

（4）橡胶密封圈面上不允许有气泡、杂质、裂口、凹凸不平等缺陷。

（5）接口的螺纹表面应光洁、无损牙。

（6）螺纹式接口应对接口头部螺纹始末两端的不完整牙形进行修整。

2.2.2 卡式消防接口

卡式消防接口的型式、规格如表 2-8 所示。

表 2-8 卡式消防接口的型式、规格

接口型式		规格		适用介质
名称	代号	公称通径 /mm	公称压力 /MPa	
水带接口	KDK	40、50、65、80	1.6、2.5	水、水和泡沫混合液
闷盖	KMK			
管牙雌接口	KYK			
管牙雄接口	KYKA			
异径接口	KJK	两端通径可在通径系列内组合		

卡式消防接口的结构应符合图 2-9 的规定，其基本尺寸如表 2-9 所示。

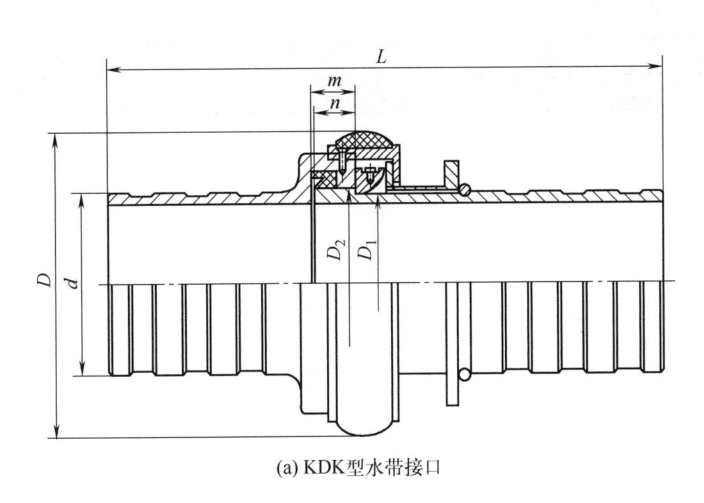

(a) KDK型水带接口

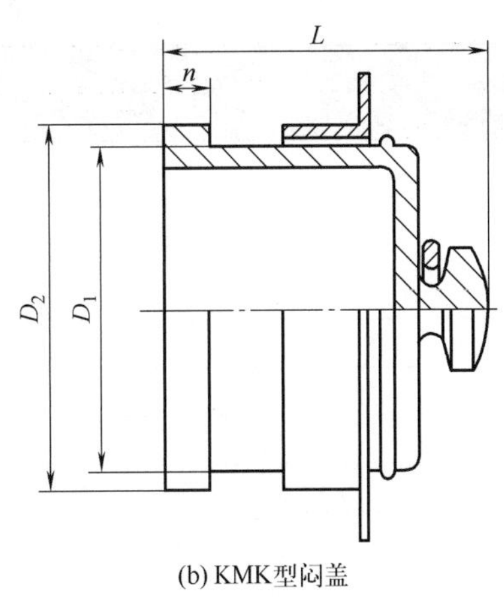

(b) KMK型闷盖

图 2-9

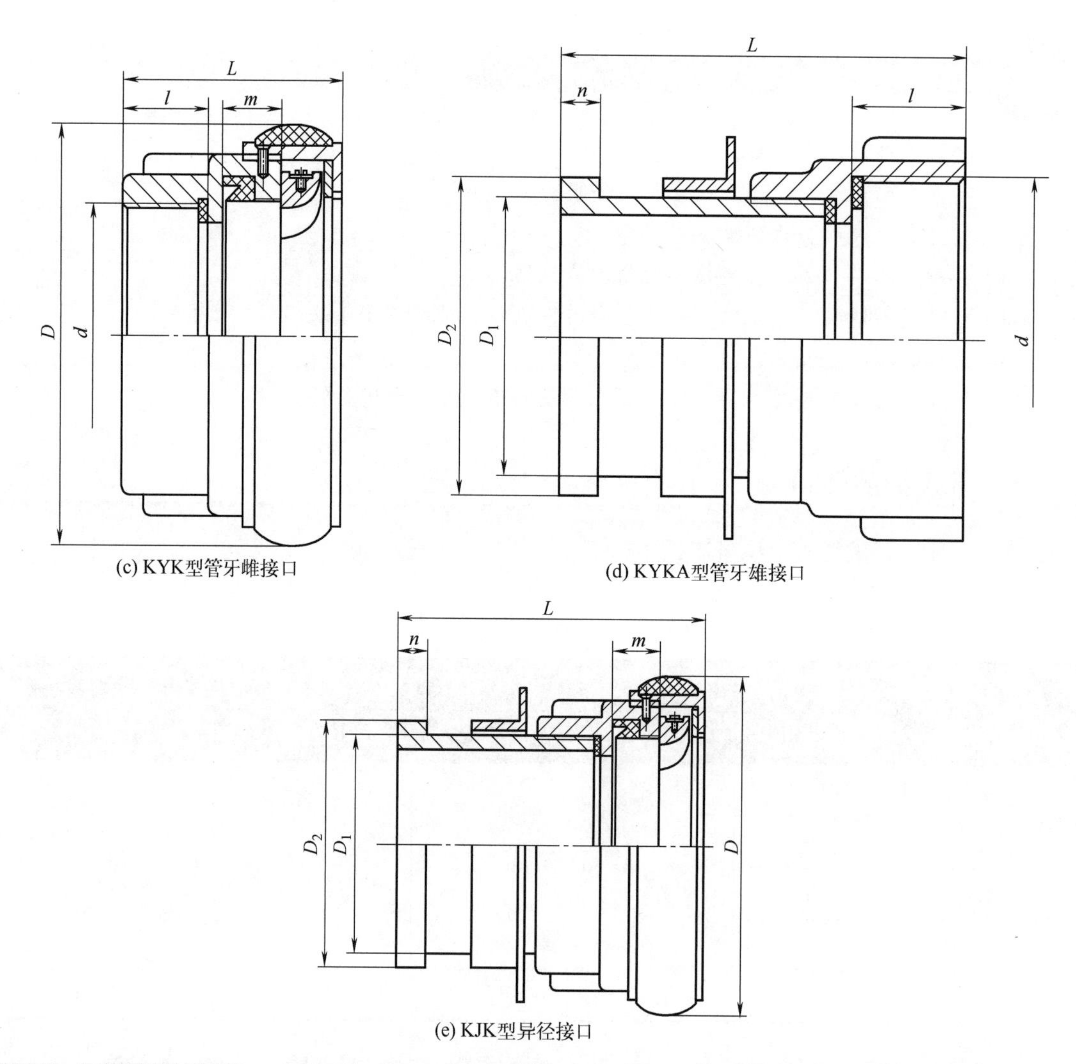

(c) KYK型管牙雌接口

(d) KYKA型管牙雄接口

(e) KJK型异径接口

图 2-9　卡式消防接口的结构

表 2-9　卡式消防接口基本尺寸

单位：mm

指标		尺寸			
公称通径		40	50	65	80
d	KDK	$38^{0}_{-0.62}$	$51^{0}_{-0.74}$	$63.5^{0}_{-0.74}$	$76^{0}_{-0.74}$
	KYK（KYKA）	G$1\frac{1}{2}$″	G2″	G$2\frac{1}{2}$″	G3″
D		$70^{0}_{-1.2}$	$94^{0}_{-1.4}$	$114^{0}_{-1.4}$	$129^{0}_{-1.6}$
D_1		$39^{0}_{-0.2}$	$51^{0}_{-0.2}$	$63.5^{0}_{-0.2}$	$76.2^{0}_{-0.2}$
D_2		$43.6^{0}_{-0.2}$	$55.6^{0}_{-0.2}$	$68.5^{0}_{-0.2}$	$81.5^{0}_{-0.2}$
m		$12.2^{+0.2}_{0}$	$15^{+0.2}_{0}$	$16^{+0.2}_{0}$	$19^{+0.2}_{0}$
n		$11.7^{0}_{-0.2}$	$14.5^{0}_{-0.2}$	$15.5^{0}_{-0.2}$	$18^{0}_{-0.2}$
L	KDK	≥126	≥160	≥196	≥227
	KYK	$37^{0}_{-1.0}$	$41^{0}_{-1.0}$	$64^{0}_{-1.2}$	$71^{0}_{-1.2}$
	KYKA	$74^{0}_{-1.2}$	$81^{0}_{-1.2}$	$95^{0}_{-1.4}$	$102^{0}_{-1.4}$
	KMK	$55^{0}_{-1.4}$	$65^{0}_{-1.4}$	$73.5^{0}_{-1.4}$	$83^{0}_{-1.4}$
l	KYK（KYKA）	$20^{0}_{-0.84}$	$20^{0}_{-0.84}$	$22^{0}_{-0.84}$	$22^{0}_{-0.84}$

2.2.3 螺纹式消防接口

螺纹式消防接口的型式、规格如表 2-10 所示。

表 2-10 螺纹式消防接口的型式、规格

接口型式		规格		适用介质
名称	代号	公称通径 /mm	公称压力 /MPa	
吸水管接口	KG	90、100、125、150	1.0 1.6	水
闷盖	KA			
同型接口	KT			

螺纹式消防接口的结构应符合图 2-10 的规定，其基本尺寸表如表 2-11 所示。

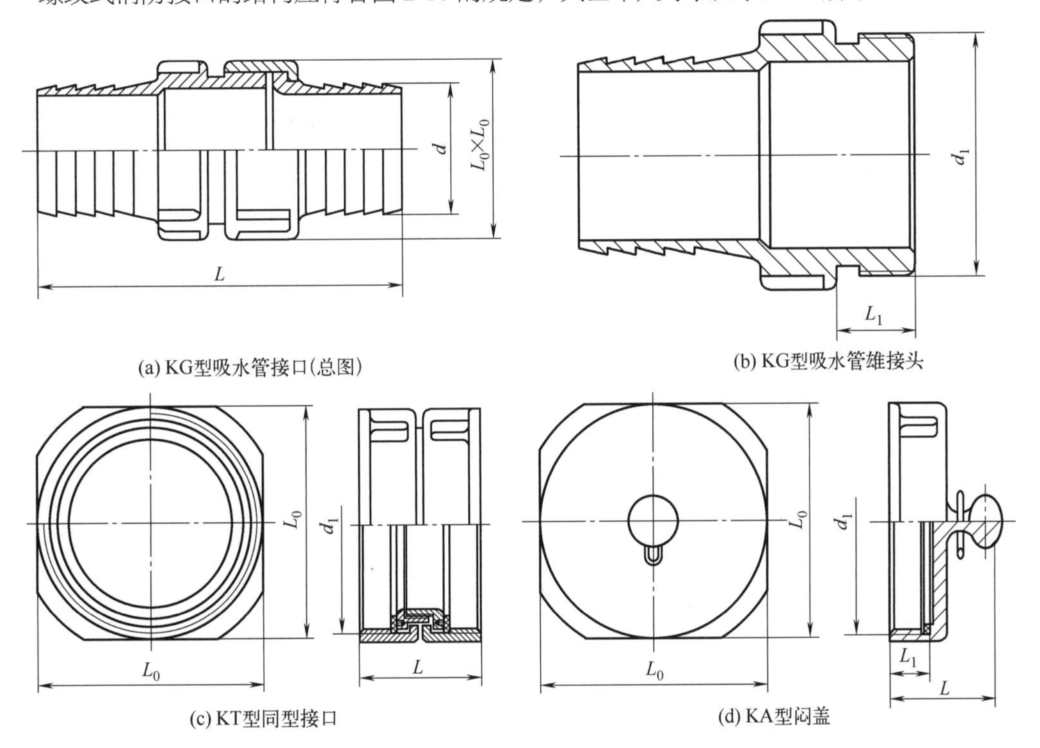

(a) KG型吸水管接口(总图)　(b) KG型吸水管雄接头

(c) KT型同型接口　(d) KA型闷盖

图 2-10 螺纹式消防接口的结构

表 2-11 螺纹式消防接口的基本尺寸表

单位：mm

指标		尺寸			
公称通径		90	100	125	150
d	KG	103	113	122.5	163
d_1	KA KG KT	M125×6		M150×6	M170×6
L	KG	≥ 310	≥ 315	≥ 320	≥ 360
	KA	≥ 59	≥ 59	≥ 59	≥ 59
	KT	≥ 113	≥ 113	≥ 113	≥ 113
L_1	KA KG KT	24			
L_0		140×140		166×166	190×190

2.2.4 内扣式消防接口

内扣式消防接口的型式、规格需要符合的规定如表 2-12 所示。

表 2-12　内扣式消防接口的型式、规格

接口型式		规格		适用介质
名称	代号	公称通径 /mm	公称压力 /MPa	
水带接口	KD	25、40、50、65、80、100、125、135、150	1.6 2.5	水、泡沫混合液
	KDN			
管牙接口	KY			
闷盖	KM			
内螺纹固定接口	KN			
外螺纹固定接口	KWS			
	KWA			
异径接口	KJ	两端通径可在通径系列内组合		

注：KD 表示外箍式连接的水带接口；KDN 表示内扩张式连接的水带接口；KWS 表示地上消火栓用外螺纹固定接口；KWA 表示地下消火栓用外螺纹固定接口。

内扣式消防接口的结构应符合图 2-11 的规定，其基本尺寸如表 2-13 所示。

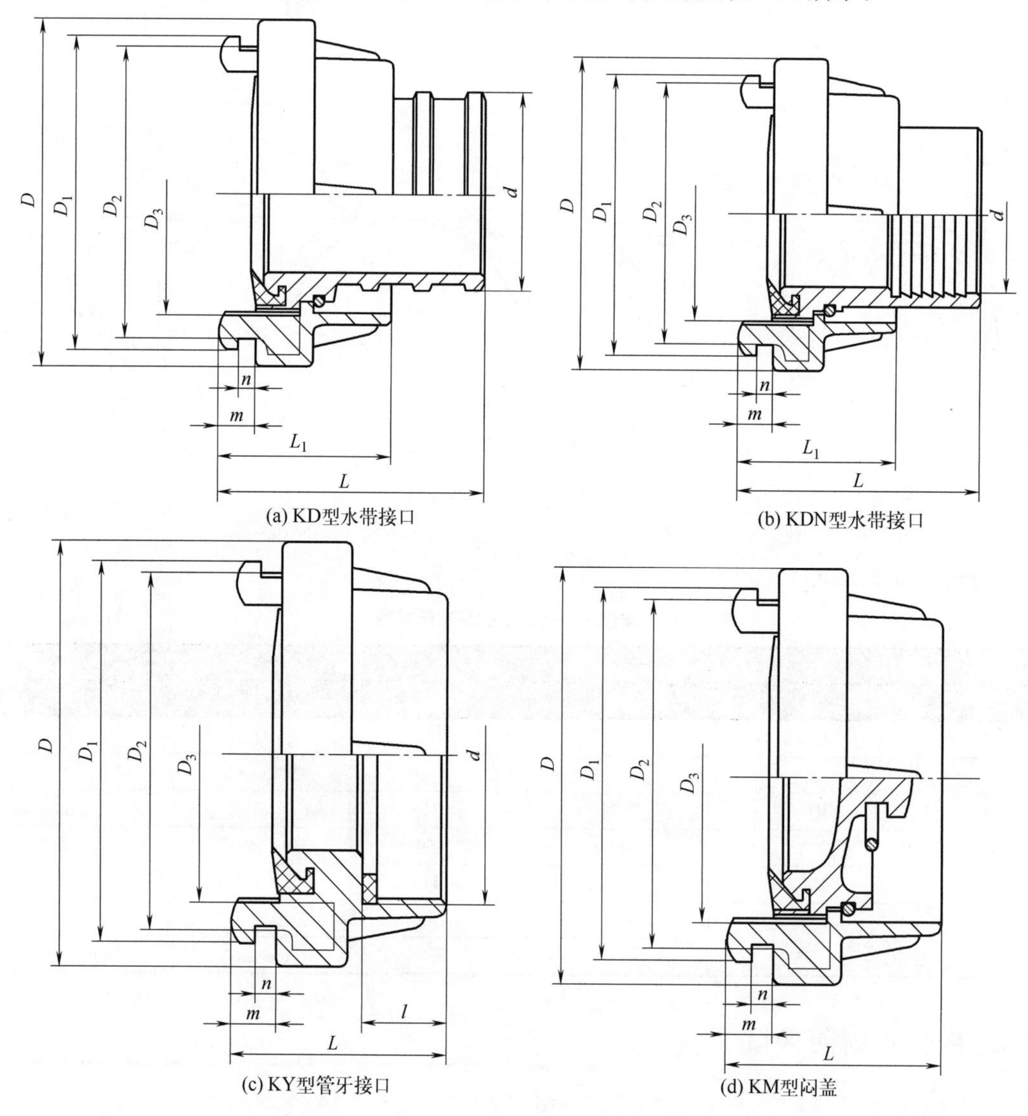

(a) KD型水带接口　(b) KDN型水带接口

(c) KY型管牙接口　(d) KM型闷盖

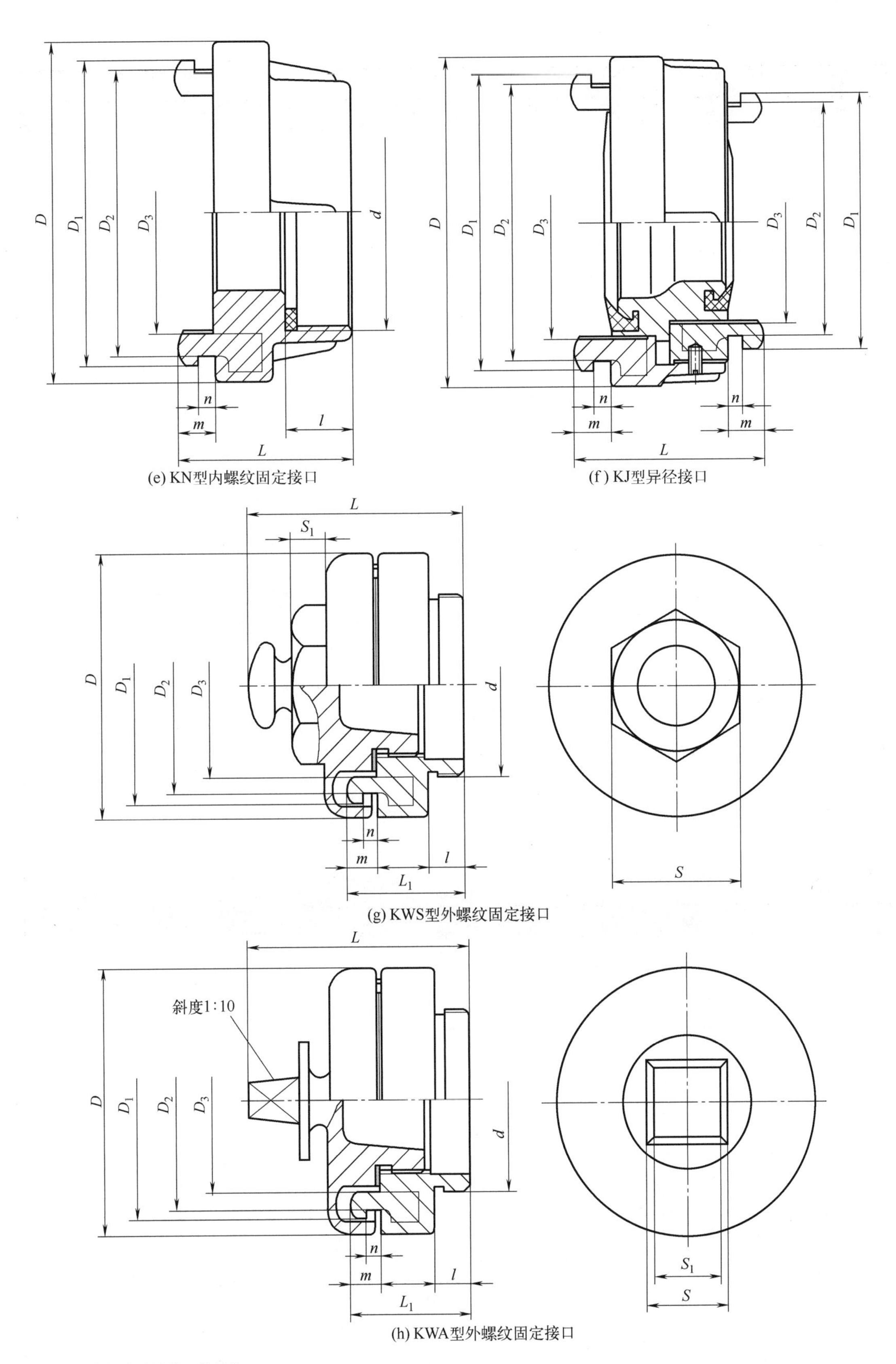

(e) KN型内螺纹固定接口

(f) KJ型异径接口

(g) KWS型外螺纹固定接口

(h) KWA型外螺纹固定接口

图 2-11 内扣式消防接口的结构

表 2-13　内扣式消防接口基本尺寸

单位：mm

指标		尺寸				
公称通径		25	40	50	65	80
d	KD、KDN	$25_{-0.52}^{0}$	$38_{-0.62}^{0}$	$51_{-0.74}^{0}$	$63.5_{-0.74}^{0}$	$76_{-0.74}^{0}$
	KY、KN	G1″	$G1\frac{1}{2}''$	G2″	$G2\frac{1}{2}''$	G3″
	KWS、KWA	G1″	$G1\frac{1}{2}''$	G2″	$G2\frac{1}{2}''$	G3″
D		$55_{-1.2}^{0}$	$83_{-1.4}^{0}$	$98_{-1.4}^{0}$	$111_{-1.4}^{0}$	$126_{-1.6}^{0}$
D_1		$45.2_{-0.62}^{0}$	$72_{-0.74}^{0}$	$85_{-0.87}^{0}$	$98_{-0.87}^{0}$	$111_{-0.87}^{0}$
D_2		$39_{-0.62}^{0}$	$65_{-0.74}^{0}$	$78_{-0.74}^{0}$	$90_{-0.87}^{0}$	$103_{-0.87}^{0}$
D_3		$31_{0}^{+0.62}$	$53_{0}^{+0.74}$	$66_{0}^{+0.74}$	$76_{0}^{+0.74}$	$89_{0}^{+0.87}$
m		$8.7_{-0.58}^{0}$	$12_{-0.70}^{0}$	$12_{-0.70}^{0}$	$12_{-0.70}^{0}$	$12_{-0.70}^{0}$
n		4.5 ± 0.09	5 ± 0.09	5 ± 0.09	5.5 ± 0.09	5.5 ± 0.09
L	KD、KDN	$\geqslant 59$	$\geqslant 67.5$	$\geqslant 67.5$	$\geqslant 82.5$	$\geqslant 82.5$
	KY、KN	$\geqslant 39$	$\geqslant 50$	$\geqslant 52$	$\geqslant 52$	$\geqslant 55$
	KM	$37_{-2.5}^{0}$	$54_{-3.0}^{0}$	$54_{-3.0}^{0}$	$55_{-3.0}^{0}$	$55_{-3.0}^{0}$
	KWS	$\geqslant 62$	$\geqslant 71$	$\geqslant 78$	$\geqslant 80$	$\geqslant 89$
	KWA	$\geqslant 82$	$\geqslant 92$	$\geqslant 99$	$\geqslant 101$	$\geqslant 101$
L_1	KD、KDN	$36.7_{-2.5}^{0}$	$54_{-3.0}^{0}$	$54_{-3.0}^{0}$	$55_{-3.0}^{0}$	$55_{-3.0}^{0}$
	KWS、KWA	$35.7_{-1.0}^{0}$	$50_{-1.0}^{0}$	$50_{-1.0}^{0}$	$52_{-1.2}^{0}$	$52_{-1.2}^{0}$
l	KY、KN	$14_{-0.70}^{0}$	$20_{-0.84}^{0}$	$20_{-0.84}^{0}$	$22_{-0.84}^{0}$	$22_{-0.84}^{0}$
	KWS、KWA	$14_{-0.70}^{0}$	$20_{-0.84}^{0}$	$20_{-0.84}^{0}$	$22_{-0.84}^{0}$	$22_{-0.84}^{0}$
S	KWS	$24_{-0.84}^{0}$	$36_{-1.0}^{0}$	$36_{-1.0}^{0}$	$55_{-1.2}^{0}$	$55_{-1.2}^{0}$
	KWA	$20_{-0.84}^{0}$	$30_{-0.84}^{0}$	$30_{-0.84}^{0}$	$30_{-0.84}^{0}$	$30_{-0.84}^{0}$
S_1	KWS	$\geqslant 10$	$\geqslant 10$	$\geqslant 10$	$\geqslant 10$	$\geqslant 10$
	KWA	$17_{-0.70}^{0}$	$27_{-0.84}^{0}$	$27_{-0.84}^{0}$	$27_{-0.84}^{0}$	$27_{-0.84}^{0}$

指标		尺寸			
公称通径		100	125	135	150
d	KD、KDN	$110_{-0.87}^{0}$	$122.5_{-1.0}^{0}$	$137_{-1.0}^{0}$	$150_{-1.0}^{0}$
	KY、KN	G4″	G5″	$G5\frac{1}{2}''$	G6″
D		$182_{-1.85}^{0}$	$196_{-1.85}^{0}$	$207_{-1.85}^{0}$	$240_{-1.85}^{0}$
D_1		$161_{-1.0}^{0}$	$176_{-1.0}^{0}$	$187_{-1.15}^{0}$	$240_{-1.15}^{0}$
D_2		$153_{-1.0}^{0}$	$165_{-1.0}^{0}$	$176_{-1.0}^{0}$	$220_{-1.15}^{0}$
D_3		$133_{0}^{+1.0}$	$148_{0}^{+1.0}$	$159_{0}^{+1.0}$	$188_{0}^{+1.0}$
m		$15.3_{-0.70}^{0}$	$15.3_{-0.70}^{0}$	$15.3_{-0.70}^{0}$	$16.3_{-0.70}^{0}$
n		7 ± 0.11	7.5 ± 0.11	7.5 ± 0.11	8 ± 0.11
L	KD、KDN	$\geqslant 170$	$\geqslant 205$	$\geqslant 245$	$\geqslant 270$
	KY、KN	$\geqslant 63$	$\geqslant 67$	$\geqslant 67$	$\geqslant 80$
	KM	$63_{-3.0}^{0}$	$70_{-3.0}^{0}$	$70_{-3.0}^{0}$	$80_{-3.0}^{0}$
L_1	KD、KDN	$63_{-3.0}^{0}$	$69_{-3.0}^{0}$	$69_{-3.0}^{0}$	$80_{-3.0}^{0}$
l	KY、KN	$26_{-0.84}^{0}$	$26_{-0.84}^{0}$	$26_{-0.84}^{0}$	$34_{-1.0}^{0}$

2.3 消防水枪

2.3.1 消防水枪的特点

消防水枪，简称为水枪。其是由单人或多人携带和操作的以水作为灭火剂的一种喷射管枪。消防水枪通常由接口、枪体，或能形成不同形式射流的装置组成，如图 2-12 所示。

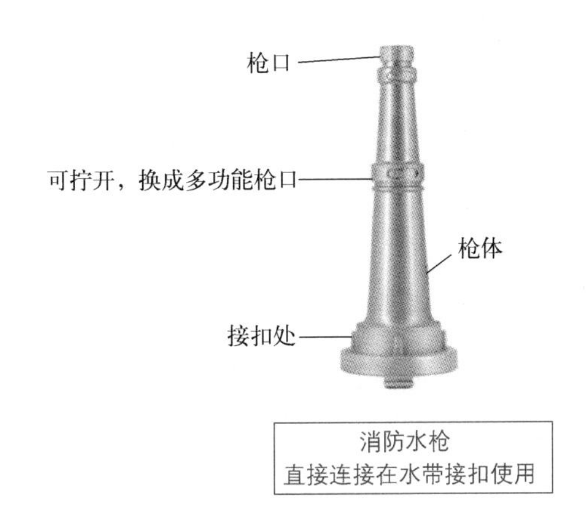

图 2-12 消防水枪的特点

2.3.2 消防水枪的分类

消防水枪根据工作压力范围可分为低压水枪、中压水枪、高压水枪，如图 2-13 所示。

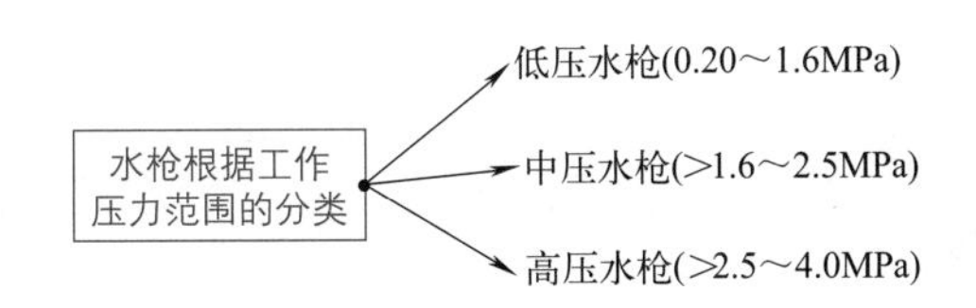

图 2-13 水枪根据工作压力范围的分类

水枪根据喷射的灭火水流形式可分为直流水枪、喷雾水枪、直流喷雾水枪、多用水枪、双流道水枪等。其中，直流喷雾水枪既能够喷射柱状水流，又能够喷射雾状水流，并且具有开启、关闭功能。

多用水枪既能够喷射柱状水流，又能够喷射雾状水流，在喷射柱状水流或喷射雾状水流的同时能够喷射开花水流，并且具有开启、关闭功能。

双流道水枪是既能够喷射充实水柱，通过流道转换又能喷射柱状水流或喷雾水流的一种水枪。

根据功能，喷雾角可调的导流式低压直流喷雾水枪可以分为第Ⅰ类、第Ⅱ类、第Ⅲ类、第Ⅳ类、第Ⅴ类，如图 2-14 所示。

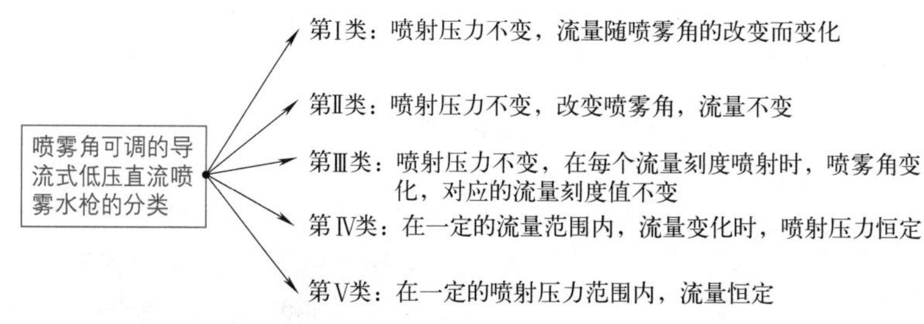

图 2-14 喷雾角可调的导流式低压直流喷雾水枪的分类

2.3.3 消防水枪的型号

消防水枪的型号一般由类、组代号，特征代号，额定喷射压力，额定流量等组成，其编制规则如图 2-15 所示。

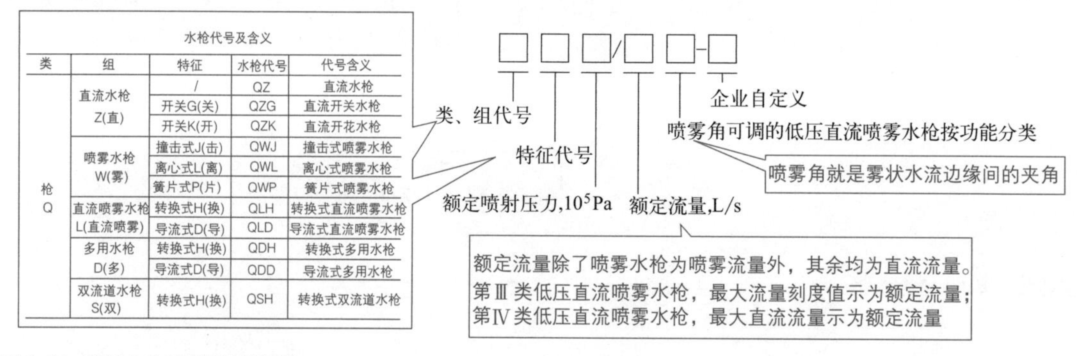

水枪代号及含义

类	组	特征	水枪代号	代号含义
枪 Q	直流水枪 Z(直)	/	QZ	直流水枪
		开关G(关)	QZG	直流开关水枪
		开关K(开)	QZK	直流开花水枪
	喷雾水枪 W(雾)	撞击式J(击)	QWJ	撞击式喷雾水枪
		离心式L(离)	QWL	离心式喷雾水枪
		簧片式P(片)	QWP	簧片式喷雾水枪
	直流喷雾水枪 L(直流喷雾)	转换式H(换)	QLH	转换式直流喷雾水枪
		导流式D(导)	QLD	导流式直流喷雾水枪
	多用水枪 D(多)	转换式H(换)	QDH	转换式多用水枪
		导流式D(导)	QDD	导流式多用水枪
	双流道水枪 S(双)	转换式H(换)	QSH	转换式双流道水枪

图 2-15 消防水枪的型号编制规则

2.4 阀门

2.4.1 阀门的分类和特点

阀门是用来开闭管路、控制流向、调节与控制输送介质的参数的管路附件，如图 2-16 所示。

图 2-16 阀门

阀门公称直径，是指阀门连接外通道的名义直径，一般用 DN 表示。公称直径表示阀门规格的大小，是阀门的主要尺寸参数。

阀门公称压力，是指阀门在基准温度下允许承受的最大工作压力，一般用 PN 来表示。公称压力表示阀门承压能力的大小，是阀门的主要性能参数。

根据公称通径，阀门的分类如下：

（1）小通径阀门：公称通径 DN ≤ 40mm 的阀门。

（2）中通径阀门：公称通径 DN 为 50 ～ 300mm 的阀门。

（3）大通径阀门：公称通径 DN 为 350 ～ 1200mm 的阀门。

（4）特大通径阀门：公称通径 DN ≥ 1400mm 的阀门。

根据公称压力，阀门的分类如下：

（1）真空阀：工作压力低于标准大气压的阀门。

（2）低压阀：公称压力 PN ≤ 1.6MPa 的阀门。

（3）中压阀：公称压力 PN 为 2.5MPa、4.0MPa、6.4MPa 的阀门。

（4）高压阀：公称压力 PN 为 10.0 ～ 80.0MPa 的阀门。

（5）超高压阀：公称压力 PN ≥ 100.0MPa 的阀门。

（6）过滤器：公称压力 PN 为 1.0MPa、1.6MPa 的阀门。

一些阀门外形如图 2-17 所示。

对夹连接阀门，是用螺栓直接将阀门及两头管道穿夹在一起的一种阀门

法兰连接阀门，是阀体带有法兰，与管道法兰连接的一种阀门

螺纹连接阀门，是阀体带有内螺纹或外螺纹，与管道螺纹连接的一种阀门

焊接连接阀门，是阀体带有焊接坡口，与管道焊接连接的一种阀门

图 2-17　一些阀门外形

通用阀门，就是在自动喷水灭火系统中使用的消防闸阀、消防蝶阀、消防球阀、消防截止阀、消防电磁阀、消防信号阀、消防单向阀、消防地埋闸阀等阀门的统称。

一些阀门的特点如表 2-14 所示。

表 2-14　一些阀门的特点

项目	解　说
手动阀门	靠人力操作手轮、手柄或链轮驱动的阀门
动力驱动阀门	利用各种动力源来驱动的阀门
消防地埋闸阀	在消防地埋敷设管线上安装，在地上进行启闭操作的闸阀

通用阀门的特点如下：

（1）通用阀门的规格代号采用以毫米（mm）为单位的公称直径数值表示。

（2）通用阀门表面应平整光洁，无加工缺陷及碰伤划痕，涂层均匀，色泽美观。

（3）通用阀门阀体应喷涂为红色。

（4）通用阀门的进出口公称尺寸不应超过 300 mm。

（5）通用阀门的额定工作压力不应低于 1.2 MPa。

一点通

自动喷水灭火系统中，当报警阀入口前管道采用不防腐的钢管时，应在该段管道的末端设过滤器。

2.4.2　消防球阀

球阀是由旋塞阀演变而来的。球阀与旋塞阀具有相同的启闭动作，不同的是球阀阀芯旋转体不是塞子而是球体。当球旋转 90° 时，在进、出口处应全部呈现球面，从而截断流动，如图 2-18 所示。

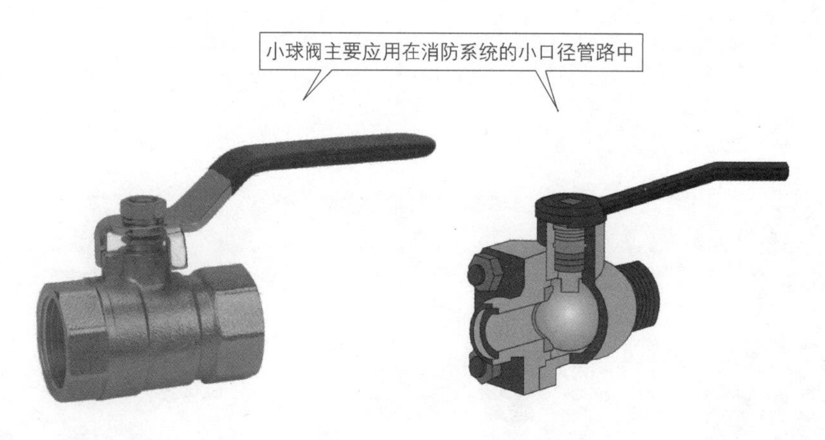

小球阀主要应用在消防系统的小口径管路中

图 2-18　球阀

消防球阀的分类如图 2-19 所示。

消防球阀阀体流道应不缩径且为圆形，其最小直径应符合表 2-15 的规定。

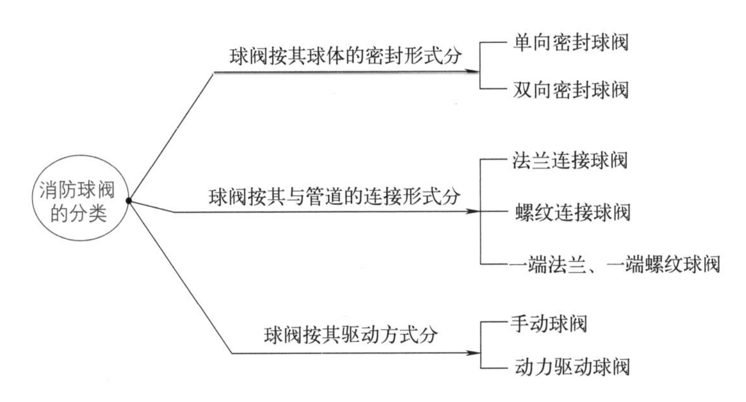

图 2-19 消防球阀的分类

表 2-15 消防球阀阀体流道最小直径要求

公称尺寸 DN	阀体流道最小直径 /mm	公称尺寸 DN	阀体流道最小直径 /mm
25	24	125	123
40	37	150	148
50	49	200	198
65	62	250	245
80	75	300	295
100	98		

2.4.3 消防截止阀

截止阀又称为截门阀，属于强制密封式阀门。因此，在阀门关闭时，必须向阀瓣施加压力，以强制密封面不泄漏。

截止阀不适用于带颗粒、黏度较大、易结焦的介质。安装截止阀时，介质的流向应与阀体所示箭头方向一致，如图 2-20 所示。

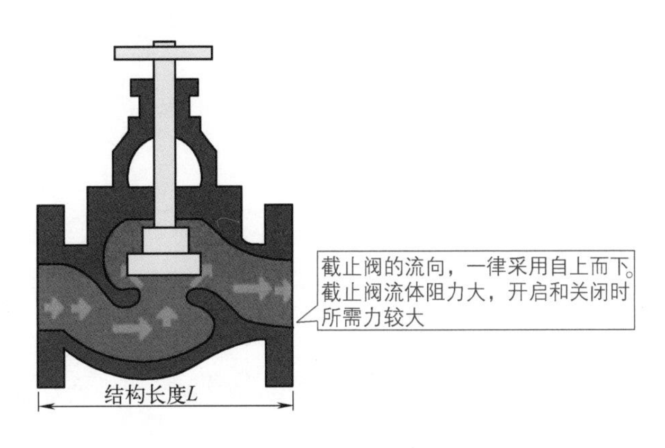

图 2-20 截止阀

根据通道方向，截止阀分为直通式截止阀、直流式截止阀、角式截止阀、柱塞式截止阀等，如图 2-21 所示。

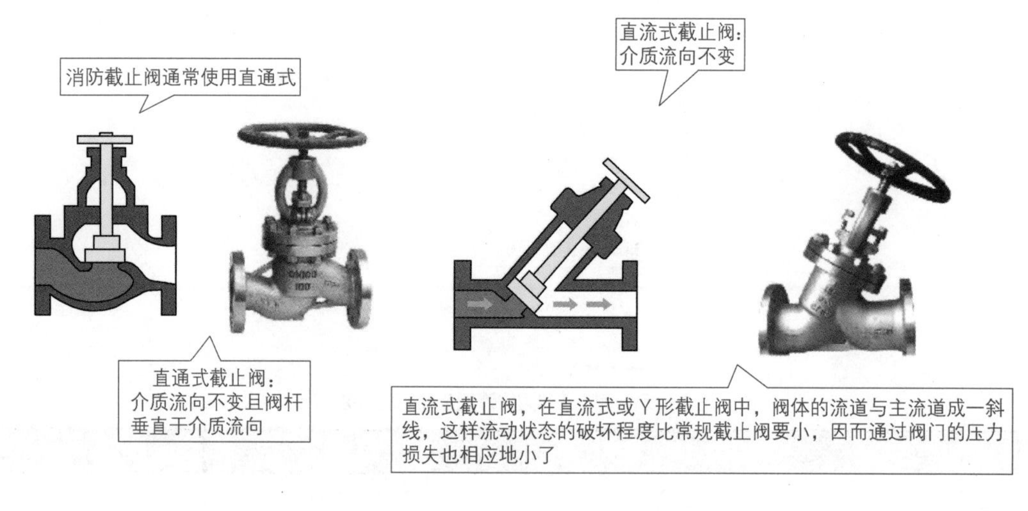

消防截止阀通常使用直通式
直流式截止阀：
介质流向不变
直通式截止阀：
介质流向不变且阀杆
垂直于介质流向
直流式截止阀，在直流式或Y形截止阀中，阀体的流道与主流道成一斜线，这样流动状态的破坏程度比常规截止阀要小，因而通过阀门的压力损失也相应地小了

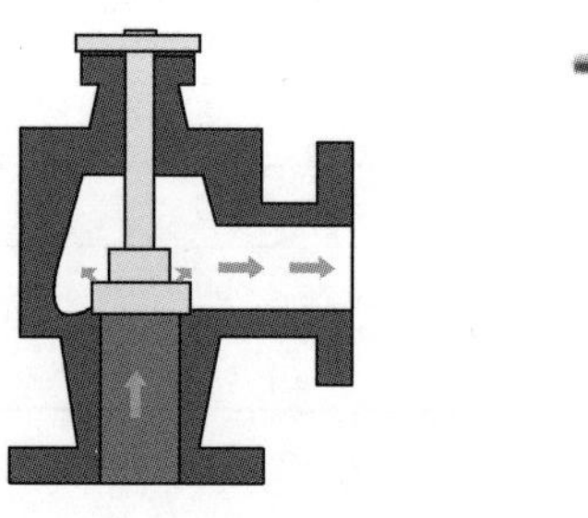

角式截止阀中，流体只需改变一次方向，以致通过该阀门的压力降比常规结构的截止阀小

图 2-21 截止阀的特点

2.4.4 消防信号阀

信号阀是指具有输出启闭状态信号功能的一种阀门。

消防信号阀包括消防信号闸阀、消防信号蝶阀、消防信号球阀、消防信号截止阀等，如图 2-22 所示。

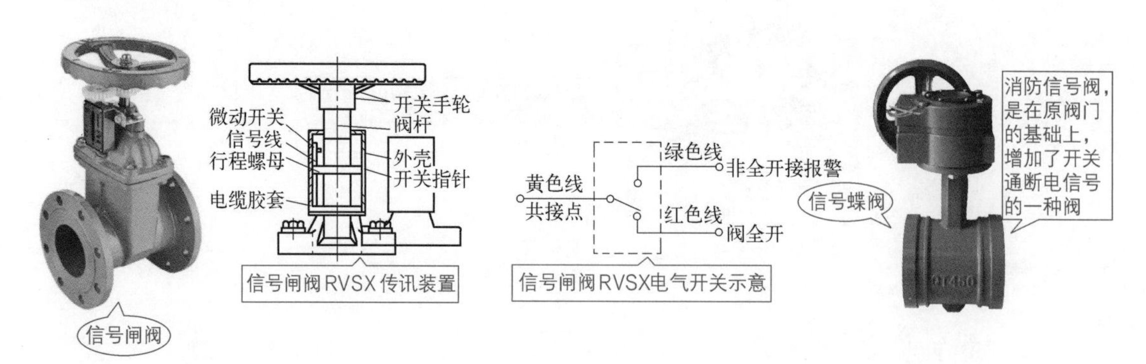

信号闸阀RVSX传讯装置

信号闸阀RVSX电气开关示意

消防信号阀，是在原阀门的基础上，增加了开关通断电信号的一种阀

图 2-22 消防信号阀

一点通

信号阀的安装要求如下：

（1）信号阀需要安装在水流指示器前的管道上，与水流指示器间的距离一般不宜小于300mm。

（2）信号阀的引出线应用防水套管锁定。

2.4.5 消防单向阀

单向阀又称止回阀或逆止阀，其作用是防止管路中的介质倒流。单向阀有升降式单向阀、旋启式单向阀、蝶式单向阀等，如图 2-23 所示。

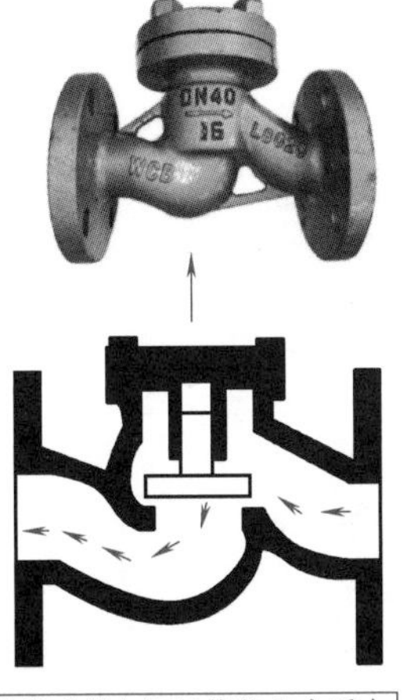

升降式单向阀是指依靠介质本身流动而自动开、闭阀瓣，用来防止介质倒流的阀门

(a) 升降式单向阀

旋启式单向阀的阀瓣绕转轴做旋转运动。其流体阻力一般小于升降式止回阀，旋启式单向阀适用于较大口径的场合

(b) 旋启式单向阀

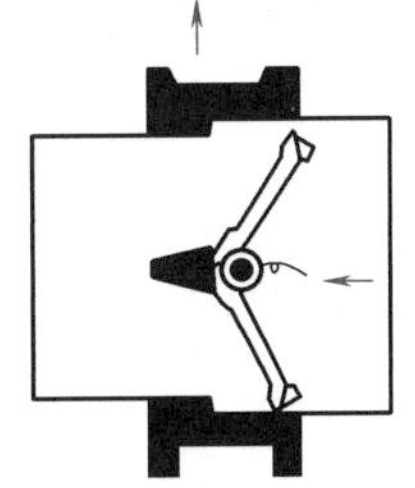

蝶式单向阀的阀瓣呈圆盘状，绕阀座通道的转轴作旋转运动

(c) 蝶式单向阀

图 2-23 消防单向阀

一点通

倒流防止器的安装要求如下：

（1）倒流防止器宜安装在水平位置。当竖直安装时，排水口需要配备专用弯头。

（2）倒流防止器宜安装在便于调试、维护的位置。

（3）倒流防止器应在管道冲洗合格后进行安装。

（4）不应在倒流防止器的进口前安装过滤器或者使用带过滤器的倒流防止器。

（5）倒流防止器两端需要分别安装闸阀，而且至少有一端要安装挠性接头。

（6）倒流防止器上的泄水阀不宜反向安装。泄水阀需要采取间接排水方式，其排水管不得直接与排水管（沟）连接。

（7）安装完毕后首次启动使用时，需要关闭出水闸阀，缓慢打开进水闸阀。等阀腔充满水后，再缓慢开出水闸阀。

2.4.6 消防减压阀

减压阀是靠膜片、弹簧、活塞等敏感元件改变阀瓣与阀座间的间隙，并且把进口压力减到需要的出口压力，以及依靠介质本身的能量，使出口压力自动保持恒定的一种阀门。

根据作用方式分，减压阀分为直接作用式、先导式等。根据结构形式分，减压阀分为薄膜式、弹簧薄膜式、活塞式、波纹管式、杠杆式等。

常见减压阀的结构与外形如图 2-24 所示。

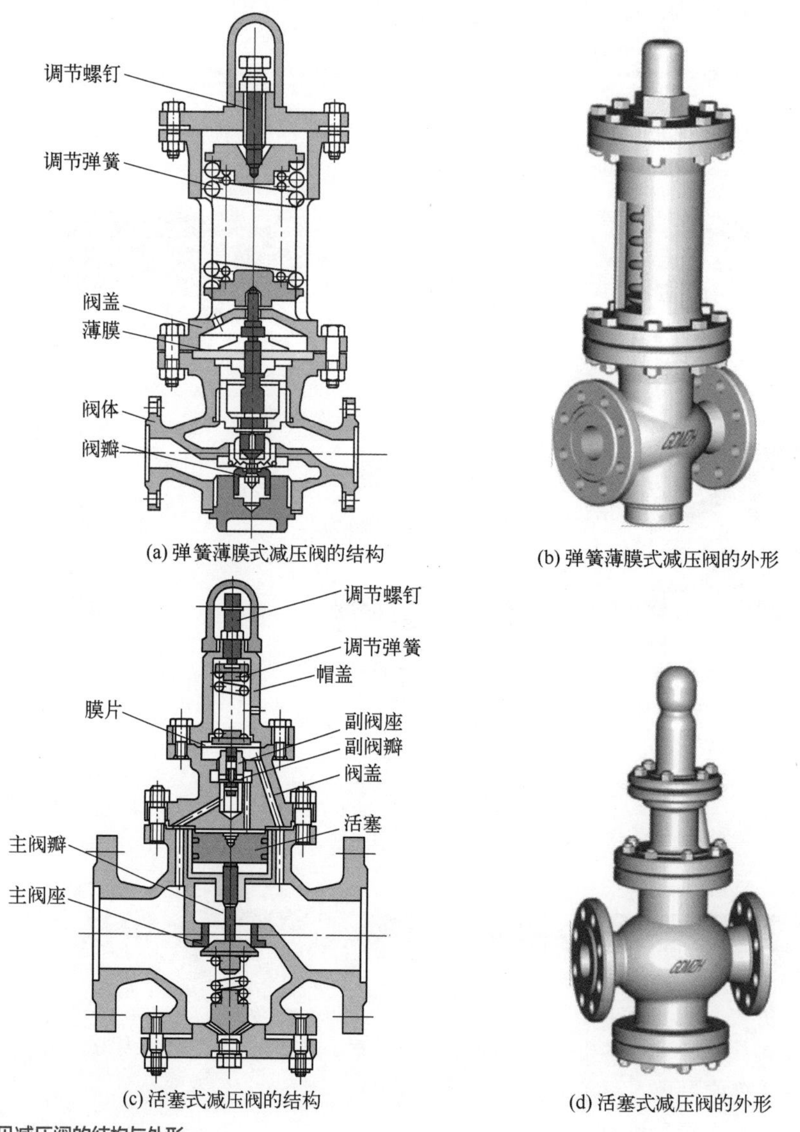

图 2-24 常见减压阀的结构与外形

自动喷水灭火系统减压阀的设置需要符合的规定如下：

（1）应设在报警阀组入口前。

（2）入口前应设过滤器，并且便于排污。

（3）当连接两个及以上报警阀组时，应设置备用减压阀。

（4）垂直安装的减压阀，水流方向宜向下。

（5）比例式减压阀宜垂直安装，可调式减压阀宜水平安装。

（6）减压阀前后应设控制阀和压力表，当减压阀主阀体自身带有压力表时，可不设置压力表。

（7）减压阀和前后的阀门，宜有保护或锁定调节配件的装置。

一点通

减压阀的安装要求如下：

（1）减压阀安装应在供水管网试压、冲洗合格后进行。

（2）减压阀安装前应进行检查：其规格型号需要与设计相符；阀外控制管路、导向阀各连接件不应有松动；外观应无机械损伤，并且应清除阀内异物。

（3）减压阀水流方向需要与供水管网水流方向一致。

（4）应在进水侧安装过滤器，并且宜在其前后安装控制阀。

（5）可调式减压阀宜水平安装，阀盖应向上。

（6）比例式减压阀宜垂直安装；当水平安装时，单呼吸孔减压阀其孔口应向下，双呼吸孔减压阀其孔口应呈水平位置。

（7）安装自身不带压力表的减压阀时，应在其前后相邻部位安装压力表。

2.4.7 泄压阀

泄压阀，又名安全阀、安全泄压阀等。

泄压阀能够根据系统的工作压力自动启闭，一般安装在封闭系统的设备或管路上保护系统安全。当设备或管道内压力超过泄压阀设定压力时，能够自动开启泄压，从而保证设备与管道内介质压力在设定压力之下，进而保护设备、管道，防止发生意外。

泄压阀有先导式泄压阀、胶囊式泄压阀、弹簧式泄压阀、水力控制泄压阀等。例如先导式泄压阀，是依靠阀体内部的导阀来开启的，其不需要额外的辅助设施，特别适用于低黏油品。

泄压阀主要由阀体、阀芯、导阀、测压管等组成。泄压阀有 3 英寸[1]、4 英寸、6 英寸等型号。

消防系统中，一般只有消防给水系统中才采用泄压阀。一些泄压阀的外形及特点如图 2-25 所示。

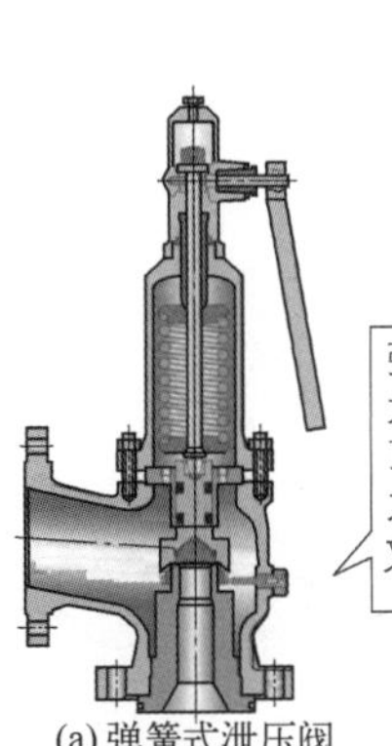

弹簧式泄压阀，当压力大于安全值时，弹簧被顶开，介质被泄出；压力回到安全值时，弹簧又落下，使阀座密封

(a) 弹簧式泄压阀

(b) 水力控制泄压阀

图 2-25 一些泄压阀的外形及特点

[1] 1 英寸 =2.54cm。

泄压阀的应用及原理如图 2-26 所示。

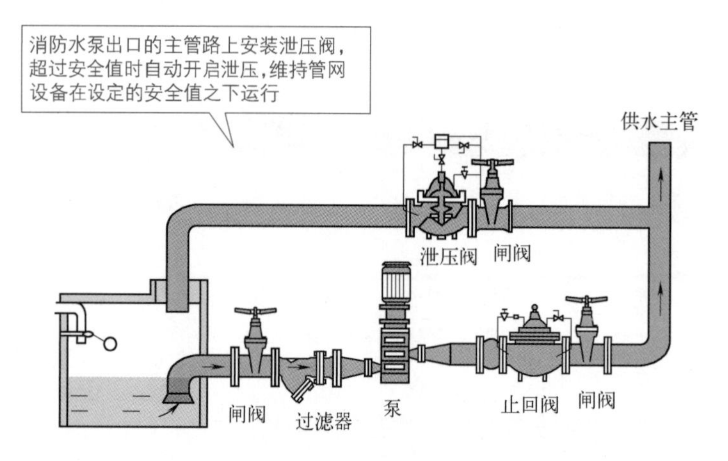

消防水泵出口的主管路上安装泄压阀，超过安全值时自动开启泄压，维持管网设备在设定的安全值之下运行

(a) 泄压阀在消防水泵房的应用

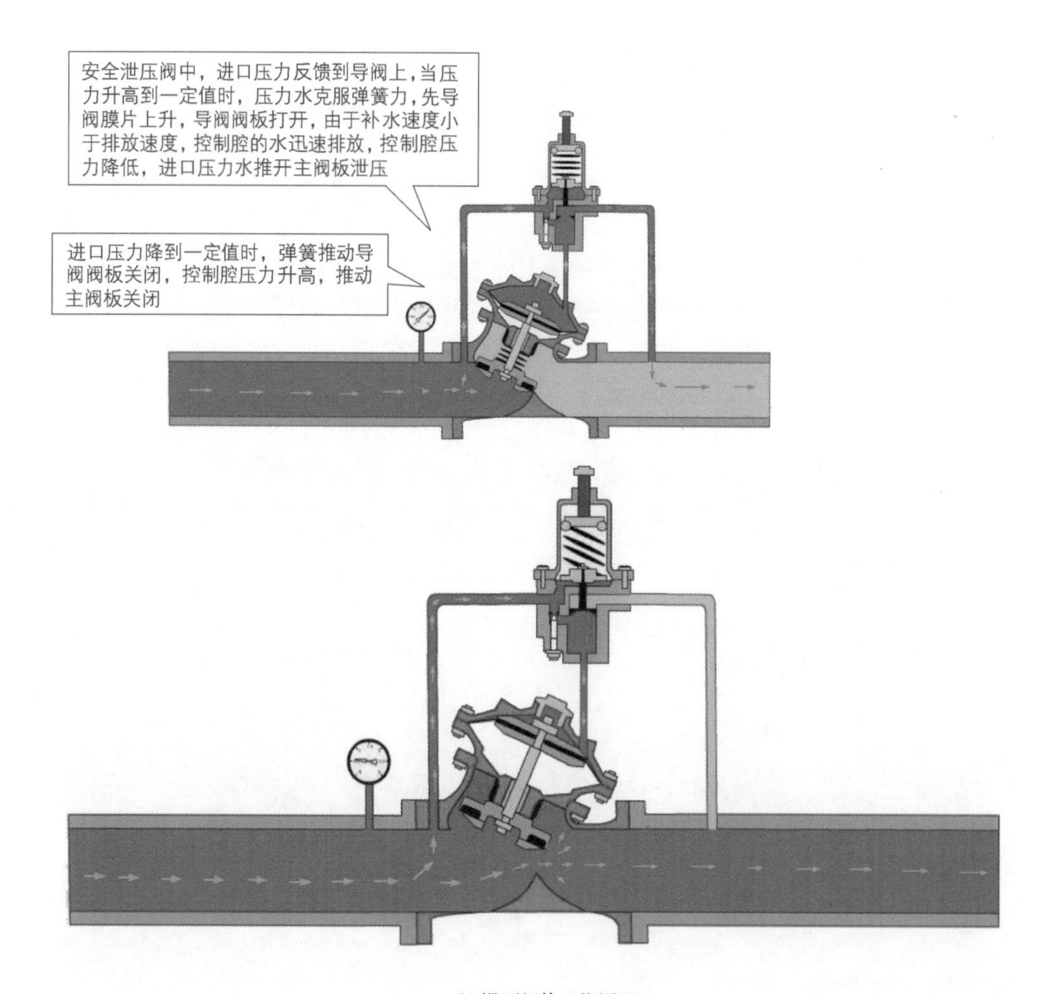

安全泄压阀中，进口压力反馈到导阀上，当压力升高到一定值时，压力水克服弹簧力，先导阀膜片上升，导阀阀板打开，由于补水速度小于排放速度，控制腔的水迅速排放，控制腔压力降低，进口压力水推开主阀板泄压
进口压力降到一定值时，弹簧推动导阀阀板关闭，控制腔压力升高，推动主阀板关闭

(b) 泄压阀的工作原理

图 2-26 泄压阀的应用及原理

一点通

排气阀的安装要求如下：

（1）排气阀的安装，需要在系统管网试压、冲洗合格后进行。

（2）排气阀要安装在配水干管顶部、配水管的末端，并且要确保无渗漏。

2.4.8 消防闸阀

消防闸阀的公称直径与手轮最小外缘直径的要求如表 2-16 所示。

表 2-16 消防闸阀的公称直径与手轮最小外缘直径的要求

消防闸阀的公称直径 /mm	手轮最小外缘直径 /mm	消防闸阀的公称直径 /mm	手轮最小外缘直径 /mm
15，20	66	100	203
25	66	125	254
32	76	150	279
40	83	200	330
50	89	250	381
65	111	300	406
80	152		

消防闸阀最大操作扭矩值如表 2-17 所示，机械强度扭矩值如表 2-18 所示。

表 2-17 消防闸阀最大操作扭矩值

消防闸阀的公称直径 /mm	最大操作扭矩值 /（N·m）	消防闸阀的公称直径 /mm	最大操作扭矩值 /（N·m）
15，20	34	100	104
25	34	125	122
32	41	150	149
40	48	200	203
50	61	250	251
65	68	300	305
80	75		

表 2-18 消防闸阀机械强度扭矩值

消防闸阀的公称直径 /mm	机械强度扭矩值 /（N·m）	消防闸阀的公称直径 /mm	机械强度扭矩值 /（N·m）
15，20，25	55	100	300
32	70	125	375
40	80	150	450
50	180	200	600
65	225	250	700
80	225	300	900

2.4.9 报警阀

报警阀是一种阀门式装置，主要用于开启、关闭管网的水流，传递控制信号到控制系统，并且启动水力警铃直接报警。因此，有时其也称为报警阀组、报警阀装置。报警阀组是一种特殊的阀门装置，其不同于普通的阀组，主要是其有报警的功能。

报警阀可以分为湿式报警阀、干式报警阀、干湿式报警阀、雨淋式报警阀等类型。

湿式报警阀是指只允许水流入湿式灭火系统，并且在规定压力、流量下驱动配套部件报警的一种单向阀。

湿式报警阀的阀瓣组件是湿式报警阀中防止水流倒流的主要活动密封件。

湿式报警阀的分类如图 2-27 所示。

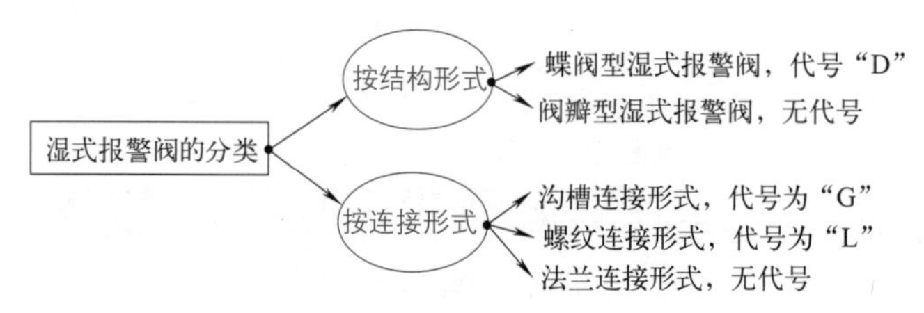

图 2-27 湿式报警阀的分类

湿式报警阀进出口公称直径为 50mm、65mm、80mm、100mm、125mm、150mm、200mm、250mm 等。

湿式报警阀、延迟器、水力警铃的额定工作压力应为 1.2MPa 或 1.6MPa。

湿式报警阀报警口与延迟器间不应设置阀门。湿式报警阀应设置显示供水压力、系统压力的装置。阀体上应设有放水口，放水口公称直径一般不应小于 20mm。延迟器进水口直径小于或等于 6mm 时，则需要设置耐腐蚀的过滤网，网孔最大尺寸不应大于保护孔径的 0.6 倍，过滤网总面积一般不应小于保护孔面积的 20 倍。

一点通

串联接入湿式系统配水干管的其他自动喷水灭火系统，应分别设置独立的报警阀组，其控制的喷头数计入湿式阀组控制的喷头总数。自动喷水灭火系统应设报警阀组。保护室内钢屋架等建筑构件的闭式系统应设独立的报警阀组。水幕系统应设独立的报警阀组或感温雨淋阀。

2.4.10 消防给水系统阀门选择的要求

消防给水系统阀门选择的要求如下：

（1）埋地管道的阀门，宜采用带启闭刻度的暗杆闸阀。当设置在阀门井内时，可采用耐腐蚀的明杆闸阀。

（2）室内架空管道的阀门，宜采用蝶阀（如图 2-28 所示）、明杆闸阀、带启闭刻度的暗杆闸阀等。

（3）室外架空管道，宜采用带启闭刻度的暗杆闸阀或耐腐蚀的明杆闸阀。

图 2-28 蝶阀

（4）埋地管道的阀门，应采用球墨铸铁阀门。

（5）室内架空管道的阀门，应采用球墨铸铁阀门或不锈钢阀门。

（6）室外架空管道的阀门，应采用球墨铸铁阀门或不锈钢阀门。

（7）消防给水系统管道的最高点处，宜设置自动排气阀。

（8）消防水泵出水管上的止回阀，宜采用水锤消除止回阀。当消防水泵供水高度超过 24m 时，应采用水锤消除器。当消防水泵出水管上设有囊式气压水罐时，可不设水锤消除设施。

（9）过滤器前和减压阀后应设置控制阀门。

（10）垂直安装的减压阀，水流方向宜向下。

（11）比例式减压阀宜垂直安装，可调式减压阀宜水平安装。

（12）减压阀和控制阀门宜有保护或锁定调节配件的装置。

（13）接减压阀的管段不应有气堵、气阻。

（14）在寒冷、严寒地区，室外阀门井应采取防冻措施。

（15）减压阀后应设置压力试验排水阀。

（16）减压阀应设置流量检测测试接口或流量计。

（17）消防给水系统的室内外消火栓、阀门等的设置位置，应设置永久性固定标识。

（18）减压阀应设置在报警阀组入口前，当连接两个及以上报警阀组时，应设置备用减压阀。

（19）减压阀的进口处应设置过滤器，过滤器的孔网直径不宜小于 4 ～ 5 目 /cm^2，过流面积不应小于管道截面积的 4 倍。

（20）过滤器和减压阀前后应设压力表，压力表的表盘直径不应小于 100mm，最大量程宜为设计压力的 2 倍。

（21）室内消防给水系统由生活、生产给水系统管网直接供水时，应在引入管处设置倒流防止器。当消防给水系统采用减压型倒流防止器时，减压型倒流防止器应设置在清洁卫生的场所，其排水口应采取防止被水淹没的技术措施。

2.5 消防泵

2.5.1 消防泵的种类

用于消防工作的泵统称为消防泵。消防泵是固定水喷淋灭火系统、泡沫灭火系统等不可缺少的核心设备。

消防泵的种类如图 2-29 所示。

2.5.2 消防专用水泵的参数

消防泵主要技术性能参数有额定流量、额定压力、吸程、吸水口承压能力等。消防专用水泵的参数如表 2-19 所示。

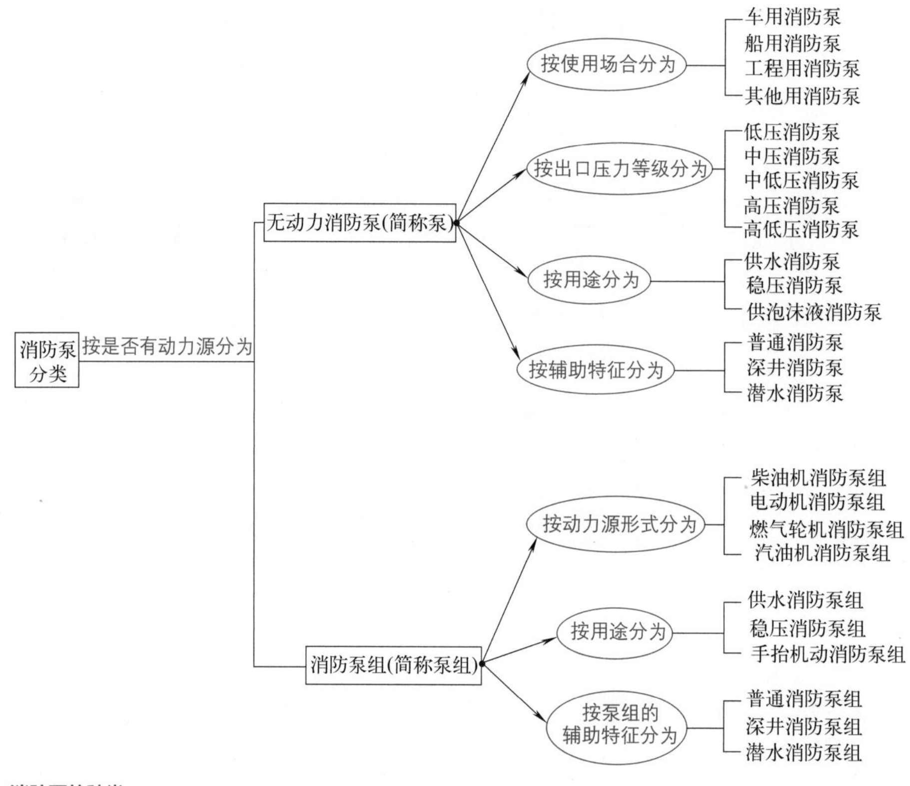

图 2-29 消防泵的种类

表 2-19 消防专用水泵的参数

消防泵种类	额定流量 /（L/s）	额定压力 /MPa	电机功率 /kW	转速 /（r/min）
卧式恒压切线消防泵	10、15、20、30、40、50、60、70	0.2 ～ 2.0	4 ～ 250	4500、2950
立式恒压切线消防泵	10、15、20、30、40、50、60、70	0.2 ～ 2.0	4 ～ 315	2970、1480
卧式多级单出口、双出口消防泵	10、15、20、30、40、50、80	0.2 ～ 2.0	5.5 ～ 200	2950、1450
立式多级单出口、双出口消防泵	10、15、20、30、40、50、80	0.2 ～ 2.0	4 ～ 200	2950、1450
卧式恒压单级消防泵	10、15、20、30、40、50、60、70、80	0.4 ～ 2.0	7.5 ～ 315	2950、1480
立式恒压单级消防泵	10、15、20、30、40、50、60、70	0.4 ～ 1.5	7.5 ～ 75	2950、1480
立式稳压缓冲多级消防泵	10、15、20、25、30、35、40、45、50、55、60	0.3 ～ 2.0	5.5 ～ 132	2900
卧式单级双吸消防泵	30、35、40、45、50、55、60、65、70、75、80、90、95、100、105、110、115、120、125、130、140、150、160	0.3 ～ 1.3	15 ～ 250	2950、1450
立式单级双吸消防泵				

一点通

消防泵的流量、扬程，应根据所服务工程项目对消防水量和水压的要求经计算确定。消防水泵原动机的功率应满足水泵运行工况范围内的工作要求。

2.5.3 多功能水泵控制阀的安装类型

多功能水泵控制阀的安装类型如图 2-30 所示。

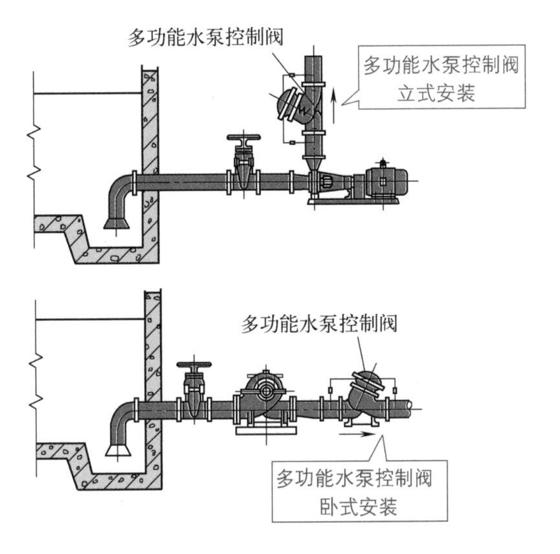

图 2-30 多功能水泵控制阀的安装类型

一点通

自动喷水灭火系统消防水泵的要求：

（1）采用临时高压给水系统的自动喷水灭火系统，宜设置独立的消防水泵，并应根据一用一备或二用一备，以及最大一台消防水泵的工作性能设置备用泵。当与消火栓系统合用消防水泵时，系统管道应在报警阀前分开。

（2）按二级负荷供电的建筑，宜采用柴油机泵作备用泵。

（3）系统的消防水泵、稳压泵，应采用自灌式吸水方式。采用天然水源时，消防水泵的吸水口应采取防止杂物堵塞的措施。

2.6 喷头

2.6.1 洒水喷头的特点

洒水喷头是一种热敏感装置，其安装在自动喷水系统管道上，能够在热的作用下，在预定的温度范围内自行启动，以及根据设计的特定形状与流量向保护区域洒水灭火。

由于喷口面积、喷洒角度的不同，普通消防喷淋头与快速喷头在灭火效果上有所不同。普通消防喷淋头能够精准喷洒，喷射的水雾更为密集，但是喷射范围相对较小，灭火效率较低。快速喷头、喷淋头，均属于洒水喷头。

洒水喷头的特点如图 2-31 所示。

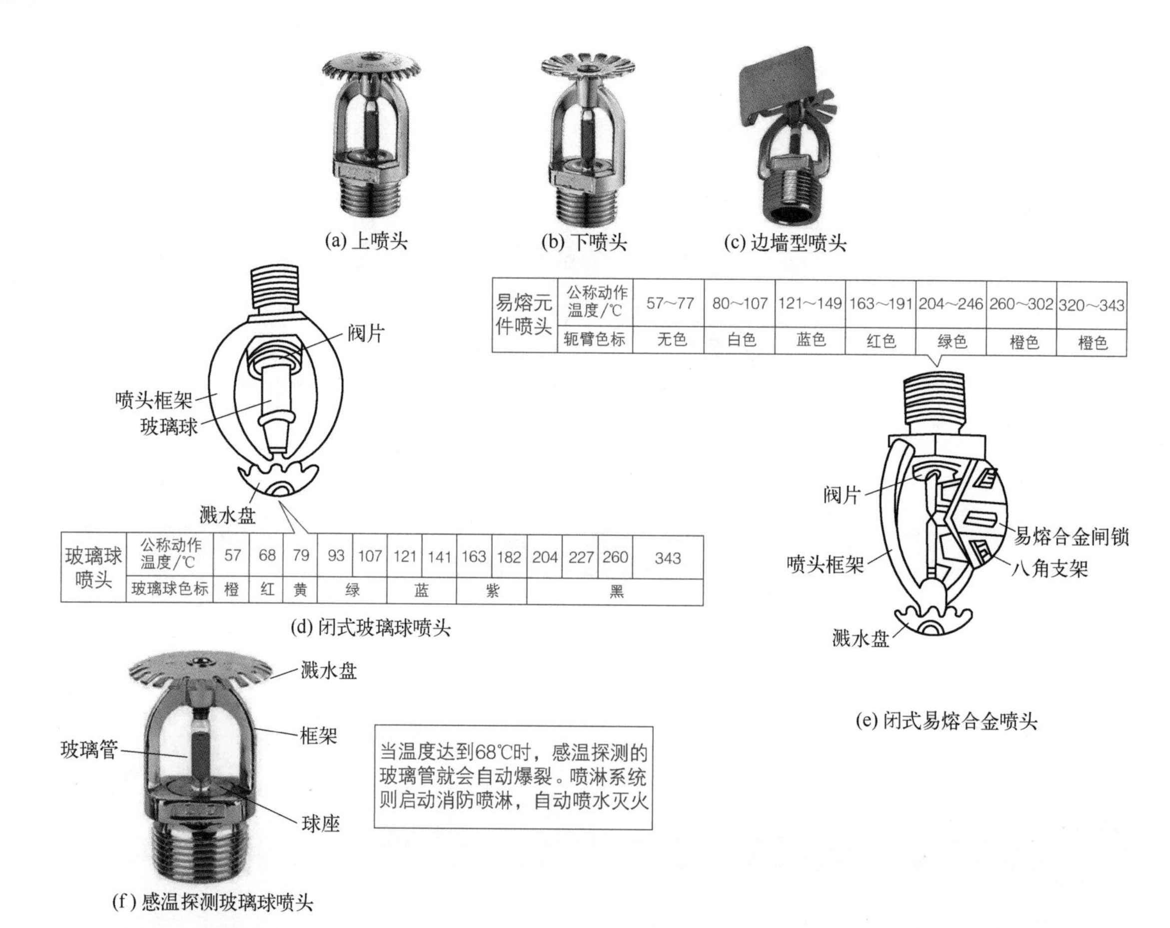

(a) 上喷头　(b) 下喷头　(c) 边墙型喷头

易熔元件喷头	公称动作温度/℃	57～77	80～107	121～149	163～191	204～246	260～302	320～343
	轭臂色标	无色	白色	蓝色	红色	绿色	橙色	橙色

玻璃球喷头	公称动作温度/℃	57	68	79	93	107	121	141	163	182	204	227	260	343
	玻璃球色标	橙	红	黄	绿		蓝		紫		黑			

(d) 闭式玻璃球喷头

(e) 闭式易熔合金喷头

(f) 感温探测玻璃球喷头

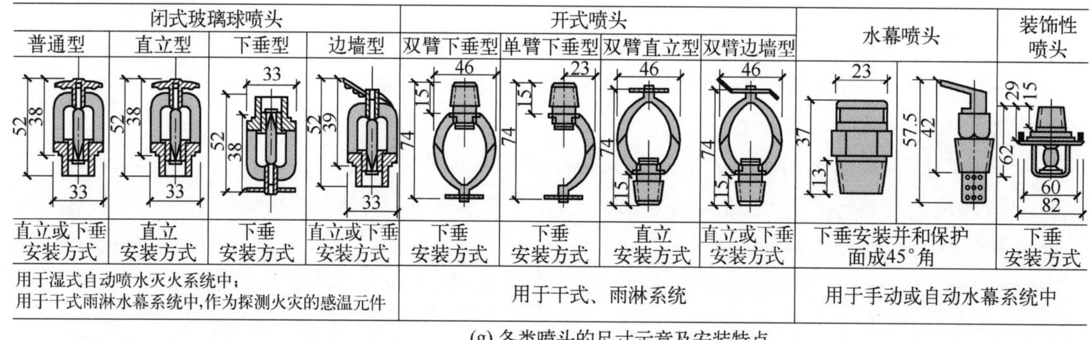

闭式玻璃球喷头				开式喷头				水幕喷头		装饰性喷头
普通型	直立型	下垂型	边墙型	双臂下垂型	单臂下垂型	双臂直立型	双臂边墙型			
直立或下垂安装方式	直立安装方式	下垂安装方式	直立或下垂安装方式	下垂安装方式	下垂安装方式	直立安装方式	直立或下垂安装方式	下垂安装并和保护面成45°角		下垂安装方式
用于湿式自动喷水灭火系统中；用于干式雨淋水幕系统中，作为探测火灾的感温元件				用于干式、雨淋系统				用于手动或自动水幕系统中		

(g) 各类喷头的尺寸示意及安装特点

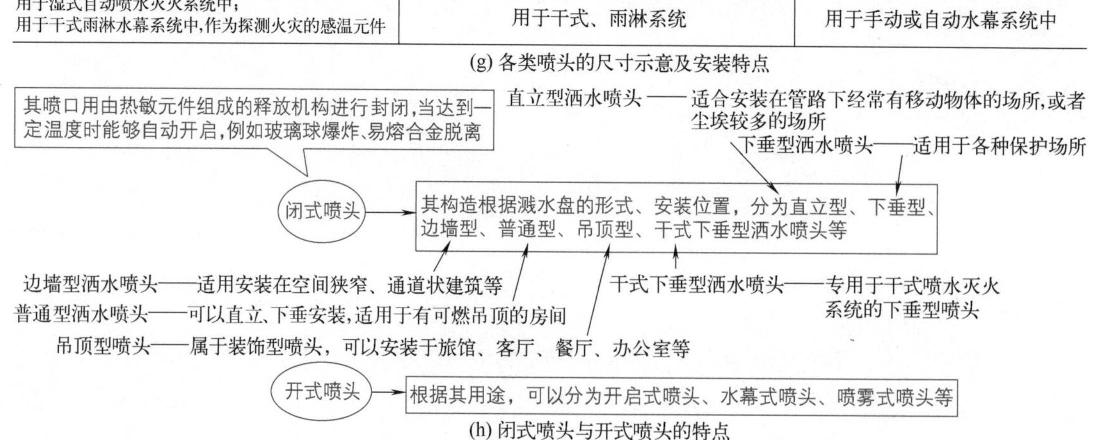

(h) 闭式喷头与开式喷头的特点

图 2-31　洒水喷头的特点

一点通

玻璃球洒水闭式喷头——其具有外形美观、体积小、重量轻、耐腐蚀，适用于宾馆等美观性要求高与具有腐蚀性的场所。

易熔合金洒水闭式喷头——适用于外观要求不高、腐蚀性不大的工厂、仓库、民用建筑等场所。

2.6.2 洒水喷头的分类

洒水喷头的分类，如图 2-32 所示。

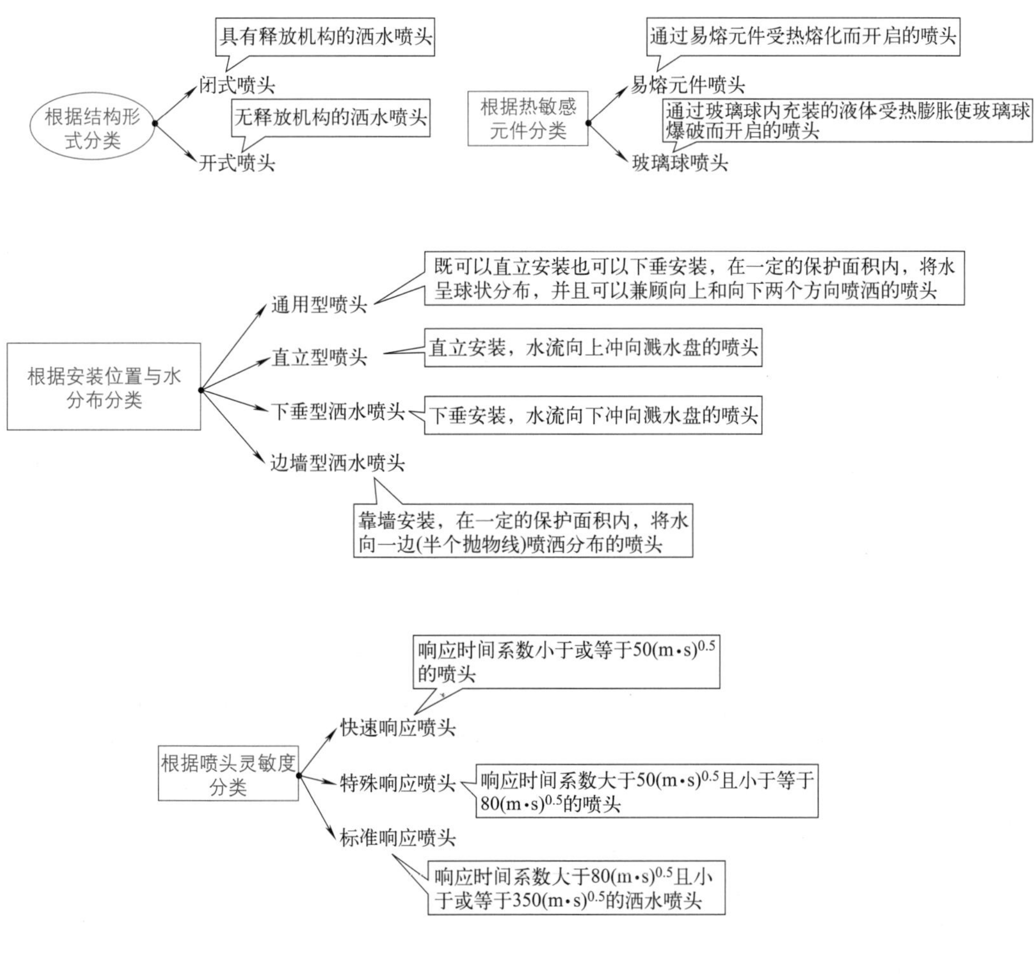

图 2-32

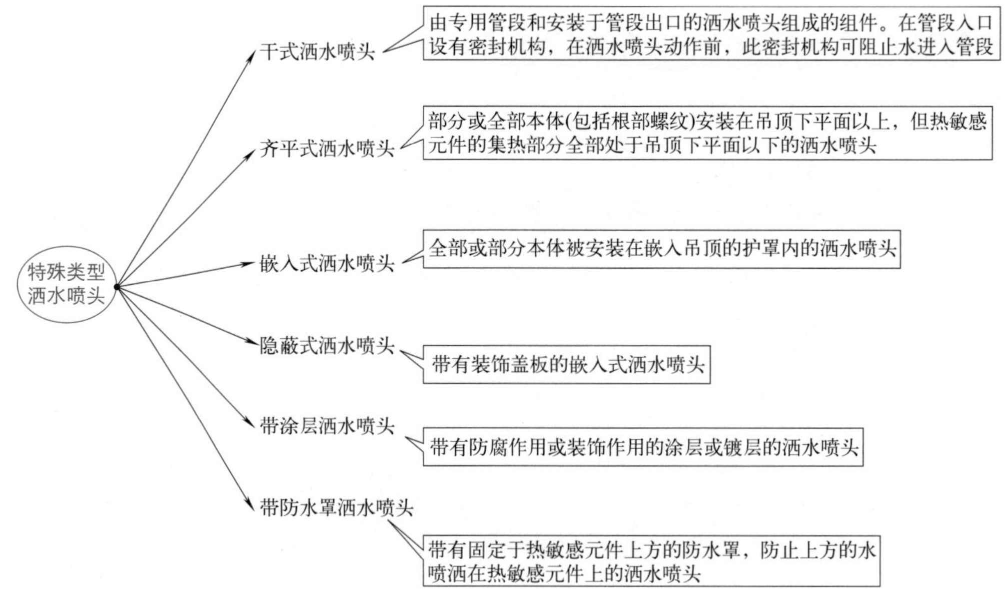

图 2-32 洒水喷头的分类

一点通

当设置自动喷水灭火系统时，可以采用仓库型特殊应用喷头的场所：(1) 最大净空高度不超过 7.5m 且最大储物高度不超过 6m，储物类别为袋装不发泡塑料和箱装发泡塑料的仓库及类似场所；(2) 最大净空高度不超过 12m 且最大储物高度不超过 10.5m，储物类别为仓库危险级Ⅰ、Ⅱ级或箱装不发泡塑料的仓库及类似场所。

2.6.3 洒水喷头的公称流量系数和接口螺纹

洒水喷头的公称流量系数和接口螺纹如表 2-20 所示。

表 2-20 洒水喷头的公称流量系数和接口螺纹

公称流量系数 K	接口螺纹	公称流量系数 K	接口螺纹
57	R_2 1/2，R_2 3/8	161	R_2 3/4
80	R_2 1/2	202	R_2 3/4，R_2 1
115	R_2 3/4		

2.6.4 洒水喷头公称动作温度与颜色标志

洒水喷头的公称动作温度与颜色标志如表 2-21 所示。

表 2-21 洒水喷头的公称动作温度与颜色标志

玻璃球洒水喷头		易熔元件洒水喷头	
公称动作温度 /℃	液体色标	公称动作温度 /℃	色标
57	橙	57 ～ 77	无需标志
68	红	80 ～ 107	白

续表

玻璃球洒水喷头		易熔元件洒水喷头	
公称动作温度/℃	液体色标	公称动作温度/℃	色标
79	黄	121～149	蓝
93	绿	163～191	红
107	绿	204～246	绿
121	蓝	260～302	橙
141	蓝	320～343	橙
163	紫	—	—
182	紫	—	—
204	黑	—	—
227	黑	—	—
260	黑	—	—
343	黑	—	—

说明："—"表示无要求。易熔元件洒水喷头的公称动作温度分为7挡，应在喷头轭臂或相应的位置作出颜色标志。玻璃球洒水喷头的公称动作温度分为13挡，应在玻璃球工作液中作出相应的颜色标志。

2.6.5 洒水喷头的型号规格

洒水喷头的型号由产品代号、性能代号、公称流量系数、公称动作温度、自定义代号等部分组成。

产品代号为ZST，表示自动喷水灭火系统洒水喷头。洒水喷头标记的识读如图2-33所示。

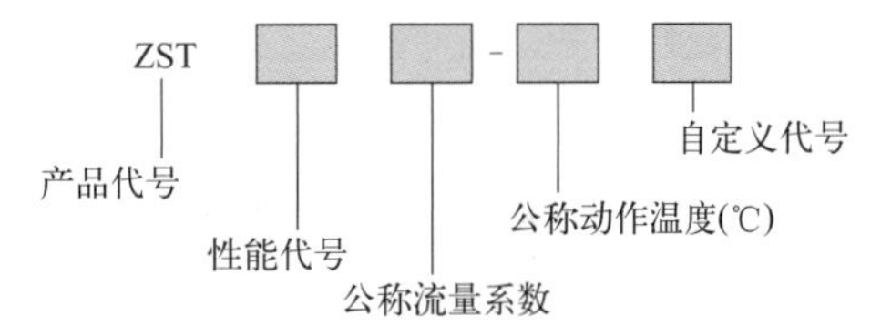

图2-33 洒水喷头标记的识读

性能代号表示洒水喷头的安装位置等特性。性能代号相关要求如下：

（1）直立型洒水喷头：Z。

（2）下垂型洒水喷头：X。

（3）直立边墙型洒水喷头：BZ。

（4）下垂边墙型洒水喷头：BX。

（5）水平边墙型洒水喷头：BS。

（6）齐平式洒水喷头：DQ。

（7）嵌入式洒水喷头：DR。

（8）隐蔽式洒水喷头：DY。

（9）干式下垂型洒水喷头：GX。

（10）干式直立型洒水喷头：GZ。

快速响应洒水喷头、特殊响应洒水喷头、扩大覆盖面积洒水喷头在产品代号前分别加"K""T""EC"，并以"-"与产品代号间隔。标准响应洒水喷头在产品代号前不加代号。

自定义代号由制造商规定，用于表征热敏元件的类型、产品特殊结构等信息，由大写英文字母、阿拉伯数字或其组合构成，字符不宜超过3个。

洒水喷头的外表面需要均匀一致，无明显的磕碰伤痕及变形，表面涂、镀层需要完整美观。边墙型洒水喷头还需要标明水流方向。隐蔽式洒水喷头的装饰盖板上，需要标有不可涂覆的标记。

一点通

当公共娱乐场所，中庭环廊，地下商业场所，超出消防水泵接合器供水高度的楼层，医院、疗养院的病房与治疗区域，老年、少儿、残疾人的集体活动场所等设置自动喷水灭火系统时，宜采用快速响应喷头。当采用快速响应喷头时，系统应为湿式系统。

2.6.6 玻璃球洒水喷头静态动作温度

玻璃球洒水喷头按规定的方法进行试验时，静态动作温度需要符合的规定如表 2-22 所示。

表 2-22 玻璃球洒水喷头静态动作温度规定

单位：℃

喷头公称动作温度	最低动作温度	80% 的样品应在下列温度前动作	最高动作温度
57	54	60	63
68	65	71	74
79	75	83	87
93	89	97	101
107	102	111	115
121	116	126	129
141	135	147	149
163	156	170	171
182	175	189	190
204	196	212	213
227	218	236	237
260	250	270	271
343	330	355	357

2.6.7 洒水喷头布水要求

非边墙型洒水喷头按规定的方法进行布水试验时，需要符合的规定如表 2-23 所示。

表 2-23 非边墙型洒水喷头布水要求

公称流量系数 K	洒水密度 /（mm/min）	每只喷头流量 /（L/min）	保护面积 /m^2	喷头间距 /m	低于洒水密度 50% 的集水盒数 / 个
57	2.5	50.6	20.25	4.5	≤ 8
80	5.0	61.3	12.25	3.5	≤ 5
	15.0	135.0	9.00	3.0	≤ 4
115	10.0	90.0	9.00	3.0	≤ 4
	30.0	187.5	6.25	2.5	≤ 3

边墙型洒水喷头按规定的方法进行布水试验时，应打湿喷头所在墙下方距溅水盘 1.22m 以下的全部墙面并符合规定如表 2-24 所示。

表 2-24 边墙型洒水喷头布水要求

公称流量系数 K	平均洒水密度不低于 /（mm/min）	单盒最小洒水密度 /（mm/min）	每只喷头流量 /（L/min）	保护面积 /m^2	喷头间距 /m	喷头所在边墙下部集水盒的集水总量
57	2.0	1.2	57	9.0	3.0	不少于喷头洒水总量的 3.5%
80	2.0	1.2	57	9.0	3.0	
115	2.8	1.2	78	9.0	3.0	

公称流量系数为 161 及 202 的下垂型和直立型喷头布水要求如表 2-25 所示。

表 2-25 公称流量系数为 161 及 202 的下垂型和直立型喷头布水要求

公称流量系数 K	喷头数量	单只喷头流量 /（L/min）	平均洒水密度不低于 /（mm/min）	单盒最小洒水密度 /（mm/min）
161	4	135	14.7	11.0
	4	190	20.4	15.3
	6①	135	14.7	11.0
	6①	190	20.4	15.3
202	4	142	15.3	11.4
	4	228	24.6	18.3
	6①	142	15.3	11.4
	6①	228	24.6	18.3

① 对直立型喷头，与配水支管平行的中间两排集水盒测量结果不作要求。

2.6.8 洒水喷头安装应符合的规定

洒水喷头安装应符合下列规定：

（1）喷头间距需要满足有效喷水与使可燃物或保护对象被全部覆盖的要求。

（2）喷头周围不应有遮挡或影响洒水效果的障碍物。

（3）系统水力计算最不利点处喷头的工作压力应大于或等于 0.05MPa。

（4）局部应用系统需要采用快速响应喷头。

（5）腐蚀性场所，易产生粉尘、纤维等的场所内的喷头，需要采取防止喷头堵塞的措施。

（6）建筑高度大于 100m 的公共建筑，其高层主体内设置的自动喷水灭火系统需要采用快速响应喷头。

一点通

每个报警阀组控制的供水管网水力计算最不利点洒水喷头处应设置末端试水装置，其他防火分区、楼层均应设置 DN25 的试水阀。末端试水装置应具有压力显示功能，并应设置相应的排水设施。

2.6.9 雨淋喷头的定义和分类

雨淋喷头是一种利用水力推动喷头布水腔体旋转喷水灭火的新型喷水灭火喷头。雨淋喷头使用场所与标准喷头相同，并且特别适用于多层标准厂房、大型商场、大型仓库、高级宾馆酒店客房等场所。

雨淋喷头的分类如图 2-34 所示。

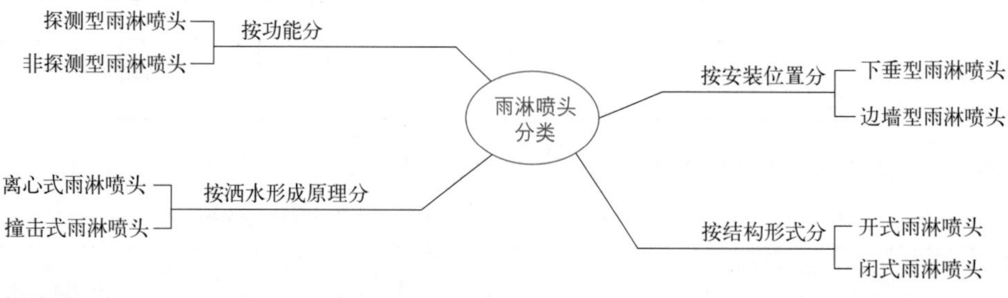

图 2-34 雨淋喷头的分类

一点通

闭式系统的洒水喷头，其公称动作温度宜高于环境最高温度 30℃。住宅建筑和非住宅类居住建筑，宜采用家用喷头。

2.6.10 特殊应用喷头的分类

特殊应用喷头是指公称流量系数大于或等于 161，具有较大水滴粒径的标准覆盖面积洒水喷头。特殊应用喷头的分类如图 2-35 所示。

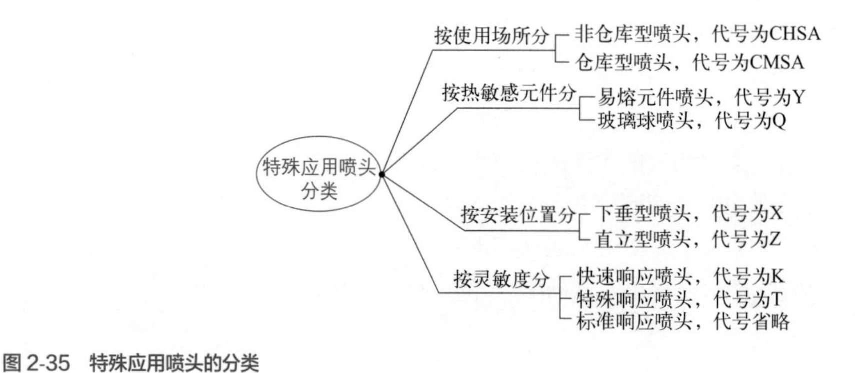

图 2-35 特殊应用喷头的分类

2.6.11 喷头的应用

玻璃球洒水喷头按不一样的装置方式分为：直立型、下垂型、边墙型、通用型等。每种方式的洒水喷头有 68℃、79℃、93℃、141℃、182℃等不一样的温度等级。每种温度等级的洒水喷头又分为装置 5mm 玻璃球的普通型、装置 3mm 玻璃球的疾速型等类型。

一些喷头的特点如下：

（1）直立型喷头溅水盘形似于一个简单的圆盘，溅水盘应朝上直立。

（2）下垂型喷头溅水盘形似于花瓣的“锯齿”，能够有效地打散水流。

（3）直立型喷头更适合用在没有吊顶的场所，例如地下车库、无吊顶的办公区域等。

（4）下垂型喷头更适合用在有吊顶的场地，例如有吊顶的办公室等。

（5）直立型喷头喷水时，大部分水会往下喷，小部分水会往上喷。

（6）下垂型喷头喷水时，主要会往下喷水，往上喷的水量较少，甚至没有。

（7）直立型喷头通常会向上安装在配水支管上。

（8）下垂型喷头往往会向下安装在配水支管上。

（9）溅水盘向玻璃球有弯曲弧度的是上喷。

（10）溅水盘是平面的是下喷。

（11）上喷是向上安装的，也就是溅水盘在上面、螺牙在下面。

（12）上喷适宜安装在移动物较多，易发生撞击的场所，安装在房间吊顶夹层中的屋顶处等。

（13）下喷是下垂安装在供水支管上的，也就是溅水盘在下面、螺牙在上面。

（14）下喷常使用在有吊顶的场所。

上喷与下喷实物如图 2-36 所示。

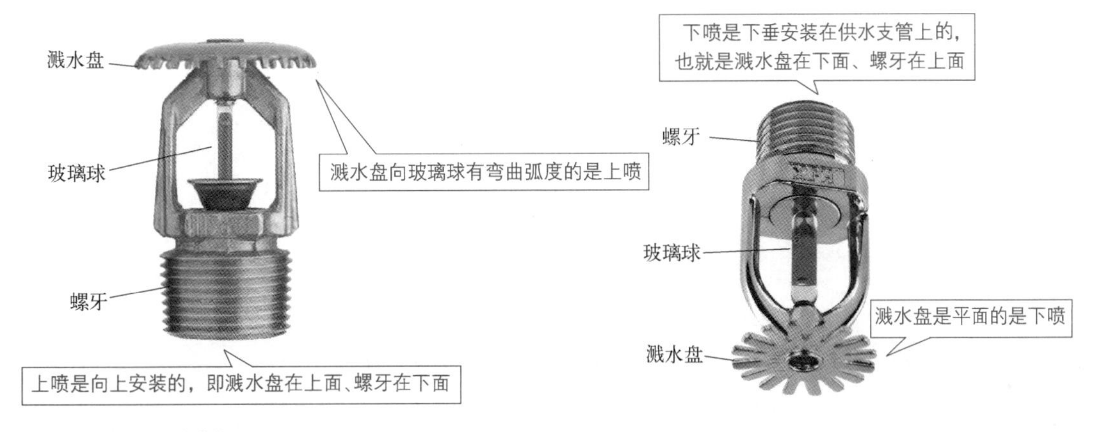

图 2-36 上喷与下喷实物

干式系统、预作用系统，应采用直立型洒水喷头或干式下垂型洒水喷头。防火分隔水幕，应采用开式洒水喷头或水幕喷头。防护冷却水幕，应采用水幕喷头。自动喷水防护冷却系统，可采用边墙型洒水喷头。

2.7 消防斧

消防斧主要用于应急疏散时对障碍物进行破拆。

2.7.1 消防腰斧的型式与基本尺寸

消防腰斧的型式与基本尺寸如图 2-37 所示。

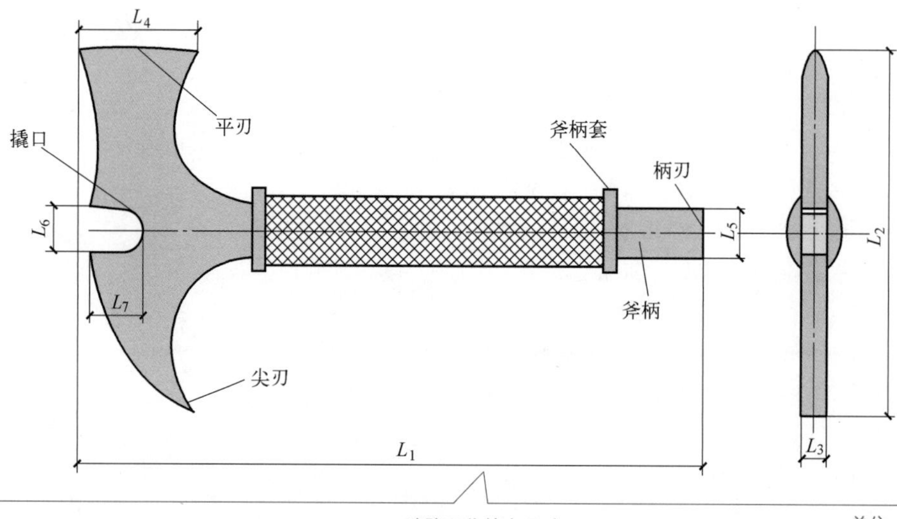

消防腰斧基本尺寸　　单位：mm

规格	腰斧全长 L_1	斧头长 L_2	斧头厚 L_3	平刃宽 L_4	柄刃宽 L_5	撬口宽 L_6	撬口深 L_7
265	265	150	10	56	22	30	25
285	285	160					
305	305	165					
325	325	175					

图 2-37　消防腰斧的型式与基本尺寸

一点通

消防斧设置位置如图 2-38 所示。

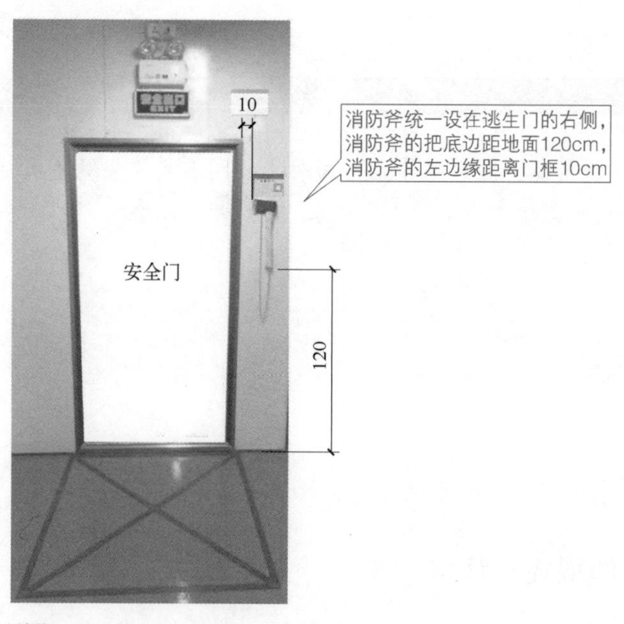

图 2-38　消防斧设置位置（单位：cm）

2.7.2 消防平斧的型式与基本尺寸

消防平斧的型式与基本尺寸如图2-39所示。

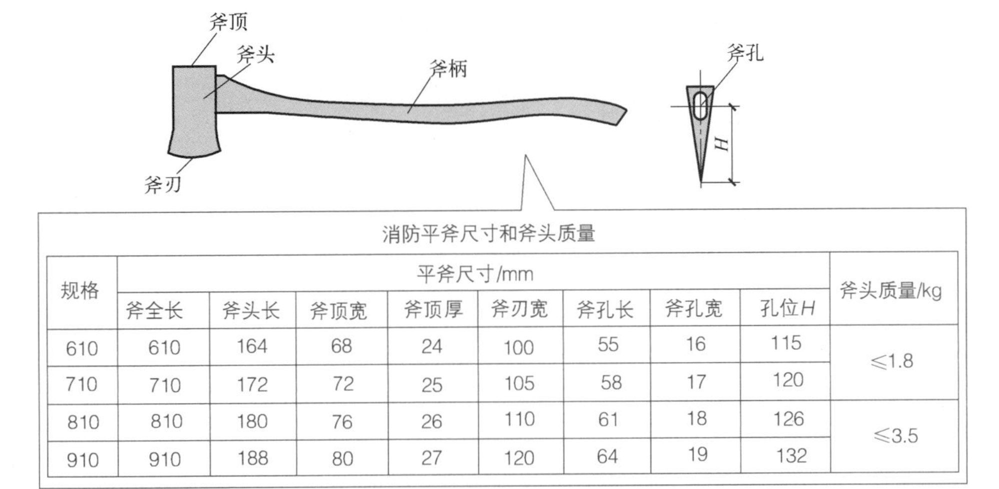

消防平斧尺寸和斧头质量

规格	平斧尺寸/mm								斧头质量/kg
	斧全长	斧头长	斧顶宽	斧顶厚	斧刃宽	斧孔长	斧孔宽	孔位H	
610	610	164	68	24	100	55	16	115	≤1.8
710	710	172	72	25	105	58	17	120	
810	810	180	76	26	110	61	18	126	≤3.5
910	910	188	80	27	120	64	19	132	

图2-39 消防平斧的型式与基本尺寸

2.7.3 消防尖斧的型式与基本尺寸

消防尖斧的型式与基本尺寸如图2-40所示。

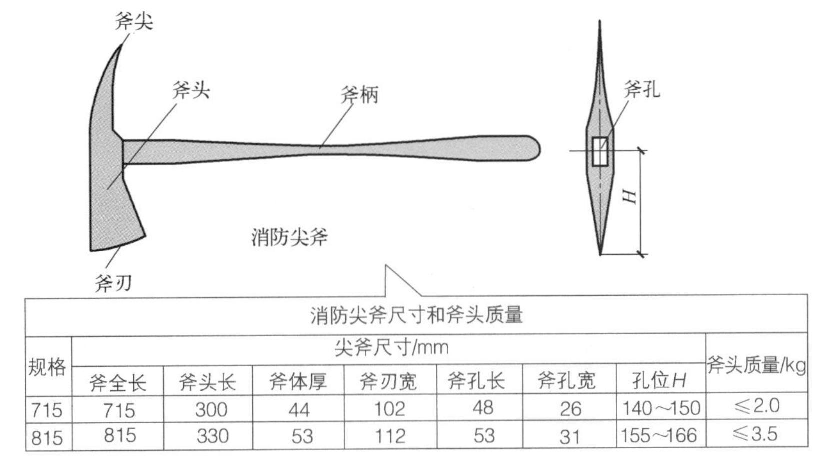

消防尖斧尺寸和斧头质量

规格	尖斧尺寸/mm							斧头质量/kg
	斧全长	斧头长	斧体厚	斧刃宽	斧孔长	斧孔宽	孔位H	
715	715	300	44	102	48	26	140～150	≤2.0
815	815	330	53	112	53	31	155～166	≤3.5

图2-40 消防尖斧的型式与基本尺寸

2.8 耐火电缆槽盒

2.8.1 耐火电缆槽盒的分类与代号

耐火电缆槽盒是电缆桥架系统中的关键部件，是由无孔托盘或有孔托盘和盖板组成，能够满足规定的耐火维持工作时间要求，用于铺装并支撑电缆、相关连接器件的连续刚性结构体，如图 2-41 所示。

图 2-41 耐火电缆槽盒

根据结构型式，耐火电缆槽盒分为复合型、普通型，其中复合型可分为空腹式、夹芯式等。耐火电缆槽盒的分类与代号如表 2-26 所示。

表 2-26 耐火电缆槽盒的分类与代号

结构型式		复合型		普通型
		空腹式	夹芯式	
非透气型	代号	FK	FX	P
	结构示意图			
透气型	代号	TFK	TFX	TP
	结构示意图	透气孔	透气孔	透气孔

2.8.2 耐火电缆槽盒耐火性能分级与规格

耐火电缆槽盒耐火性能分为四级，如表 2-27 所示。

表 2-27 耐火电缆槽盒耐火性能的分级

耐火性能分级	F1	F2	F3	F4
耐火维持工作时间 /min	≥ 90	≥ 60	≥ 45	≥ 30

耐火电缆槽盒的规格通常以槽盒内部宽度与高度表示，其常用规格如表 2-28 所示。

表 2-28 耐火电缆槽盒的规格

单位：mm

槽盒内宽度	槽盒内高度						
	40	50	60	80	100	150	200
60	√	√					
80	√	√	√				
100	√	√	√	√			
150	√	√	√	√	√		
200		√	√	√	√		
250		√	√	√	√	√	
300			√	√	√	√	√
350			√	√	√	√	√
400			√	√	√	√	√
450			√	√	√	√	√
500				√	√	√	√
600				√	√	√	√
800					√	√	√
1000					√	√	√

注：√表示常用规格。

2.9 消防梯

2.9.1 消防梯的分类

消防梯的分类如图 2-42 所示。

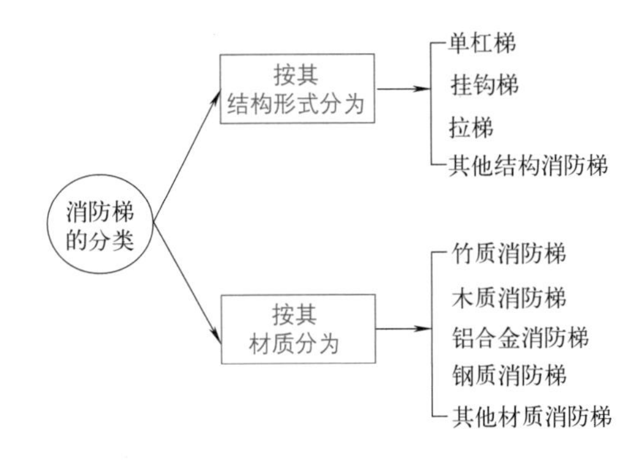

图 2-42 消防梯的分类

2.9.2 消防梯的基本参数

消防梯的基本参数如表 2-29 所示。

表 2-29 消防梯的基本参数

结构	工作长度 /m		最小梯宽 /mm		整梯质量		梯蹬间距 /mm	
	标称尺寸	允许偏差	标称尺寸	允许偏差	标称质量 /kg	允许偏差	标称尺寸	允许偏差
单杠梯	3	±0.1	250	±2	≤12	±5%	280 300 340	±2
挂钩梯	4	±0.1	250	±2	≤12			
二节拉梯	6	±0.2	300	±3	≤35			
	9	±0.2	300	±3	≤53			
三节拉梯	12	±0.3	350	±4	≤95			
	15	±0.3	350	±4	≤120			
其他结构消防梯	3～15	±0.2	300	±3	≤120			

2.10 防火门窗与防火卷帘

2.10.1 防火门的类型与特点

防火门是建筑物防火分隔的措施之一。防火门对防止烟、火的扩散和蔓延，减少损失起重要作用。防火门如图 2-43 所示。

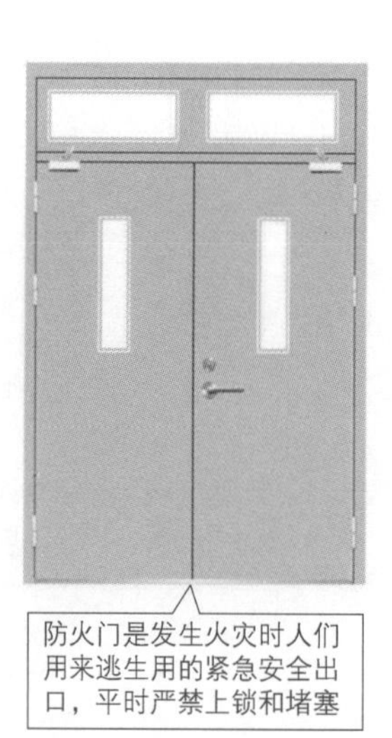

防火门是发生火灾时人们用来逃生用的紧急安全出口，平时严禁上锁和堵塞

图 2-43 防火门

防火门常用在防火墙上、楼梯间出入口、管井开口部位。防火门要求能够隔烟、隔火。防火门的分类及代号如图 2-44 所示。

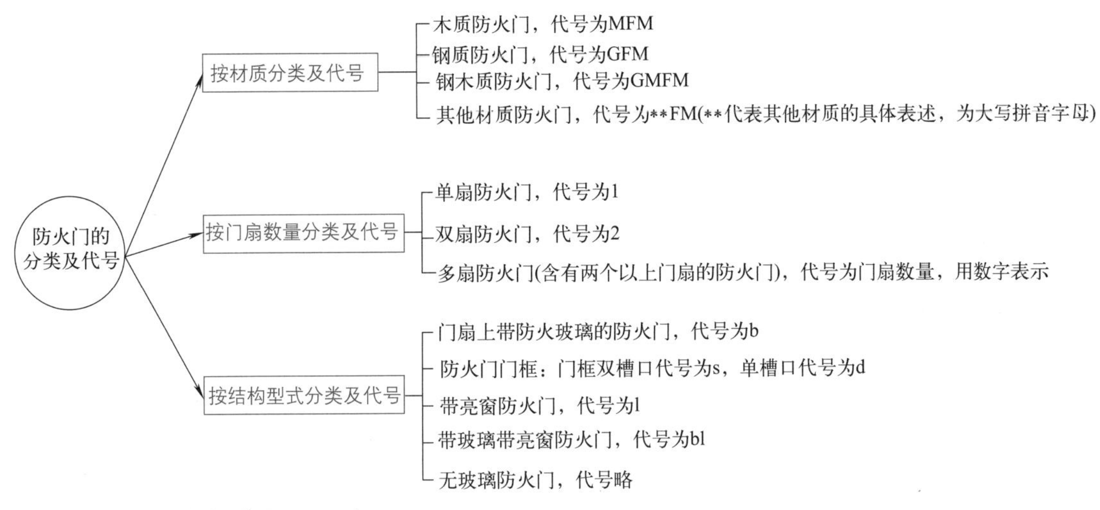

图 2-44 防火门的分类及代号

防火门根据耐火性能的分类如表 2-30 所示。

表 2-30 防火门根据耐火性能的分类

<table>
<tr><th>名称</th><th colspan="2">耐火性能</th><th>代号</th></tr>
<tr><td rowspan="5">A 类（隔热）防火门</td><td colspan="2">耐火隔热性≥ 0.60h
耐火完整性≥ 0.60h</td><td>A0.60（丙级）</td></tr>
<tr><td colspan="2">耐火隔热性≥ 0.90h
耐火完整性≥ 0.90h</td><td>A0.90（乙级）</td></tr>
<tr><td colspan="2">耐火隔热性≥ 1.20h
耐火完整性≥ 1.20h</td><td>A1.20（甲级）</td></tr>
<tr><td colspan="2">耐火隔热性≥ 2.00h
耐火完整性≥ 2.00h</td><td>A2.00</td></tr>
<tr><td colspan="2">耐火隔热性≥ 3.00h
耐火完整性≥ 3.00h</td><td>A3.00</td></tr>
<tr><td rowspan="4">B 类（部分隔热）防火门</td><td rowspan="4">耐火隔热性≥ 0.50h</td><td>耐火完整性≥ 1.00h</td><td>B1.00</td></tr>
<tr><td>耐火完整性≥ 1.50h</td><td>B1.50</td></tr>
<tr><td>耐火完整性≥ 2.00h</td><td>B2.00</td></tr>
<tr><td>耐火完整性≥ 3.00h</td><td>B3.00</td></tr>
<tr><td rowspan="4">C 类（非隔热）防火门</td><td colspan="2">耐火完整性≥ 1.00h</td><td>C1.00</td></tr>
<tr><td colspan="2">耐火完整性≥ 1.50h</td><td>C1.50</td></tr>
<tr><td colspan="2">耐火完整性≥ 2.00h</td><td>C2.00</td></tr>
<tr><td colspan="2">耐火完整性≥ 3.00h</td><td>C3.00</td></tr>
</table>

一些防火门的特点如下：

（1）平开式防火门——一般由门框、门扇、防火铰链、防火锁等防火五金配件构成，以铰链为轴垂直于地面，该轴可以沿顺时针或逆时针单一方向旋转以开启或关闭门扇的一种防火门。

（2）木质防火门——一般用难燃木材、难燃木材制品作门框、门扇骨架、门扇面板，门扇内若填充材料，则填充对人体无毒无害的防火隔热材料，并且配以防火五金配件所组成的具有一定耐火性能的一种防火门。

（3）钢质防火门——一般是用钢质材料制作门框、门扇骨架、门扇面板，门扇内若填充材料，则填充对人体无毒无害的防火隔热材料，并且配以防火五金配件所组成的具有一定耐火性能的一种防火门。

（4）钢木质防火门——一般用钢质、难燃木质材料、难燃木材制品制作门框、门扇骨架、门扇面板，门扇内若填充材料，则填充对人体无毒无害的防火隔热材料，并且配以防火五金配件所组成的具有一定耐火性能的一种防火门。

（5）A 类（隔热）防火门——在规定时间内，能够同时满足耐火完整性、隔热性要求的一种防火门。

（6）B 类（部分隔热）防火门——在规定大于等于 0.50h 内，满足耐火完整性、隔热性要求，在大于 0.50h 后所规定的时间内，能够满足耐火完整性要求的一种防火门。

（7）C 类（非隔热）防火门——在规定时间内，能够满足耐火完整性要求的一种防火门。

2.10.2 防火门所用钢质材料厚度要求与偏差

防火门所用钢质材料厚度需要符合表 2-31 的规定。

表 2-31 防火门所用钢质材料厚度的规定 单位：mm

部件	材料厚度
门扇面板	≥0.8
门框板	≥1.2
铰链板	≥3
不带螺孔的加固件	≥1.2
带螺孔的加固件	≥3

防火门门扇、门框的尺寸极限偏差需要符合表 2-32 的规定。

表 2-32 防火门尺寸极限偏差要求 单位：mm

名称	项目	极限偏差
门框	内裁口高度	±3
	内裁口宽度	±2
	侧壁宽度	±2
门扇	高度	±2
	宽度	±2
	厚度	+2 −1

一点通

防火门门扇与上框的配合活动间隙不应大于 3mm。防火门双扇、多扇门的门扇间缝隙不应大于 3mm。防火门门扇与下框或地面的活动间隙不应大于 9mm。防火门门扇与门框有合页一侧、有锁一侧及上框的贴合面间隙均不应大于 3mm。防火门开面上门框与门扇的平面高低差不应大于 1mm。防火门门扇开启力不应大于 80N。

2.10.3 防火门闭门器的分类与规格

防火门闭门器是一种安装在防火门上的设备，其主要作用是关闭防火门并且确保其密闭性。当火灾发生时，防火门闭门器能够通过感应烟雾或高温，自动关闭防火门，从而阻止火势的蔓延。

根据安装型式，防火门闭门器分类如表 2-33 所示。根据使用寿命，防火门闭门器分类如表 2-34 所示。

表 2-33 防火门闭门器按安装型式的分类

安装型式代号	安装型式
P	平行安装防火门闭门器
C	垂直安装防火门闭门器

表 2-34 防火门闭门器按使用寿命的分类

等级	代号	使用寿命 / 万次
一级品	I	≥ 30
二级品	II	≥ 20
三级品	III	≥ 10

防火门闭门器的规格如表 2-35 所示。

表 2-35 防火门闭门器的规格

规格代号	开启力矩 /（N·m）	关闭门力矩 /（N·m）	适用门扇质量 /kg	适用门扇最大宽度 /mm
2	≤ 25	≥ 10	25 ～ 45	830
3	≤ 45	≥ 15	40 ～ 65	930
4	≤ 80	≥ 25	60 ～ 85	1030
5	≤ 100	≥ 35	80 ～ 120	1130
6	≤ 120	≥ 45	110 ～ 150	1330

2.10.4 防火窗的耐火性能分类与耐火等级代号

防火窗的耐火性能分类与耐火等级代号如表 2-36 所示。

表 2-36 防火窗的耐火性能分类与耐火等级代号

耐火性能分类	耐火等级代号	耐火性能
非隔热防火窗（C 类）	C0. 50	耐火完整性≥ 0. 50h
	C1. 00	耐火完整性≥ 1. 00h
	C1. 50	耐火完整性≥ 1. 50h
	C2. 00	耐火完整性≥ 2. 00h
	C3. 00	耐火完整性≥ 3. 00h
隔热防火窗（A 类）	A0. 50（丙级）	耐火隔热性≥ 0. 50h，并且耐火完整性≥ 0. 50h
	A1. 00（乙级）	耐火隔热性≥ 1. 00h，并且耐火完整性≥ 1. 00h
	A1. 50（甲级）	耐火隔热性≥ 1. 50h，并且耐火完整性≥ 1. 50h
	A2. 00	耐火隔热性≥ 2. 00h，并且耐火完整性≥ 2. 00h
	A3. 00	耐火隔热性≥ 3. 00h，并且耐火完整性≥ 3. 00h

2.10.5 防火卷帘的结构与类型

防火卷帘主要用于需要进行防火分隔的墙体，特别是防火墙、防火隔墙上因生产、使用等需要开设较大开口而又无法设置防火门时的防火分隔，其结构如图 2-45 所示。

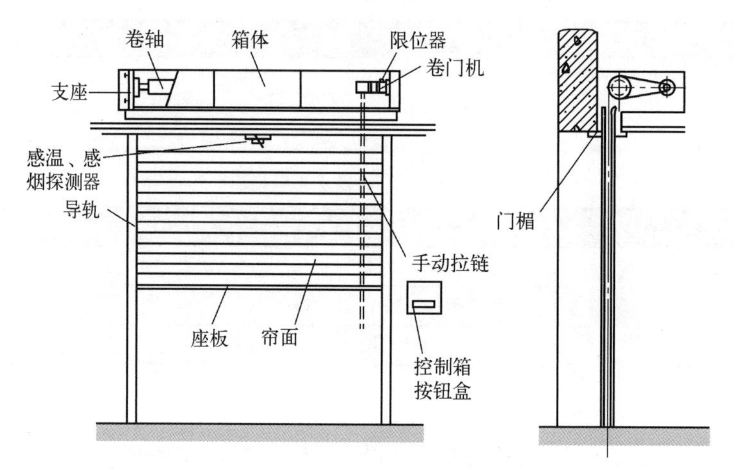

图 2-45 防火卷帘的结构

防火卷帘的类型如表 2-37 所示。

表 2-37 防火卷帘的类型

名称	解　说
钢质防火卷帘	是指用钢质材料做帘板、座板、门楣、导轨、箱体等，并且配以卷门机和控制箱所组成的能够符合耐火完整性要求的一类卷帘
无机纤维复合防火卷帘	是指用无机纤维材料做帘面（内配不锈钢丝或不锈钢丝绳），并且用钢质材料做夹板、座板、导轨、门楣、箱体等，以及配以卷门机和控制箱所组成的能符合耐火完整性要求的卷帘
特级防火卷帘	是指用钢质材料或无机纤维材料做帘面，并且用钢质材料做导轨、门楣、座板、夹板、箱体等，以及配以卷门机和控制箱所组成的能符合耐火完整性、隔热性、防烟性能要求的卷帘

一点通

钢质防火卷帘的名称符号一般用 GFJ 表示。无机纤维复合防火卷帘的名称符号一般用 WFJ 表示。特级防火卷帘的名称符号一般用 TFJ 表示。

扫码看视频
室内消火栓

2.11 室内消火栓

2.11.1 室内消火栓的分类

室内消火栓是消防水系统的重要部分。室内消火栓安装在室内消防箱内，一般公称通径为 25mm、50mm、65mm 等，公称工作压力为 1.6MPa，强度测验压力为 2.4MPa，适用清质水、泡沫混合液等介质，如图 2-46 所示。

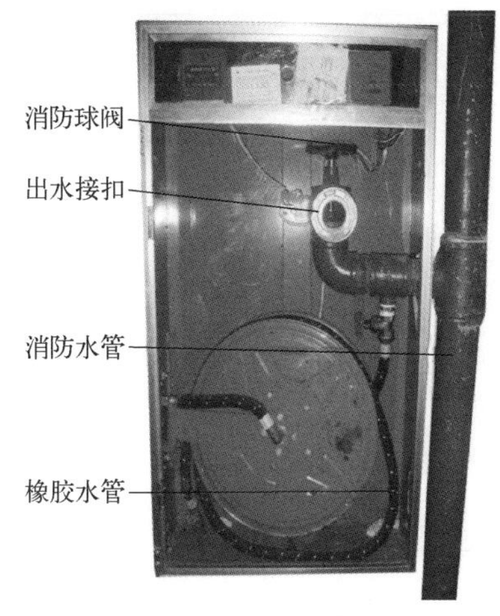

(a) 消火栓实物图

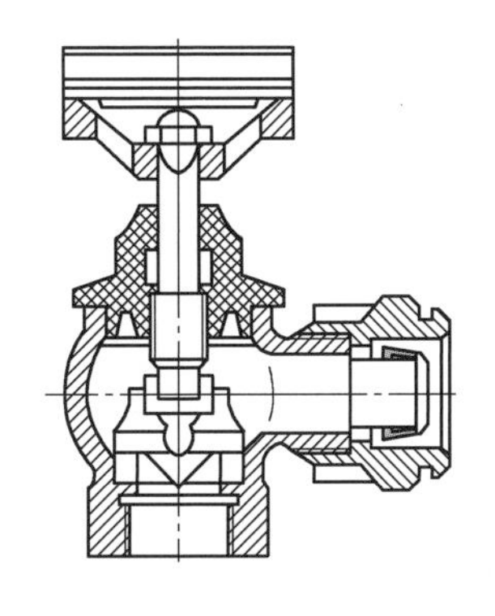

(b) 直角单出口室内消火栓

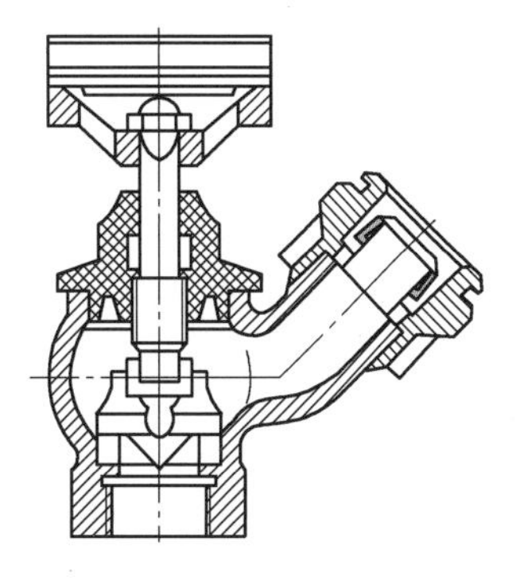

(c) 45°单出口室内消火栓

图 2-46　室内消火栓

室内消火栓的分类如图 2-47 所示。

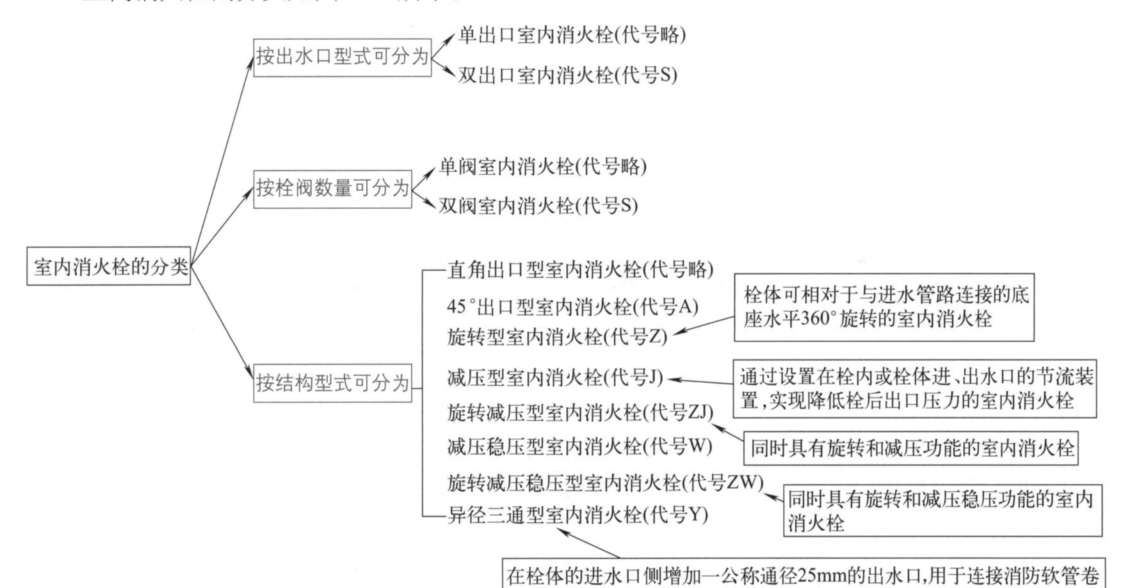

图 2-47　室内消火栓的分类

2.11.2　室内消火栓的基本尺寸

室内消火栓的基本尺寸如表 2-38 所示。

表 2-38　室内消火栓的基本尺寸

公称通径 DN/mm	型号	进水口		基本尺寸 /mm		
		管螺纹	螺纹深度 /mm	关闭后高度	出水口中心高度	阀杆中心距接口外沿距离
25	SN25	Rp 1	18	≤ 135	48	≤ 82

续表

<table>
<tr><th rowspan="2">公称通径 DN/mm</th><th rowspan="2">型号</th><th colspan="2">进水口</th><th colspan="3">基本尺寸 /mm</th></tr>
<tr><th>管螺纹</th><th>螺纹深度 /mm</th><th>关闭后高度</th><th>出水口中心高度</th><th>阀杆中心距接口外沿距离</th></tr>
<tr><td rowspan="3">50</td><td>SN50</td><td rowspan="2">Rp 2</td><td rowspan="2">22</td><td>≤ 185</td><td>65</td><td rowspan="2">≤ 110</td></tr>
<tr><td>SNZ50</td><td>≤ 205</td><td>65 ～ 70</td></tr>
<tr><td>SNSS50</td><td>Rp $2^{1}/_{2}$</td><td>25</td><td>≤ 230</td><td>100</td><td>≤ 120</td></tr>
<tr><td rowspan="5">65</td><td>SN65</td><td rowspan="4">Rp $2^{1}/_{2}$</td><td rowspan="5">25</td><td>≤ 205</td><td>70</td><td rowspan="2">≤ 120</td></tr>
<tr><td>SNZ65</td><td rowspan="2">≤ 225</td><td rowspan="3">70 ～ 110</td></tr>
<tr><td>SNJ65
SNZJ65
SNW65
SNZW65</td><td rowspan="3">≤ 126</td></tr>
<tr><td>SN65 Y①</td><td>≤ 235</td></tr>
<tr><td>SNSS65
SNSSJ65
SNSSW65</td><td>Rp 3</td><td>≤ 270</td><td>110</td></tr>
</table>

① 异径三通型室内消火栓在进水口侧增加的出水口的公称通径应为 25mm。

2.11.3 室内消火栓的手轮直径

室内消火栓的手轮直径应符合表 2-39 的规定。手轮轮缘上应有永久性的表示开关方向的箭头、字样。

表 2-39 室内消火栓的手轮直径的规定 单位：mm

<table>
<tr><th>室内消火栓公称通径 DN</th><th>手轮直径</th></tr>
<tr><td>25</td><td>80</td></tr>
<tr><td>50</td><td rowspan="2">120</td></tr>
<tr><td>65</td></tr>
</table>

2.11.4 减压稳压型室内消火栓的减压稳压性能与流量

减压稳压型室内消火栓减压稳压性能与流量的规定要求如表 2-40 所示。

表 2-40 减压稳压型室内消火栓减压稳压性能与流量的规定

<table>
<tr><th>减压稳压类别</th><th>进水口压力 P_1/MPa</th><th>出水口压力 P_2/MPa</th><th>流量 Q/（L/s）</th></tr>
<tr><td>Ⅰ</td><td>0.5 ～ 0.8</td><td>0.25 ～ 0.40</td><td rowspan="3">≥ 5.0</td></tr>
<tr><td>Ⅱ</td><td>0.7 ～ 1.2</td><td>0.35 ～ 0.45</td></tr>
<tr><td>Ⅲ</td><td>0.7 ～ 1.6</td><td>0.35 ～ 0.45</td></tr>
</table>

2.12 灭火器

2.12.1 灭火器的种类与特点

灭火器是常见的消防器材之一，是一种可携式灭火工具，如图 2-48 所示。灭火器内部放置化学物品，可以用来扑灭火灾，是由人为操作的、能够在其自身内部压力作用下，将所充装的灭火剂喷出实施灭火的一种器具，常存放在公共场所、可能发生火灾的地方。不同种类的灭火器内装填的成分不一样，专为不同的火灾起因而设。

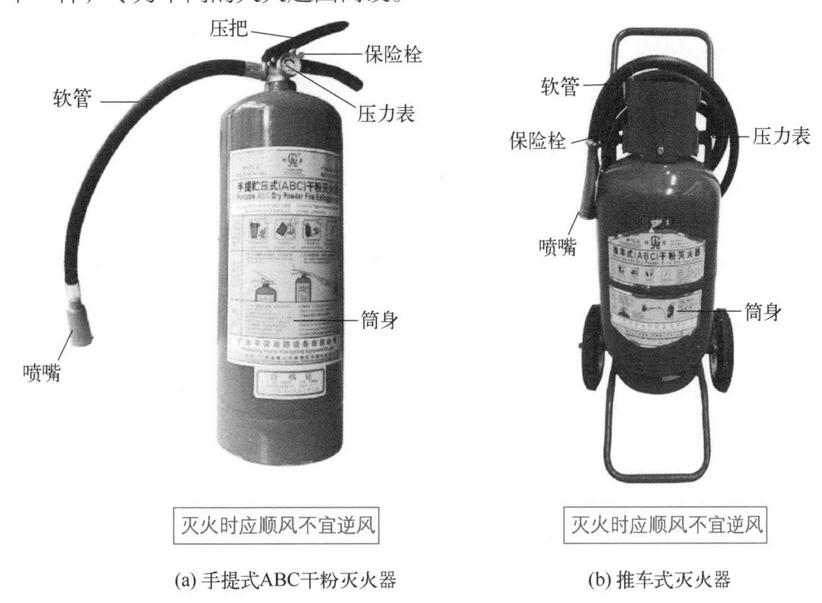

(a) 手提式ABC干粉灭火器　　(b) 推车式灭火器

图 2-48　灭火器

灭火器的种类与特点如表 2-41 所示。

表 2-41　灭火器的种类与特点

种类	特点
泡沫灭火器	（1）泡沫灭火器被淘汰了。 （2）泡沫灭火器内有两个容器，分别盛放两种液体，分别是硫酸铝和碳酸氢钠溶液，以及一定比例的发泡剂。两种溶液互不接触，不发生任何化学反应。 （3）平时千万不能碰倒泡沫灭火器。 （4）当需要泡沫灭火器时，把灭火器倒立，两种溶液混合在一起，就会产生大量的二氧化碳气体
二氧化碳灭火器	（1）二氧化碳灭火器具有防冻伤、主灭电等特点。 （2）二氧化碳灭火器，利用二氧化碳气体可以排除空气而包围在燃烧物体的表面，或分布于较密闭的空间中，降低可燃物周围或防护空间内的氧浓度，产生窒息作用的特性而灭火。 （3）二氧化碳从储存容器中喷出时，会由液体迅速气化成气体，并且从周围吸收部分热量，起到冷却的作用
干粉灭火器	（1）干粉灭火器一般有效期为两年。 （2）干粉灭火器是全能型的灭火器，能够顺风灭火，具有防腐蚀的特性。 （3）干粉灭火器内充装的是磷酸铵盐干粉灭火剂。干粉灭火剂是用于灭火的干燥并且易于流动的微细粉末，一般是由具有灭火效能的无机盐和少量的添加剂经干燥、粉碎、混合而成微细固体粉末组成
1211 灭火器	（1）1211 灭火器是全能型的灭火器，但是因破坏环境被禁止使用。 （2）1211 灭火器利用装在筒内的氮气压力将 1211 灭火剂喷射出进行灭火。 （3）1211 灭火器属于贮压式一类灭火器。1211 是二氟一氯一溴甲烷的代号
水基型灭火器	（1）水基型灭火器具有无毒、无害、无污染、灭火阻燃双重作用等特点。 （2）水基型灭火器灭火剂主要由碳氢表面活性剂、氟碳表面活性剂、阻燃剂、助剂等组成。 （3）水基型灭火器灭火剂喷射后，成水雾状，瞬间吸收火场大量的热量，迅速降低火场温度，抑制热辐射。表面活性剂在可燃物表面迅速形成一层水膜，起到隔离氧气、降温等作用，从而达到快速灭火的目的

2.12.2 灭火器的适应性与配置要求

灭火器的适应性如表 2-42 所示。

表 2-42 灭火器的适应性

火灾类型	干粉型		泡沫型	二氧化碳
	磷酸铵盐	碳酸氢钠	化学泡沫	
A 类火灾，系指固体可燃物燃烧的火。如木材、棉、毛、麻、纸张等	适用 粉剂能附着在燃烧物的表面层，起到窒息火焰作用，隔绝空气，防止复燃	不适用	适用 具有冷却和覆盖燃烧物表面与空气隔绝的作用，对扑灭纤维品火灾能力较差	不适用
B 类火灾，系指甲、乙、丙类液体燃烧的火。如汽油、煤油、柴油、甲醇、乙醚、丙酮等	适用 干粉灭火剂能快速窒息火焰，具有中断燃烧过程的链锁反应的化学活性		适用 覆盖燃烧物表面，使燃烧物表面与空气隔绝，扑灭油层厚的火灾效能可靠，防止复燃	适用 二氧化碳气体堆积在燃体表面，稀释并隔绝空气
C 类火灾，系指可燃气体燃烧的火。如煤气、天然气、甲烷、乙烷、乙炔、氢气等	适用 喷射干粉灭火剂能快速扑灭气体火焰，具有中断燃烧过程的链锁反应的化学活性，注意必须切断气源		不适用	适用 二氧化碳窒息灭火不留残渍，不损坏设备
E 类火灾，系指燃烧时带电的火	适用 干粉灭火剂电绝缘性能符合标准要求，但磷酸铵盐干粉能附着在电器设备上形成硬层，冷却后不易清洗		不适用	适用 窒息灭火，不留残渍，不损坏设备

灭火器配置场所，一般根据计算单元计算与配置灭火器，以及应符合有关规定：

（1）计算单元中每个灭火器设置点的灭火器配置数量，应根据配置场所内的可燃物分布情况确定。所有设置点配置的灭火器灭火级别之和不应小于该计算单元的保护面积与单位灭火级别最大保护面积的比值。

（2）一个计算单元内配置的灭火器数量应经计算确定且不应少于 2 具。

（3）灭火器应设置在位置明显和便于取用的地点，并且不应影响人员安全疏散。当确需设置在有视线障碍的设置点时，应设置指示灭火器位置的醒目标志。

（4）灭火器不应设置在可能超出其使用温度范围的场所，并且应采取与设置场所环境条件相适应的防护措施。

一点通

灭火器设置点的位置、数量，应根据被保护对象的情况和灭火器的最大保护距离确定，并且应保证最不利点至少在 1 具灭火器的保护范围内。灭火器的最大保护距离和最低配置基准应与配置场所的火灾危险等级相适应。当配置场所存在多种火灾时，应选用能同时适用扑救该场所所有种类火灾的灭火器。

2.12.3 灭火器的报废

符合以下情形之一的灭火器应报废：

（1）器头存在裂纹、无泄压机构的情形。

（2）存在筒体为平底等结构不合理现象的情形。

（3）没有间歇喷射机构的手提式灭火器。

（4）筒体锈蚀面积大于或等于筒体总表面积的1/3，表面有凹坑的情形。

（5）筒体明显变形，机械损伤严重的情形。

（6）不能确认生产单位名称、出厂时间，包括铭牌脱落、模糊、不能分辨生产单位名称、不能分辨出厂时间、钢印无法识别等情形。

（7）筒体有锡焊、铜焊、补缀等修补痕迹的情形。

（8）被火烧过的情形。

（9）出厂时间达到或超过表2-43规定的最大报废期限。

表2-43 灭火器最大报废期限

灭火器类型		报废期限/年
手提式、推车式	水基型灭火器	6
	干粉灭火器	10
	洁净气体灭火器	
	二氧化碳灭火器	12

一点通

当灭火器配置场所的火灾种类、危险等级和建（构）筑物总平面布局或平面布置等发生变化时，应校核或重新配置灭火器。灭火器应定期维护、定期维修、定期报废。灭火器报废后，需要根据等效替代的原则来更换。

2.12.4 手提式灭火器的分类、使用温度与充装量

手提式灭火器是指能够在其内部压力作用下，将所装的灭火剂喷出以扑救火灾，并且可手提移动的一类灭火器具。

手提式灭火器的分类如图2-49所示。

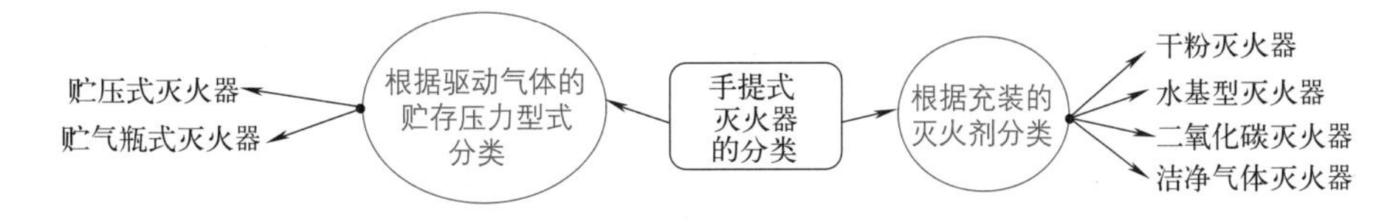

图2-49 手提式灭火器的分类

手提式灭火器一般取下列规定的某一温度范围作为其使用温度范围：

（1）5～60℃。

（2）-5～60℃。

（3）-10～60℃。

（4）-20～60℃。

（5）-30 ～ 60℃。
（6）-35 ～ 60℃。
（7）-40 ～ 60℃。
（8）-50 ～ 60℃。

手提式灭火器的总重量一般不大于 20kg。具体灭火器充装量应选择的范围如下：
（1）干粉灭火器：1kg、2kg、3kg、4kg、5kg、6kg、8kg、9kg、12kg。
（2）洁净气体灭火器：1kg、2kg、4kg、6kg。
（3）水基型灭火器：2L、3L、6L、9L。
（4）二氧化碳灭火器：2kg、3kg、5kg、7kg。

2.13 灭火器箱

2.13.1 灭火器箱的特点

灭火器箱是指专门用于长期固定存放手提式灭火器的箱体。根据放置型式，灭火器箱可以分为置地型、嵌墙型等种类。根据开启方式，灭火器箱可分为开门式、翻盖式等种类。

灭火器箱外形示意如图 2-50 所示，实物如图 2-51 所示。

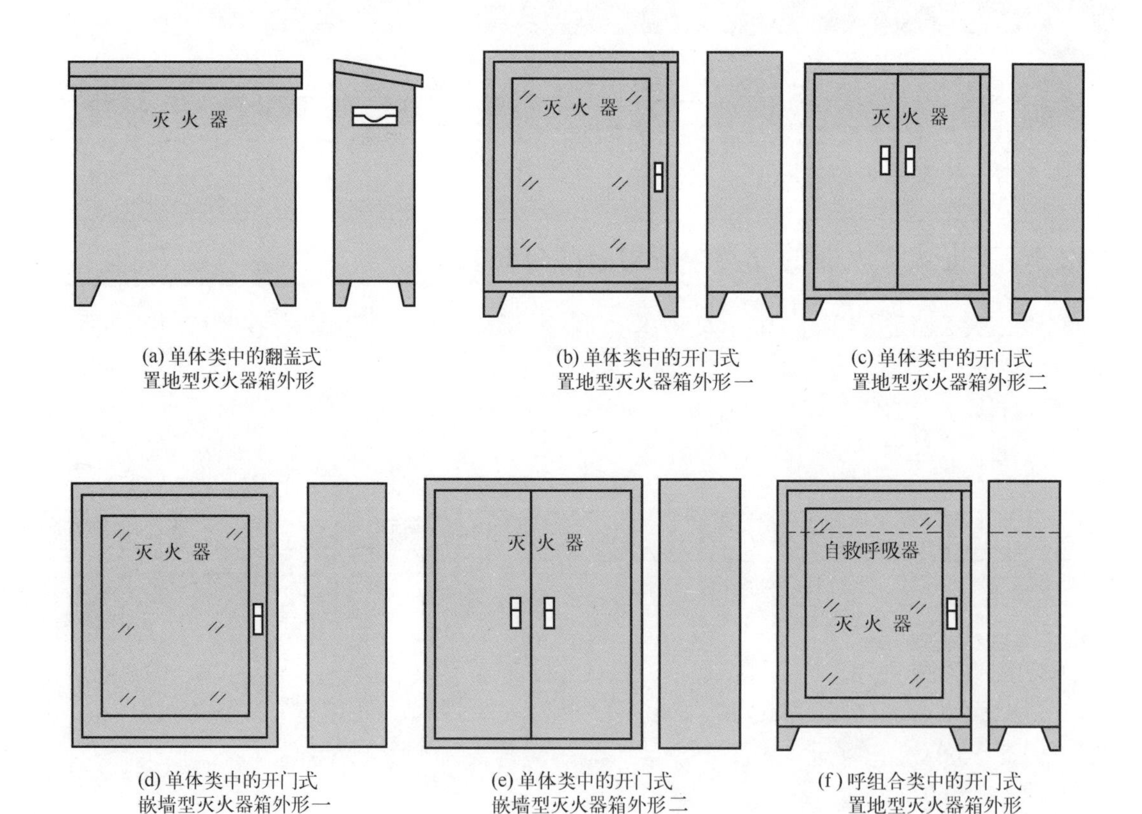

(a) 单体类中的翻盖式置地型灭火器箱外形
(b) 单体类中的开门式置地型灭火器箱外形一
(c) 单体类中的开门式置地型灭火器箱外形二
(d) 单体类中的开门式嵌墙型灭火器箱外形一
(e) 单体类中的开门式嵌墙型灭火器箱外形二
(f) 呼组合类中的开门式置地型灭火器箱外形

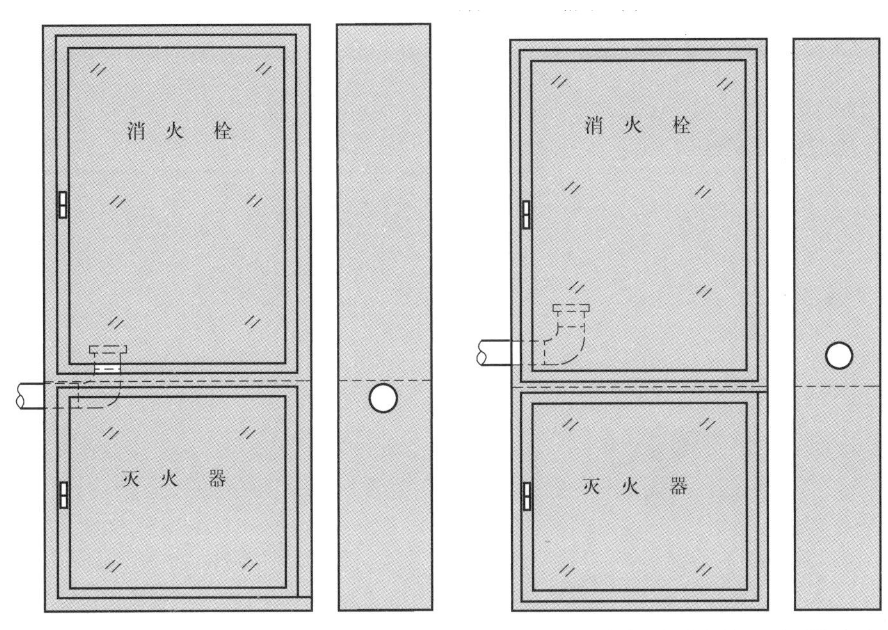

(g) 栓组合类中的开门式嵌墙型灭火器箱外形一 (h) 栓组合类中的开门式嵌墙型灭火器箱外形二

图 2-50 灭火器箱外形示意

图 2-51 灭火器箱实物

2.13.2 灭火器箱金属材料的厚度

灭火器箱体可以使用薄钢板、铝合金等金属材料制成。灭火器箱金属材料的厚度如表 2-44 所示。

表 2-44 灭火器箱金属材料的厚度　　单位：mm

放置型式	箱体高度（箱体顶层与底面的距离）	箱体的金属材料厚度
嵌墙型	≤ 500	≥ 0.8
	＞ 500，且＜ 800	≥ 1.0
	≥ 800	≥ 1.2
置地型	≤ 500	≥ 1.0
	＞ 500，且＜ 800	≥ 1.2
	≥ 800	≥ 1.5

2.14 水泵接合器

2.14.1 水泵接合器的特点

水泵接合器是连接消防车向室内消防给水系统加压供水的装置，一端由消防给水管网水平干管引出，另一端设于消防车易于接近的地方。

水泵接合器有地上式、地下式、墙壁式等几种型式，如图 2-52 所示。

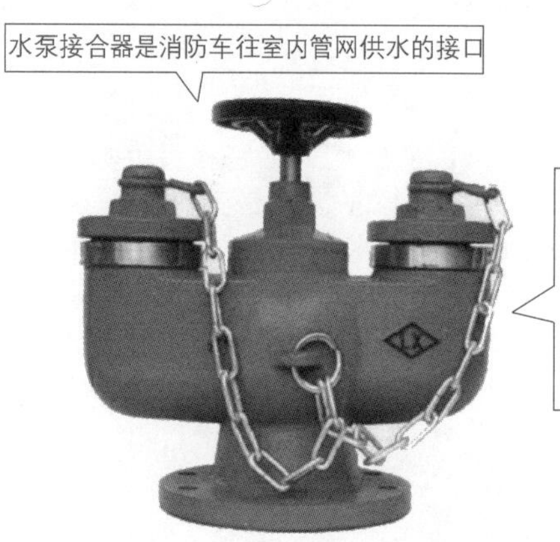

水泵接合器是消防车往室内管网供水的接口
水泵接合器的主要作用
(1)当遇大火，室内消防用水量不足时，必须利用消防车从室外水源抽水，向室内消防给水管网补充消防用水。
(2)当室内消防水泵因检修、停电或其他原因故障时，利用消防车从室外水源抽水，向室内消防给水管网提供灭火用水

(a) 地下式水泵接合器

(b) 地上式水泵接合器

图 2-52 水泵接合器

2.14.2 多用式消防水泵接合器的结构与尺寸

多用式消防水泵接合器的结构与尺寸如图 2-53 所示。

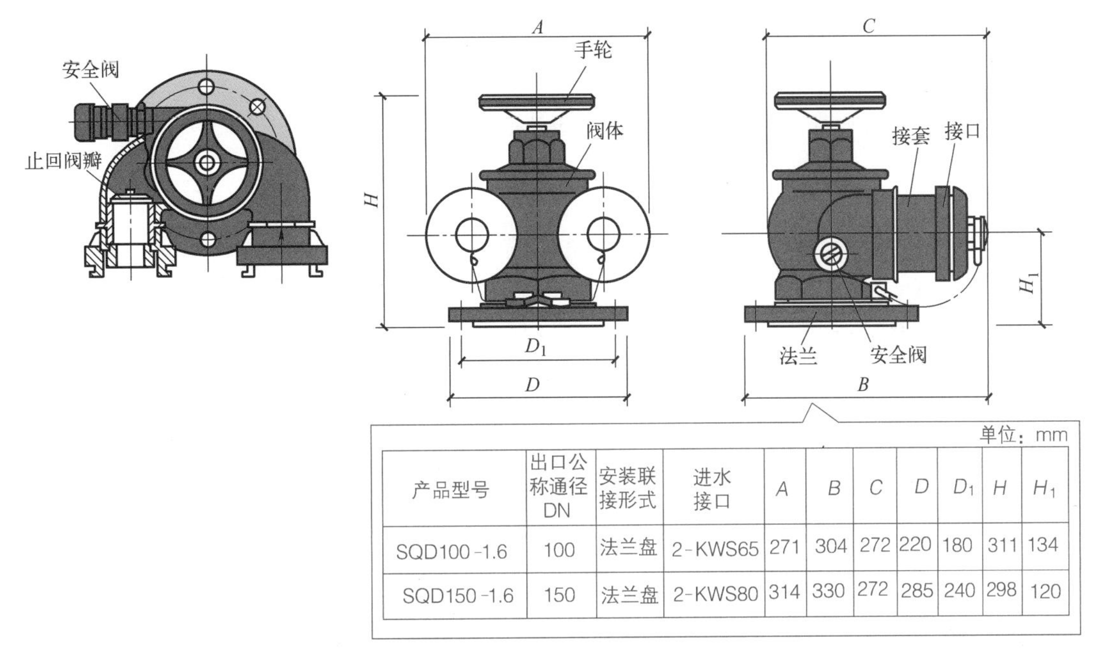

单位：mm

产品型号	出口公称通径DN	安装联接形式	进水接口	A	B	C	D	D_1	H	H_1
SQD100-1.6	100	法兰盘	2-KWS65	271	304	272	220	180	311	134
SQD150-1.6	150	法兰盘	2-KWS80	314	330	272	285	240	298	120

图 2-53 多用式消防水泵接合器的结构与尺寸

水泵接合器处应设置永久性标志铭牌，并应标明供水系统、供水范围和额定压力。消防水泵接合器的供水压力范围，需要根据当地消防车的供水流量和压力确定。

2.14.3 地下式消防水泵接合器的结构与应用

地下式消防水泵接合器的结构与应用如图 2-54 所示。

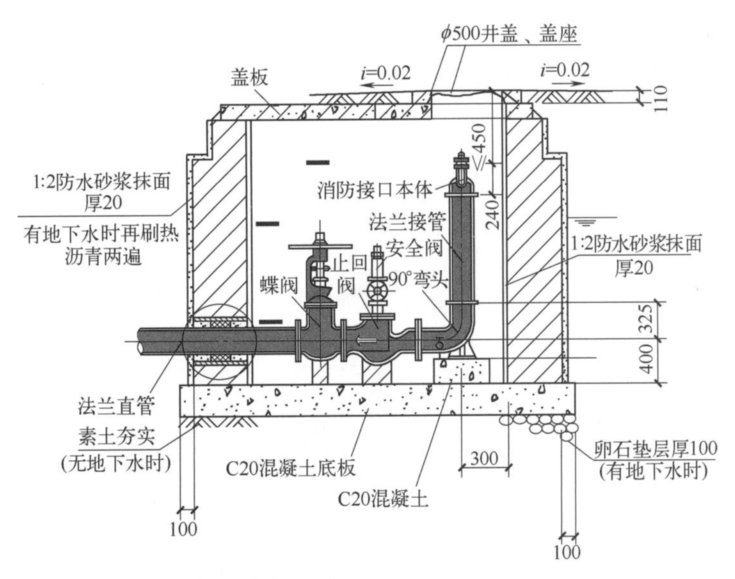

图 2-54 地下式消防水泵接合器的结构与应用（单位：mm）

地下消防水泵接合器的安装，应使进水口与井盖底面的距离不大于0.4m，并且不应小于井盖的半径。

2.14.4 地上式消防水泵接合器的结构与应用

市政消火栓宜采用地上式室外消火栓。寒冷的冬季结冰地区，宜采用干式地上式室外消火栓。地上式消防水泵接合器的结构与应用如图2-55所示。

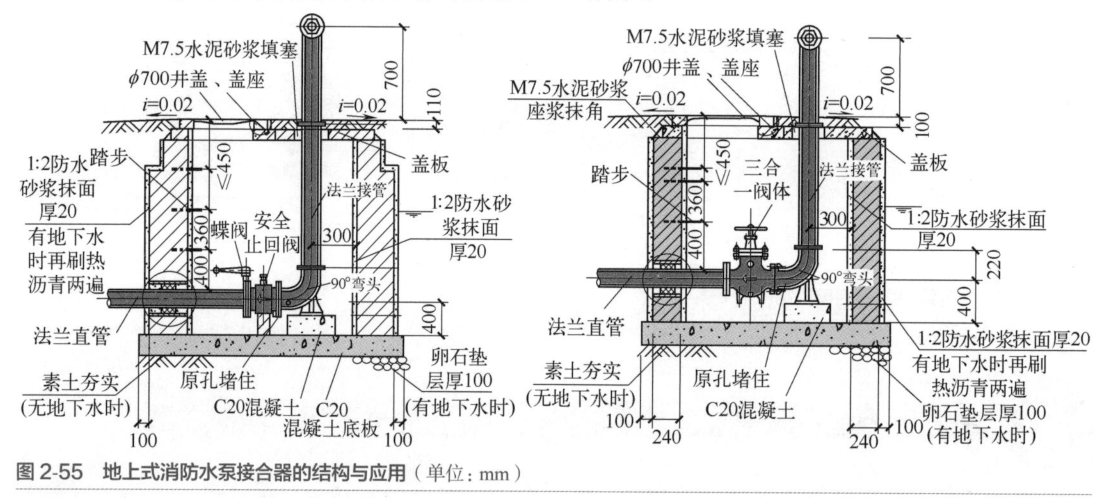

图2-55 地上式消防水泵接合器的结构与应用（单位：mm）

自动喷水灭火系统、水喷雾灭火系统、泡沫灭火系统、固定消防炮灭火系统等水灭火系统，均需要设置消防水泵接合器。

2.14.5 墙壁式消防水泵接合器的结构与应用

墙壁式消防水泵接合器的结构与应用如图2-56所示。

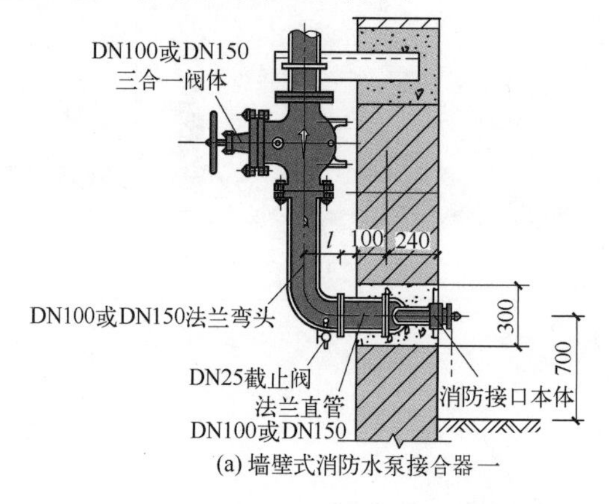

(a) 墙壁式消防水泵接合器一

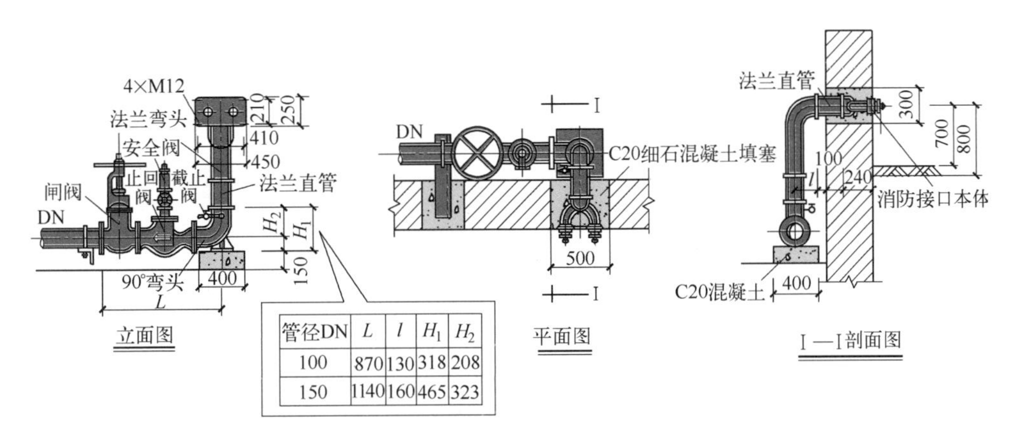

管径DN	L	l	H_1	H_2
100	870	130	318	208
150	1140	160	465	323

(b) 墙壁式消防水泵接合器二

图 2-56 墙壁式消防水泵接合器的结构与应用（单位：mm）

一点通

墙壁消防水泵接合器的安装高度宜为距地面 0.7m，与墙面上的门、窗、孔、洞的净距离不应小于 2.0m，并且不应安装在玻璃幕墙下方。

2.14.6 消防水泵接合器的安装要求

消防水泵接合器的安装要求如下：

（1）消防水泵接合器的安装，需要根据接口、本体、连接管、止回阀、安全阀、放空管、控制阀的顺序进行。止回阀的安装方向需要使消防用水能从消防水泵接合器进入系统。

（2）整体式消防水泵接合器的安装，需要根据其使用安装说明书进行。

（3）消防水泵接合器的设置位置需要符合设计要求。

（4）通过消防水泵接合器永久性固定标志应能识别其所对应的消防给水系统或水灭火系统。当有分区时，则应有分区标识。

（5）地下式消防水泵接合器，需要采用铸有“消防水泵接合器”标志的铸铁井盖，并且应在其附近设置指示其位置的永久性固定标志。

（6）墙壁式消防水泵接合器的安装，需要符合设计要求。设计无要求时，则其安装高度宜为距地面 0.7m，与墙面上的门、窗、孔、洞的净距离不应小于 2.0m，并且不应安装在玻璃幕墙下方。

（7）地下式消防水泵接合器的安装，应使进水口与井盖底面的距离不大于 0.4m，并且不应小于井盖的半径。

（8）消火栓水泵接合器与消防通道间不应设有妨碍消防车加压供水的障碍物。

（9）地下式消防水泵接合器井的砌筑，应有防水措施、排水措施。

2.15 消防软管卷盘

2.15.1 消防软管卷盘的特点

消防软管卷盘是一种一般由阀门、输入管路、卷盘、软管、喷枪等组成，并且能够在迅速展开软管的过程中喷射灭火剂的灭火器具，如图 2-57 所示。

根据其所输送的灭火剂，软管卷盘分为水、干粉、泡沫软管卷盘。根据其使用场合，软管卷盘分为消防车用、非消防车用软管卷盘。

消防软管卷盘，由阀门、输入管路、卷盘、软管、喷枪等组成，并且能够在迅速展开软管的过程中喷射灭火剂

图 2-57 消防软管卷盘

2.15.2 消防软管卷盘的规格

消防软管卷盘的规格如表 2-45 所示。软管的内径、长度和相应的极限偏差，需要符合表 2-46 的规定。

表 2-45 消防软管卷盘的规格

软管卷盘类别	额定工作压力 /MPa	喷射性能试验时软管卷盘进口压力 / MPa	射程 /m	流量		使用场合
				L/min	kg/min	
干粉软管卷盘	1.6	额定工作压力	≥ 8	—	≥ 45	非消防车用
			≥ 10	—	≥ 150	消防车用
泡沫软管卷盘	0.8	额定工作压力	≥ 10	≥ 60	—	非消防车用
	1.6		≥ 12	≥ 120	—	非消防车用
水软管卷盘	0.8	0.4	≥ 6	≥ 24	—	非消防车用
	1.0					
	1.6					
	1.0	额定工作压力	≥ 12	≥ 120	—	消防车用
	1.6					
	2.5					
	4.0					

表 2-46 软管的内径、长度和相应的极限偏差的要求

内径		长度	
公称通径 /mm	极限偏差 /mm	基本尺寸 /mm	极限偏差 /%
13	±0.8	15、20、25、30	±1.0
16			
19			
25			
32	±1.2	30、40、60	
38			

2.16 其他附件、配件与装置

2.16.1 塑料管道阻火圈

塑料管道阻火圈由金属外壳与热膨胀阻燃芯材组成，其安装时套在 UPVC 管的管壁上，固定在楼板和墙体部位。

火灾发生时，阻火圈内芯材受热后急剧膨胀。阻火圈的结构如图 2-58 所示。塑料管道阻火圈的分类如图 2-59 所示。

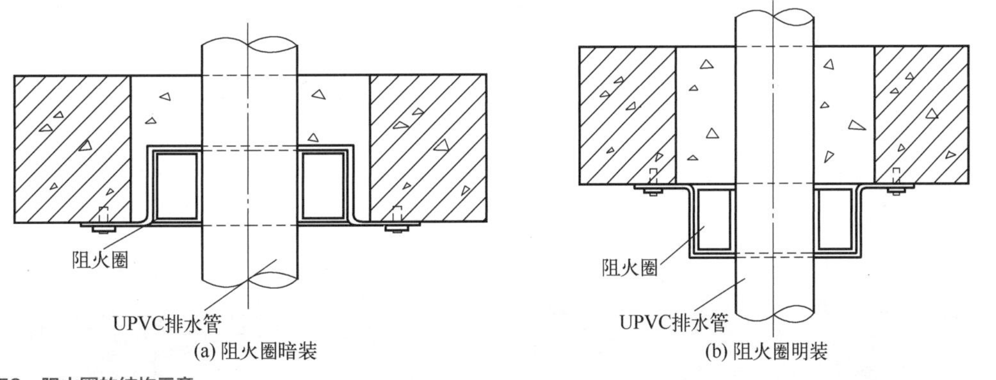

图 2-58 阻火圈的结构示意

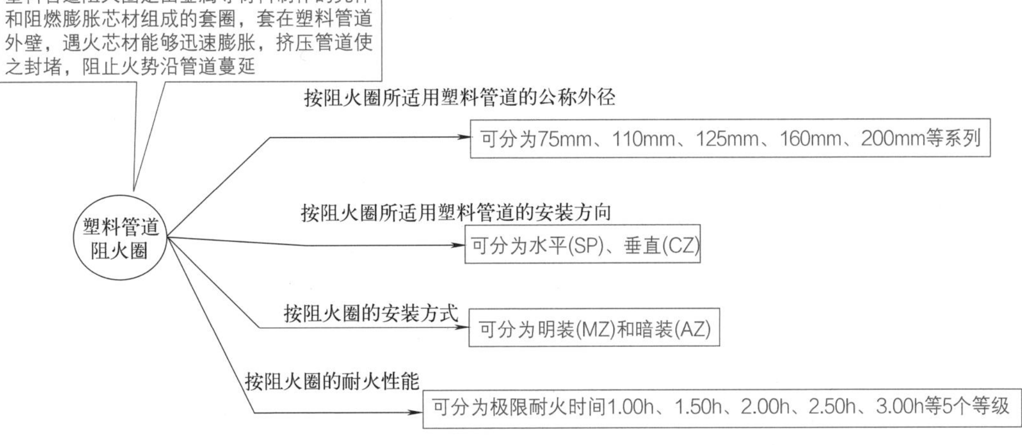

图 2-59 塑料管道阻火圈的分类

2.16.2 火灾报警控制器

火灾报警控制器根据应用方式可以分为独立型、区域型等类型，如图 2-60 所示。

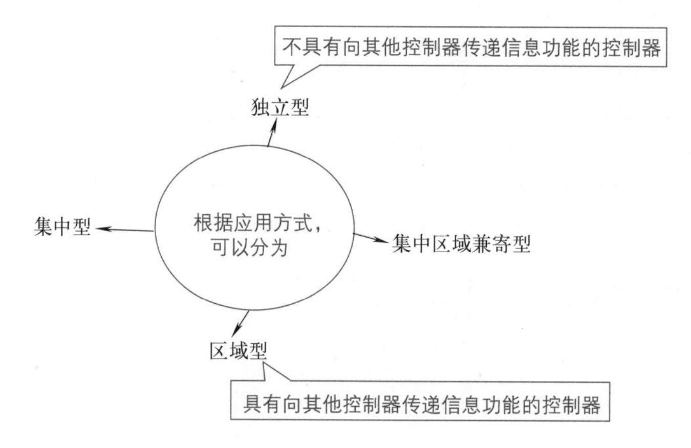

图 2-60 火灾报警控制器的类型

2.16.3 轻便消防水龙

轻便消防水龙是在自来水或消防供水管路上使用的，一般是由专用接口、水带、喷枪组成的一种小型、轻便的喷水灭火器具。

轻便消防水龙根据供水管路不同可分为自来水管用轻便消防水龙、消防供水管用轻便消防水龙等。

轻便消防水龙（以下简称水龙）的基本参数需要符合表 2-47 的规定。

表 2-47 轻便消防水龙的基本参数要求

水龙类型	设计工作压力 /MPa	喷射性能试验时水龙进口压力 / MPa	喷雾角	射程 /m		流量 /（L/min）	
				直流	喷雾	直流	喷雾
自来水管用	0.25	0.25	0° ～ 90° 连续可调	≥ 5.0	≥ 3.5	≥ 15.0	≥ 17.5
消防供水管用	0.8	0.4	0° ～ 90° 连续可调	≥ 8.0	≥ 4.0	≥ 24.0	≥ 30.0
	1.0						
	1.6						

2.16.4 水流指示器

水流指示器是主要用于自动喷水灭火系统中将水流信号转换成电信号的一种报警装置，起水流监视作用，不联动其他设备。水流指示器如图 2-61 所示。

水流指示器装设在受保护区域的喷淋管道上，可监视水流动作，如果发生火灾，喷淋头受高温而爆裂，这时管道水会流向爆裂的喷淋头，流动的水力会推动水流指示器动作。

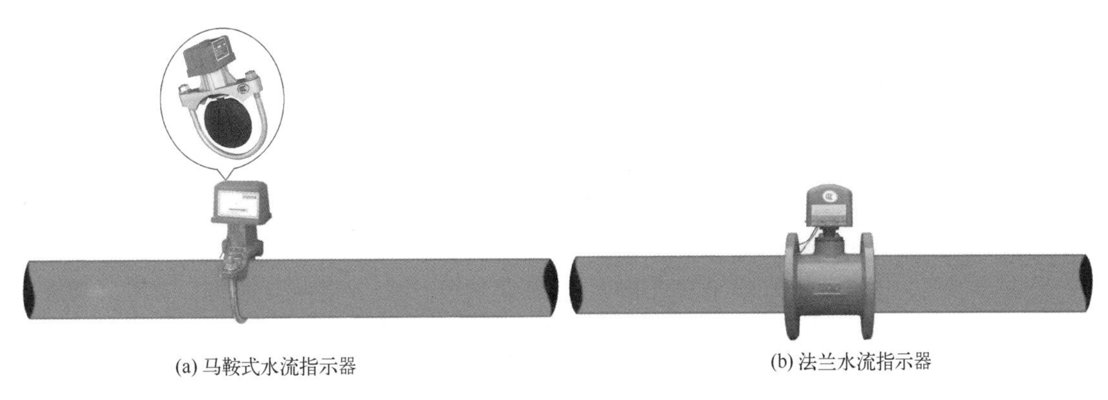

(a) 马鞍式水流指示器　　(b) 法兰水流指示器

图 2-61　水流指示器

2.16.5　水力警铃

水力警铃是一种全天候的水压驱动机械式警铃，能够在喷淋系统动作时发出持续警报，如图 2-62 所示。

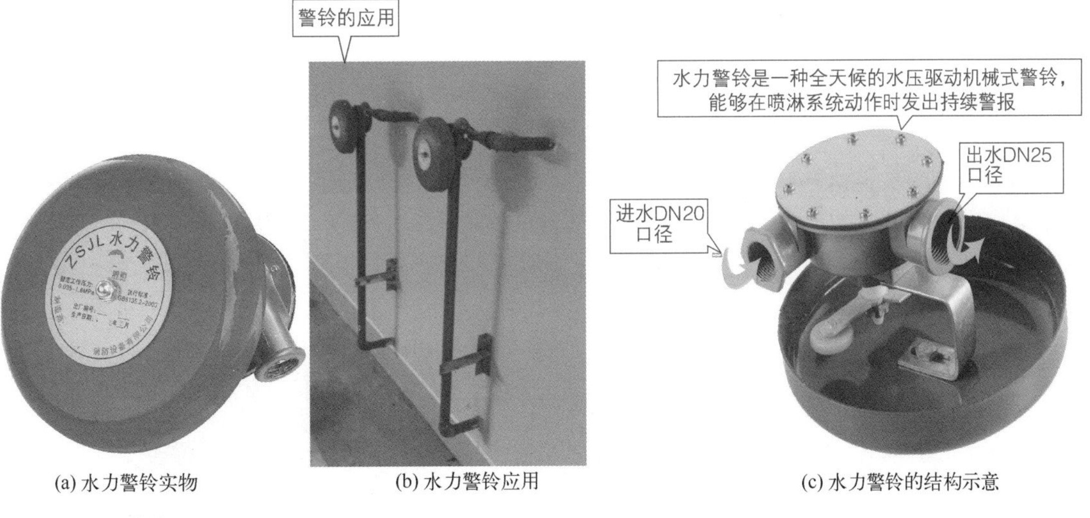

(a) 水力警铃实物　　(b) 水力警铃应用　　(c) 水力警铃的结构示意

图 2-62　水力警铃

水力警铃进水口公称直径不应小于 20mm，排水孔面积不应小于喷嘴面积的 50 倍。

水力警铃喷嘴直径不应小于 3mm，过滤网孔最大尺寸不应大于喷嘴直径的 0.6 倍，过滤网总面积不应小于喷嘴孔面积的 10 倍。

水力警铃的工作压力不应小于 0.05MPa，并应符合下列规定：应设在有人值班的地点旁边；与报警阀连接的管道，其管径应为 20mm，总长不宜大于 20m。

一点通

水力警铃的安装要求如下：

（1）水力警铃需要安装在公共通道或值班室附近的外墙上，并且应安装检修、测试用的阀门。

（2）水力警铃与报警阀的连接，需要采用热镀锌钢管。当镀锌钢管的公称直径为 20mm 时，其长度不宜大于 20m。

（3）安装后的水力警铃启动时，警铃声强度一般应不小于 70dB。

2.16.6 末端试水装置

末端试水装置是一般由试水阀、压力表、试水喷嘴、保护罩等组成，用于监测自动喷水灭火系统末端压力，并且可检验系统启动、报警、联动等功能的装置。

末端试水装置一般安装在系统管网或分区管网的末端。末端试水装置的分类如图 2-63 所示。

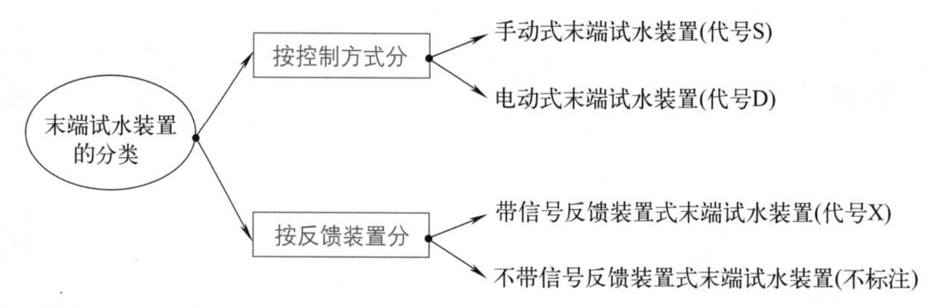

图 2-63 末端试水装置的分类

末端试水装置与试水阀的安装位置，需要便于检查、试验，并且要有具备相应排水能力的排水设施。

末端试水装置试水接头出水口的流量系数，应等同于同楼层或防火分区内的最小流量系数喷头。末端试水装置的出水，应采取孔口出流的方式排入排水管道，排水立管宜设伸顶通气管，且管径不应小于 75mm。

末端试水装置示意图与实物对照如图 2-64 所示。

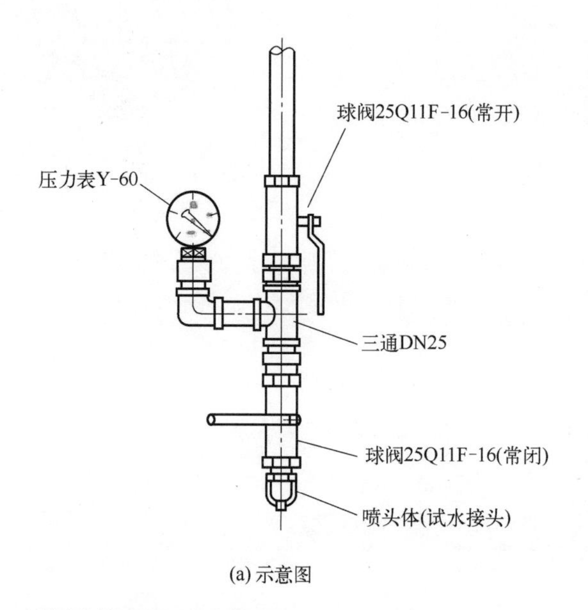

(a) 示意图

(b) 实物图

图 2-64 末端试水装置示意图与实物对照

一点通

每个报警阀组控制的最不利点喷头处应设末端试水装置，其他防火分区、楼层均应设直径为 25mm 的试水阀。末端试水装置和试水阀应有标识，距地面的高度宜为 1.5m，并应采取不被他用的保护措施。

2.16.7 其他附件、配件与装置及其特点

其他附件、配件与装置及其特点如表 2-48 所示。

表 2-48 其他附件、配件与装置及其特点

<table>
<tr><th>名称</th><th>解说</th></tr>
<tr><td>消防水带</td><td>消防水带及其特点如图 2-65 所示
水带
铺设时应避免骤然曲折，以防止耐水压能力降低。
铺设时还应避免扭转，以防止充水后水带转动而使内扣式水带接口脱开。
充水后应避免在地面上强行拖拉，需要改变位置时要尽量抬起移动，以减少水带与地面的磨损
接扣
图 2-65 消防水带</td></tr>
<tr><td>消防吸水胶管</td><td>消防吸水胶管规格如图 2-66 所示
<table>
<tr><th>规格</th><th>公称内径 /mm</th><th>允许最大公差 /mm</th></tr>
<tr><td>50</td><td>51</td><td rowspan="4">± 1.5</td></tr>
<tr><td>65</td><td>64</td></tr>
<tr><td>80</td><td>76</td></tr>
<tr><td>90</td><td>89</td></tr>
<tr><td>100</td><td>102</td><td rowspan="3">± 2.0</td></tr>
<tr><td>125</td><td>127</td></tr>
<tr><td>150</td><td>152</td></tr>
</table>
注：1. 直管式胶管的标准长度为 2m、3m、4m，盘管式胶管的标准长度为 8m、10m、12m，胶管长度公差应为标准长度的 ± 2%。
2. 每种规格胶管按工作压力分为 0.3MPa 和 0.5MPa。
图 2-66 消防吸水胶管规格</td></tr>
<tr><td>火灾显示盘</td><td>（1）火灾显示盘在接收火灾报警控制器发出的信号后将显示发出火警部位或区域。
（2）根据显示方式，火灾显示盘可以分为汉显式、数显式、图形显示型等种类，如图 2-67 所示。
火灾显示盘，常设置在经常有人员存在或活动而没有设置火灾报警控制器的现场区域
图 2-67 火灾显示盘</td></tr>
</table>

续表

<table>
<tr><th>名称</th><th>解　说</th></tr>
<tr><td>火灾显示盘</td><td>（3）火灾显示盘操作项目如图 2-68 所示
<table>
<tr><th rowspan="2">操作项目</th><th colspan="3">操作级别</th></tr>
<tr><th>Ⅰ</th><th>Ⅱ</th><th>Ⅲ</th></tr>
<tr><td>消除声信号</td><td>O</td><td>M</td><td>M</td></tr>
<tr><td>查询信息</td><td>O</td><td>M</td><td>M</td></tr>
<tr><td>自检</td><td>P</td><td>M</td><td>M</td></tr>
<tr><td>输入或更改数据</td><td>P</td><td>P</td><td>M</td></tr>
<tr><td>接通、断开或调整电源</td><td>P</td><td>P</td><td>M</td></tr>
<tr><td>修改或改变软、硬件</td><td>P</td><td>P</td><td>M</td></tr>
</table>
注：P——禁止本级操作；
O——可选择是否由本级操作；
M——可进行本级及本级以下操作。
图 2-68　火灾显示盘操作项目</td></tr>
<tr><td>卡箍橡胶圈</td><td>卡箍橡胶圈如图 2-69 所示
图 2-69　卡箍橡胶圈</td></tr>
<tr><td>手动火灾报警按钮</td><td>（1）手动火灾报警按钮是火灾报警系统中的一个设备类型，如图 2-70 所示。当发生火灾而火灾探测器没有探测到的时候人员可手动按下手动火灾报警按钮，报告火灾信号。
手动火灾报警按钮的报警触发条件是必须人工按下按钮启动。按下按钮后过3～5s手动火灾报警按钮上的火警确认灯会点亮，这个状态灯表示火灾报警控制器已经收到火警信号，并且确认了现场位置
图 2-70　手动火灾报警按钮
（2）手动火灾报警按钮安装要求如图 2-71 所示。
手动火灾报警按钮的安装要求
1.手动火灾报警按钮应设置在明显的和便于操作部位。
2.手动火灾报警按钮安装在墙上时，其底边距地高度宜为1.3～1.5m，且应有明显的标志。每个防火分区应至少设置一个手动火灾报警按钮。从一个防火分区内的任何位置到最邻近的一个手动火灾报警按钮的距离不应大于30m。
3.手动火灾报警按钮宜设置在公共活动场所的出入口处
图 2-71　手动火灾报警按钮安装要求
（3）手动火灾报警按钮的设置，需要满足人员快速报警的要求，每个防火分区或楼层应至少设置 1 个手动火灾报警按钮</td></tr>
</table>

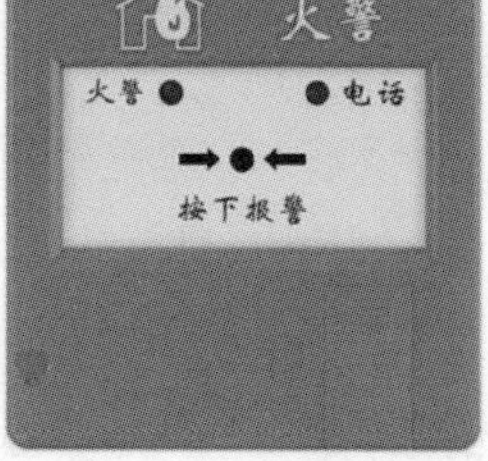

续表

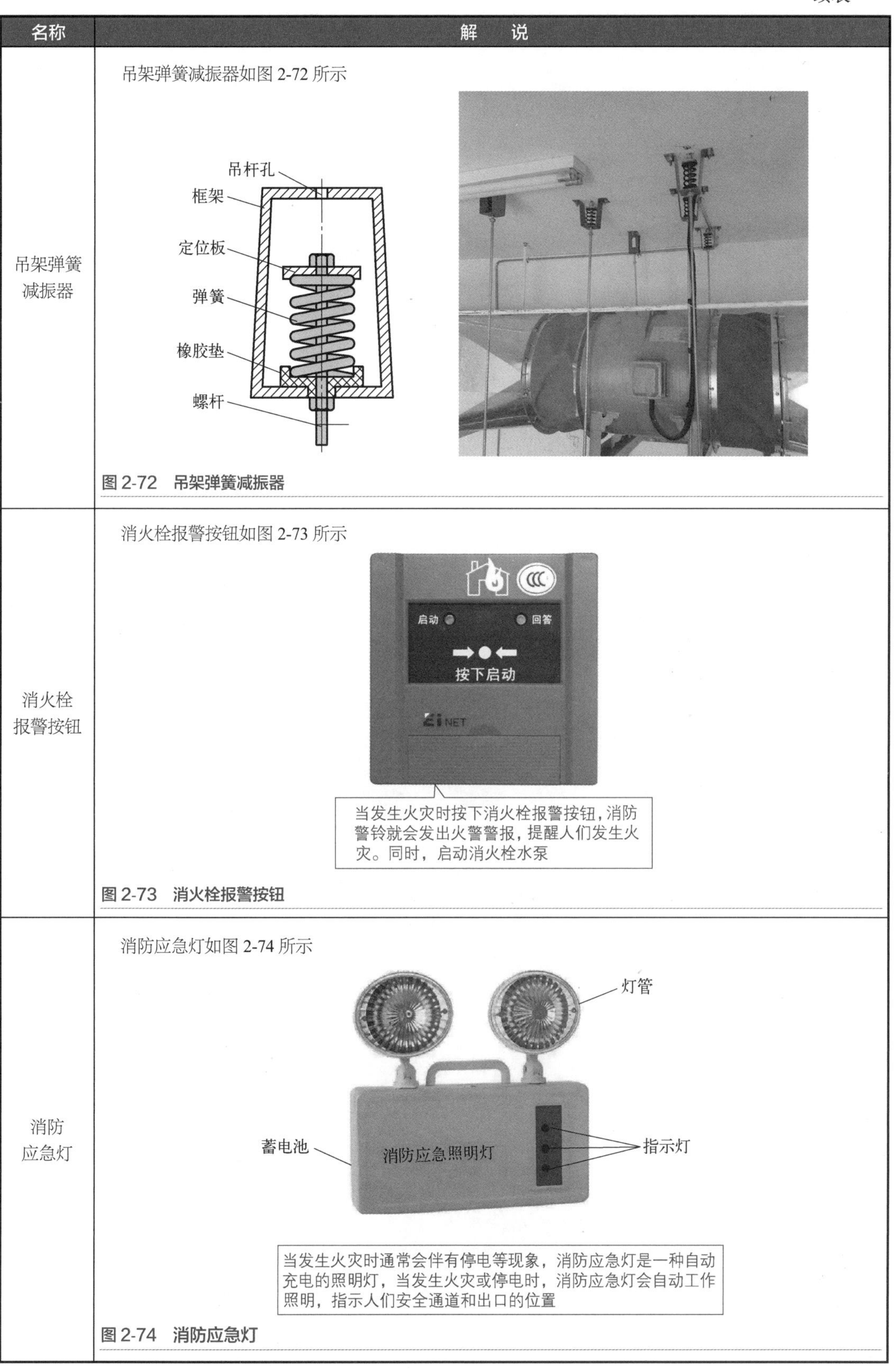

名称	解　说
吊架弹簧减振器	吊架弹簧减振器如图 2-72 所示 图 2-72　吊架弹簧减振器
消火栓报警按钮	消火栓报警按钮如图 2-73 所示 图 2-73　消火栓报警按钮
消防应急灯	消防应急灯如图 2-74 所示 图 2-74　消防应急灯

续表

名称	解　说
悬挂式干粉灭火装置	悬挂式干粉灭火装置如图 2-75 所示 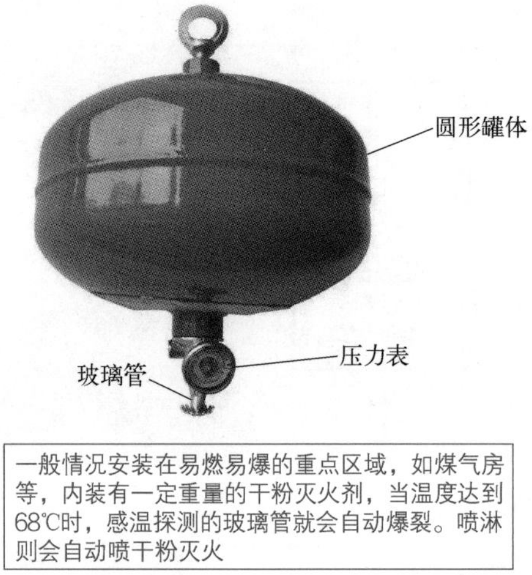 一般情况安装在易燃易爆的重点区域，如煤气房等，内装有一定重量的干粉灭火剂，当温度达到68℃时，感温探测的玻璃管就会自动爆裂。喷淋则会自动喷干粉灭火 圆形罐体 压力表 玻璃管 **图 2-75　悬挂式干粉灭火装置**
过滤式自救呼吸器	过滤式自救呼吸器如图 2-76 所示 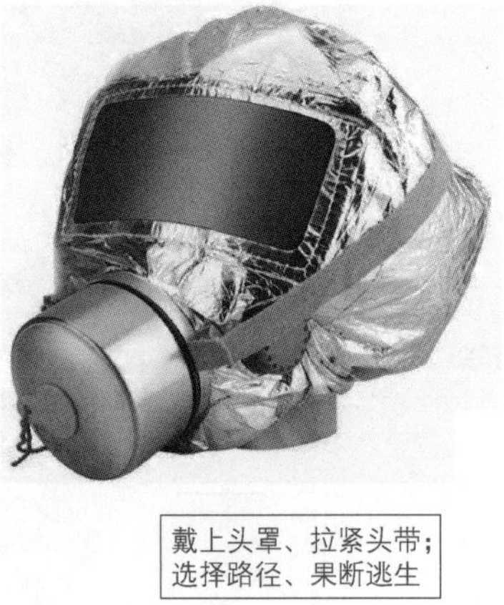 戴上头罩、拉紧头带；选择路径、果断逃生 **图 2-76　过滤式自救呼吸器**
压力开关	压力开关如图 2-77 所示，其安装要求如下： （1）压力开关需要竖直安装在通往水力警铃的管道上，并且不得在安装中拆装改动。 （2）管网上的压力控制装置的安装需要符合设计要求。 （3）压力开关的引出线应用防水套管锁定。 自动喷水灭火系统应采用压力开关控制稳压泵，并应能够调节启停压力。雨淋系统和防火分隔水幕，其水流报警装置应采用压力开关

续表

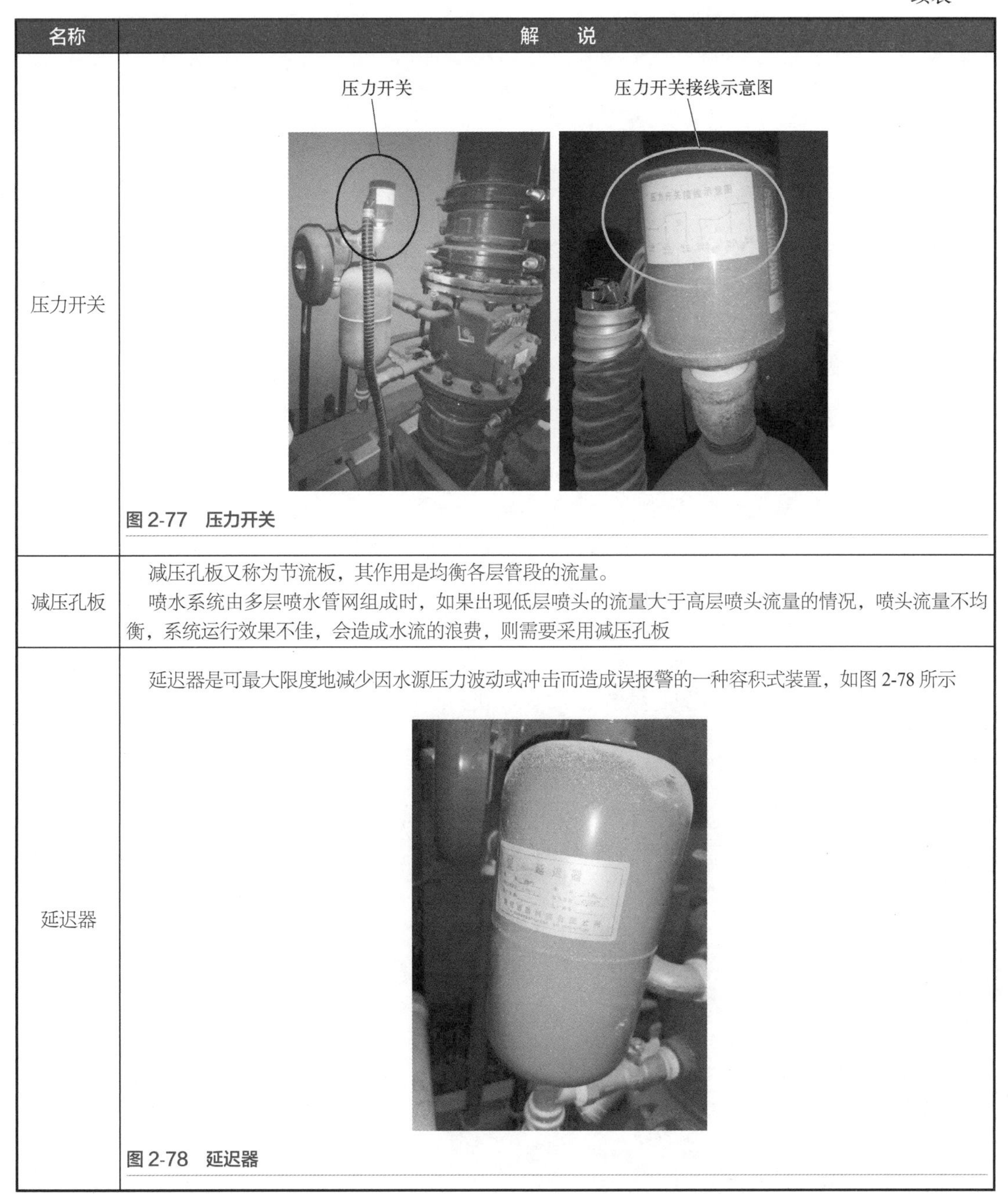

名称	解　说
压力开关	图 2-77　压力开关
减压孔板	减压孔板又称为节流板，其作用是均衡各层管段的流量。 喷水系统由多层喷水管网组成时，如果出现低层喷头的流量大于高层喷头流量的情况，喷头流量不均衡，系统运行效果不佳，会造成水流的浪费，则需要采用减压孔板
延迟器	延迟器是可最大限度地减少因水源压力波动或冲击而造成误报警的一种容积式装置，如图 2-78 所示 图 2-78　延迟器

一点通

消防紧急按钮是为了在发生火灾时能够迅速启动消防泵进行灭火，以减少火灾损失的一种设备。消防水喉是直径一般为 25mm 的小口径的自救式消火栓设备，用于扑救初期火灾。

提高与精通篇

第3章 泡沫灭火系统与消火栓系统

3.1 泡沫灭火系统

3.1.1 泡沫液与泡沫的类型

泡沫灭火系统中的泡沫液是指可按适宜的混合比与水混合形成泡沫溶液的浓缩液体。泡沫混合液是指泡沫液与水根据特定混合比配制成的泡沫溶液。泡沫预混液是指泡沫液与水根据特定混合比预先配制成的储存待用的泡沫溶液。

泡沫混合比是指泡沫液在泡沫混合液中所占的体积百分数。发泡倍数是指泡沫体积与形成该泡沫的泡沫混合液体积的比值。根据发泡倍数不同，泡沫的类型如图 3-1 所示。

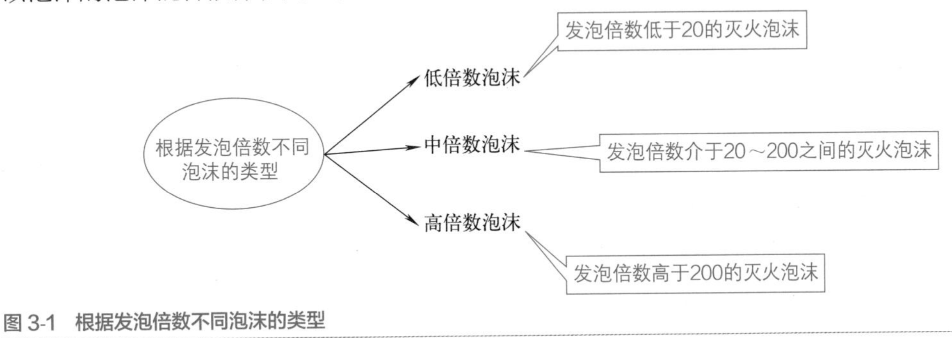

图 3-1 根据发泡倍数不同泡沫的类型

3.1.2 泡沫灭火系统的要求

泡沫灭火系统的工作压力、泡沫混合液的供给强度与连续供给时间，需要满足有效灭火或控火的要求。泡沫灭火系统的一些要求如下：

（1）整体平衡式比例混合装置，应竖直安装在管道上，并且在水和泡沫液进口的水平管道上分别安装压力表，以及与平衡式比例混合装置进口处的距离不宜大于 0.3m。

（2）当设计无规定时，泡沫液储罐罐体与支座接触部位的防腐，要根据加强防腐层施工。

（3）泡沫液管道出液口不应高于泡沫液储罐最低液面 1m。泡沫液管道吸液口距泡沫液储罐底面不应小于 0. 15m，并且宜做成喇叭口形。

（4）室内泡沫消火栓的栓口方向，宜向下或与设置泡沫消火栓的墙成 90°，栓口离地面或操作基面的高度宜为 1.1 m，允许偏差为 ±20mm。

（5）泡沫混合液管道设置在地上时，控制阀的安装高度宜为 1.1 ～ 1.5m。

（6）地上式泡沫消火栓的大口径出液口，要朝向消防车道。

一点通

沸点低于 45℃、碳 5 及以下组分摩尔百分数占比不低于 30% 的低沸点易燃液体储罐不宜选用空气泡沫灭火系统。

含有下列物质的场所，不应选用泡沫灭火系统：

（1）硝化纤维、炸药等在无空气的环境中仍能迅速氧化的化学物质与强氧化剂。

（2）钾、钠、烷基铝、五氧化二磷等遇水发生危险化学反应的活泼金属和化学物质。

3.1.3 泡沫灭火系统主要组件涂色规定

泡沫灭火系统主要组件涂色规定如图 3-2 所示。

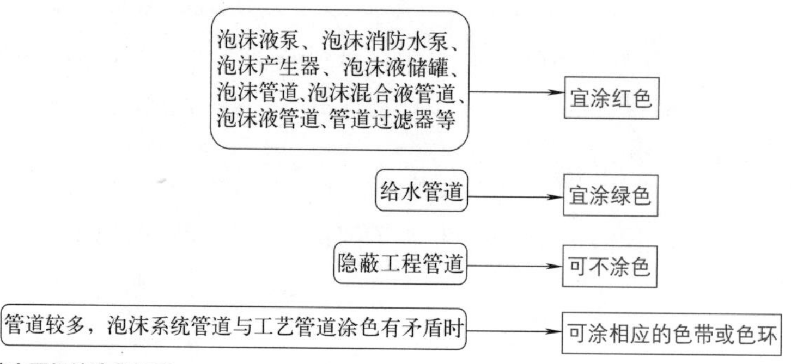

图 3-2 泡沫灭火系统主要组件涂色规定

3.1.4 泡沫液和相应系统组件的选择

保护场所中所用泡沫液的选择需要与灭火系统的类型、供水水质、扑救的可燃物性质等相适应，以及符合如图 3-3 所示的一些要求与规定。

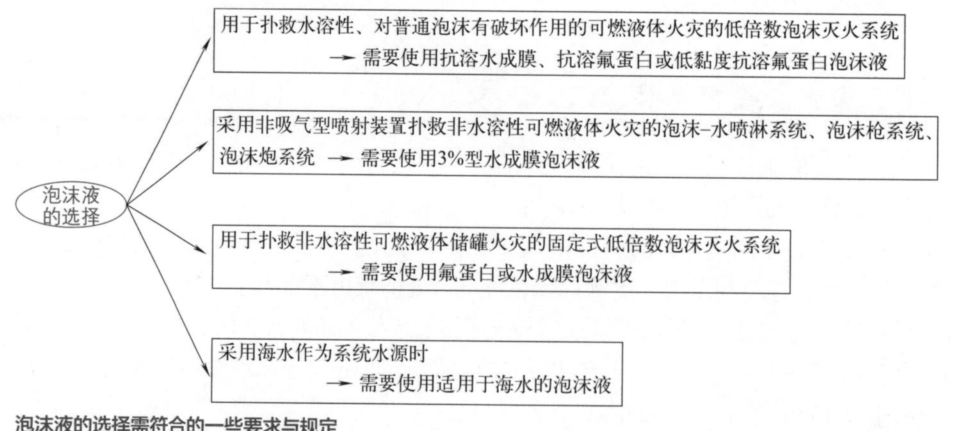

图 3-3 泡沫液的选择需符合的一些要求与规定

非水溶性甲、乙、丙类液体储罐固定式低倍数泡沫灭火系统泡沫液的选择需符合的规定如图 3-4 所示。

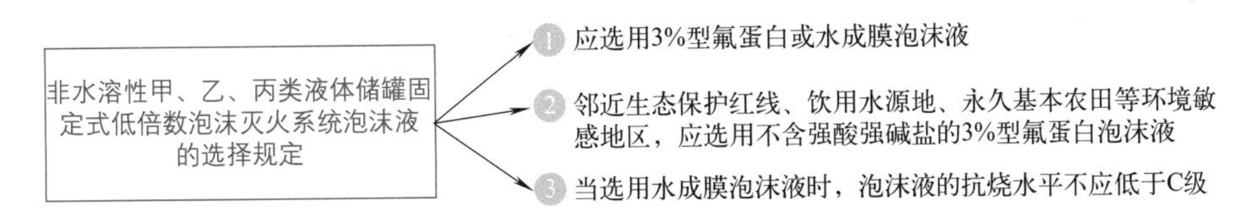

图 3-4 非水溶性甲、乙、丙类液体储罐固定式低倍数泡沫灭火系统泡沫液的选择规定

保护非水溶性液体的泡沫 - 水喷淋系统、泡沫枪系统、泡沫炮系统泡沫液的选择需符合的规定如图 3-5 所示。

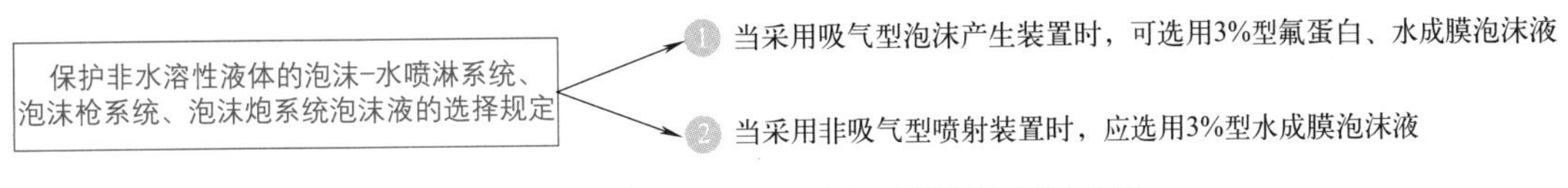

图 3-5 保护非水溶性液体的泡沫 - 水喷淋系统、泡沫枪系统、泡沫炮系统泡沫液的选择规定

一点通

固定式中倍数或高倍数泡沫灭火系统应选用 3% 型泡沫液。泡沫液宜储存在干燥通风的房间或敞棚内，储存的环境温度需要满足泡沫液使用温度的要求。

固定顶储罐的低倍数液上喷射泡沫灭火系统，每个泡沫产生器需要设置独立的混合液管道引到防火堤外，除立管外，其他泡沫混合液管道不应设置在罐壁上。

3.1.5 泡沫消防水泵、泡沫液泵的选择与设置

泡沫消防水泵的选择与设置需要符合的规定如图 3-6 所示。

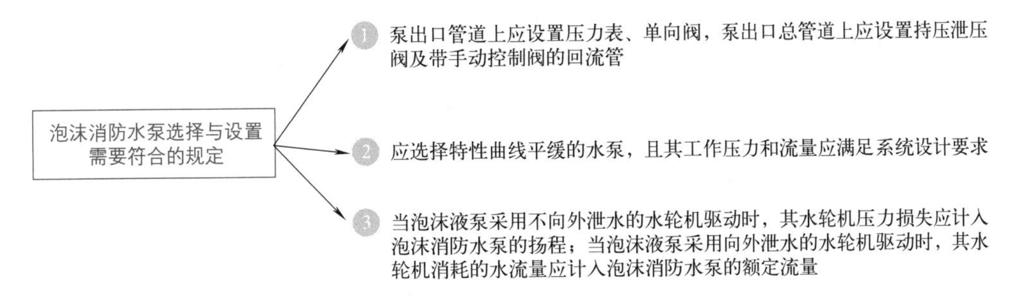

图 3-6 泡沫消防水泵的选择与设置需要符合的规定

泡沫液泵的选择与设置需要符合的规定如下：

（1）泡沫液泵应能够耐受不低于 10min 的空载运转。

（2）泡沫液泵的结构形式、密封或填料类型，需要适宜输送所选的泡沫液，并且其材料需要耐泡沫液腐蚀且不影响泡沫液的性能。

（3）当用于抗溶泡沫液时，泡沫液泵的允许吸上真空高度不得小于 6m，并且泡沫液储罐到泡沫液泵间的管道长度不宜超过 5m，泡沫液泵出口管道长度不宜超过 10m，泡沫液泵及管道平时不得充入泡沫液。

（4）当用于普通泡沫液时，泡沫液泵的允许吸上真空高度不得小于 4m。

泡沫液泵的工作压力、流量，需要满足泡沫灭火系统设计要求，同时应保证在设计流量范围内泡沫液供给压力大于供水压力。

3.1.6 泡沫比例混合装置的选择

泡沫比例混合装置的选择需要符合的规定如图 3-7 所示。

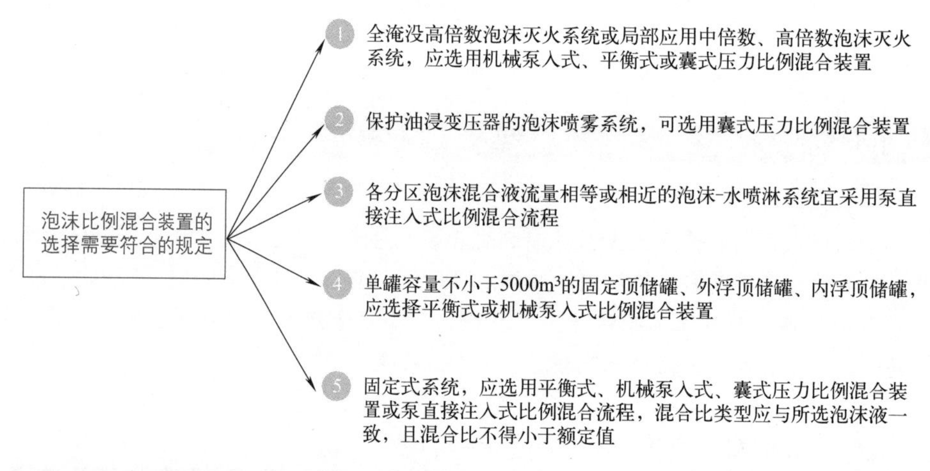

图 3-7 泡沫比例混合装置的选择需要符合的规定

3.1.7 常压泡沫液储罐需要符合的规定

常压泡沫液储罐需要符合的规定如图 3-8 所示。

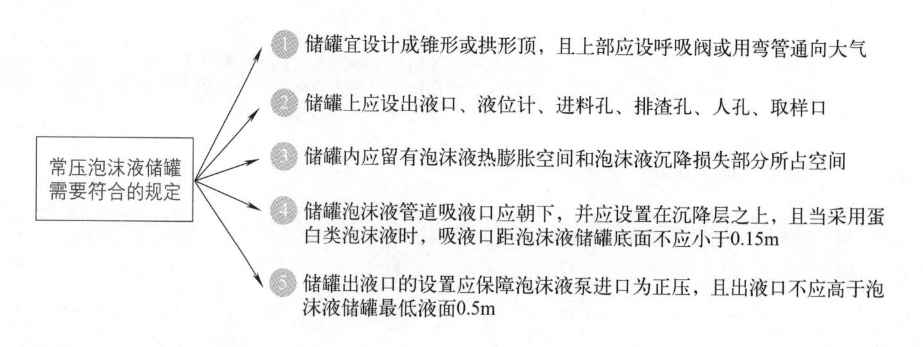

图 3-8 常压泡沫液储罐需要符合的规定

3.1.8 储罐的低倍数泡沫灭火系统类型需要符合的规定

储罐的低倍数泡沫灭火系统类型需要符合的规定如图 3-9 所示。

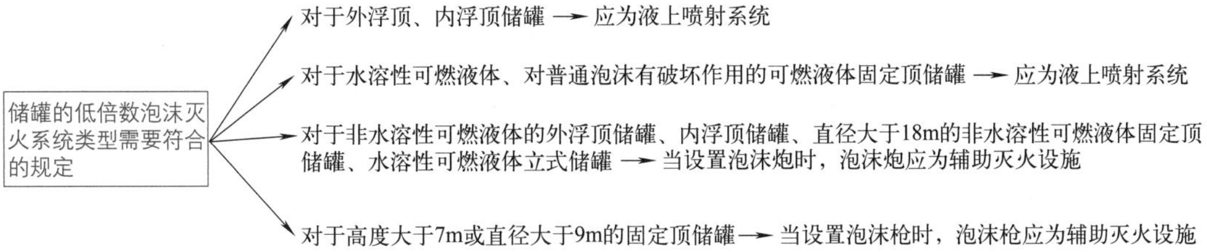

储罐的低倍数泡沫灭火系统类型需要符合的规定

- 对于外浮顶、内浮顶储罐 ⟶ 应为液上喷射系统
- 对于水溶性可燃液体、对普通泡沫有破坏作用的可燃液体固定顶储罐 ⟶ 应为液上喷射系统
- 对于非水溶性可燃液体的外浮顶储罐、内浮顶储罐、直径大于18m的非水溶性可燃液体固定顶储罐、水溶性可燃液体立式储罐 ⟶ 当设置泡沫炮时，泡沫炮应为辅助灭火设施
- 对于高度大于7m或直径大于9m的固定顶储罐 ⟶ 当设置泡沫枪时，泡沫枪应为辅助灭火设施

图 3-9 储罐的低倍数泡沫灭火系统类型需要符合的规定

一点通

储罐或储罐区低倍数泡沫灭火系统扑救一次火灾的泡沫混合液设计用量，需要大于或等于罐内用量、该罐辅助泡沫枪用量、管道剩余量三者之和最大的一个储罐所需泡沫混合液用量。

3.1.9 控制阀门和管道的要求

控制阀门和管道的要求如下：

（1）系统中所用的控制阀门，需要有明显的启闭标志。

（2）当泡沫消防水泵出口管道口径大于 300mm 时，不宜采用手动阀门。

（3）泡沫液管道，需要采用奥氏体不锈钢管。

（4）在寒冷季节有冰冻的地区，泡沫灭火系统的湿式管道需要采取防冻措施。

（5）泡沫 - 水喷淋系统的管道，需要采用热镀锌钢管。

（6）对于在防爆区内的地上或管沟敷设的干式管道，需要采取防静电接地措施，并且法兰连接螺栓数量少于 5 个时应进行防静电跨接。钢制甲、乙、丙类液体储罐的防雷接地装置可兼作防静电接地装置。

（7）低倍数泡沫灭火系统的水与泡沫混合液、泡沫管道，需要采用钢管，并且管道外壁需要进行防腐处理。

（8）中倍数、高倍数泡沫灭火系统的干式管道，宜采用镀锌钢管。湿式管道宜采用不锈钢管或内部、外部进行防腐处理的钢管。

（9）中倍数、高倍数泡沫产生器与其管道过滤器的连接管道，需要采用奥氏体不锈钢管。

一点通

防火堤或防护区内的法兰垫片，需要采用不燃材料或难燃材料。

3.1.10 低倍数泡沫灭火系统的要求

低倍数泡沫灭火系统的要求与规定如下：

（1）储罐区固定式系统，需要具备半固定式系统功能。

（2）甲、乙、丙类液体储罐固定式、半固定式、移动式系统的选择，需要符合国家现行有关标准的规定，并且储存温度大于100℃的高温可燃液体储罐不宜设置固定式系统。

（3）储罐区泡沫灭火系统扑救一次火灾的泡沫混合液设计用量，需要根据罐内用量、该罐辅助泡沫枪用量、管道剩余量三者之和最大的储罐确定。

（4）在固定式系统的泡沫混合液主管道上，需要留出泡沫混合液流量检测仪器的安装位置。在泡沫混合液管道上，需要设置试验检测口。在防火堤外侧最不利和最有利水力条件处的管道上，宜设置供检测泡沫产生器工作压力的压力表接口。

（5）固定式系统的设计，需要满足自泡沫消防水泵启动到泡沫混合液或泡沫输送到保护对象的时间不大于5min的要求。

（6）当已知泡沫比例混合装置的混合比时，可根据实际混合比计算泡沫液用量。当未知泡沫比例混合装置的混合比时，3%型泡沫液应根据混合比3.9%计算泡沫液用量，6%型泡沫液应根据混合比7%计算泡沫液用量。

（7）当固定顶储罐区固定式系统的泡沫混合液流量大于或等于100L/ s时，系统的泵、比例混合装置及其管道上的控制阀、干管控制阀应具备远程控制功能。浮顶储罐泡沫灭火系统的控制应执行现行相关国家标准的规定。

一点通

外浮顶储罐的泡沫导流罩应设置在罐壁顶部，其泡沫堰板的设计应符合下列规定：泡沫堰板与罐壁的间距不应小于0.9m；泡沫堰板应高出密封0.2m；泡沫堰板的最低部位应设排水孔，其开孔面积宜按每1m^2环形面积280mm^2确定，排水孔高度不宜大于9mm。

3.1.11 中倍数与高倍数泡沫灭火系统的要求

中倍数与高倍数泡沫灭火系统的要求如下：

（1）系统管道上的控制阀门，需要设在防护区以外。自动控制阀门需要具有手动启闭功能 。

（2）系统干式水平管道最低点，需要设排液阀，并且坡向排液阀的管道坡度不宜小于0.3%。

（3）固定安装的中倍数、高倍数泡沫产生器前需要设置管道过滤器、压力表、手动阀门。

（4）固定安装的泡沫液桶(罐)和比例混合器不应设置在防护区内。

（5）当系统以集中控制方式保护两个或两个以上的防护区时，其中一个防护区发生火灾不应危及其他防护区。泡沫液和水的储备量，需要根据最大一个防护区的用量来确定。手动与应急机械控制装置，需要有标明其所控制区域的标记。

（6）中倍数、高倍数泡沫产生器的设置需要符合的规定如图3-10所示。

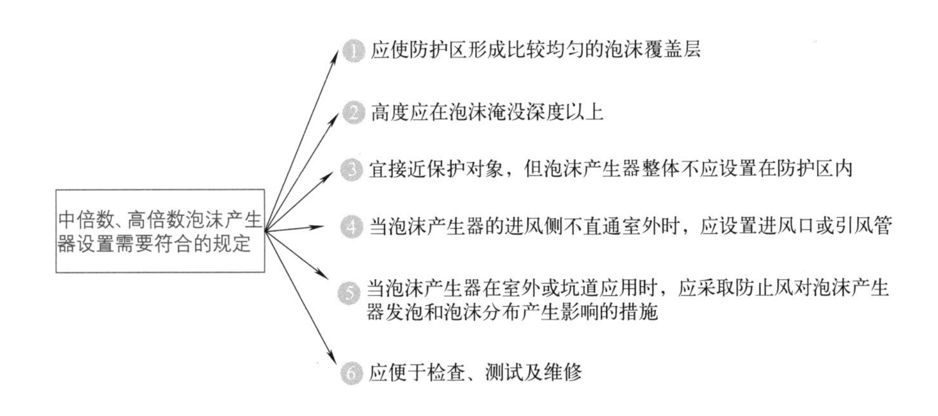

图 3-10 中倍数、高倍数泡沫产生器设置需要符合的规定

一点通

全淹没系统可用于下列场所：封闭空间场所；设有阻止泡沫流失的固定围墙或其他围挡设施的场所；小型封闭空间场所与设有阻止泡沫流失的固定围墙或其他围挡设施的小场所，宜设置中倍数泡沫灭火系统。

3.1.12 泡沫站的要求

储罐或储罐区固定式低倍数泡沫灭火系统，自泡沫消防水泵启动到泡沫混合液或泡沫输送到保护对象的时间应小于或等于 5min。当储罐或储罐区设置泡沫站时，泡沫站需要符合的规定如图 3-11 所示。

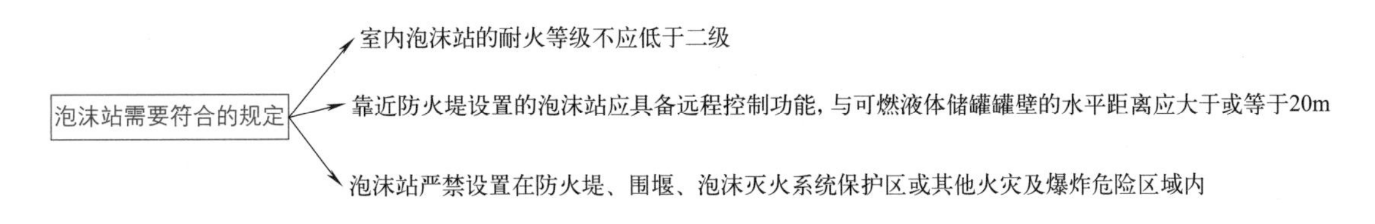

泡沫站需要符合的规定
室内泡沫站的耐火等级不应低于二级
靠近防火堤设置的泡沫站应具备远程控制功能，与可燃液体储罐罐壁的水平距离应大于或等于20m
泡沫站严禁设置在防火堤、围堰、泡沫灭火系统保护区或其他火灾及爆炸危险区域内

图 3-11 泡沫站需要符合的规定

3.2 消火栓系统

3.2.1 消火栓系统的分类与特点

消火栓是一种固定消防工具，其主要作用是控制可燃物、隔绝助燃物、消除着火源。消火栓系统包括建筑室外消火栓系统、建筑室内消火栓系统、市政消火栓系统等。消火栓系统的分类如图 3-12 所示。

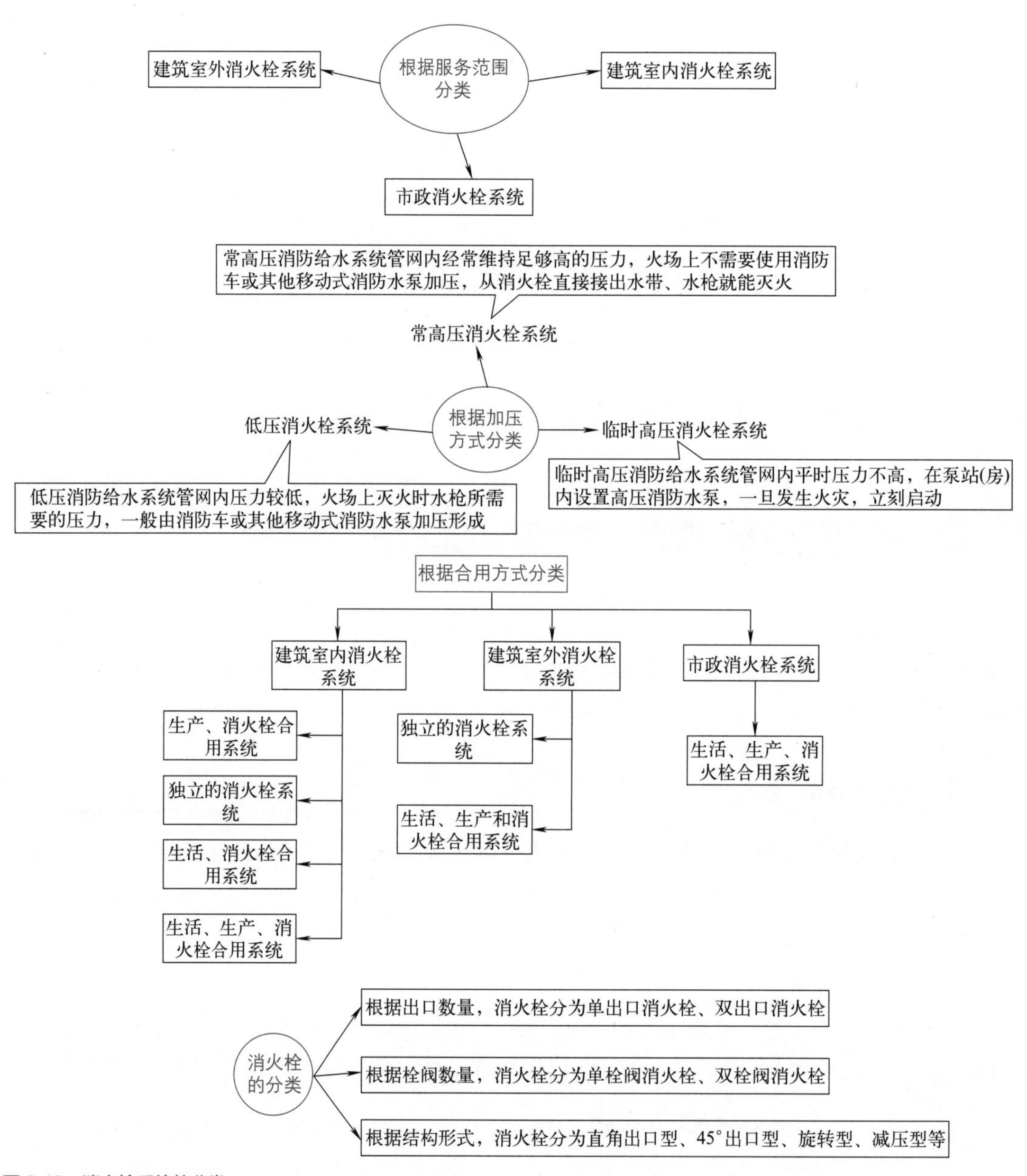

图 3-12 消火栓系统的分类

室外消火栓的类型如图 3-13 所示。一些消火栓的结构特点如图 3-14 所示。

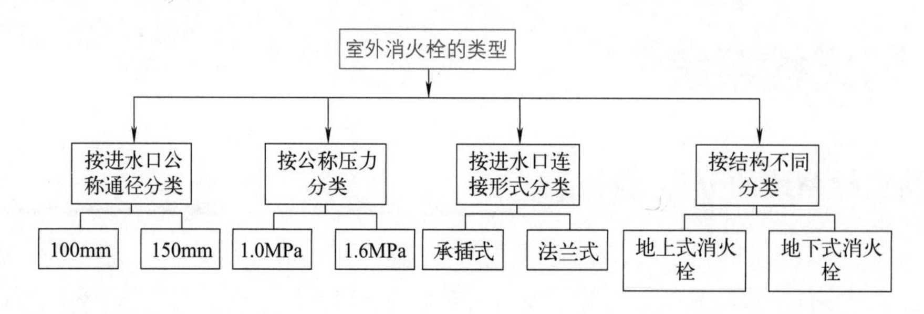

图 3-13 室外消火栓的类型

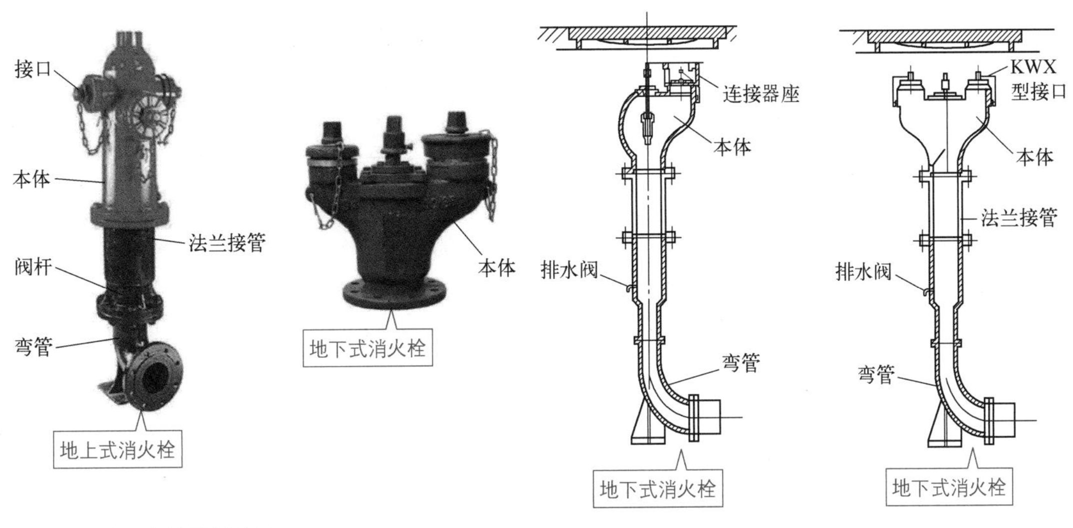

图 3-14　一些消火栓的结构特点

室外消火栓系统的组成如图 3-15 所示。

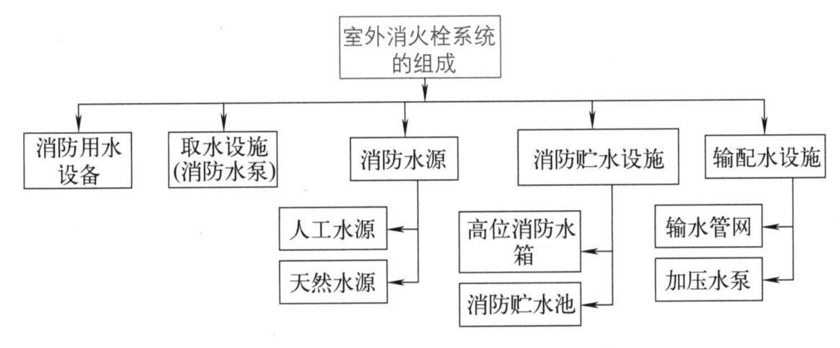

图 3-15　室外消火栓系统的组成

室内消火栓系统的类型如图 3-16 所示。建筑物室内消火栓系统由水龙带、消火栓、水枪、消防水箱、消防管道、消防水泵接合器、稳压设备等组成。一些消火栓系统的图解特点如图 3-17 所示。

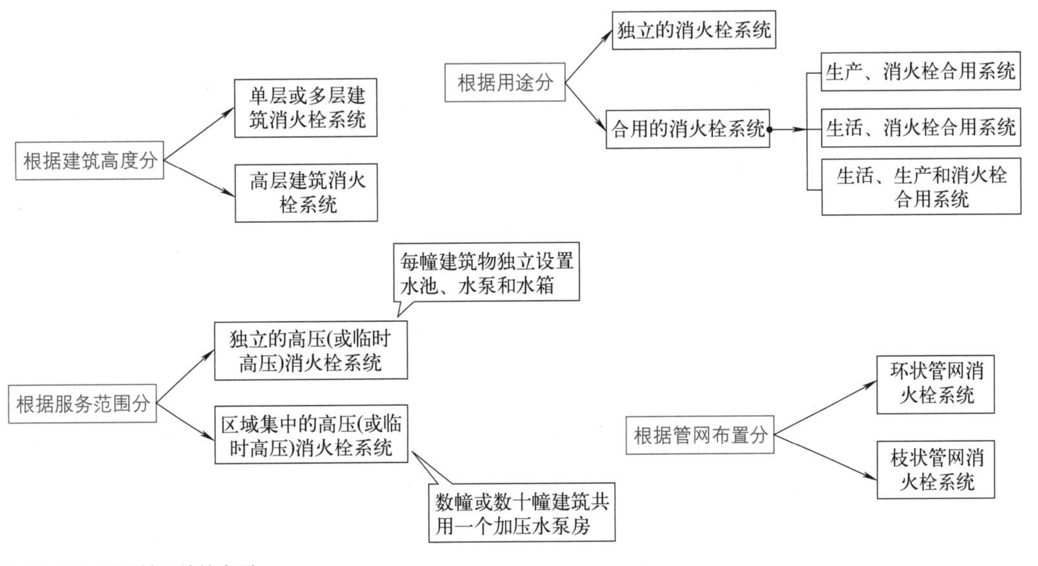

图 3-16　室内消火栓系统的类型

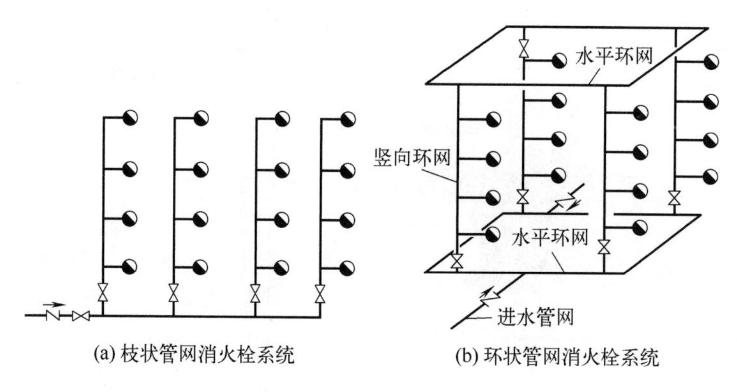

图 3-17 一些消火栓系统的图解特点

室内消火栓系统的组成如图 3-18 所示。

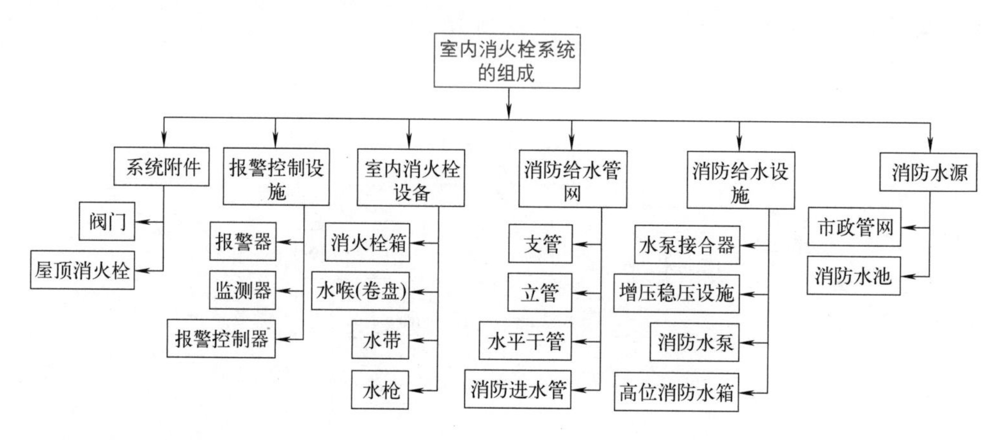

图 3-18 室内消火栓系统的组成

市政消火栓和建筑室外消火栓，应采用湿式消火栓系统。室内环境温度不低于 4℃，并且不高于 70℃的场所，应采用湿式室内消火栓系统。室内环境温度低于 4℃，或高于 70℃的场所，宜采用干式消火栓系统。

建筑高度不大于 27m 的多层住宅建筑设置室内湿式消火栓系统确有困难时，可以设置干式消防竖管、SN65 的室内消火栓接口和无止回阀和闸阀的消防水泵接合器。

消防给水系统，应满足水消防系统在设计持续供水时间内所需水量、流量、水压的要求。

低压消防给水系统的系统工作压力，应大于或等于 0.6MPa。高压和临时高压消防给水系统的系统工作压力需要符合的规定如下：

（1）对于采用高位消防水池、水塔供水的高压消防给水系统，需要为高位消防水池、水塔的最大静压。

（2）对于采用市政给水管网直接供水的高压消防给水系统，需要根据市政给水管网的工作压力确定。

（3）对于采用高位消防水箱稳压的临时高压消防给水系统，需要为消防水泵零流量时的压力与消防水泵吸水口的最大静压之和。

（4）对于采用稳压泵稳压的临时高压消防给水系统，需要为消防水泵零流量时的水压与消防水泵吸水口的最大静压之和、稳压泵在维持消防给水系统压力时的压力两者的较大值。

一点通

设置市政消火栓的市政给水管网，平时运行工作压力应大于或等于0.14MPa，应保证市政消火栓用于消防救援时的出水流量大于或等于15L/s，供水压力（从地面算起）大于或等于0.10MPa。

3.2.2 消火栓系统的组成

消火栓系统一般由消防水源、管网、消火栓等组成，其组成示意图如图3-19所示。湿式消火栓系统是平时管网内充满水的消火栓系统。干式消火栓系统是平时配水管网内不充水，火灾时向管网充水的消火栓系统。

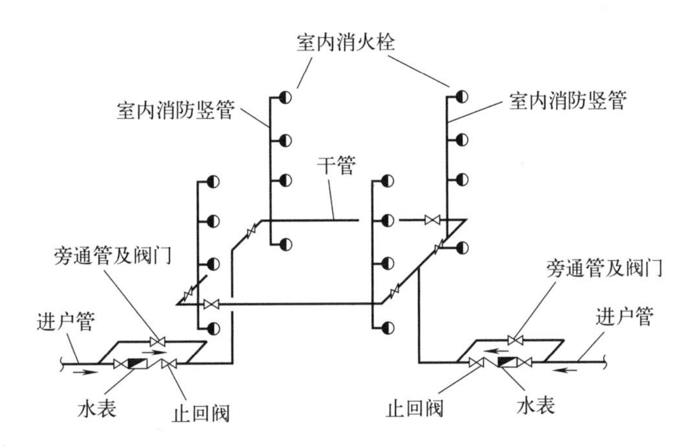

(a) 配水管网供水的室内消火栓系统

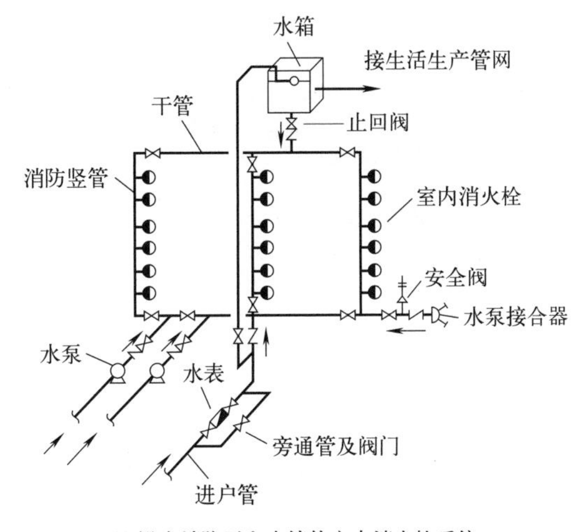

(b) 设有消防泵和水箱的室内消火栓系统

图3-19 消火栓系统组成示意图

消火栓系统中旁通管的作用：在管道出现故障，即阀门或设备有故障时，可以使用旁通管，这样就不会因为维修设备而影响系统的使用。

室内环境温度低于4℃，或高于70℃的场所，宜采用干式消火栓系统。室内环境温度不低于4℃，且不高于70℃的场所，应采用湿式室内消火栓系统。

3.2.3 消火栓系统设备的控制逻辑关系

消火栓系统设备的控制逻辑关系如表3-1所示。

表3-1 消火栓系统设备的控制逻辑关系

消火栓系统设备	功能	平时状态	控制方式	安装位置	备注
消火栓按钮	直接启动消火栓泵，显示启泵按钮在建筑中的位置	—	手动	消火栓箱内	—
液位传感器	测量消防水池（水箱）水位	—	水位	消防水池（水箱）内	水位低于正常水位下限时报警
消火栓泵（消火栓加压泵）	给消火栓管网内水加压	停止	消火栓按钮硬线直接控制；火警模块自动控制；消防控制室硬线直接控制	消防泵房内	水泵的工作状态传至消防控制室显示

3.2.4 高位消防水箱的要求

临时高压消防给水系统的高位消防水箱的有效容积，需要满足初期火灾消防用水量的要求，并且符合如图3-20所示的要求。

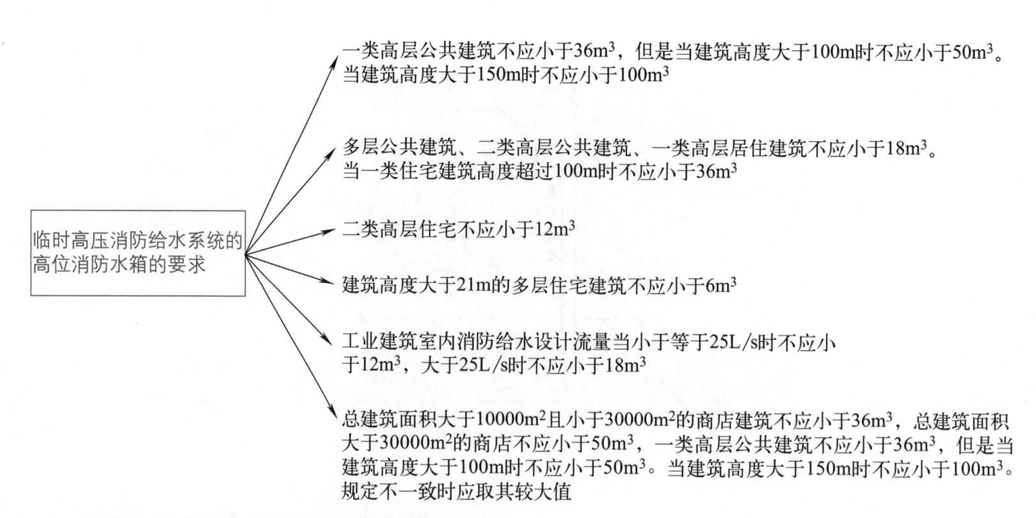

图3-20 临时高压消防给水系统的高位消防水箱的要求

高位消防水箱需要符合的要求如下：

（1）室内临时高压消防给水系统的高位消防水箱有效容积和压力应能够保证初期灭火所需水量。

（2）屋顶露天高位消防水箱的人孔和进出水管的阀门等应采取防止被随意关闭的保护措施。

（3）设置高位水箱间时，水箱间内的环境温度或水温不应低于5℃。

（4）高位消防水箱的最低有效水位应能够防止出水管进气。

高位消防水箱的设置位置应高于其所服务的水灭火设施，并且最低有效水位需要满足水灭火设施最不利点处的静水压力，以及还应符合如下要求：

（1）一类高层民用公共建筑不应低于0.10MPa，但是当建筑高度超100m时不应低于0.15MPa。

（2）高层住宅、二类高层公共建筑、多层民用建筑，不应低于0.07MPa。多层住宅确有困难时可适当降低。

（3）工业建筑不应低于0.10MPa。

（4）当市政供水管网的供水能力在满足生产生活最大用水量后，仍能够满足初期火灾所需的消防流量、压力时，则可以由市政给水系统直接供水，并且应在进水管处设置倒流防止器，以及系统的最高处应设置自动排气阀。

（5）自动喷水灭火系统等自动水灭火系统，应根据喷头灭火需求压力来确定，但是最小不应小于0.10MPa。

（6）当高位消防水箱不能够满足有关静压要求时，则应设稳压泵。

一点通

高位消防水箱可以采用热浸锌镀锌钢板、钢筋混凝土、不锈钢板等建造。高位消防水箱与基础应牢固连接。高位消防水箱间应通风良好，不应结冰，当必须设置在严寒、寒冷等冬季结冰地区的非采暖房间时，应采取防冻措施。高位消防水箱出水管管径应满足消防给水设计流量的出水要求，且不应小于DN100。高位消防水箱的进水管、出水管应设置带有指示启闭装置的阀门。

3.2.5 消防水源的类别与要求

消防用水可以由市政给水管网、天然水源、消防水池供给，消防给水管道内平时所充水的pH值应为6.0～9.0。市政给水、消防水池、天然水源等可作为消防水源，宜采用市政给水管网供水。雨水清水池、中水清水池、水景和游泳池宜作为备用消防水源。

消防水源的类别如图3-21所示。

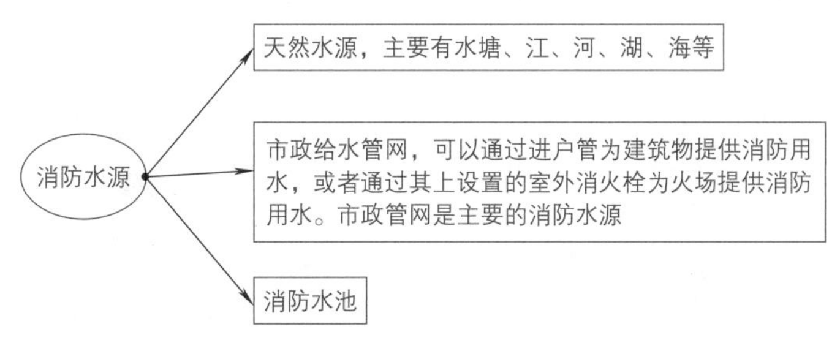

图3-21 消防水源的类别

室外消防给水采用低压给水系统，室外消火栓栓口压力不应小于0.1MPa；采用高压、临时高压给水系统，管道供水压力应保证用水量达到最大时，且水枪在任何建筑物最高处时，充实水柱仍不小于 10m。

消防水源需要符合的要求与规定如下：

（1）水质需要满足水基消防设施的功能要求。

（2）水量需要满足水基消防设施在设计持续供水时间内的最大用水量要求。

（3）供消防车取水的消防水池，用作消防水源的天然水体、水井或人工水池、水塔等，需要采取保障消防车安全取水与通行的技术措施，消防车取水的最大吸水高度需要满足消防车可靠吸水的要求。

一点通

冬季结冰地区的消防水池、水塔和高位消防水池等应采取防冻措施。雨水清水池、中水清水池、水景和游泳池必须作为消防水源时，应有保证在任何情况下均能满足消防给水系统所需的水量和水质的技术措施。

3.2.6 消火栓给水系统的类型

根据设置场所，消火栓给水系统分为室外消火栓给水系统、室内消火栓给水系统。室外消火栓给水系统包括城市给水系统、建筑物的室外给水系统。

室外消火栓给水系统按消防水压分为：高压给水系统、临时高压给水系统、低压给水系统。根据用途分为：生活、消防合用给水系统，生产、消防合用给水系统，生产、生活、消防合用给水系统，独立消防给水系统。根据管网布置形状分为：环状管网给水系统、枝状管网给水系统。

室内消火栓给水系统分为：低层建筑室内消火栓给水系统、高层建筑室内消火栓给水系统。

下列消防给水应采用环状给水管网：

（1）向两栋或两座及以上建筑供水时。

（2）向两种及以上水灭火系统供水时。

（3）采用设有高位消防水箱的临时高压消防给水系统时。

（4）向两个及以上报警阀控制的自动水灭火系统供水时。

一点通

室内消火栓系统管网应布置成环状，当室外消火栓设计流量不大于 20L/s（但建筑高度超过 50m 的住宅除外），且室内消火栓不超过 10 个时，可布置成枝状。室内消火栓竖管应保证检修管道时关闭停用的竖管不超过 1 根，当竖管超过 4 根时，可以关闭不相邻的两根；另外，每根立管上下两端与供水干管相接处应设置阀门。

3.2.7 消防水泵的特点与选择

消防供水设施包括消防水泵、泵房、供水管网、水泵接合器、高位消防水箱等。

消防水泵是灭火时从水源取水，经过加压输送到火场所需要用到的一种设备。消防水泵常采用离心泵，离心泵具有体积小、重量轻、发动快、供水连续、能自动调节流量等特点。消防水泵实物如图3-22所示。

消防水泵的供水必须可靠。消防水泵，宜采用自灌式吸水，并且应保证在火警后30s内启动，以及在火场断电时仍能正常运转。
一组消防水泵的吸水管不应少于两条，当其中一条吸水管发生故障或检修时，其余的吸水管应能够通过全部用水量

图3-22 消防水泵

每台消防水泵出水管上应设置DN65的试水管，并且应安装DN65的消火栓。消防水泵应采取自灌式吸水。消防水泵从市政管网直接抽水时，应在消防水泵出水管上设置减压型倒流防止器。当吸水口处无吸水井时，吸水口处需要设置旋流防止器。

离心式消防水泵的出水管上，需要设止回阀、明杆闸阀。当采用蝶阀时，则需要带有自锁装置。当管径大于DN300时，则宜设置电动阀门。

消防水泵需要符合的要求如下：

（1）消防水泵需要确保在火灾时能及时启动。停泵需要由人工控制，不应自动停泵。

（2）消防水泵的性能需要满足消防给水系统所需流量、压力的要求。

（3）消防水泵所配驱动器的功率，需要满足所选水泵流量扬程性能曲线上任何一点运行所需功率的要求。

（4）消防水泵需要采取自灌式吸水。从市政给水管网直接吸水的消防水泵，在其出水管上应设置有空气隔断的倒流防止器。

（5）柴油机消防水泵需要具备连续工作的性能，其应急电源需要满足消防水泵随时自动启泵与在设计持续供水时间内持续运行的要求。

一点通

消防水泵机组应由水泵、驱动器、专用控制柜等组成；一组消防水泵可由同一消防给水系统的工作泵、备用泵组成。消防水泵的性能需要满足消防给水系统所需流量与压力的要求。当采用电动机驱动的消防水泵时，应选择电动机干式安装的消防水泵；柴油机消防水泵应采用压缩式点火型柴油机。

3.2.8 消防水泵房的特点与设备要求

消防水泵房是担负消防供水任务的水泵房，如图3-23所示。根据作用，消防水泵房分为取水泵房、送水泵房、加压泵房等类型。

消防水泵房应有不少于两条的出水管直接与消防给水管网连接。其中一条出水管关闭时，其余的出水管应仍能够通过全部用水量。当存在超压可能时，出水管上应设置防超压设施（安全阀）。

消防水泵房宜设置与本单位消防控制室或消防队直接联络的通信设备。
消防水泵房一般应独立设置，建筑耐火等级不应低于二级。
消防水泵房宜设置在首层，其疏散出口宜直通室外。
消防水泵房设置在地下层或其他楼层时，其疏散出口应靠近安全出口

图 3-23 消防水泵房

消防水泵房内起重设备需要符合的要求如图 3-24 所示。

消防水泵房内起重设备需要符合的要求

- 消防水泵的质量小于0.5t时，宜设置固定吊钩或移动吊架
- 消防水泵的质量为0.5～3t时，宜设置手动起重设备
- 消防水泵的质量大于3t时，应设置电动起重设备

图 3-24 消防水泵房内起重设备需要符合的要求

当消防水泵房内设有集中检修场地时，其面积需要根据水泵或电动机外形尺寸来确定，并且需要在周围留有宽度不小于 0.7m 的通道。地下式泵房，宜利用空间设集中检修场地。对于装有深井水泵的湿式竖井泵房，还需要设堆放泵管的场地。

消防水泵房内的架空水管道，不应阻碍通道、跨越电气设备。如果必须跨越时，则需要采取保证通道畅通、保护电气设备等措施。

采用柴油机消防水泵时，宜设置独立消防水泵房，并且需要设置满足柴油机运行的通风、排烟、阻火设施。

消防水泵房中消防水泵机组的布置需要符合的要求如图 3-25 所示。

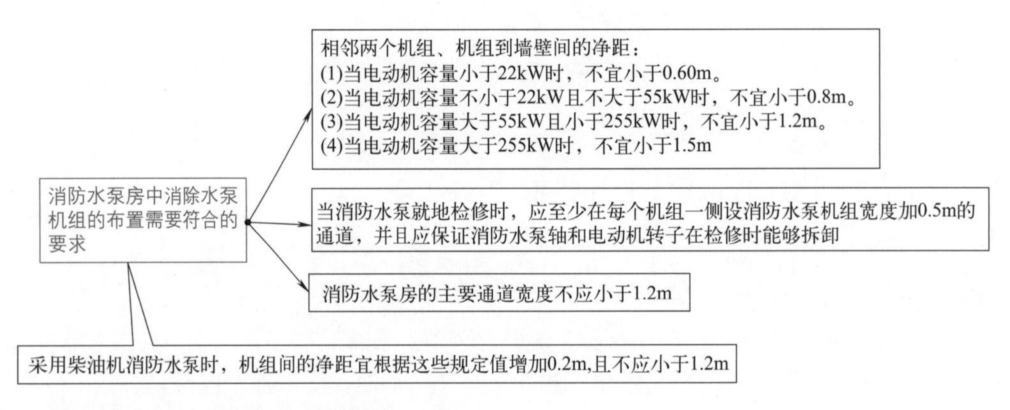

消防水泵房中消除水泵机组的布置需要符合的要求
相邻两个机组、机组到墙壁间的净距：
(1)当电动机容量小于22kW时，不宜小于0.60m。
(2)当电动机容量不小于22kW且不大于55kW时，不宜小于0.8m。
(3)当电动机容量大于55kW且小于255kW时，不宜小于1.2m。
(4)当电动机容量大于255kW时，不宜小于1.5m
当消防水泵就地检修时，应至少在每个机组一侧设消防水泵机组宽度加0.5m的通道，并且应保证消防水泵轴和电动机转子在检修时能够拆卸
消防水泵房的主要通道宽度不应小于1.2m
采用柴油机消防水泵时，机组间的净距宜根据这些规定值增加0.2m,且不应小于1.2m

图 3-25 消防水泵房中消防水泵机组的布置需要符合的要求

一点通

消防水泵房至少需要有一个可以搬运最大设备的门，需要设置排水设施，需要采取不被水淹没的技术措施。消防水泵和控制柜需要采取安全保护措施。

3.2.9 供水管网的分类与特点

供水管网包括室外消防给水管网、室内消防给水管网，如图 3-26 所示。

室内消防管道管径需要根据系统设计流量、流速、压力要求等经计算来确定。室内消火栓竖管管径需要根据竖管最低流量经计算来确定，并且不应小于 DN100。

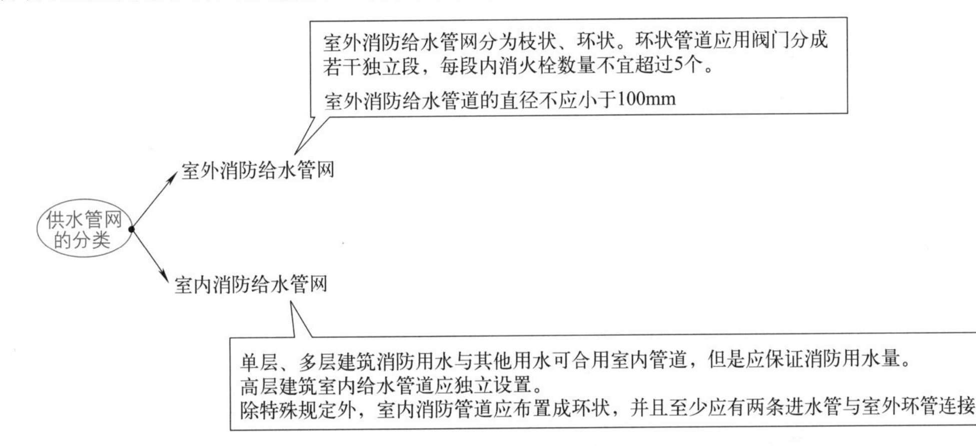

图 3-26　供水管网的分类

室内消防给水管道，需要采用阀门分成若干独立段，并且阀门保持常开，以及有明显的启闭标志与型号。

室内消火栓管网与自动喷水灭火系统的管网，应分开设置。如果有困难，则应在报警阀前分开设置。

采用临时高压给水系统的建筑物，需要设高位水箱，以供扑救建筑初期火灾使用。当建筑物内设有自动喷水灭火系统时，水箱高度需要满足最不利点喷头的最低工作压力要求，如果不能够满足时，则需要设稳压设施。

发生火灾时，由消防水泵供给的消防用水不应进入高位水箱。

一点通

室外采用高压或临时高压消防给水系统时，宜与室内消防给水合用。室外临时高压消防给水系统宜采用稳压泵维持系统的充水与压力。

3.2.10 室外消火栓系统的要求

室外消火栓系统需要符合的要求如图 3-27 所示。

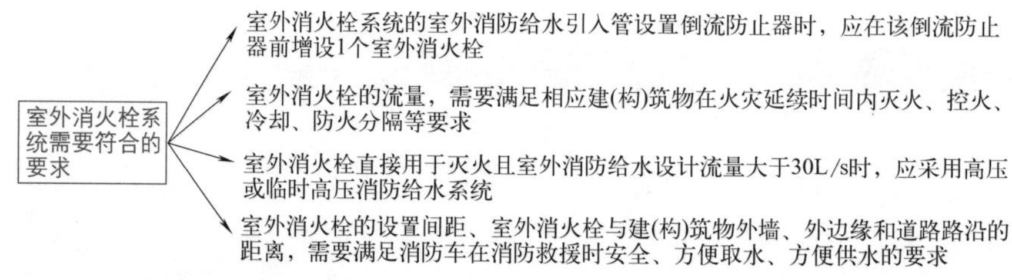

室外消火栓系统需要符合的要求
室外消火栓系统的室外消防给水引入管设置倒流防止器时，应在该倒流防止器前增设1个室外消火栓
室外消火栓的流量，需要满足相应建(构)筑物在火灾延续时间内灭火、控火、冷却、防火分隔等要求
室外消火栓直接用于灭火且室外消防给水设计流量大于30L/s时，应采用高压或临时高压消防给水系统
室外消火栓的设置间距、室外消火栓与建(构)筑物外墙、外边缘和道路路沿的距离，需要满足消防车在消防救援时安全、方便取水、方便供水的要求

图 3-27 室外消火栓系统需要符合的要求

3.2.11 室外消火栓的检查

室外消火栓的检查内容包括产品标识、消防接口、材料、排放余水装置等，如图 3-28 所示。

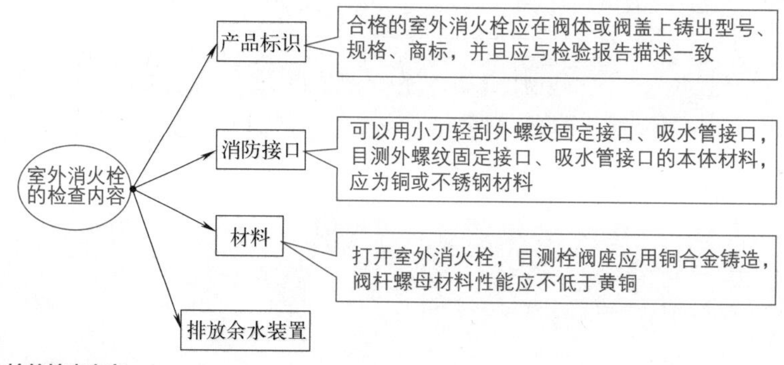

合格的室外消火栓应在阀体或阀盖上铸出型号、规格、商标，并且应与检验报告描述一致

可以用小刀轻刮外螺纹固定接口、吸水管接口，目测外螺纹固定接口、吸水管接口的本体材料，应为铜或不锈钢材料

打开室外消火栓，目测栓阀座应用铜合金铸造，阀杆螺母材料性能应不低于黄铜

图 3-28 室外消火栓的检查内容

水泵接合器，需要设在室外便于消防车使用的地点，并且距室外消火栓或消防水池的距离不宜小于 15m，以及不宜大于 40m。

3.2.12 室内消火栓的特点

消火栓是内扣式的球形阀式龙头，一端与消防管网相连，另一端与水带相连。室内消火栓由水枪、水带、消火栓等部分组成，如图 3-29 所示。

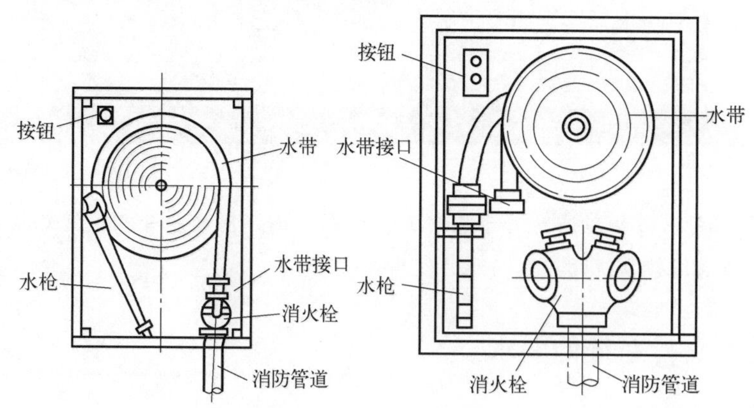

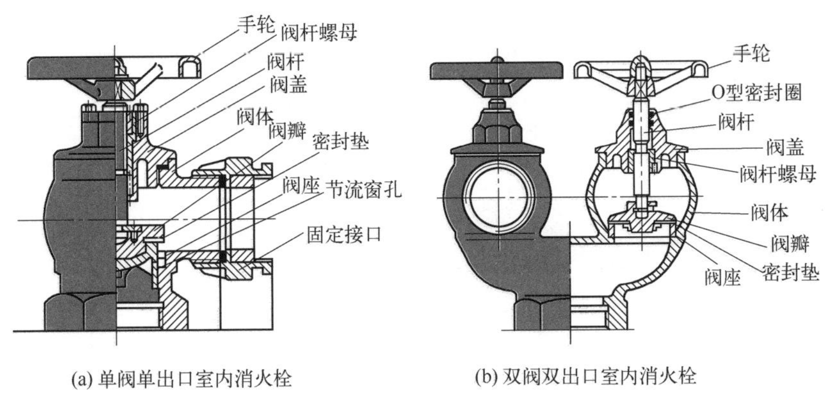

(a) 单阀单出口室内消火栓　　(b) 双阀双出口室内消火栓

图 3-29　室内消火栓

同一建筑物内，一般应采用同一型号规格的消火栓。

室内消火栓水枪配套的一般是直流水枪，常见规格有 13mm、16mm、19mm 等。室内消火栓直流水枪的选择如图 3-30 所示。

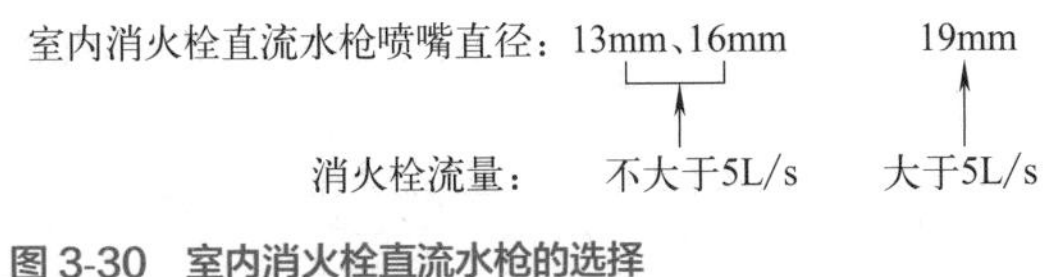

图 3-30　室内消火栓直流水枪的选择

室内消火栓水带，长度有 15m、20m、25m 等规格。建筑物内消火栓配备的水带一般长度应不超过 25m。

消火栓的栓口直径有 50mm、65mm 等规格。水枪出水流量小于 5L/s 时，可以选用 50mm 的栓口；水枪出水流量大于等于 5L/s 时，则宜选用直径为 65mm 的栓口。

室内消火栓多配套直径为 65mm 或 50mm 的胶里水带，每个消火栓一般配备一条（盘）水带。水带两头为内扣式标准接头，每条水带的长度一般为 20m，最长一般不应大于 25m。水带一头与消火栓出口连接，另一头与水枪连接。

室内消火栓的选型，需要根据使用者、火灾危险性、火灾类型、不同灭火功能等因素综合来确定。

建筑室内消火栓栓口的安装高度，需要便于消防水带的连接、使用，其距地面高度宜为 1.1m。建筑室内消火栓栓口出水方向，需要便于消防水带的敷设，并且宜与设置消火栓的墙面成 90° 角或向下。

住宅户内，宜在生活给水管道上预留一个接 DN20 消防软管的接口或阀门。室内消火栓箱箱体安装方式有嵌墙、半嵌墙、明装等类型。

一点通

设置室内消火栓的建筑，包括设备层在内的各层均需要设置消火栓。消防电梯前室需要设置室内消火栓，并且应计入消火栓使用数量。

3.2.13　室内消火栓系统的要求

室内消火栓系统需要符合的要求如下：

（1）室内消火栓的流量、压力，需要满足相应建（构）筑物在火灾延续时间内灭火、控火等要求。

（2）环状消防给水管道，需要至少有 2 条进水管与室外供水管网连接。当其中一条进水管关闭时，其余进水管需要仍能够保证全部室内消防用水量。

（3）在设置室内消火栓的场所内，包括设备层在内的各层均需要设置消火栓。

（4）室内消火栓的设置，需要方便使用、满足维护等要求。

一点通

室内消防给水系统由生活、生产给水系统管网直接供水时，需要在引入管处采取防止倒流的措施。当采用有空气隔断的倒流防止器时，该倒流防止器需要设置在清洁卫生的场所，其排水口应采取防止被水淹没的措施。

3.2.14 建筑物室外消火栓的设计流量的要求

建筑物室外消火栓设计流量不应小于表 3-2 的规定。

表 3–2 建筑物室外消火栓设计流量 单位：L/s

<table>
<tr><th rowspan="2">耐火等级</th><th rowspan="2" colspan="3">建筑物及类别</th><th colspan="6">建筑体积 V/m^2</th></tr>
<tr><th>$V \leqslant 1500$</th><th>$1500 < V \leqslant 3000$</th><th>$3000 < V \leqslant 5000$</th><th>$5000 < V \leqslant 20000$</th><th>$20000 < V \leqslant 50000$</th><th>$V > 50000$</th></tr>
<tr><td rowspan="11">一、二级</td><td rowspan="6">工业建筑</td><td rowspan="3">厂房</td><td>甲、乙</td><td colspan="2">15</td><td>20</td><td>25</td><td>30</td><td>35</td></tr>
<tr><td>丙</td><td colspan="2">15</td><td>20</td><td>25</td><td>30</td><td>40</td></tr>
<tr><td>丁、戊</td><td colspan="5">15</td><td>20</td></tr>
<tr><td rowspan="3">仓库</td><td>甲、乙</td><td colspan="2">15</td><td colspan="2">25</td><td colspan="2">—</td></tr>
<tr><td>丙</td><td colspan="2">15</td><td colspan="2">25</td><td>35</td><td>45</td></tr>
<tr><td>丁、戊</td><td colspan="5">15</td><td>20</td></tr>
<tr><td rowspan="3">民用建筑</td><td>住宅</td><td>普通</td><td colspan="6">15</td></tr>
<tr><td rowspan="2">公共建筑</td><td>单层及多层</td><td colspan="3">15</td><td>25</td><td>30</td><td>40</td></tr>
<tr><td>高层</td><td colspan="3">—</td><td>25</td><td>30</td><td>40</td></tr>
<tr><td colspan="3">地下建筑（包括地铁）、平战结合的人防工程</td><td colspan="3">15</td><td>20</td><td>25</td><td>30</td></tr>
<tr><td colspan="3">汽车库、修车库（独立）</td><td colspan="5">15</td><td>20</td></tr>
<tr><td rowspan="3">三级</td><td colspan="2" rowspan="2">工业建筑</td><td>乙、丙</td><td>15</td><td>20</td><td>30</td><td>40</td><td>45</td><td>—</td></tr>
<tr><td>丁、戊</td><td colspan="3">15</td><td>20</td><td>25</td><td>35</td></tr>
<tr><td colspan="3">单层及多层民用建筑</td><td colspan="2">15</td><td>20</td><td>25</td><td>30</td><td>—</td></tr>
<tr><td rowspan="2">四级</td><td colspan="3">丁、戊类工业建筑</td><td colspan="2">15</td><td>20</td><td>25</td><td colspan="2">—</td></tr>
<tr><td colspan="3">单层及多层民用建筑</td><td colspan="2">15</td><td>20</td><td>25</td><td colspan="2">—</td></tr>
</table>

注：1. 成组布置的建筑物应根据消火栓设计流量较大的相邻两座建筑物的体积之和确定。

2. 火车站、码头、机场的中转库房，其室外消火栓设计流量应根据相应耐火等级的丙类物品库房确定。

3. 国家级文物保护单位的重点砖木、木结构的建筑物室外消火栓设计流量，根据三级耐火等级民用建筑物消火栓设计流量来确定。

3.2.15 建筑物室内消火栓设计流量的要求

建筑物室内消火栓设计流量不应小于表 3-3 的规定。

表 3-3 建筑物室内消火栓设计流量

建筑物	特征	消火栓设计流量 /(L/s)	同时使用消防水枪数 / 支	每根竖管最小流量 /(L/s)
工业建筑：厂房	$h \leq 24\text{m}$：甲、乙、丁、戊	10	2	10
	$h \leq 24\text{m}$：丙	20	4	15
	$24\text{m} < h \leq 50\text{m}$：乙、丁、戊	25	5	15
	$24\text{m} < h \leq 50\text{m}$：丙	30	6	15
	$h > 50\text{m}$：乙、丁、戊	30	6	15
	$h > 50\text{m}$：丙	40	8	15
工业建筑：仓库	$h \leq 24\text{m}$：甲、乙、丁、戊	10	2	10
	$h \leq 24\text{m}$：丙	20	4	15
	$h > 24\text{m}$：丁、戊	30	6	15
	$h > 24\text{m}$：丙	40	8	15
民用建筑：单层及多层 - 科研楼、试验楼	$V \leq 10000\text{m}^3$	10	2	10
	$V > 10000\text{m}^3$	15	3	10
民用建筑：单层及多层 - 车站、码头、机场的候车（船、机）楼和展览建筑（包括博物馆）等	$5000\text{m}^3 < V \leq 25000\text{m}^3$	10	2	10
	$25000\text{m}^3 < V \leq 50000\text{m}^3$	15	3	10
	$V > 50000\text{m}^3$	20	4	15
民用建筑：单层及多层 - 剧场、电影院、会堂、礼堂、体育馆等	$800 < n \leq 1200$	10	2	10
	$1200 < n \leq 5000$	15	3	10
	$5000 < n \leq 10000$	20	4	15
	$n > 10000$	30	6	15
民用建筑：单层及多层 - 旅馆	$5000\text{m}^3 < V \leq 10000\text{m}^3$	10	2	10
	$10000\text{m}^3 < V \leq 25000\text{m}^3$	15	3	10
	$V > 25000\text{m}^3$	20	4	15
民用建筑：单层及多层 - 商店、图书馆、档案馆等	$5000\text{m}^3 < V \leq 10000\text{m}^3$	15	3	10
	$10000\text{m}^3 < V \leq 25000\text{m}^3$	25	5	15
	$V > 25000\text{m}^3$	40	8	15
民用建筑：单层及多层 - 病房楼、门诊楼等	$5000\text{m}^3 < V \leq 25000\text{m}^3$	10	2	10
	$V > 25000\text{m}^3$	15	3	10
民用建筑：单层及多层 - 办公楼、教学楼等其他建筑	$V > 10000\text{m}^3$	15	3	10
民用建筑：单层及多层 - 住宅	$21\text{m} < h \leq 27\text{m}$	5	2	5
民用建筑：高层 - 普通住宅	$27\text{m} < h \leq 54\text{m}$	10	2	10
	$h>54\text{m}$	20	4	10
民用建筑：高层 - 二类公共建筑	$h \leq 50\text{m}$	20	4	10
	$h > 50\text{m}$	30	6	15
民用建筑：高层 - 一类公共建筑	$h \leq 50\text{m}$	30	6	15
	$h>50\text{m}$	40	8	15
国家级文物保护单位的重点砖木或木结构的古建筑	$V \leq 10000\text{m}^3$	20	4	10
	$V > 10000\text{m}^3$	25	5	15

续表

建筑物	特征	消火栓设计流量 /（L/s）	同时使用消防水枪数 / 支	每根竖管最小流量 /（L/s）
汽车库 / 修车库	独立	10	2	10
地下建筑	$V \leqslant 5000m^3$	10	2	10
	$5000m^3 < V \leqslant 10000m^3$	20	4	15
	$10000m^3 < V \leqslant 25000m^3$	30	6	15
	$V > 25000m^3$	40	8	20
人防工程：展览厅、影院、剧场、礼堂、健身体育场所等	$V \leqslant 1000m^3$	5	1	5
	$1000m^3 < V \leqslant 2500m^3$	10	2	10
	$V > 2500m^3$	15	3	10
人防工程：商场、餐厅、旅馆、医院等	$V \leqslant 5000m^3$	5	1	5
	$5000m^3 < V \leqslant 10000m^3$	10	2	10
	$10000m^3 < V \leqslant 25000m^3$	15	3	10
	$V > 25000m^3$	20	4	10
人防工程：丙、丁、戊类生产车间、自行车库	$V \leqslant 2500m^3$	5	1	5
	$V > 2500m^3$	10	2	10
人防工程：丙、丁、戊类物品库房、图书资料档案库	$V \leqslant 3000m^3$	5	1	5
	$V>3000m^3$	10	2	10

注：1. 表中 h 表示高度，V 表示体积，n 表示座位数，甲、乙、丙、丁、戊表示火灾危险性。

2. 丁、戊类高层厂房（仓库）室内消火栓的设计流量可根据本表减少 10L/s，同时使用消防水枪数量可根据本表减少 2 支。

3. 当高层民用建筑高度不超过 50m，室内消火栓用水量超过 20L/s，且设有自动喷水灭火系统时，其室内、外消防用水量可根据本表减少 5L/s。

4. 消防软管卷盘、轻便消防水龙及多层住宅楼梯间中的干式消防竖管，其消防给水设计流量可不计入室内消防给水设计流量。

3.2.16 压力管道水压强度试验的试验压力

压力管道水压强度试验的试验压力需要符合的要求如表 3-4 所示。

表 3-4 压力管道水压强度试验的试验压力　　单位：MPa

管材类型	系统工作压力 P	试验压力
钢管	$\leqslant 1.0$	$1.5P$，且不应小于 1.4
	>1.0	$P+0.4$
球墨铸铁管	$\leqslant 0.5$	$2P$
	>0.5	$P+0.5$
钢丝网骨架塑料管	P	$1.5P$，且不应小于 0.8

3.2.17 消火栓系统安装的主要流程与主要内容

消火栓系统安装的主要流程为：安装准备—安装干管—安装箱体及支管—安装箱体配件—通水调试。

消火栓系统安装主要内容如下：

（1）管道安装——确定材质、确定连接方式、管道防腐、管道保温、测试水压、管道冲洗等。

（2）管卡、支架的安装。

（3）套管的安装。

（4）管道附件的安装——包括水表、阀门、管件等的安装。

（5）设备的安装——包括消火栓、水泵接合器、水泵、消防水箱、消防水池等的安装。

室内消火栓给水管道的安装要求如图 3-31 所示。

室内消火栓给水管道的安装要求

- 室内消火栓给水管道管径≤100mm时，采用热镀锌钢管或热镀锌无缝钢管，宜采用螺纹连接、卡箍连接或法兰连接
- 室内消火栓给水管道管径>100mm时，采用焊接钢管或无缝钢管，宜采用焊接或法兰连接

图 3-31　室内消火栓给水管道的安装要求

灭火系统的室内消火栓给水管道（热镀锌钢管）连接方法：管径≤ 80mm 时，采用螺纹丝扣连接方式；管径大于 100mm 时，则可以采用沟槽卡箍连接方式。

管道连接垫料可以采用油麻密封或防锈密封胶加聚四氟乙烯生料带。

一点通

消火栓箱安装在消防给水管道上。消火栓可以分为单出口消火栓、双出口消火栓。其中，双出口的直径一般为 65mm，单出口直径有 50mm、65mm 等。消防水泵、消防水箱、消防水池、消防气压给水设备、消防水泵接合器等供水设施及其附属管道安装前，需要清除其内部污垢和杂物。消防供水设施，需要采取安全可靠的防护措施，并且其安装位置需要便于日常操作与维护管理。管道的安装，需要采用符合管材的施工工艺。管道安装中断时，其敞口处需要封闭。

3.2.18　消防水泵的安装要求

消防水泵的安装要求如下：

（1）消防水泵安装前，需要校核产品合格证、规格、型号、性能与设计要求应一致，并且应根据安装使用说明书等来安装。

（2）消防水泵安装前，需要复核水泵基础混凝土强度、隔振装置、坐标、标高、尺寸、螺栓孔位置。

（3）消防水泵安装前，需要复核消防水泵间、消防水泵与墙或其他设备间的间距，并且需要满足安装、运行、维护管理等方面的要求。

（4）消防水泵吸水管上的控制阀，应在消防水泵固定于基础上后再进行安装，其直径不应小于消防水泵吸水口直径，并且不应采用没有可靠锁定装置的控制阀，以及控制阀需要采用沟槽式或法兰式阀门。

（5）当消防水泵和消防水池位于独立的两个基础上且相互为刚性连接时，吸水管上应加设柔性连接管。

（6）吸水管水平管段上不应有气囊、漏气等现象。变径连接时，应采用偏心异径管件，并且应采用管顶平接。

（7）消防水泵出水管上，应安装消声止回阀、控制阀、压力表。系统的总出水管上，还应安装压力表、低压压力开关。安装压力表时，需要加设缓冲装置。压力表和缓冲装置间，需要安装旋塞。压力表量程在没有设计要求时，应为系统工作压力的 2 ～ 2.5 倍。

（8）消防水泵的隔振装置、进出水管柔性接头的安装，需要符合设计等有关要求，并且应有产品说明、安装使用说明等。

3.2.19　室内消火栓、消防软管卷盘的安装要求

室内消火栓、消防软管卷盘的安装需要符合的要求如下：

（1）室内消火栓、消防软管卷盘的选型、规格，需要符合设计要求。

（2）消火栓设置减压装置时，要检查减压装置，并且应符合设计要求，以及安装时需要有防止砂石等杂物进入栓口的措施。

（3）室内消火栓、消防软管卷盘，需要设置明显的永久性固定标志。当室内消火栓因美观要求需要隐蔽安装时，则应有明显的标志，以及需要满足便于开启使用等要求。

（4）消火栓栓口出水方向，宜向下或与设置消火栓的墙面成 90° 角，栓口不应安装在门轴侧。

（5）消火栓栓口中心距地面应为 1.1m。如果是特殊地点的高度，则可特殊对待，允许偏差 ±20mm。

（6）同一建筑物内设置的消火栓、消防软管卷盘，一般需要采用统一规格的栓口、消防水枪、水带、配件等。

（7）试验用消火栓栓口处，需要设置压力表。

3.2.20　消火栓箱的安装要求

消火栓箱的安装需要符合的要求如下：

（1）消火栓的启闭阀门设置位置，需要便于操作使用。消火栓的启闭阀门的中心距箱侧面、距箱后内表面的距离需要符合相关规定，允许偏差一般为 ±5mm。

（2）室内消火栓箱的安装需要平正、牢固。

（3）暗装的消火栓箱不应破坏隔墙的耐火性能。

（4）消火栓箱门的可开启角度一般不应小于 120° 。

（5）箱体安装的垂直度允许偏差一般为 ±3mm。

（6）安装消火栓水龙带，水龙带与消防水枪和快速接头绑扎好后，需要根据箱内构造放置水龙带。

（7）消火栓箱门上，应用红色字体注明“消火栓”等规范字样。

（8）双向开门消火栓箱的耐火等级，需要符合设计要求。当设计没有要求时，则应至少满足 1h 耐火极限的要求。

一点通

（1）消火栓系统水压试验——消火栓系统干管道、立管道、支管道的水压试验，需要根据设计要求进行。设计无要求时，消火栓系统试验宜符合试验压力稳压 2h 管道及各节点无渗漏的要求。

（2）消火栓的试射——屋顶一处，首层应两处进行试射。

第4章

自动喷水灭火系统

4.1 自动喷水灭火系统基础知识

4.1.1 自动喷水灭火系统的定义、特征与类型

自动喷水灭火系统是一种在发生火灾时，能够自动打开喷头喷水灭火，并且同时发出火警信号的一种消防灭火设施。

自动喷水灭火系统特征：通过加压设备将水送入管网到带有热敏元件的喷头位置，喷头在火灾的热环境中自动开启洒水灭火。 通常喷头下方的覆盖面积大约为 $12m^2$。自动喷水灭火系统扑灭初期火灾的效率在 97% 以上。

自动喷水灭火系统的类型如图 4-1 所示。

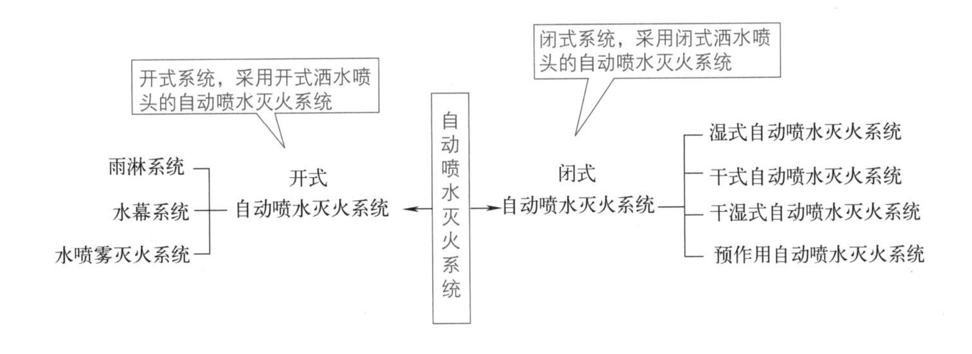

图 4-1 自动喷水灭火系统的类型

露天场所不宜采用自动喷水灭火闭式系统。

当设置自动喷水灭火系统时，应采用雨淋系统的场所：火灾危险等级为严重危险级Ⅱ级；火灾的水平蔓延速度快、闭式喷头的开放不能及时使喷水有效覆盖着火区域；室内净空高度超过有关规定，并且必须迅速扑救初期火灾区域的场所等。

自动喷水灭火系统不适用于存在较多下列物品的场所，如图 4-2 所示。

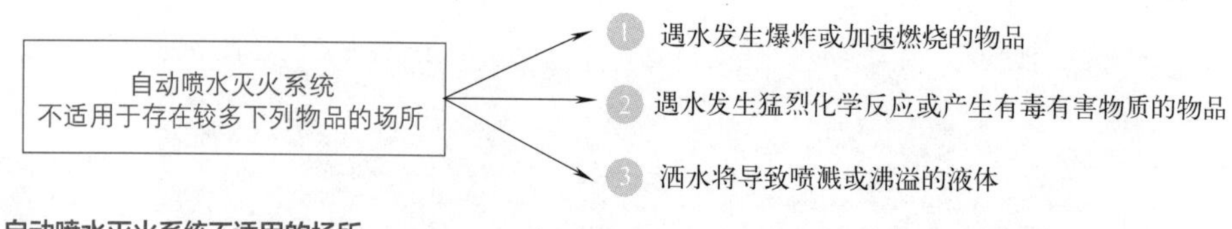

图 4-2　自动喷水灭火系统不适用的场所

自动喷水灭火系统应设置在人员密集、不易疏散、外部增援灭火与救生较困难的性质重要或火灾危险性较大的场所。

4.1.2　自动喷水灭火系统设备参考控制逻辑关系

自动喷水灭火系统应有的组件、配件、设施如下：

（1）应设有洒水喷头、水流指示器、报警阀组、压力开关等组件和末端试水装置。

（2）应设有管道、供水设施。

（3）应设有泄水阀（或泄水口）、排气阀（或排气口）、排污口。

（4）干式系统和预作用系统的配水管道应设快速排气阀。

（5）有压充气管道的快速排气阀入口前应设电动阀。

自动喷水灭火系统设备参考控制逻辑关系如表 4-1 所示。

表 4-1　自动喷水灭火系统设备参考控制逻辑关系

设备	功能	平时状态	控制方式	安装位置	说明
报警阀组的压力开关	直接启动喷水泵，间接反映报警阀的状态	—	报警阀开启后，由报警水流自动控制	报警阀组中	需两副接点，分别接直接启泵线和火警系统信号模块
排气电动阀	平时堵住气体不泄漏，火灾时打开快速排气	常闭	火灾报警控制器控制	配水管道末端快速排气阀前	干式系统与平时充气的预作用系统设置
低气压报警开关（低气压压力开关）	监视预作用配水管网密封是否完好，报警表示管网有破损	—	管网内气压自动控制	空压机至报警阀的充气管道上	仅平时充气的预作用系统设置
空压机（充气机）	为干式系统和预作用系统配水管网充气	—	气体压力开关直接控制	报警阀组处	火灾时应断电停机
喷水泵（喷淋泵、喷洒泵）	为喷水管网内水加压	停止	报警阀组压力开关硬线直接控制；火警报警模块自动控制；消防控制室硬线直接控制	消防泵房内	水泵的工作状态传至消防控制室显示
液位传感器	测量消防水池（水箱）水位	—	水位	消防水池（水箱）内	水位低于正常水位下限时报警

续表

设备	功能	平时状态	控制方式	安装位置	说明
水流指示器	显示喷水位置	—	由水流控制	喷水支管上	动作时输出电接点信号
报警阀组的电磁阀	火灾时控制预作用报警阀、雨淋报警阀的开启	—	火灾报警控制器控制	报警阀组中	预作用阀组，雨淋阀组设置
信号阀（检修信号阀、区域控制阀）	检修时隔断阀前后的管路	常开	手动	报警阀组及水流指示器前	关闭时输出电接点信号

一点通

消防给水与灭火设施应具有在火灾时可靠动作，并且根据设定要求持续运行的性能。与火灾自动报警系统联动的灭火设施，其火灾探测与联动控制系统应能联动灭火设施及时启动。消防给水与灭火设施的性能和防护措施应与防护对象、防护目的及应用环境条件相适应，满足消防给水与灭火设施稳定和可靠运行的要求。

4.1.3 自动喷水灭火系统的组成

自动喷水灭火系统，一般是由水源、加压贮水设备、管网、喷头、报警装置、压力开关、水流指示器、消防水泵、稳压装置等组成。

湿式自动喷水灭火系统的组成器件及其主要用途如下：

（1）闭式喷头——感知火灾，出水灭火。

（2）放水阀——试警铃阀。

（3）高位水箱——储存初期火灾救灾用水。

（4）进水管——水源管。

（5）控制箱——接收电信号并发出指令。

（6）末端试水装置——试验系统功能。

（7）排水管——末端试水装置排水。

（8）湿式报警阀——系统控制阀，输出报警水流。

（9）水池——储存一小时火灾用水。

（10）水力警铃——发出音响报警信号，即能够发出声响的水力驱动报警装置。

（11）水流指示器——输出电信号，指示火灾区域。

（12）消防安全指示阀——显示阀门启闭状态。

（13）消防水泵接合器——消防车供水口。

（14）消防水泵——专用消防增压泵。

（15）压力罐——自动启闭消防水泵。

（16）压力开关——自动报警或自动控制。

（17）延迟器——克服水压液动引起的误报警。

（18）稳压泵——能够使自动喷水灭火系统在准工作状态的压力保持在设计工作压力范围内。

（19）喷头防护罩——保护喷头在使用中免遭机械性损伤，但是不影响喷头动作、喷水灭火性能。

湿式自动喷水灭火系统工作示意如图 4-3 所示。湿式自动喷水灭火系统具有灭火及时、扑救效率高等优点。

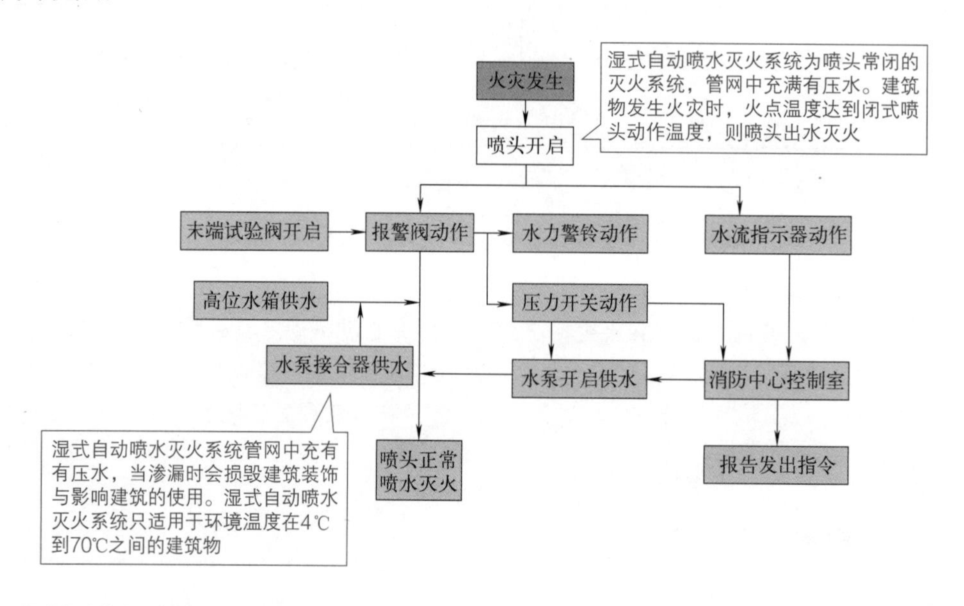

图 4-3　湿式自动喷水灭火系统工作示意图

自动喷水灭火系统控制管道静压的区段宜分区供水或设减压阀，控制管道动压的区段宜设减压孔板或节流管。干式系统和预作用系统的配水管道应设快速排气阀。有压充气管道的快速排气阀入口前应设电动阀。

一点通

自动喷水灭火系统的系统选型、喷水强度、作用面积、持续喷水时间等参数，需要与防护对象的火灾特性、室内净空高度、火灾危险等级、储物高度等相适应。除报警阀组限制的喷头只保护不超过防火分区面积的同层场所外，每个防火分区、每个楼层均需要设水流指示器。仓库内顶板下喷头与货架内喷头，应分别设置水流指示器。

4.1.4　自动喷水灭火系统湿式报警设备的安装

自动喷水灭火系统湿式报警设备的安装示意如图 4-4 所示。

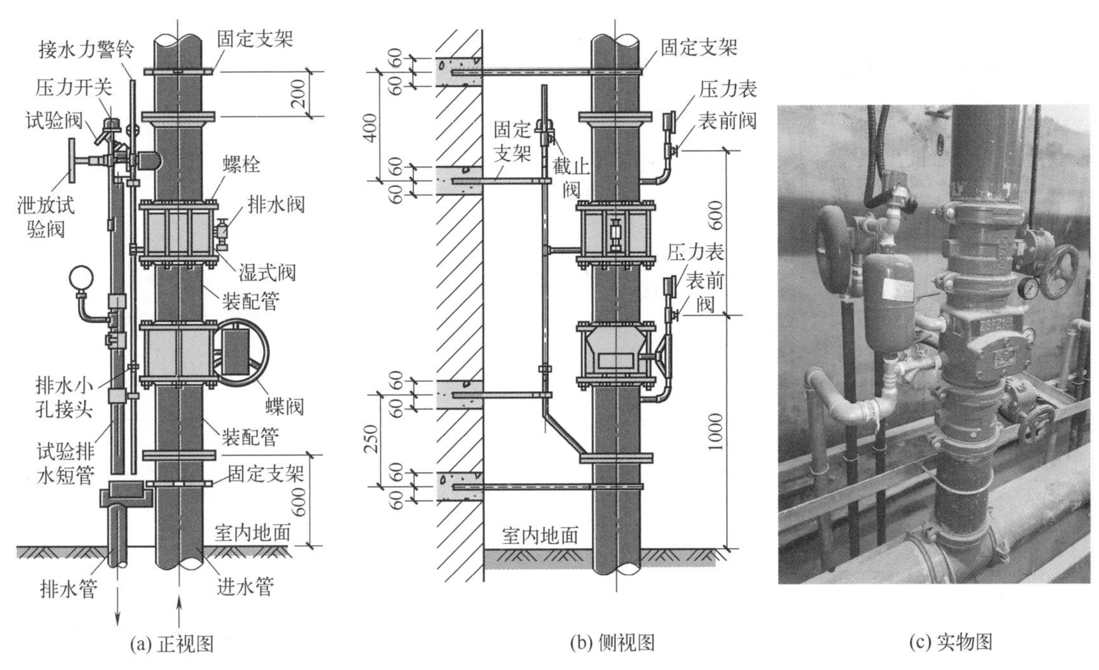

图 4-4 自动喷水灭火系统湿式报警设备的安装示意（单位：mm）

环境温度不低于 4℃且不高于 70℃的场所，当设置自动喷水灭火系统时，需要采用湿式系统。

4.1.5 干式自动喷水灭火系统的特点

干式自动喷水灭火系统是喷头常闭的灭火系统，管网中平时不充水，充有有压空气或者氮气。当建筑物发生火灾，火点温度达到闭式喷头动作温度时，喷头开启排气、充水灭火。

干式自动喷水灭火系统工作示意如图 4-5 所示。干式自动喷水灭火系统灭火时需先排气，故喷头出水灭火不如湿式系统及时。

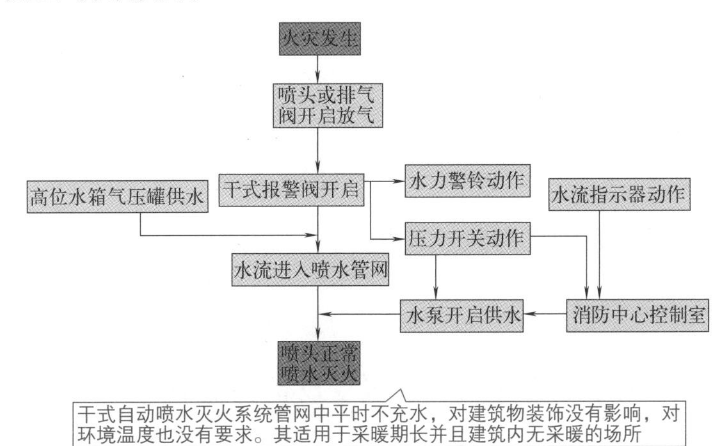

图 4-5 干式自动喷水灭火系统工作示意图

一点通

环境温度不低于4℃，且不高于70℃的场所，当设置自动喷水灭火系统时，需要采用湿式系统。环境温度低于4℃，或高于70℃的场所，应采用干式系统。

4.1.6 自动喷水灭火系统干式报警设备的安装

自动喷水灭火系统干式报警设备的安装示意如图4-6所示。

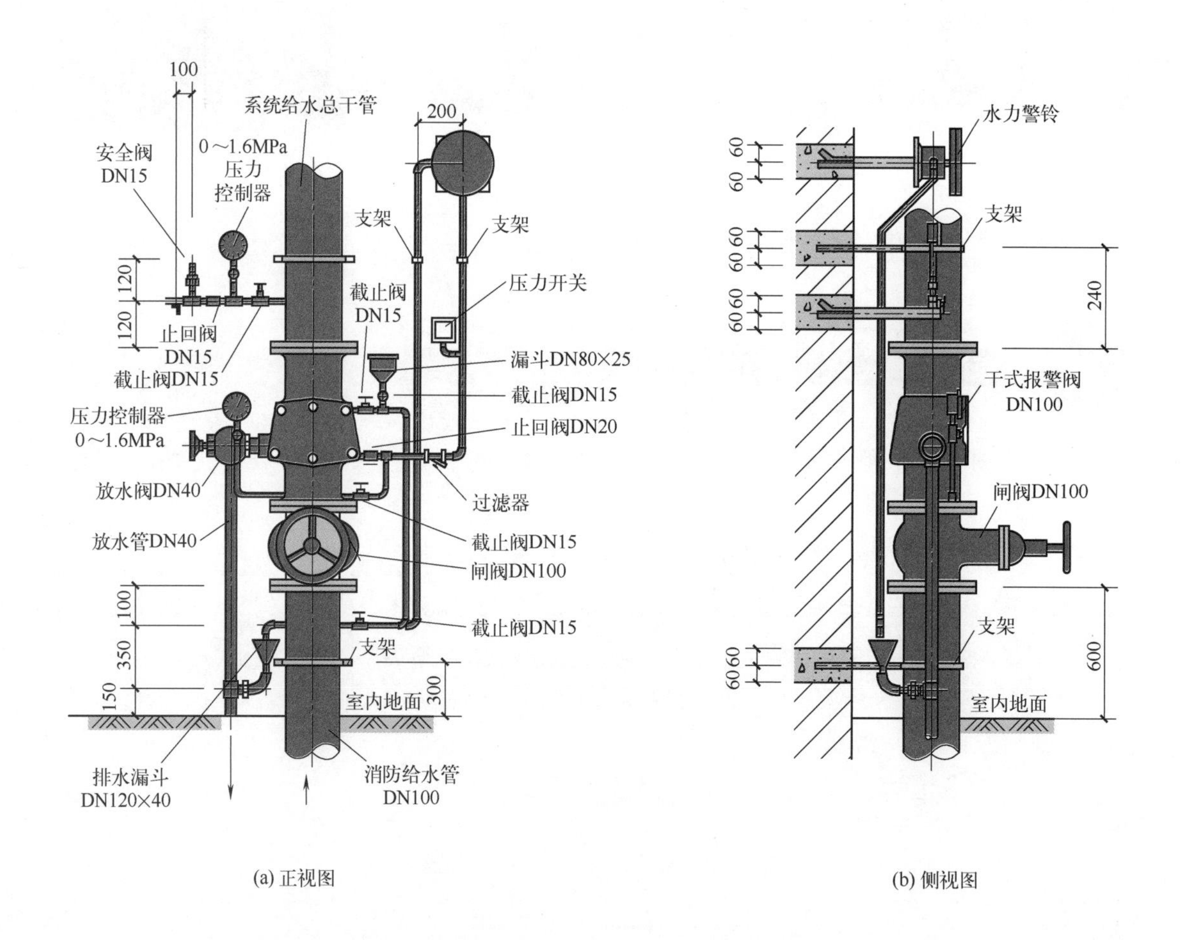

图4-6 自动喷水灭火系统干式报警设备的安装示意（单位：mm）

4.1.7 自动喷水灭火系统干湿两用式报警设备的安装

自动喷水灭火系统干湿两用式报警设备的安装示意如图4-7所示。

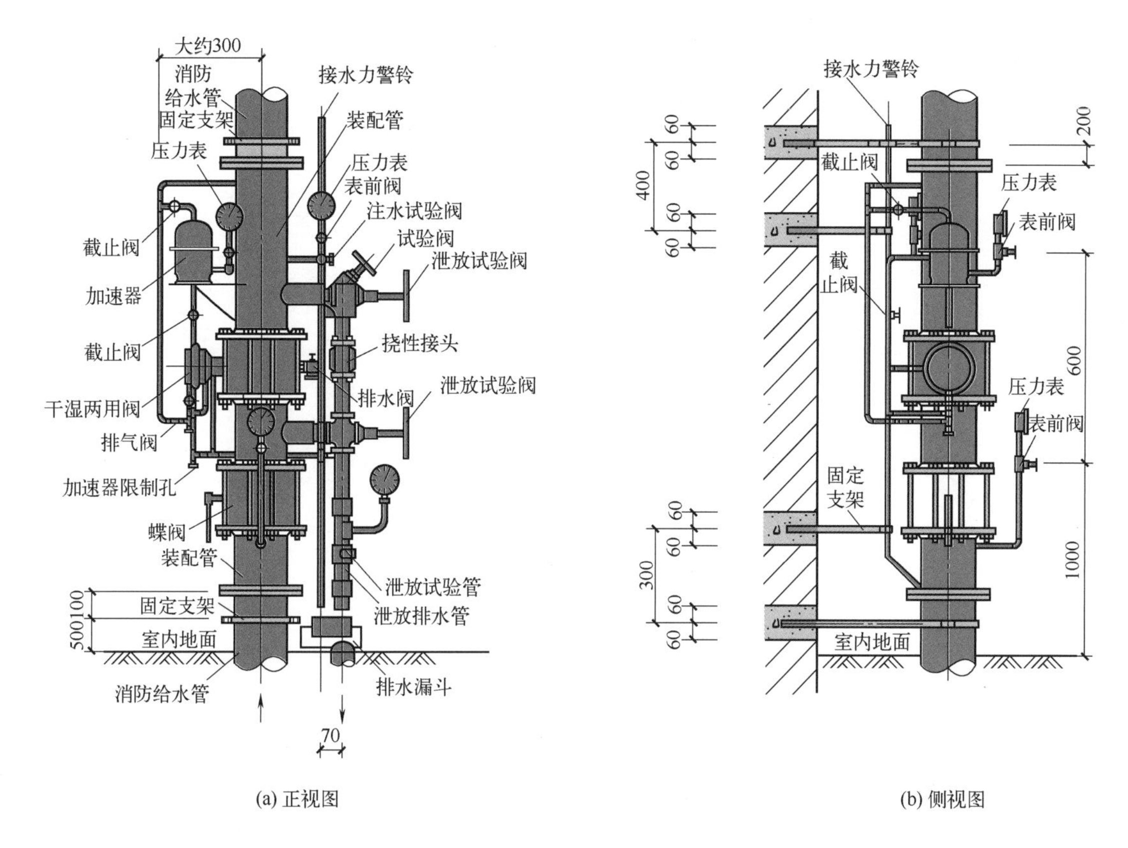

(a) 正视图

(b) 侧视图

图 4-7 自动喷水灭火系统干湿两用式报警设备的安装示意（单位：mm）

处于准工作状态时严禁管道充水和用于替代干式系统的场所，宜采用由火灾自动报警系统和闭式喷头联动开启的预作用系统。处于准工作状态时严禁误喷的场所，宜采用由火灾自动报警系统直接联动开启的预作用系统。灭火后必须及时停止喷水的场所，当设置自动喷水灭火系统时，需要采用重复启闭预作用系统。

4.2 消防管道支吊架的类型和要求

4.2.1 自动喷水灭火系统消防管道支吊架的类型

消防管道支吊架是指自动喷水灭火系统中将消防管道安装固定在建筑构件上连接承力部件的组合。

根据消防管道支吊架对消防管道的承力方式，消防管道支吊架可分为支架、吊架，如图 4-8 所示。

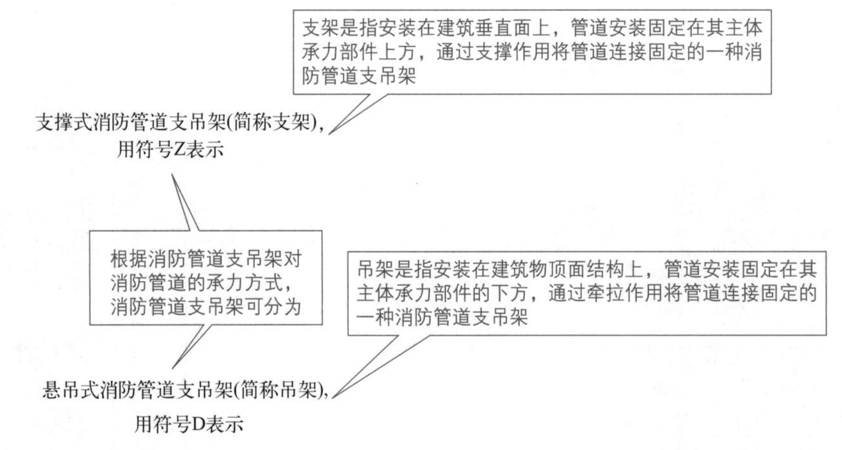

图 4-8　自动喷水灭火系统消防管道支吊架的类型

4.2.2　自动喷水灭火系统消防管道支吊架的要求

自动喷水灭火系统消防管道支吊架的要求如下：

（1）消防管道支吊架应设有耐久标志。

（2）消防管道支吊架需要标志清晰。

（3）消防管道支吊架涂层与镀层应色泽均匀，无剥落、气泡、划伤等缺陷。

（4）消防管道支吊架各部件表面平整光洁、无加工缺陷、无碰伤划痕。

（5）消防管道支吊架可以承受的最大消防管道外径对应的管道公称直径为 20mm、25mm、32mm、40mm、50mm、65mm、80mm、90mm、100mm、125mm、150mm、200mm、250mm、300mm 等。

（6）消防管道支吊架各部件应采用钢或其他非热敏感材料。非热敏感材料是指在（540±10）℃的温度下拉伸强度不低于（20±5）℃时拉伸强度的材料。

（7）螺栓螺母的表面需要作镀锌处理，或采用强耐腐蚀材料。

4.3　部件与减压设施

4.3.1　主体承力部件

主体承力部件是指消防管道支吊架中一端通过建筑连接部件与建筑物连接，一端与管道连接，承受全部管道重力的单独或组合的主体部件。

主体承力部件包括螺杆、扁钢部件、连接头等。消防管道支吊架采用螺杆作为承力部件时，螺杆尺寸需要符合表 4-2 的规定。

表 4-2　螺杆消防管道支吊架螺杆尺寸的规定

管道公称直径 /mm	螺杆最小尺寸 /mm	预加载荷 /N	拉伸载荷 /N	试验载荷 /N
20	10 或 8	100	1700	3400
25	10 或 8	150	1700	3400

续表

管道公称直径 /mm	螺杆最小尺寸 /mm	预加载荷 /N	拉伸载荷 /N	试验载荷 /N
32	10 或 8	200	1700	3400
40	10 或 8	250	1700	3400
50	10 或 8	350	1700	3400
65	10	539	2084	4168
80	10	785	2354	4707
90	10	883	2795	5590
100	10	1128	3334	6669
125	12	1569	4462	8924
150	12	2109	5884	10000
200	12	3334	9022	17000
250	16	5002	13019	20000
300	16	6816	17481	35158

注：螺杆按规定的试验方法进行试验，在表中规定的消防管道支吊架可承受的最大管道公称直径对应的试验载荷下保持 1min，应无断裂和明显变形等损坏。

消防管道支吊架采用扁钢作为承力部件时，扁钢部件外表面需要有防腐涂层或镀层。

主承力部件采用的扁钢部件的厚度，一般宜不小于 3mm，当扁钢部件厚度小于 4.8mm 时，需要根据规定的试验方法进行试验。当扁钢部件厚度不小于 4.8mm 时，需要根据规定的试验方法进行试验。

一点通

消防管道支吊架与建筑连接部件及管道的连接头，需要合理设置，便于安装固定。连接头表面需要作镀锌处理或采用强耐腐蚀材料。

4.3.2 建筑连接部件与辅助固定部件

建筑连接部件与辅助固定部件的特点及要求如表 4-3 所示。

表 4-3 建筑连接部件与辅助固定部件的特点及要求

项目	解 说
建筑连接部件	（1）建筑连接部件是指消防管道支吊架中将支吊架主体承力部件固定在建筑物上，并且将支吊架的受力传递到建筑部件的单个或组合部件。 （2）建筑连接部件要合理设置，便于安装固定。 （3）建筑连接部件与建筑结构的连接易产生滑动时，需要设置辅助固定部件。 （4）建筑连接部件及其与建筑结构的连接，需要有足够的强度
辅助固定部件	（1）辅助固定部件是指消防管道支吊架中通过自身锁紧防止管道或其他部件发生滑脱移动的组件。 （2）消防管道支吊架采用辅助固定部件时，需要设置合理，便于安装固定。 （3）辅助固定部件采用扁钢部件时，扁钢部件的厚度一般宜不小于 3mm 且外表面需要有防腐涂层或镀层

4.3.3 减压设施

减压设施包括减压孔板、节流管、减压阀等。其中，减压孔板需要符合的要求如下：

（1）应设在直径不小于 50mm 的水平直管段上，前后管段的长度均不宜小于该管段直径的 5 倍。

（2）孔口直径不应小于设置管段直径的 30%，且不应小于 20mm。

（3）应采用不锈钢板材制作，如图 4-9 所示。

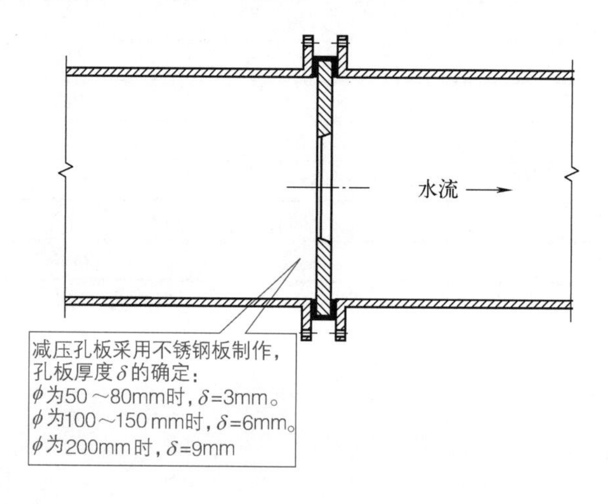

图 4-9 减压孔板

节流管需要符合的要求如下：

（1）直径宜根据上游管段直径的 1/2 来确定，如图 4-10 所示。

（2）长度一般不宜小于 1m。

（3）节流管内水的平均流速一般不应大于 20m/s。

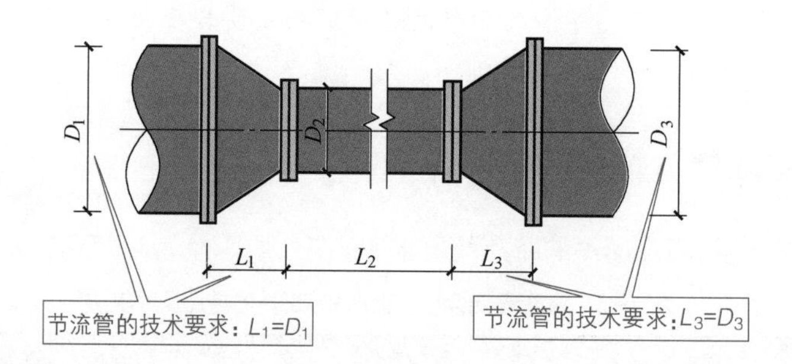

图 4-10 节流管结构示意

4.4 自动喷水灭火系统中的喷头应用与安装

4.4.1 湿式系统、水幕系统的喷头选型

湿式系统的喷头选型的要求如下：

（1）不做吊顶的场所，当配水支管布置在梁下时，需要采用直立型喷头。

（2）吊顶下布置的喷头应采用下垂型喷头或吊顶型喷头，如图 4-11 所示。

吊顶下布置的喷头
应采用下垂型喷头
或吊顶型喷头

图 4-11 吊顶下布置的喷头

（3）顶板为水平面的轻危险级、中危险级 I 级居室与办公室，可以采用边墙型喷头。

（4）自动喷水 - 泡沫联用系统需要采用洒水喷头。

（5）易受碰撞的部位，需要采用带防护罩的喷头或吊顶型喷头。

水幕系统的喷头选型的要求如下：

（1）防护冷却水幕，需要采用水幕喷头。

（2）防火分隔水幕，需要采用开式洒水喷头或水幕喷头。

（3）防护冷却水幕，应直接将水喷向被防护对象。

（4）防火分隔水幕，不宜用于尺寸超过 15m（宽）× 8m（高）的开口（舞台口除外）。

一点通

干式系统、预作用系统，应采用直立型喷头或干式下垂型喷头。同一隔间内，应采用相同热敏性能的喷头。雨淋系统的防护区内，应采用相同的喷头。

扫码看视频

喷头的布置要求

4.4.2 喷头的布置要求

喷头的布置要求如下：

（1）喷头应布置在顶板或吊顶下易于接触到火灾热气流，并且有利于均匀布水的位置。当喷头附近有障碍物时，则需要根据规定处理或增设补偿喷水强度的喷头。

（2）除吊顶型喷头、吊顶下安装的喷头外，直立型、下垂型标准喷头，其溅水盘与顶板的距离，一般不应小于 75mm，不应大于 150mm。

（3）当在梁或其他障碍物底面下方的平面上布置喷头时，溅水盘与顶板的距离一般不应大于 300mm，同时溅水盘与梁等障碍物底面的垂直距离一般不应小于 25mm、不应大于 100mm。

（4）当在梁间布置喷头时，需要符合有关规定。确有困难时，溅水盘与顶板的距离一般不应大于 550mm。梁间布置的喷头，喷头溅水盘与顶板距离达到 550mm 仍不能符合有关规定时，则应在梁底面的下方增设喷头。

（5）密肋梁板下方的喷头，溅水盘与密肋梁板底面的垂直距离，一般不应小于 25mm、不应大于 100mm。

（6）净空高度不超过 8m 的场所中，间距不超过 4m × 4 m 布置的十字梁，则可以在梁间布置 1 个喷头，但是喷水强度仍需要符合有关规定。

（7）货架内置喷头宜与顶板下喷头交织布置，其溅水盘与上方层板的距离，需要符合有关规范规定，与其下方货品顶面的垂直距离一般不应小于 150mm。

（8）净空高度大于 800mm 的闷顶、技术夹层内有可燃物时，应设置喷头。

（9）当局部场所设置自动喷水灭火系统时，与相邻不设自动喷水灭火系统场所连通的走道与连通门窗的外侧应设喷头。

（10）顶板或吊顶为斜面时，喷头应垂直于斜面，并且应根据斜面距离确定喷头的间距。

（11）尖屋顶的屋脊处，应设一排喷头。喷头溅水盘到屋脊的垂直距离，屋顶坡度≥ 1/3 时，一般不应大于 0.8m；屋顶坡度＜ 1/3 时，一般不应大于 0.6m。

（12）防火分隔水幕的喷头布置，需要保证水幕的宽度不小于 6m。采用水幕喷头时，喷头一般不应少于 3 排；采用开式洒水喷头时，喷头不应少于 2 排。防护冷却水幕的喷头，宜布置成单排。

（13）防火卷帘、防火玻璃墙等防火分隔设施，采用湿式系统保护时，则喷头需要根据可燃物的情况一侧或两侧布置。外墙可只在需要保护的一侧布置。

（14）直立式边墙型喷头溅水盘与顶板的距离，一般不应小于 100mm，并且不宜大于 150mm。

（15）直立式边墙型喷头溅水盘与背墙的距离，一般不应小于 50mm，并且不应大于 100mm。

（16）水平式边墙型喷头溅水盘与顶板的距离，一般不应小于 150mm，并且不应大于 300mm。

（17）当梁、通风管道、成排布置的管道、桥架等障碍物的宽度大于 1.2m 时，其下方一般应增设喷头。增设喷头的上方如有缝隙时，还应设集热板。

（18）直立型、下垂型喷头的布置，包括同一根配水支管上喷头的间距、相邻配水支管间距，需要根据系统的喷水强度、喷头的流量系数、工作压力等来确定，并且不应大于表 4-4 的规定，且不宜小于 2.4m。

表 4-4 直立型、下垂型标准覆盖面积喷头的布置间距

喷水强度 /［L/（min·m^2）］	正方形布置的边长 /m	矩形或平行四边形布置的长边边长 /m	一个喷头的最大保护面积 /m^2	喷头与端墙的最大距离 /m
4	4.4	4.5	20	2.2
6	3.6	4	12.5	1.8
7	3.4	3.6	11.5	1.7
≥ 12	3	3.6	9	1.5

注：1. 喷水强度大于 8L/（min・m^2）时，宜采用流量系数 $K > 80$ 的喷头。

2. 货架内置喷头的间距均不应小于 2m，并且不应大于 3m 。

3. 仅在走道设置单排喷头的闭式系统，其喷头间距需要根据走道地面不留漏喷空白点来确定。

（19）图书馆、档案馆、商场、仓库中的通道上方宜设有喷头。喷头与被保护对象的水平距离，一般不应小于 0.3m；喷头溅水盘与保护对象的最小垂直距离，一般不应小于表 4-5 的规定。

表 4-5　喷头溅水盘与保护对象的最小垂直距离　　单位：m

喷头类型	最小垂直距离
标准喷头（标准覆盖面积喷头、扩大覆盖面积喷头）	0.45
其他喷头（特殊应用喷头、早期抑制快速响应喷头）	0.9

（20）边墙型标准喷头的最大保护跨度与间距需要符合表 4-6 的要求。

表 4-6　边墙型标准喷头的最大保护跨度与间距　　单位：m

设置场所火灾危险等级	轻危险级	中危险级Ⅰ级
配水支管上喷头的最大间距	3.6	3
单排喷头的最大保护跨度	3.6	3
两排相对喷头的最大保护跨度	7.2	6

注：1. 两排相对喷头应交织布置。

2. 室内跨度大于两排相对喷头的最大保护跨度时，应在两排相对喷头中间增设一排喷头。

（21）除吊顶型喷头、吊顶下安装的喷头外，直立型、下垂型早期抑制快速响应喷头、特殊应用喷头、家用喷头溅水盘与顶板的距离需要符合表 4-7 的要求。

表 4-7　喷头溅水盘与顶板的距离　　单位：mm

喷头类型	溅水盘与顶板的距离
早期抑制快速响应喷头：直立型	100 ～ 150
早期抑制快速响应喷头：下垂型	150 ～ 360
特殊应用喷头	150 ～ 200
家用喷头	25 ～ 100

（22）设置闭式系统的场所，洒水喷头类型与场所的最大净空高度需要符合表 4-8 的要求与规定。仅用于保护室内钢屋架等建筑构件的洒水喷头和设置货架内置洒水喷头的场所，可不受此表规定的限制。

表 4-8　洒水喷头类型与场所的最大净空高度规定

<table>
<tr><th colspan="2" rowspan="2">设置场所</th><th colspan="3">喷头类型</th><th rowspan="2">场所净空高度 h/m</th></tr>
<tr><th>一只喷头的保护面积</th><th>响应时间性能</th><th>流量系数 K</th></tr>
<tr><td rowspan="5">民用建筑</td><td rowspan="2">普通场所</td><td>标准覆盖面积洒水喷头</td><td>快速响应喷头
特殊响应喷头
标准响应喷头</td><td>$K \geqslant 80$</td><td rowspan="2">$h \leqslant 8$</td></tr>
<tr><td>扩大覆盖面积洒水喷头</td><td>快速响应喷头</td><td>$K \geqslant 80$</td></tr>
<tr><td rowspan="3">高大空间场所</td><td>标准覆盖面积洒水喷头</td><td>快速响应喷头</td><td>$K \geqslant 115$</td><td rowspan="2">$8 \lt h \leqslant 12$</td></tr>
<tr><td colspan="3">非仓库型特殊应用喷头</td></tr>
<tr><td colspan="3">非仓库型特殊应用喷头</td><td>$12 \lt h \leqslant 18$</td></tr>
<tr><td colspan="2" rowspan="4">厂房</td><td>标准覆盖面积洒水喷头</td><td>特殊响应喷头
标准响应喷头</td><td>$K \geqslant 80$</td><td rowspan="2">$h \leqslant 8$</td></tr>
<tr><td>扩大覆盖面积洒水喷头</td><td>标准响应喷头</td><td>$K \geqslant 80$</td></tr>
<tr><td>标准覆盖面积洒水喷头</td><td>特殊响应喷头
标准响应喷头</td><td>$K \geqslant 115$</td><td rowspan="2">$8 \lt h \leqslant 12$</td></tr>
<tr><td colspan="3">非仓库型特殊应用喷头</td></tr>
<tr><td colspan="2" rowspan="3">仓库</td><td>标准覆盖面积洒水喷头</td><td>特殊响应喷头
标准响应喷头</td><td>$K \geqslant 80$</td><td>$h \leqslant 9$</td></tr>
<tr><td colspan="3">仓库型特殊应用喷头</td><td>$h \leqslant 12$</td></tr>
<tr><td colspan="3">早期抑制快速响应喷头</td><td>$h \leqslant 13.5$</td></tr>
</table>

4.4.3 配水支管、配水管控制的喷头数

自动喷水灭火系统轻危险级、中危险级场所中配水支管、配水管控制的标准流量喷头数，不宜超过表 4-9 的规定。

表 4-9 轻、中危险级场所中配水支管、配水管控制的标准流量喷头数

公称管径 /mm	控制的喷头数（轻危险级）/ 只	控制的喷头数（中危险级）/ 只
25	1	1
32	3	3
40	5	4
50	10	8
65	18	12
80	48	32
100	—	64

一点通

自动喷水灭火系统配水管两侧每根配水支管控制的标准流量喷头数，轻危险级、中危险级场所不应超过 8 只，同时在吊顶上下安装喷头的配水支管，上下侧均不应超过 8 只。严重危险级及仓库危险级场所均不应超过 6 只。

4.4.4 喷头的安装要求

喷头的安装要求如下：

（1）喷头安装必须在系统试压、冲洗合格后进行。

（2）喷头安装前，需要检查其型号、规格、使用场所是否符合设计要求。

（3）喷头安装时，不应对喷头进行拆装、改动，并且严禁给喷头、隐蔽式喷头的装饰盖板附加任何装饰性涂层。

（4）喷头安装，应使用专用扳手，严禁利用喷头的框架施拧。

（5）喷头安装中，喷头的框架、溅水盘产生变形或释放原件损伤时，需要采用规格、型号相同的喷头更换。

（6）安装在容易受机械损伤处的喷头，需要加设喷头防护罩。

（7）喷头安装时，溅水盘与吊顶、窗、门、洞口或障碍物的距离需要符合设计等有关要求。

（8）系统采用隐蔽式喷头时，配水支管的标高、吊顶的开口尺寸，应准确控制。

（9）喷头的公称直径小于 10mm 时，应在配水干管或配水管上安装过滤器。

（10）当梁、排管、通风管道、桥架宽度大于 1.2m 时，增设的喷头需要安装在其腹面以下部位。

（11）喷头溅水盘高于梁底或通风管道底面的最大垂直距离（标准直立与下垂喷头）如图 4-12 所示。喷头溅水盘与顶板的距离如图 4-13 所示。

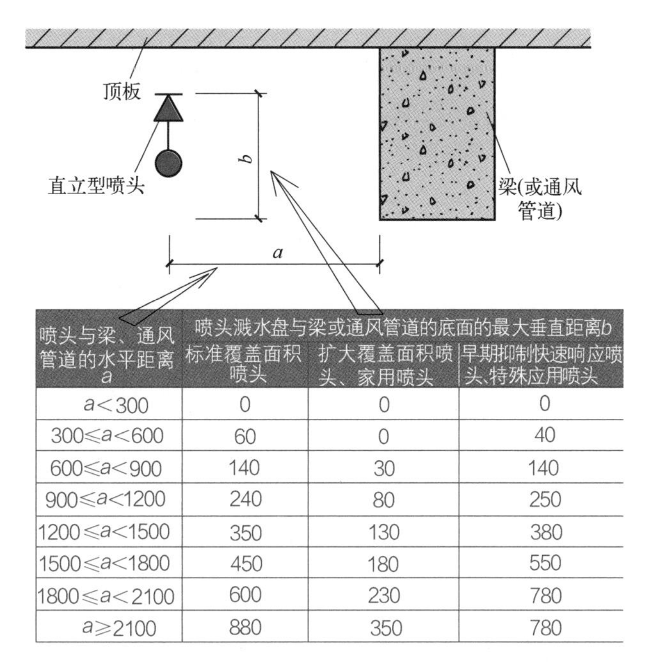

喷头与梁、通风管道的水平距离 a	喷头溅水盘与梁或通风管道的底面的最大垂直距离 b		
	标准覆盖面积喷头	扩大覆盖面积喷头、家用喷头	早期抑制快速响应喷头、特殊应用喷头
a<300	0	0	0
300≤a<600	60	0	40
600≤a<900	140	30	140
900≤a<1200	240	80	250
1200≤a<1500	350	130	380
1500≤a<1800	450	180	550
1800≤a<2100	600	230	780
a≥2100	880	350	780

图 4-12　喷头溅水盘与梁或通风管道的底面的最大垂直距离（单位：mm）

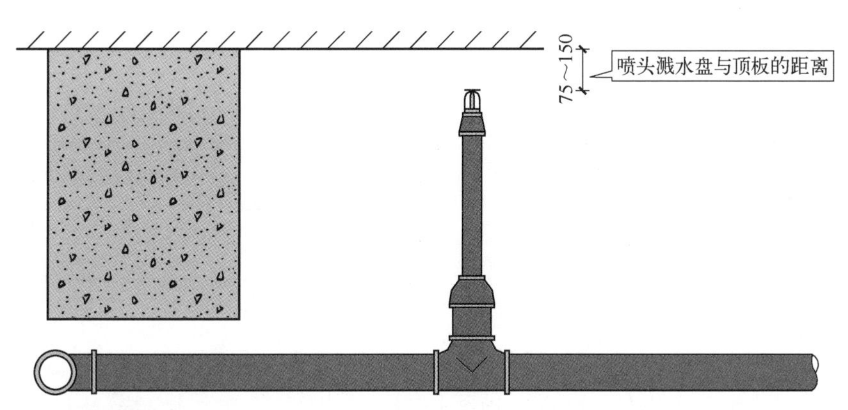

图 4-13　喷头溅水盘与顶板的距离（单位：mm）

（12）喷头与梁等障碍物的距离示意如图 4-14 所示。当喷头溅水盘高于附近梁底或高于宽度小于 1.2m 的排管、通风管道、桥架腹面时，喷头溅水盘高于梁底、通风管道、排管、桥架腹面的最大垂直距离需要符合表 4-10 ～表 4-17 的要求规定。

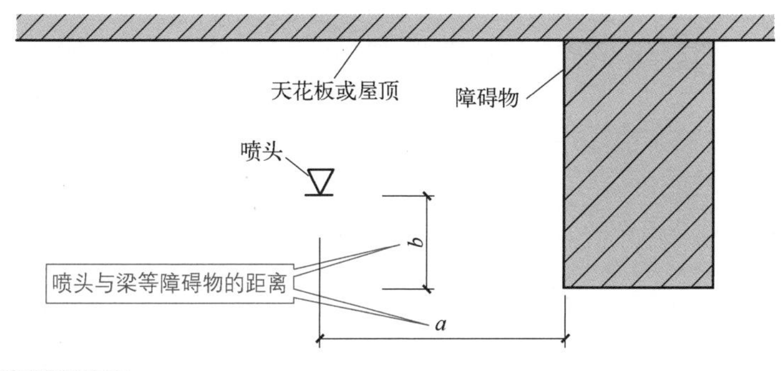

图 4-14　喷头与梁等障碍物的距离

表 4-10 喷头溅水盘高于梁底等的最大垂直距离（边墙型喷头，与障碍物平行） 单位：mm

喷头与梁、通风管道、排管、桥架的水平距离 a	喷头溅水盘高于梁底、通风管道、排管、桥架腹面的最大垂直距离 b
$a < 300$	30
$300 \leqslant a < 600$	80
$600 \leqslant a < 900$	140
$900 \leqslant a < 1200$	200
$1200 \leqslant a < 1500$	250
$1500 \leqslant a < 1800$	320
$1800 \leqslant a < 2100$	380
$2100 \leqslant a < 2350$	440

表 4-11 喷头溅水盘高于梁底等的最大垂直距离（边墙型喷头，与障碍物垂直） 单位：mm

喷头与梁、通风管道、排管、桥架的水平距离 a	喷头溅水盘高于梁底、通风管道、排管、桥架腹面的最大垂直距离 b
$a < 1200$	不允许
$1200 \leqslant a < 1500$	30
$1500 \leqslant a < 1800$	50
$1800 \leqslant a < 2100$	100
$2100 \leqslant a < 2400$	180
$a \geqslant 2400$	280

表 4-12 喷头溅水盘高于梁底等的最大垂直距离（扩大覆盖面直立与下垂喷头） 单位：mm

喷头与梁、通风管道、排管、桥架的水平距离 a	喷头溅水盘高于梁底、通风管道、排管、桥架腹面的最大垂直距离 b
$a < 300$	0
$300 \leqslant a < 600$	0
$600 \leqslant a < 900$	30
$900 \leqslant a < 1200$	80
$1200 \leqslant a < 1500$	130
$1500 \leqslant a < 1800$	180
$1800 \leqslant a < 2100$	230
$2100 \leqslant a < 2400$	350
$2400 \leqslant a < 2700$	380
$2700 \leqslant a < 3000$	480

表 4-13 喷头溅水盘高于梁底等的最大垂直距离（扩大覆盖面边墙型喷头，与障碍物平行） 单位：mm

喷头与梁、通风管道、排管、桥架的水平距离 a	喷头溅水盘高于梁底、通风管道、排管、桥架腹面的最大垂直距离 b
$a < 450$	0
$450 \leqslant a < 900$	30
$900 \leqslant a < 1200$	80
$1200 \leqslant a < 1350$	130
$1350 \leqslant a < 1800$	180
$1800 \leqslant a < 1950$	230
$1950 \leqslant a < 2100$	280
$2100 \leqslant a < 2250$	350

表 4-14 喷头溅水盘高于梁底等的最大垂直距离（扩大覆盖面边墙型喷头，与障碍物垂直） 单位：mm

喷头与梁、通风管道、排管、桥架的水平距离 a	喷头溅水盘高于梁底、通风管道、排管、桥架腹面的最大垂直距离 b
$a < 2400$	不允许
$2400 \leqslant a < 3000$	30
$3000 \leqslant a < 3300$	50
$3300 \leqslant a < 3600$	80
$3600 \leqslant a < 3900$	100
$3900 \leqslant a < 4200$	150
$4200 \leqslant a < 4500$	180
$4500 \leqslant a < 4800$	230
$4800 \leqslant a < 5100$	280
$a \geqslant 5100$	350

表 4-15 喷头溅水盘高于梁底等的最大垂直距离（特殊应用喷头） 单位：mm

喷头与梁、通风管道、排管、桥架的水平距离 a	喷头溅水盘高于梁底、通风管道、排管、桥架腹面的最大垂直距离 b
$a < 300$	0
$300 \leqslant a < 600$	40
$600 \leqslant a < 900$	140
$900 \leqslant a < 1200$	250
$1200 \leqslant a < 1500$	380
$1500 \leqslant a < 1800$	550
$a \geqslant 1800$	780

表 4-16 喷头溅水盘高于梁底等的最大垂直距离（ESFR 喷头） 单位：mm

喷头与梁、通风管道、排管、桥架的水平距离 a	喷头溅水盘高于梁底、通风管道、排管、桥架腹面的最大垂直距离 b
$a < 300$	0
$300 \leqslant a < 600$	40
$600 \leqslant a < 900$	140
$900 \leqslant a < 1200$	250
$1200 \leqslant a < 1500$	380
$1500 \leqslant a < 1800$	550
$a \geqslant 1800$	780

表 4-17 喷头溅水盘高于梁底等的最大垂直距离（直立和下垂型家用喷头） 单位：mm

喷头与梁、通风管道、排管、桥架的水平距离 a	喷头溅水盘高于梁底、通风管道、排管、桥架腹面的最大垂直距离 b
$a < 450$	0
$450 \leqslant a < 900$	30
$900 \leqslant a < 1200$	80
$1200 \leqslant a < 1350$	130
$1350 \leqslant a < 1800$	180
$1800 \leqslant a < 1950$	230
$1950 \leqslant a < 2100$	280
$a \geqslant 2100$	350

（13）当喷头安装在不到顶的隔断附近时，喷头与隔断的水平距离和最小垂直距离需要符合如图 4-15 所示的规定。

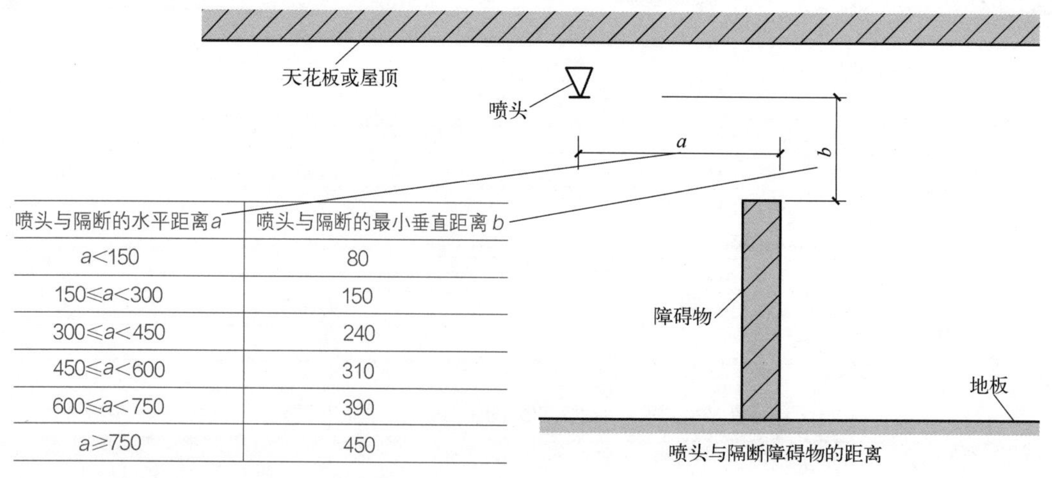

喷头与隔断的水平距离 a	喷头与隔断的最小垂直距离 b
a<150	80
150≤a<300	150
300≤a<450	240
450≤a<600	310
600≤a<750	390
a≥750	450

图 4-15　喷头与隔断的水平距离和最小垂直距离（单位：mm）

（14）下垂式早期抑制快速响应（ESFR）喷头溅水盘与顶板的距离应为 150 ～ 360mm。

（15）直立式早期抑制快速响应（ESFR）喷头溅水盘与顶板的距离应为 100 ～ 150mm。

（16）顶板位置的障碍物与任何喷头的相对位置，应使喷头到障碍物底部的垂直距离（H）以及到障碍物边缘的水平距离（L）符合如图 4-16 所示的要求。当无法符合时，则需要满足下列要求之一：①当顶板处实体障碍物宽度不大于 0.6m 时，则应在障碍物的两侧均安装喷头，并且两侧喷头到该障碍物的水平距离一般不应大于所要求喷头间距的一半；②对顶板处非实体的建筑构件，喷头与构件侧缘一般需要保持不小于 0.3m 的水平距离。

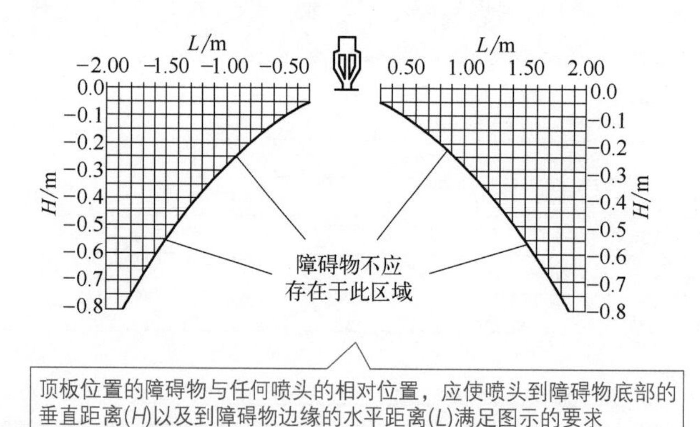

图 4-16　顶板位置的障碍物与任何喷头的相对位置要求

（17）早期抑制快速响应（ESFR）喷头与喷头下障碍物的距离，一般需要满足如表 4-18 所示的要求。

（18）直立式早期抑制快速响应（ESFR）喷头下的障碍物，满足下列任一要求时，可以忽略不计。

① 腹部通透的屋面托架或桁架，其下弦宽度或直径不大于 10cm。

② 其他单独的建筑构件，其宽度或直径不大于 10cm。

表 4-18 早期抑制快速响应（ESFR）喷头与喷头下障碍物的距离

喷头下障碍物宽度 W/cm	障碍物位置或其他要求	
	障碍物边缘距喷头溅水盘最小允许水平距离 L/m	障碍物顶端距喷头溅水盘最小允许垂直距离 H/m
$W \leqslant 2$	任意	0.1
$2 < W \leqslant 5$	任意	0.6
	0.3	任意
$5 < W \leqslant 30$	0.3	任意
$30 < W \leqslant 60$	0.6	任意
$W > 60$	障碍物位置任意，障碍物以下应加装同类喷头，喷头最大间距应为 2.4m。若障碍物底面不是平面（例如圆形风管）或不是实体（例如一组电缆），应在障碍物下安装一层宽度相同或稍宽的不燃平板，再按要求在这层平板下安装喷头	

③ 单独的管道或线槽等，其宽度或直径不大于 10cm，或者多根管道或线槽，总宽度不大于 10cm。

（19）特殊应用喷头溅水盘 900mm 范围内，其他喷头溅水盘以下 450mm 范围内，如有屋架等间断障碍物或管道时，喷头与邻近障碍物的最小水平距离需要符合的要求如图 4-17 所示。

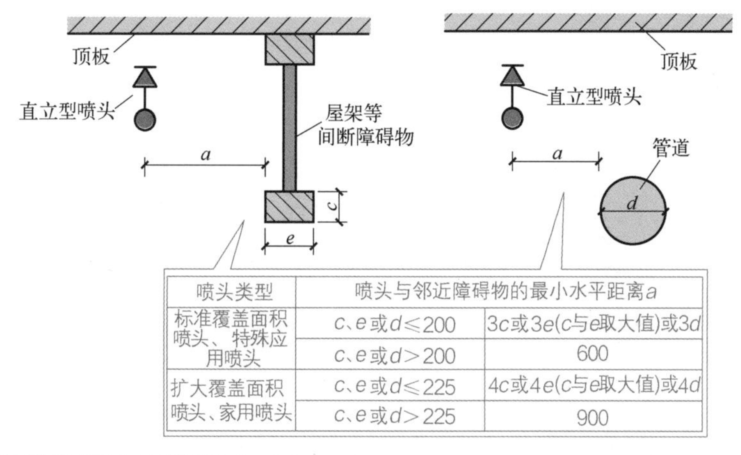

喷头类型	喷头与邻近障碍物的最小水平距离a	
标准覆盖面积喷头、特殊应用喷头	c、e或$d \leqslant 200$	$3c$或$3e$(c与e取大值)或$3d$
	c、e或$d > 200$	600
扩大覆盖面积喷头、家用喷头	c、e或$d \leqslant 225$	$4c$或$4e$(c与e取大值)或$4d$
	c、e或$d > 225$	900

图 4-17 喷头与邻近障碍物的最小水平距离要求（单位：mm）

（20）当梁、通风管道、成排布置的管道、桥架等障碍物的宽度大于 1.2m 时，其下方需要增设喷头（如图 4-18 所示）。采用早期抑制快速响应喷头、特殊应用喷头的场所，当障碍物宽度大于 0.6m 时，则其下方应增设喷头。

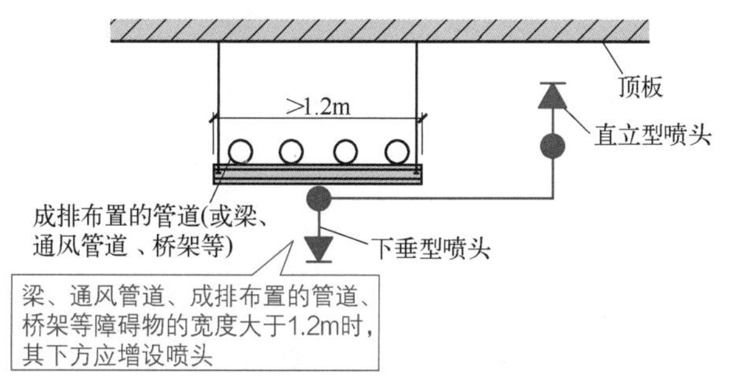

图 4-18 障碍物下方增设喷头

（21）边墙型喷头与顶板及背墙的距离要求如图 4-19 所示。

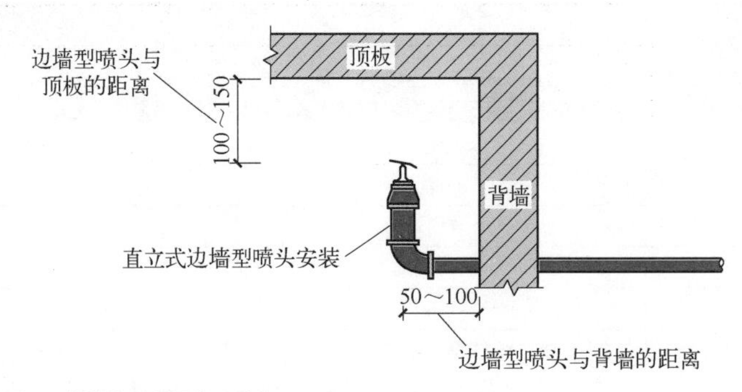

图 4-19 边墙型喷头与顶板及背墙的距离要求（单位：mm）

（22）喷头集热挡水板的要求如图 4-20 所示。

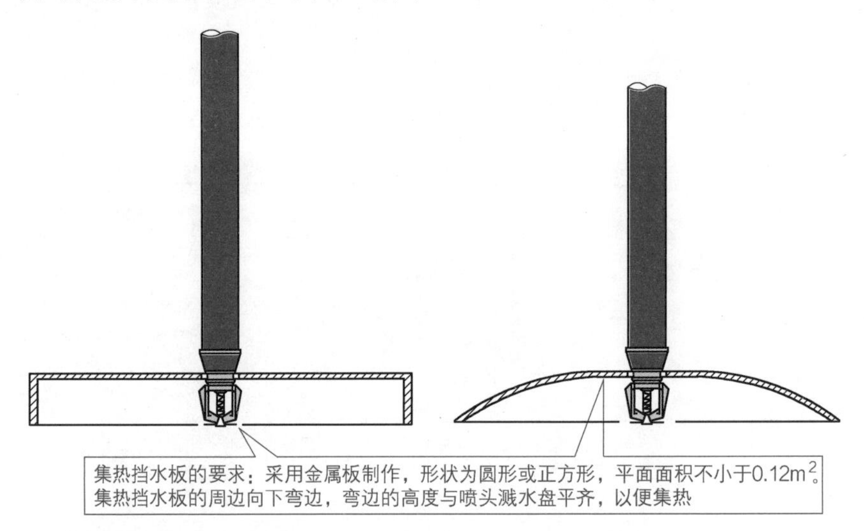

集热挡水板的要求：采用金属板制作，形状为圆形或正方形，平面面积不小于0.12m²。
集热挡水板的周边向下弯边，弯边的高度与喷头溅水盘平齐，以便集热

图 4-20 喷头集热挡水板的要求

（23）吊顶下喷头安装如图 4-21 所示。

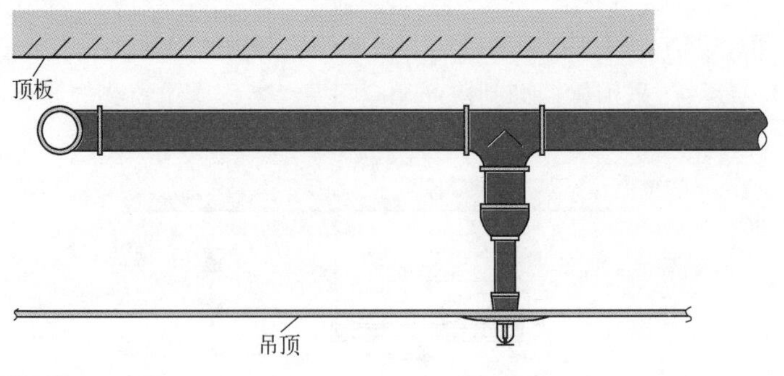

图 4-21 吊顶下喷头安装示意

4.4.5 喷洒头、吊顶上下与边墙喷头的安装要求

喷洒头的安装要求如下：

（1）喷洒头的规格、类型、动作温度要符合要求。

（2）喷洒头安装的保护面积、喷头间距、距墙距离要符合要求。

（3）喷洒头的两翼方向应成排统一安装。

（4）喷洒头护口盘要贴紧吊顶，走廊单排的喷头两翼要横向安装，如图 4-22 所示。

（5）安装喷洒头要使用特制专用扳手（灯叉型），填料宜采用聚四氟乙烯带，防止损坏和污染吊顶。

（6）水幕喷洒头安装要注意朝向被保护对象，在同一配水支管上要安装一样口径的水幕喷头。

吊顶上下与边墙喷头的安装如图 4-23 所示。

图 4-22 喷洒头护口盘要贴紧吊顶

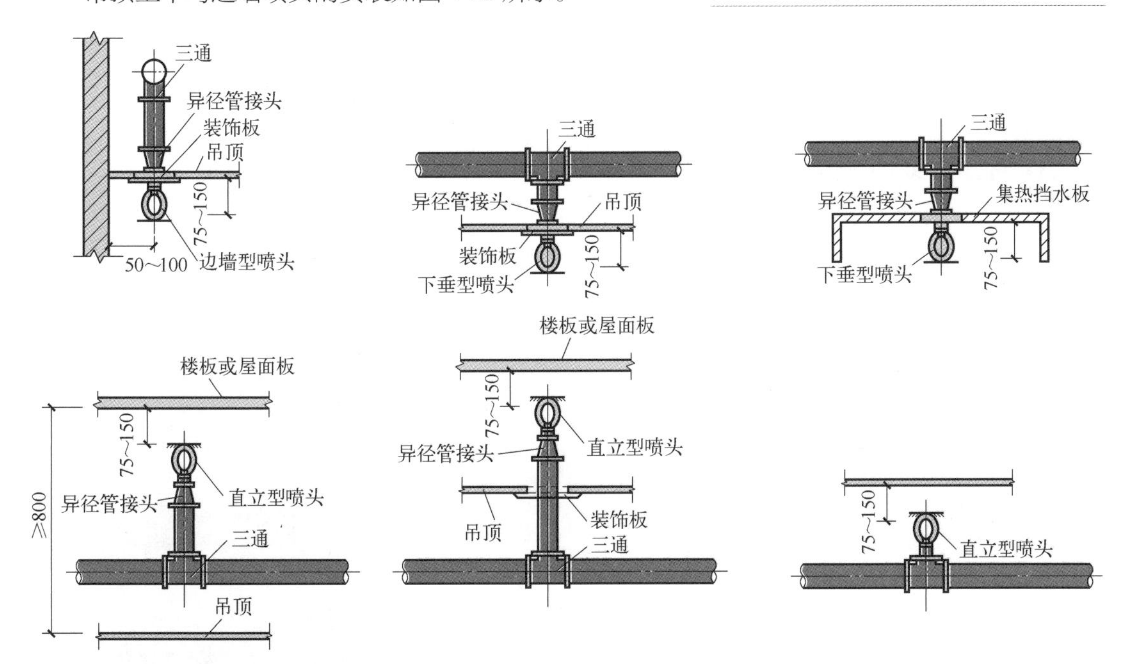

图 4-23 吊顶上下与边墙喷头的安装示意（单位：mm）

喷头的安装现场如图 4-24 所示。

图 4-24

图 4-24 喷头的安装现场

一点通

建筑各房间内喷头要与吊顶结合，设置在板中。各房间内喷头与吊灯、风口、烟感成行成线。

4.4.6 闭式喷头传动管网装置

闭式喷头传动管网装置如图 4-25 所示。

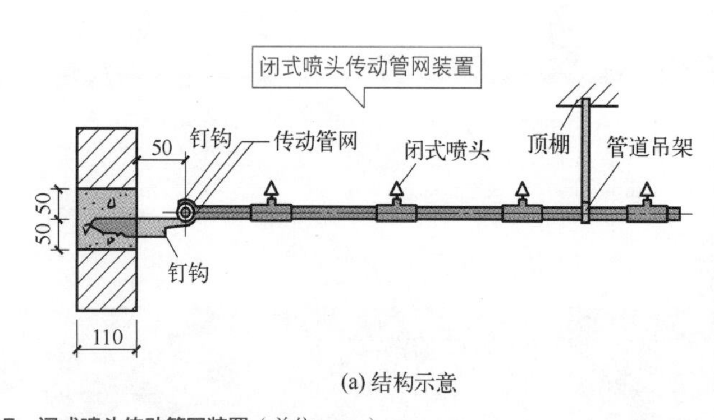

(a) 结构示意

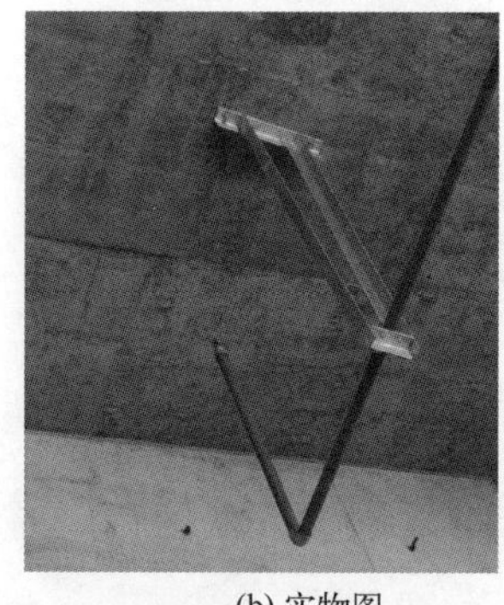

(b) 实物图

图 4-25 闭式喷头传动管网装置（单位：mm）

第 5 章

其他灭火系统

5.1　雨淋系统与雨淋报警装置

5.1.1　应采用雨淋系统的场所

具有下列条件之一的场所，应采用雨淋系统：

（1）火灾的水平扩散速度快、闭式喷头的开放不能刚好使喷水有效覆盖着火的区域。

（2）严重危急级Ⅱ级。

（3）室内净空高度超过规定（采用闭式系统场所的室内最大净空高度不应大于表 5-1 的规定，仅用于保护室内钢屋架等建筑构件和设置货架内置喷头的闭式系统，不受该表规定的限制），并且必须快速扑救初期火灾。

表 5-1　采用闭式系统场所的室内最大净空高度　　单位：m

设置场所	采用闭式系统场所的最大净空高度
民用建筑和工业厂房	8
仓库	9
采用早期抑制快速响应喷头的仓库	13.5
非仓库类高大净空场所	12

5.1.2　雨淋报警阀的分类和特点

自动喷水灭火系统、雨淋系统、预作用系统、水幕系统、水喷雾系统等中会用到雨淋报警阀或雨淋报警装置。雨淋报警阀的分类如图 5-1 所示。雨淋报警阀的特点如图 5-2 所示。

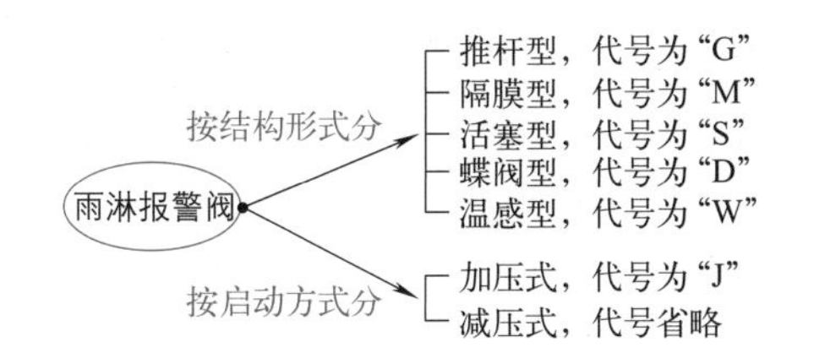

图 5-1　雨淋报警阀的分类

减压式雨淋报警阀
伺应状态下，雨淋报警阀的活塞腔或隔膜腔充压，以保证阀门关闭。
雨淋报警阀的开启是通过电动、气动或机械等启动方式使活塞腔或隔膜腔泄压来完成的
伺应状态下，雨淋报警阀的活塞腔或隔膜腔不充压，阀瓣依靠弹簧和进口水压保持封闭。
雨淋报警阀的开启是通过电动、气动或机械等启动方式使供水侧压力水进入活塞腔或隔膜腔通过承压面积差来完成的
雨淋报警阀是通过电动、机械、气动或其他方法进行开启，使水能够自动单方向流入喷水系统同时进行报警的一种控制阀

图 5-2　雨淋报警阀的特点

5.1.3　雨淋报警装置安装图解

雨淋报警装置安装图解如图 5-3 ～图 5-5 所示。

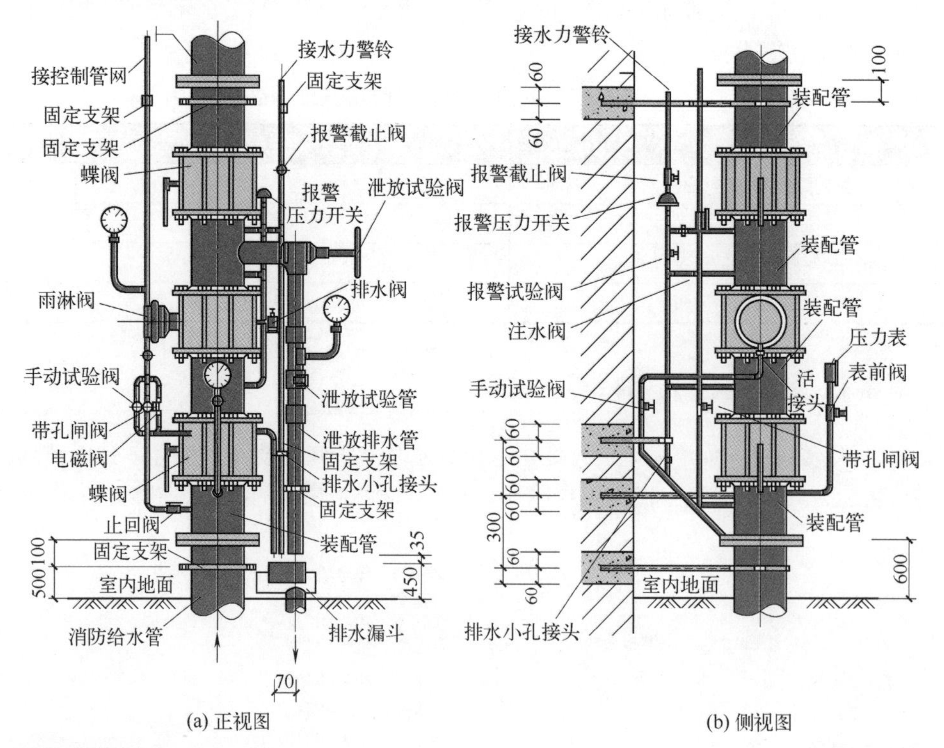

图 5-3　雨淋报警装置安装图解一（单位：mm）

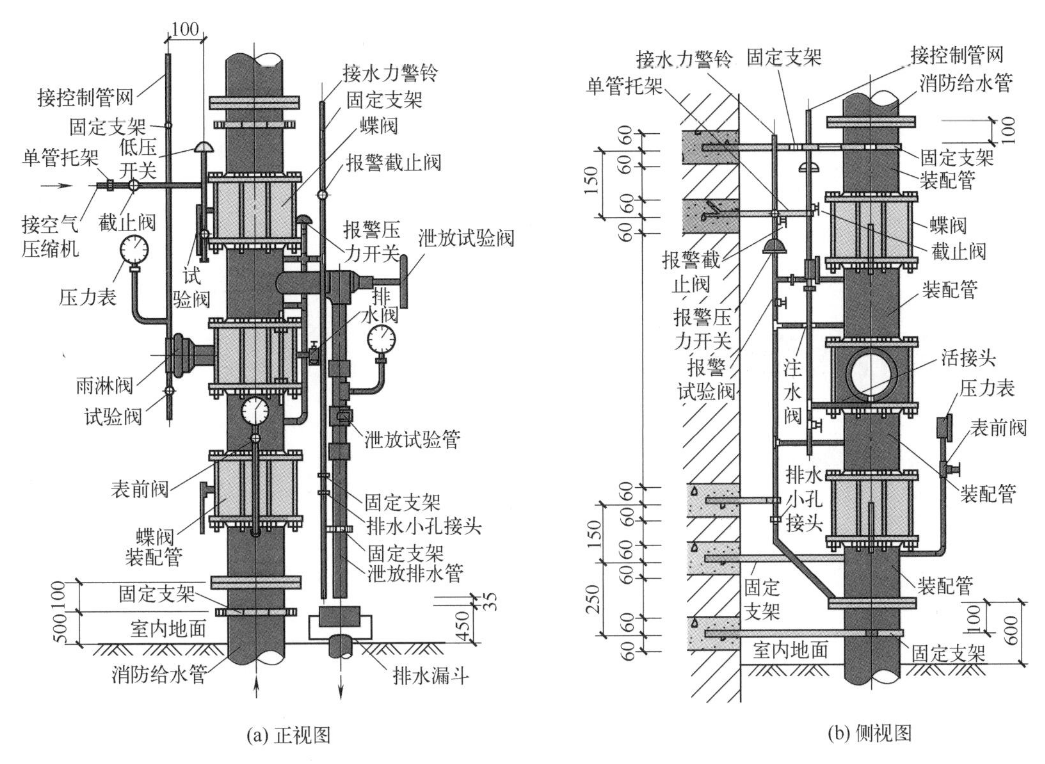

图 5-4 雨淋报警装置安装图解二（单位：mm）

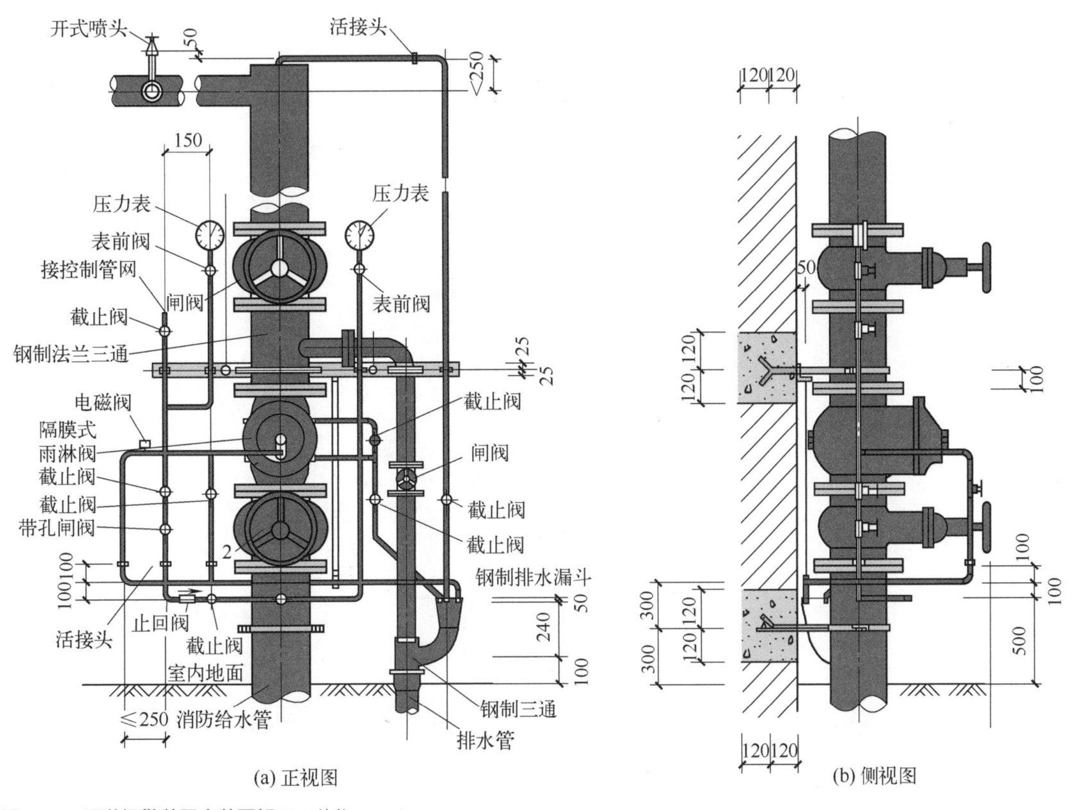

图 5-5 雨淋报警装置安装图解三（单位：mm）

一点通

消防喷淋系统的支吊架的位置以不妨碍喷头喷洒效果为原则。一般吊架距喷头应大于300mm，对圆钢吊架可以小到70mm，与末端喷头间的距离不大于750mm。为了防止喷头喷水时管道产生大幅度晃动，干管、立管、支管末端均加防晃固定支架。

5.2 预作用自动喷水灭火系统

5.2.1 预作用自动喷水灭火系统的特点

预作用自动喷水灭火系统为喷头常闭的灭火系统，管网中平时不充水。发生火灾时，火灾探测器报警后，自动控制系统控制阀门排气、充水，由干式变为湿式系统。只有当着火点温度达到足以开启闭式喷头时，才开始喷水灭火。预作用自动喷水灭火系统核心装置之一是预作用报警阀，如图5-6所示。

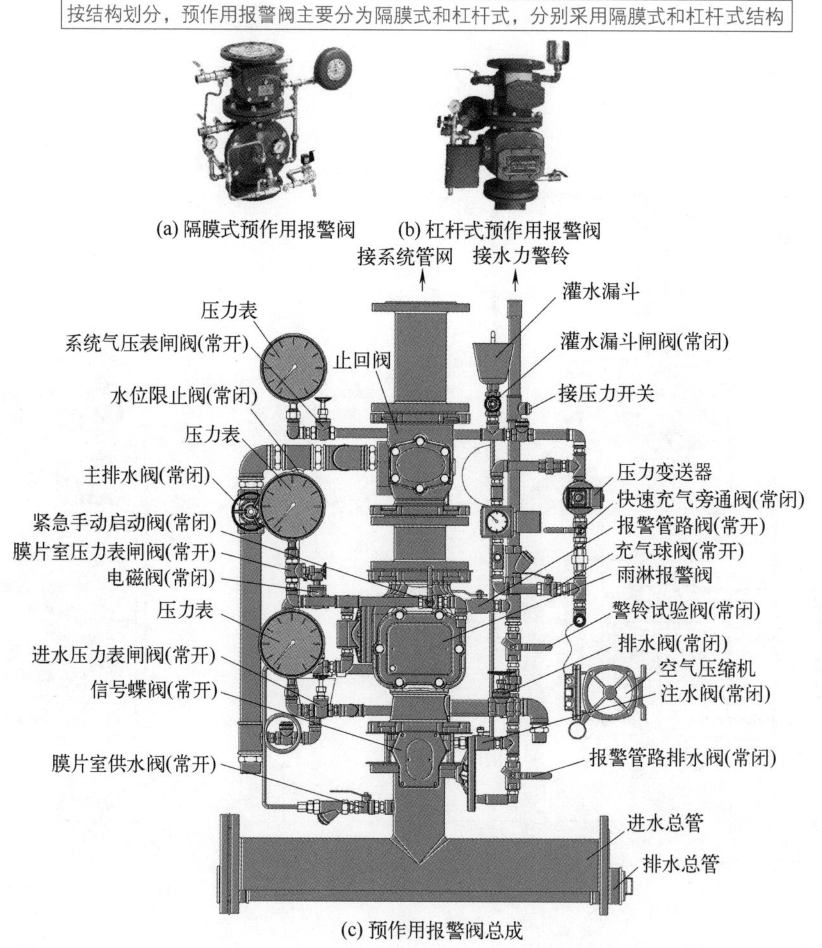

图5-6 预作用报警阀

预作用自动喷水灭火系统同时具备干式喷水灭火系统和湿式喷水灭火系统的特点。

预作用自动喷水灭火系统可以代替干式系统提高灭火速度；也可代替湿式系统，用于管道与喷头易于被损坏而产生喷水、漏水，造成严重水渍的场所；还可以用于对自动喷水灭火系统安全要求较高的建筑物中。

预作用自动喷水灭火系统如图 5-7 所示。

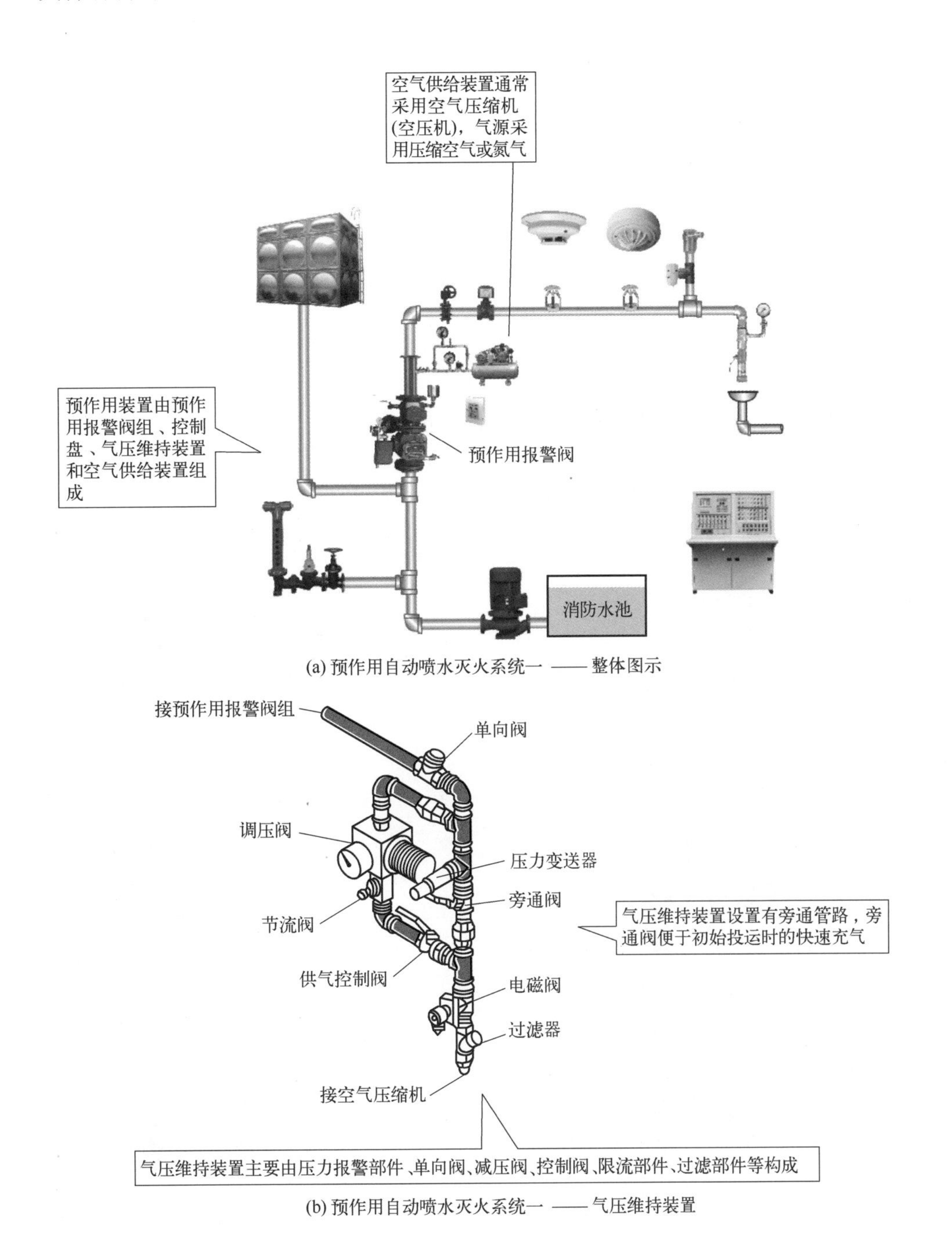

(a) 预作用自动喷水灭火系统一 —— 整体图示

(b) 预作用自动喷水灭火系统一 —— 气压维持装置

图 5-7

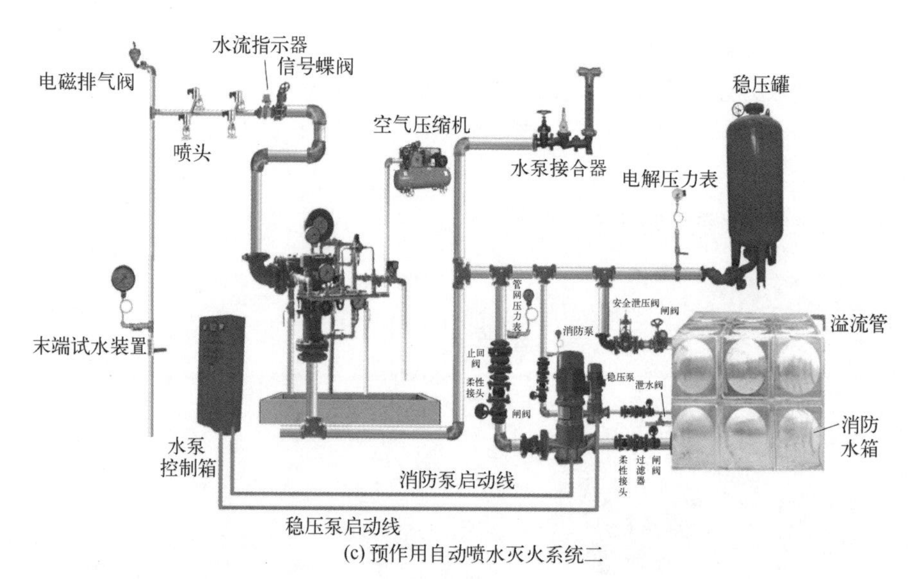

(c) 预作用自动喷水灭火系统二

图 5-7 预作用自动喷水灭火系统

5.2.2 预作用自动喷水报警装置的安装

预作用自动喷水报警装置的安装，如图 5-8 所示。

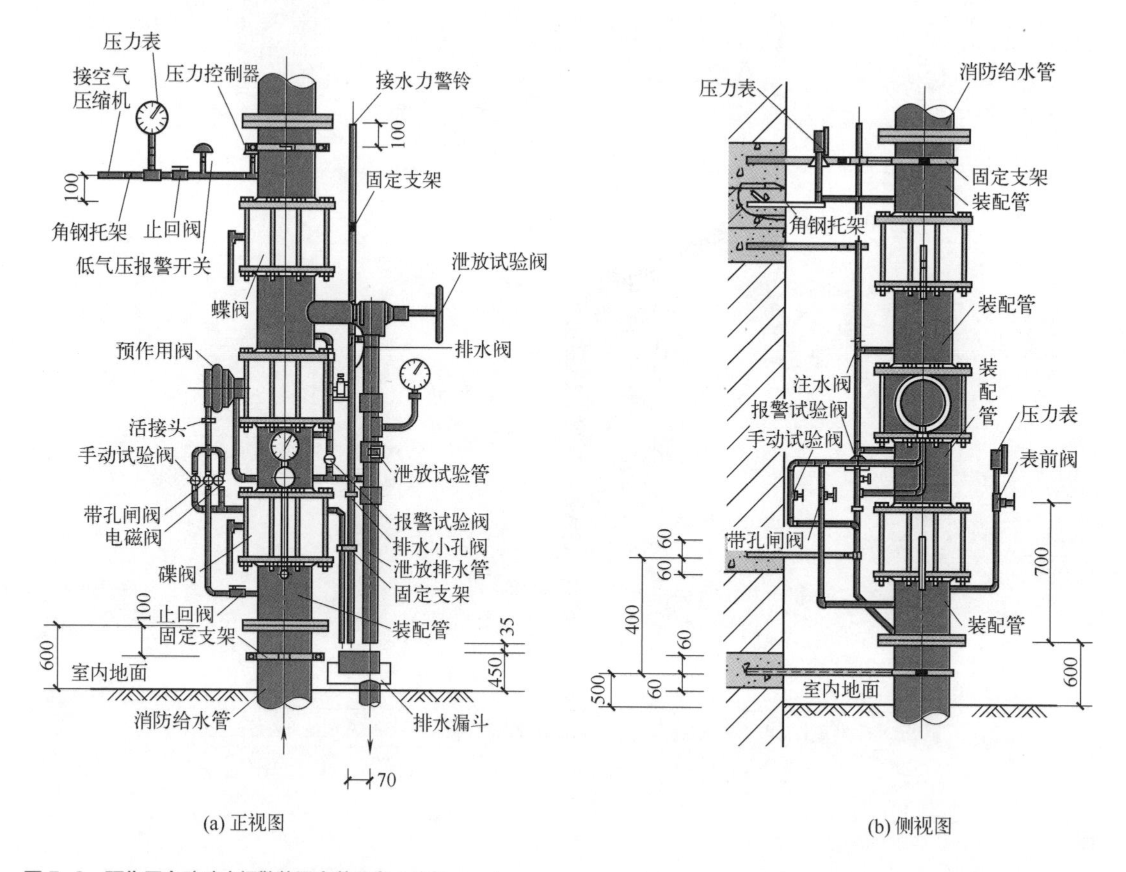

图 5-8 预作用自动喷水报警装置安装示意（单位：mm）

5.3 气体灭火系统

5.3.1 气体灭火系统的特点

气体灭火系统是以气体为主要灭火介质的灭火系统。

气体灭火系统主要包括紧急启 / 停按钮、声光讯响器、喷洒指示灯、钢瓶驱动盘、电磁阀或电爆管等。

自动联动是指本区内烟感探测器、温感探测器均报警或紧急启动按钮按下时，启动声光讯响器，经过延时 30s 启动电磁阀或电爆管，气体喷洒后，压力开关返回信号联动喷洒指示灯。

气体灭火系统适用于扑救的火灾如图 5-9 所示。

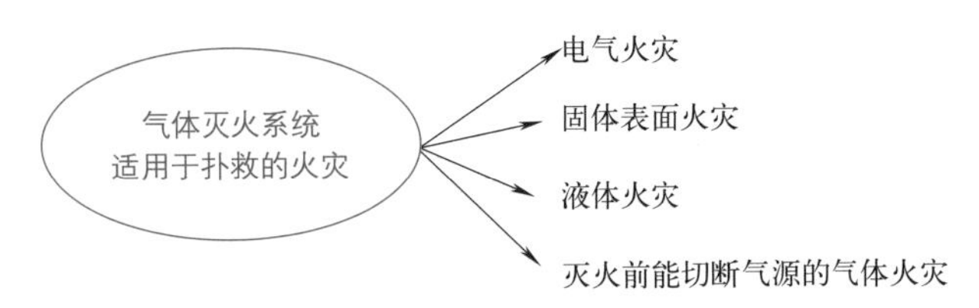

图 5-9 气体灭火系统适用于扑救的火灾

气体灭火系统不适用扑灭的火灾如图 5-10 所示。

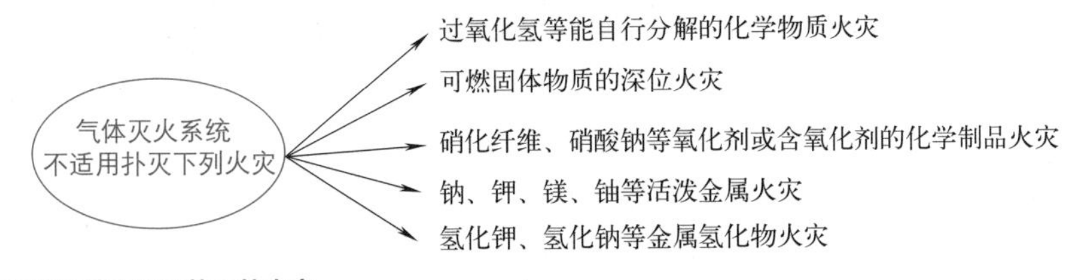

图 5-10 气体灭火系统不适用扑灭的火灾

一点通

全淹没二氧化碳灭火系统不应用于经常有人停留的场所。紧急停动按钮只有在 30s 延时期间内被按下，喷洒命令才能被取消。

5.3.2 气体灭火系统的类型

气体灭火系统的类型如表 5-2 所示。

表 5-2 气体灭火系统的类型

名称	解说
惰性气体灭火系统	灭火剂为惰性气体的一种气体灭火系统
卤代烷灭火系统	灭火剂为卤代烷的一种气体灭火系统
高压二氧化碳灭火系统	灭火剂在常温下储存的二氧化碳灭火系统
低压二氧化碳灭火系统	灭火剂在 -20 ～ -18℃低温下储存的一种二氧化碳灭火系统

续表

名称	解说
预制灭火系统	根据一定的应用条件将灭火剂储存装置和喷放组件等预先设计、组装成套且具有联动控制功能的一种灭火系统
全淹没灭火系统	在规定时间内向防护区喷放设计规定用量的灭火剂，并且使其均匀地充满整个防护区的一种灭火系统
局部应用灭火系统	向保护对象以设计喷射率直接喷射灭火剂，并且持续一定时间的一种灭火系统

一点通

气体灭火系统一般采用镀锌钢管、镀锌无缝钢管、加厚镀锌管等管材。气体灭火系统安装时，管件应采用锻压钢件外镀锌。集流管采用高压管道焊接而成，进出口应采用机械钻孔，不允许气割，以保证所需通径。

5.3.3 气体灭火系统设备参考控制逻辑关系

气体灭火系统设备参考控制逻辑关系如表 5-3 所示。

表 5-3 气体灭火系统设备参考控制逻辑关系

设备	功能	控制方式	平时状态	安装位置	说明
区域选择电磁阀	选择需灭火的区域	由气体灭火控制器根据报警区域选择控制	常闭	气体灭火干管上	多区共用气瓶时使用
压力开关	放气后反馈信号	灭火剂喷放后动作	常闭	区域选择电磁阀后	—
声光报警器	喷放前声光报警	火灾报警控制器或气体灭火控制器	无声光	气体灭火防护区外	喷放前报警，防护区内人员疏散
喷放指示灯	放气后点亮	气体灭火控制器	不亮	气体灭火防护区外门上方	应保持到防护区通风换气后，以手动方式解除
紧急启停按钮	紧急启、停气体灭火	手动	—	气体灭火防护区门外	就地启动或终止喷气
气体灭火控制器	控制气体灭火有关设备	自动或手动	—	专用房间、值班室、气体灭火防护区门外或钢瓶间内	应将报警、喷射各阶段信号传至消防控制室
声报警器或光报警器	报警阶段发出声或声光报警	火灾报警控制器或气体灭火控制器控制，区内任一探测器报警后启动	无声光	气体灭火防护区内	报警阶段报警，通知人员核查火情
瓶头电磁阀	开启启动瓶	延时模块	常闭	启动钢瓶头处	—

一点通

用于扑救可燃、助燃气体火灾的气体灭火系统，在其启动前应能联动和手动切断可燃、助燃气体的气源。

5.3.4 低压二氧化碳灭火系统的原理及组件功能

低压二氧化碳灭火系统原理如图 5-11 所示，低压二氧化碳灭火系统相关组件功能如表 5-4 所示。

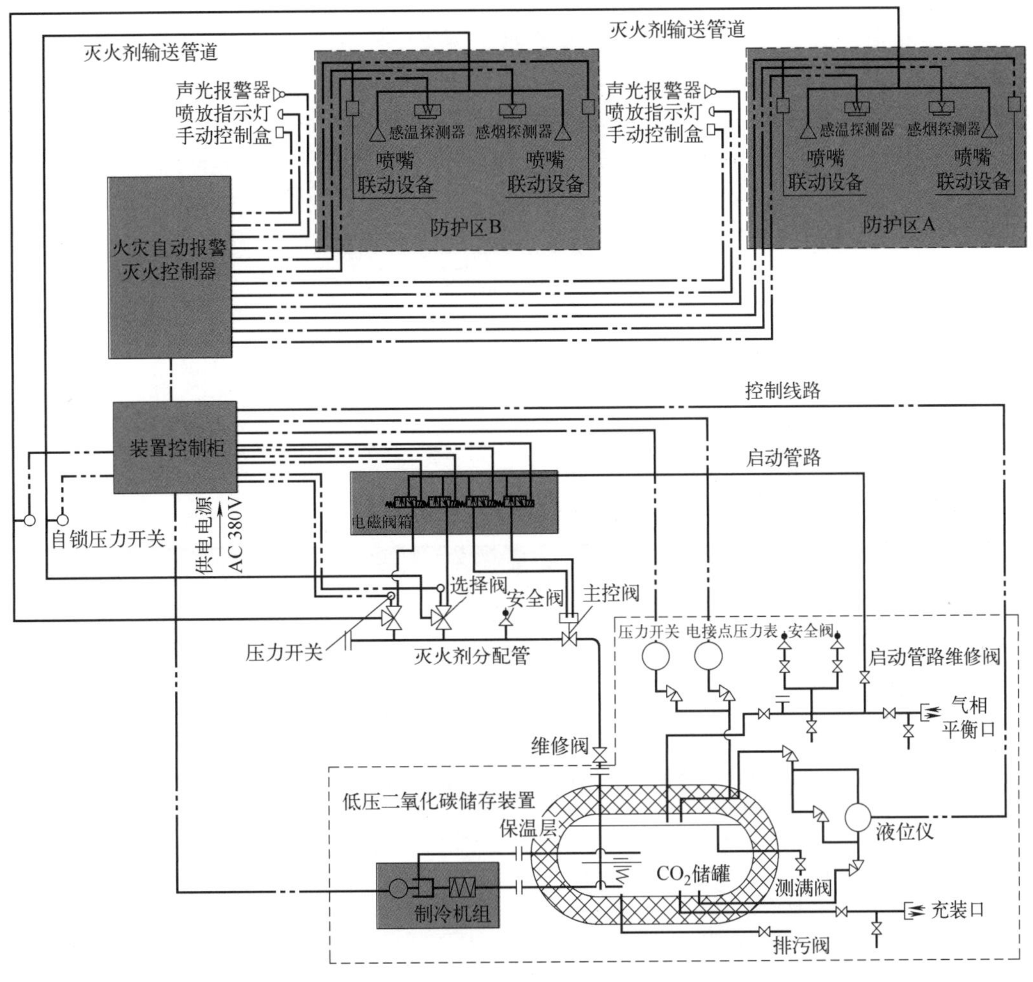

图 5-11 低压二氧化碳灭火系统原理

表 5-4 低压二氧化碳灭火系统相关组件功能

组件	主要功能
电磁阀	控制主控阀、选择阀的启闭
安全阀	当储罐或系统管道中压力过高时，膜片自动爆破泄压
选择阀	在组合分配系统中控制 CO_2 灭火剂的流动方向
选择阀压力开关	将选择阀的开关信号反馈到装置控制柜
自锁压力开关	CO_2 灭火剂喷放时，将信号反馈到自动报警灭火控制器
储罐压力开关	将储罐中压力反馈到装置控制柜，控制制冷机组启停
电接点压力表	显示储罐中压力并反馈到装置控制柜实施高、低压报警
装置控制柜	对储罐装置实施状态监控并执行灭火指令
声光报警器	系统探测到火警后发出声、光报警信号
测满阀	灭火剂充装时打开，显示储罐是否充满，平时常闭

续表

组件	主要功能
充装口	充装 CO_2 灭火剂入口，平时常闭
气相平衡口	充装灭火剂时打开阀门、回流 CO_2 气体，平衡压力
制冷机组	确保储罐中的液态 CO_2 灭火剂长期处于低温低压状态
储罐	储存低温低压液态 CO_2 灭火剂
维修阀	平时常开，检修主控阀时关闭
启动管路维修阀	平时常开，检修启动管路时关闭
主控阀	平时常闭，灭火时自动开启释放 CO_2 灭火剂
火灾自动报警灭火控制器	实施火灾报警功能并发出灭火指令
喷嘴	喷放 CO_2 灭火剂，实施灭火
火灾探测器	自动探测火灾信号并反馈到火灾自动报警灭火控制器
手动控制盒	实施系统手动控制和紧急停止操作
喷放指示灯	提示火灾现场外部人员 CO_2 灭火剂正在喷放，禁止进入

5.3.5 全淹没气体灭火系统的要求

全淹没气体灭火系统的要求如表 5-5 所示。

表 5-5 全淹没气体灭火系统的要求

项目	解说
全淹没气体灭火系统的防护区的要求	全淹没气体灭火系统的防护区的要求如下： （1）防护区围护结构的耐超压性能，需要满足在灭火剂释放与设计浸渍时间内保持围护结构完整的要求。 （2）防护区围护结构的密闭性能，需要满足在灭火剂设计浸渍时间内保持防护区内灭火剂浓度不低于设计灭火浓度或设计惰化浓度的要求。 （3）防护区的门需要向疏散方向开启，并且应具有自行关闭的功能
全淹没气体灭火系统的设计灭火浓度或设计惰化浓度的要求	全淹没气体灭火系统的设计灭火浓度或设计惰化浓度应符合下列规定： （1）对于二氧化碳灭火系统，设计灭火浓度应大于或等于灭火浓度的 1.7 倍，并且应大于或等于 34%（体积浓度）。 （2）对于其他气体灭火系统，设计灭火浓度应大于或等于灭火浓度的 1.3 倍，设计惰化浓度应大于或等于惰化浓度的 1.1 倍。 （3）在经常有人停留的防护区，灭火剂释放后形成的浓度应低于人体的有毒性反应浓度

一点通

一个组合分配气体灭火系统中的灭火剂储存量，应大于或等于该系统所保护的全部防护区中需要灭火剂储存量的最大值。灭火剂的喷放时间、浸渍时间，需要满足有效灭火或惰化的要求。用于保护同一防护区的多套气体灭火系统，需要能够在灭火时同时启动，相互间的动作响应时差应小于或等于 2s。

5.3.6 气体灭火系统装置与组件的安装要求

气体灭火系统装置与组件的安装要求如表 5-6 所示。

表5-6 气体灭火系统装置与组件的安装要求

装置与组件	安装要求
气体灭火系统喷头	（1）喷头的保护高度与保护半径，需要符合的要求如下： ①最大保护高度不宜大于6.5m。 ②最小保护高度不应小于0.3m。 ③喷头安装高度小于1.5m时，保护半径不宜大于4.5m。 ④喷头安装高度不小于1.5m时，保护半径不应大于7.5m。 （2）喷头宜贴近防护区顶面安装，距顶面的最大距离不宜大于0.5m。 （3）喷嘴安装时，需要根据设计要求逐个核对其型号、规格、喷孔方向。 （4）安装在吊顶下的不带装饰罩的喷嘴，其连接管管端螺纹不应露出吊顶。安装在吊顶下的带装饰罩的喷嘴，其装饰罩应紧贴吊顶。 （5）全淹没气体灭火系统的喷头布置，应满足灭火剂在防护区内均匀分布的要求，其射流方向不应直接朝向可燃液体的表面。局部应用气体灭火系统的喷头布置，应能保证保护对象全部处于灭火剂的淹没范围内
灭火剂储存装置	（1）储存装置的安装位置需要符合设计等要求。 （2）灭火剂储存装置安装后，泄压装置的泄压方向不应朝向操作面。 （3）低压二氧化碳灭火系统的安全阀，需要通过专用的泄压管接到室外。 （4）储存装置上压力计、液位计、称重显示装置的安装位置，需要便于人员观察、操作。 （5）储存容器的支架、框架，需要固定牢靠，并且应做防腐处理。 （6）储存容器宜涂红色油漆，正面需要标明设计规定的灭火剂名称、储存容器的编号。 （7）安装集流管前，需要检查内腔，确保清洁。 （8）集流管上的泄压装置的泄压方向不应朝向操作面。 （9）连接储存容器与集流管间的单向阀的流向指示箭头，应指向介质流动方向。 （10）集流管应固定在支架、框架上。支架、框架应固定牢靠，并且做防腐处理。 （11）集流管外表面宜涂红色油漆
选择阀、信号反馈装置	（1）选择阀操作手柄，需要安装在操作面一侧。当安装高度超过1.7m时，需要采取便于操作的措施。 （2）采用螺纹连接的选择阀，其与管网连接处宜采用活接。 （3）选择阀的流向指示箭头，需要指向介质流动方向。 （4）选择阀上应设置标明防护区或保护对象名称或编号的永久性标志牌，并且应便于观察。 （5）信号反馈装置的安装，需要符合设计等要求
阀驱动装置	（1）拉索式机械驱动装置的安装要求如下： ①拉索除必要外露部分外，应采用经内外防腐处理的钢管防护。 ②拉索转弯位置，需要采用专用导向滑轮。 ③拉索末端拉手，需要设在专用的保护盒内。 ④拉索套管、保护盒，需要固定牢靠。 （2）气动驱动装置的安装要求如下： ①驱动气瓶的支架、框架或箱体，需要固定牢靠，并且做好防腐处理。 ②驱动气瓶上应有标明驱动介质名称、对应防护区、保护对象名称或编号的永久性标志，并且便于观察。 （3）气动驱动装置的管道安装要求如下： ①管道布置需要符合设计等要求。 ②竖直管道需要在其始端、终端设防晃支架或采用管卡固定。 ③水平管道需要采用管卡固定。管卡的间距不宜大于0.6 m。转弯位置应增设1个管卡。 （4）安装重力式机械驱动装置时，需要保证重物在下落行程中无阻挡，其下落行程需要保证驱动所需距离，并且不得小于25mm。 （5）电磁驱动装置驱动器的电气连接线，需要沿固定灭火剂储存容器的支架、框架或墙面固定。 （6）气动驱动装置的管道安装后，需要做气压严密性试验，并且要合格

续表

装置与组件	安装要求
控制组件	（1）灭火控制装置的安装，需要符合设计等要求。 （2）防护区内火灾探测器的安装需要符合国家现行标准《火灾自动报警系统施工及验收标准》（GB 50166—2019）的规定。 （3）设置在防护区处的手动、自动转换开关，需要安装在防护区入口便于操作的部位，安装高度为中心点距地（楼）面 1.5m。 （4）手动启动、停止按钮，需要安装在防护区入口便于操作的部位，安装高度为中心点距地（楼）面 1.5m。 （5）防护区的声光报警装置安装，需要符合设计等要求，并且安装牢固，不得倾斜。 （6）气体喷放指示灯，宜安装在防护区入口的正上方

一点通

气体灭火系统的管道、组件、灭火剂的储存容器、其他组件的公称压力，不应小于系统运行时所需承受的最大工作压力。灭火剂的储存容器或容器阀，需要具有安全泄压和压力显示的功能，管网系统中的封闭管段上需要具有安全泄压装置。安全泄压装置需要能在设定压力下正常工作，泄压方向不应朝向操作面或人员疏散通道。低压二氧化碳灭火系统的安全泄压装置需要通过专用泄压管将泄压气体直接排至室外。高压二氧化碳储存容器需要设置二氧化碳泄漏监测装置。

5.3.7 灭火剂输送管道的连接安装要求

灭火剂输送管道连接安装要求如下：

（1）采用螺纹连接时，管材宜采用机械切割，螺纹不得有缺纹、断纹等现象。

（2）螺纹连接的密封材料，需要均匀附着在管道的螺纹部分，拧紧螺纹时，不得将填料挤入管道内，安装后的螺纹根部需要有 2 ～ 3 条外露螺纹，连接后应将连接位置外部清理干净，并且做好防腐处理。

（3）采用法兰连接时，衬垫不得凸入管内，其外边缘宜接近螺栓，不得放双垫或偏垫。

（4）连接法兰的螺栓的直径和长度，需要符合有关标准。拧紧后，凸出螺母的长度不应大于螺杆直径的 1/2 并且应有不少于 2 条外露螺纹。

（5）已防腐处理的无缝钢管，不宜采用焊接连接。

（6）与选择阀等个别连接部位需采用法兰焊接连接时，则需要对被焊接损坏的防腐层进行二次防腐处理。

（7）管道穿过墙壁、楼板位置，需要安装套管。套管公称直径比管道公称直径至少应大 2 级。

（8）管道穿墙套管长度，需要与墙厚相等。

（9）管道穿楼板的套管长度需要高出地板 50mm。

（10）管道与套管间的空隙，需要采用防火封堵材料填塞密实。

（11）管道穿越建筑物的变形缝时，需要设置柔性管段。

（12）管道支架、吊架安装的最大间距需要符合表 5-7 的规定。

（13）管道末端，需要采用防晃支架固定，支架与末端喷嘴间的距离不应大于 500mm。

（14）公称直径大于或等于 50mm 的主干管道，垂直方向与水平方向至少需要各安装 1 个防晃支架。当穿过建筑物楼层时，每层需要设 1 个防晃支架。当水平管道改变方向时，需要增设防晃支架。

表 5-7 管道支架、吊架安装的最大间距

DN/mm	15	20	25	32	40	50	65	80	100	150
最大间距 /m	1.5	1.8	2.1	2.4	2.7	3.0	3.4	3.7	4.3	5.2

（15）灭火剂输送管道安装完毕后，需要进行强度试验、气压严密性试验，并且要求合格。

（16）灭火剂输送管道的外表面宜涂红色油漆。

（17）吊顶内、活动地板下等隐蔽场所内的管道，可以涂红色油漆色环，色环宽度不应小于50mm，并且每个防护区或保护对象的色环宽度需要一致，间距要均匀。

一点通

管网式气体灭火系统需要具有自动控制、手动控制、机械应急操作的启动方式。预制式气体灭火系统，需要具有自动控制、手动控制的启动方式。

5.3.8 气体灭火系统调试要求

气体灭火系统调试要求如下：

（1）气体灭火系统调试，需要在系统安装完毕，并且在相关的火灾报警系统、开口自动关闭装置、通风机械、防火阀等联动设备的调试完成后进行。

（2）调试前，需要检查系统组件、材料的规格、型号、数量、系统安装质量，以及及时处理所发现的问题。

（3）进行调试试验时，需要采取可靠措施，以确保人员、财产的安全。

（4）调试项目应包括模拟启动试验、模拟喷气试验、模拟切换操作试验。

（5）调试完成后，应将系统各部件、联动设备恢复正常状态。

5.4 干粉灭火系统

5.4.1 干粉灭火系统的作用与应用

干粉灭火系统是指由干粉供应源通过输送管道连接到固定的喷嘴上，通过喷嘴喷放干粉的灭火系统。

干粉灭火系统借助于惰性气体压力的驱动，并且由这些气体携带干粉灭火剂形成气粉两相混合流，经管道输送至喷嘴喷出，在化学抑制和物理灭火共同作用下实施灭火。

干粉灭火系统的适用范围与不适用范围如图 5-12 所示。

5.4.2 干粉灭火剂的组成及类型

干粉灭火剂是由灭火基料（例如小苏打、碳酸铵等）和适量润滑剂（硬脂酸镁、云母粉、滑石粉等）、少量防潮剂（硅胶）混合后共同研磨制成的细小颗粒。

干粉灭火剂是用于灭火的干燥且易于飘散的固体粉末灭火剂。

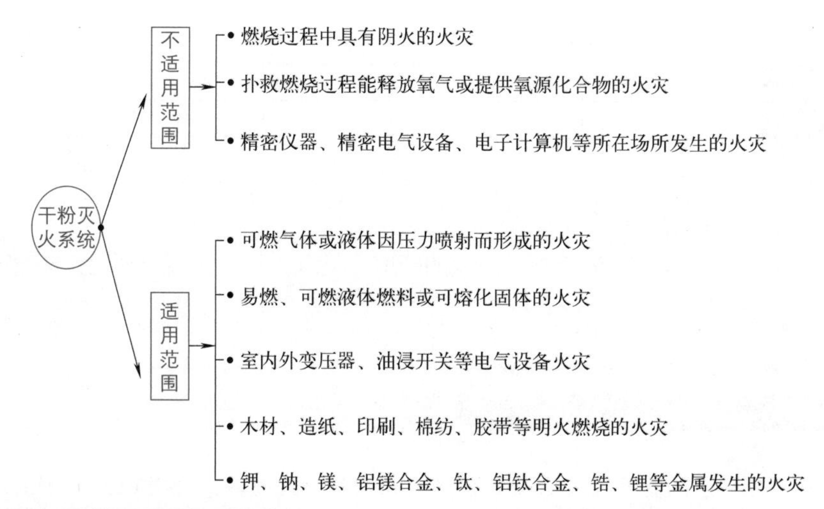

图 5-12 干粉灭火系统的适用范围与不适用范围

干粉在动力气体（氮气、二氧化碳或压缩空气）的推动下射向火焰进行灭火。干粉在灭火过程中，粉雾与火焰接触、混合，发生一系列物理和化学作用，既具有化学灭火剂的作用，同时又具有物理抑制剂的特点。

干粉灭火剂的类型如图 5-13 所示。

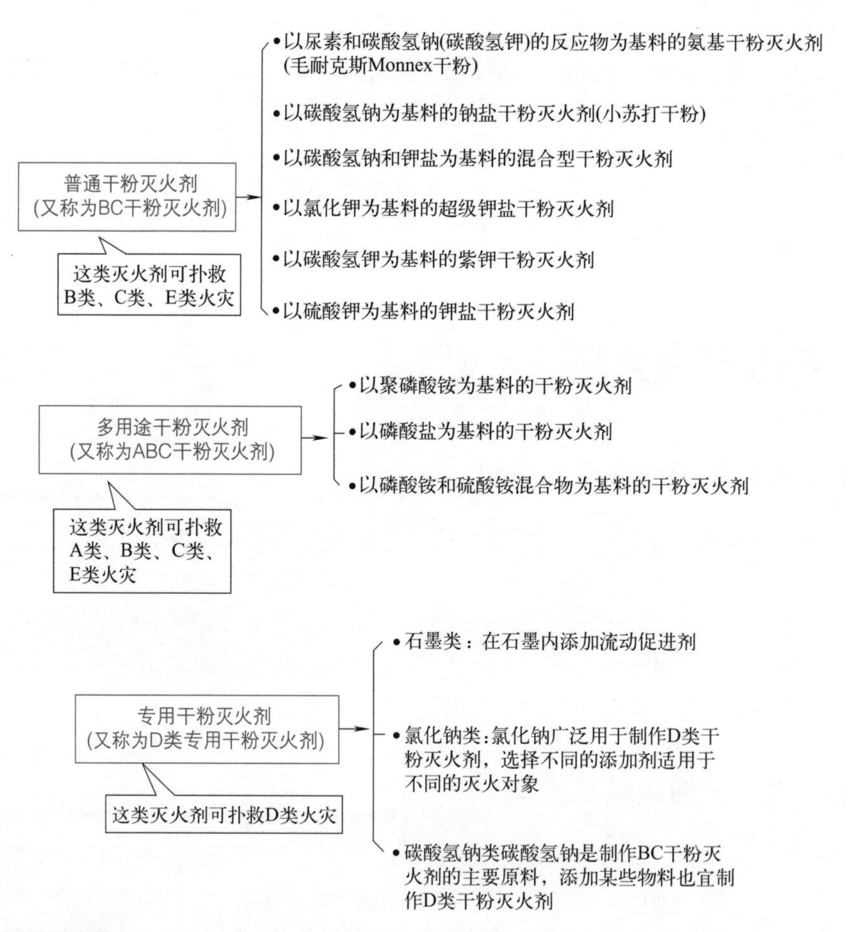

图 5-13 干粉灭火剂的类型

（1）BC 类与 ABC 类干粉不能兼容。

（2）BC 类干粉与蛋白泡沫或者化学泡沫不兼容。因为干粉对蛋白泡沫和一般合成泡沫有较大的破坏作用。

（3）一些扩散性很强的气体如氢气、乙炔气体、干粉喷射后难以稀释整个空间的气体，对于精密仪器、仪表会留下残渣，干粉灭火不适用。

5.4.3 干粉灭火系统的组成

干粉灭火系统一般由灭火设备、自动控制设备等组成。其中，灭火设备一般由干粉罐、动力气瓶、减压阀、过滤器、阀门、输粉管道、喷嘴（喷枪）等构成。自动控制设备一般包括火灾探测器、报警控制器、启动瓶等。

干粉灭火系统管道包括气体管道、干粉管道，这两种管道均要求洁净，不能锈蚀。

干粉灭火系统的构成与报警系统联动如图 5-14 所示。

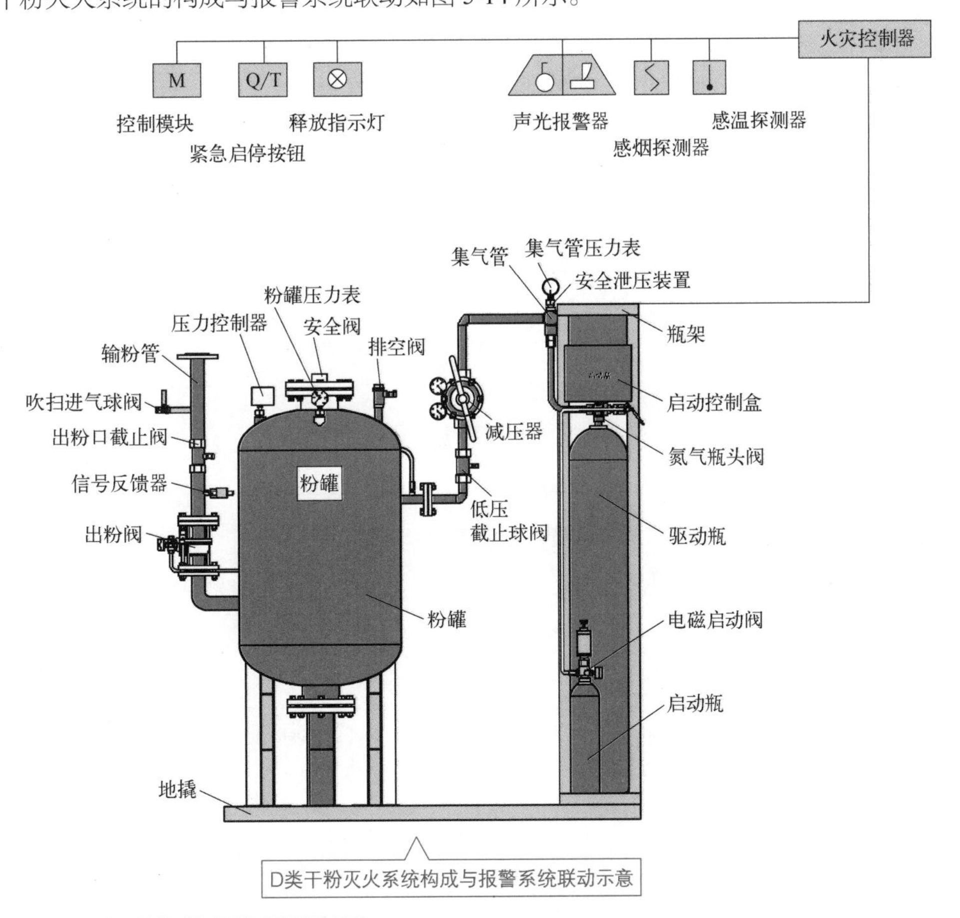

图 5-14 干粉灭火系统构成与报警系统联动示意

5.4.4 干粉灭火系统的类型

按其设备的安装方式，干粉灭火系统分为固定式、移动式两种。固定式又可以分为全淹没干粉灭火系统、局部应用干粉灭火系统。

全淹没干粉灭火系统是固定的管道、固定的喷嘴与固定的干粉储罐连接在一体的一种干粉灭火系统。其主要用于密闭的或可密闭的建筑，如地下室、硐室、船舱、变压器室、油漆仓库、油品以及汽车库等。

局部应用干粉灭火系统是由喷嘴通过固定的管道与干粉储罐连接，将干粉直接喷射到保护对象上的一种干粉灭火系统。其主要用于建筑物空间很大，不易形成整个建筑物火灾，而只有个别设备容易发生火灾，或者一些露天装置易发生火灾的场所。这些场所不可能或者没有必要设置全淹没干粉灭火系统，可以选择某个容易发生火灾的部位设置局部应用干粉灭火系统。

干粉灭火系统的类型如图 5-15 所示。

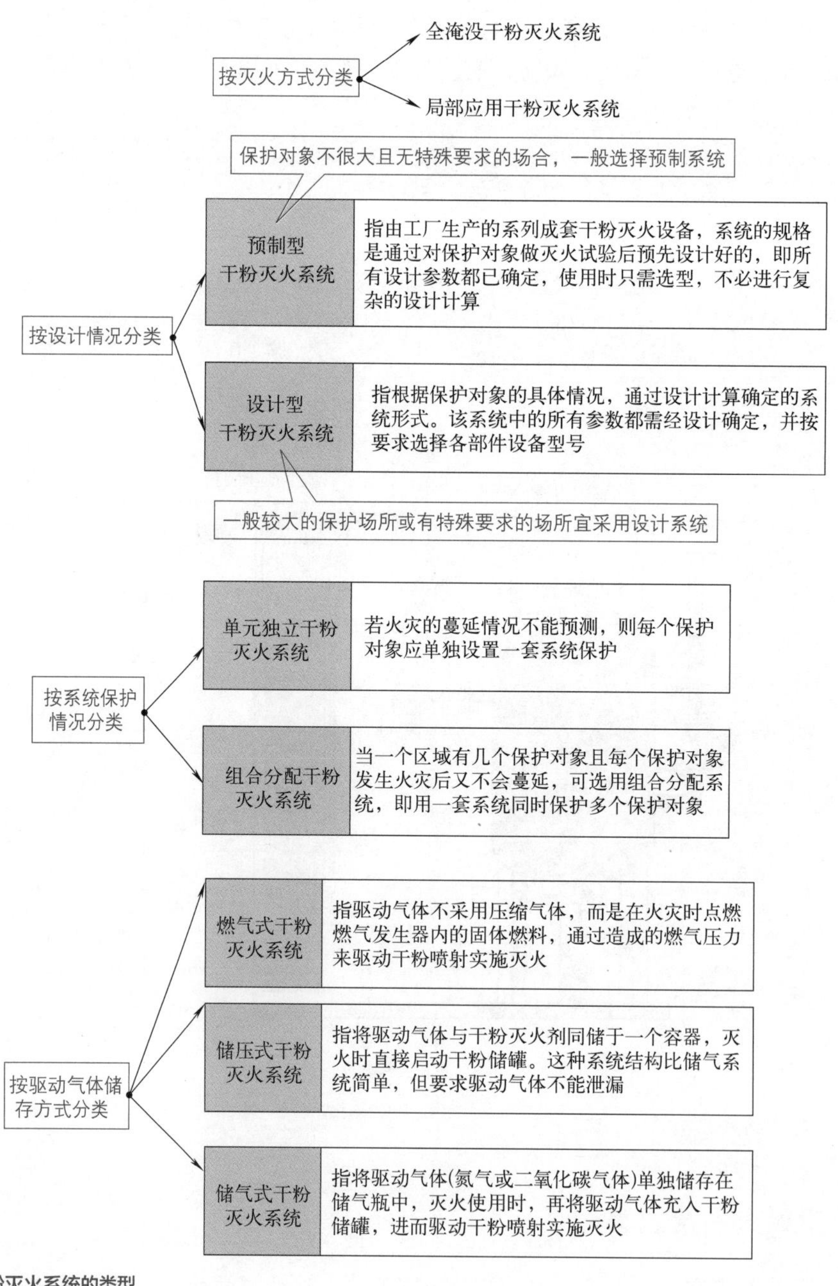

图 5-15　干粉灭火系统的类型

5.4.5 干粉灭火系统的要求

干粉灭火系统的要求如表 5-8 所示。

表 5-8 干粉灭火系统的要求

项目	要求
全淹没干粉灭火系统的防护区	全淹没干粉灭火系统防护区的要求如下： （1）在系统动作时防护区不能关闭的开口，应位于防护区内高于楼地板面的位置，其总面积应小于或等于该防护区总内表面积的 15%。 （2）防护区的门应向疏散方向开启，并且应具有自行关闭的功能
局部应用干粉灭火系统的保护对象	局部应用干粉灭火系统的保护对象的要求如下： （1）保护对象周围的空气流速应小于或等于 2m/s。 （2）在喷头与保护对象间的喷头喷射角范围内不应有遮挡物。 （3）可燃液体保护对象的液面到容器缘口的距离应大于或等于 150mm

一点通

干粉灭火系统的管道、附件、干粉储存容器、驱动气体储瓶的性能，需要满足在系统最大工作压力和相应环境条件下正常工作的要求，喷头的单孔直径应大于或等于 6mm。干粉灭火系统应具有在启动前或同时联动切断防护区或保护对象的气体、液体供应源的功能。组合分配干粉灭火系统的灭火剂储存量，应大于或等于该系统所保护的全部防护区中需要灭火剂储存量的最大值。

5.5 水喷雾、细水雾灭火系统的要求与规定

5.5.1 水喷雾灭火系统的水雾喷头的要求与规定

水喷雾灭火系统的水雾喷头的要求与规定如下：

（1）应能使水雾直接喷射与覆盖保护对象。

（2）与保护对象的距离应小于或等于水雾喷头的有效射程。

（3）用于电气火灾场所时，应为离心雾化型水雾喷头。

（4）水雾喷头的工作压力，用于灭火时，需要大于或等于 0.35MPa。

（5）水雾喷头的工作压力，用于防护冷却时，需要大于或等于 0.15MPa。

一点通

水喷雾灭火系统和细水雾灭火系统的工作压力、供给强度、持续供给时间、响应时间，需要满足系统有效灭火、控火、防护冷却或防火分隔等要求。

5.5.2 细水雾灭火系统的要求与规定

细水雾灭火系统的要求与规定如表 5-9 所示。

表 5-9 细水雾灭火系统的要求与规定

项目	解说
细水雾灭火系统的细水雾喷头	细水雾灭火系统的细水雾喷头的要求与规定如下： （1）应保证细水雾喷放均匀，并且完全覆盖保护区域。 （2）与遮挡物的距离，应能够保证遮挡物不影响喷头正常喷放细水雾。如果不能保证时，则应采取补偿措施。 （3）对于使用环境可能使喷头堵塞的场所，喷头则应采取相应的防护措施
细水雾灭火系统的持续喷雾时间	细水雾灭火系统的持续喷雾时间的要求与规定如下： （1）对于电子信息系统机房、配电室等电子电气设备间、图书库、资料库、档案库、文物库、电缆隧道、电缆夹层等场所，应大于或等于 30min。 （2）对于油浸变压器室、涡轮机房、柴油发电机房、液压站、润滑油站、燃油锅炉房等含有可燃液体的机械设备间，则应大于或等于 20min。 （3）对于厨房内烹饪设备及其排烟罩和排烟管道部位的火灾，则需要大于或等于 15s，并且冷却水持续喷放时间需要大于或等于 15min

一点通

水喷雾灭火系统、细水雾灭火系统的管道应为具有相应耐腐蚀性能的金属管道。细水雾灭火系统中过滤器的材质应为不锈钢、铜合金，或者其他耐腐蚀性能不低于不锈钢、铜合金的金属材料。滤器的网孔孔径与喷头最小喷孔孔径的比值应小于或等于 0.8。

5.6 固定消防炮、自动跟踪定位射流灭火系统的要求与规定

5.6.1 固定消防炮的要求与规定

固定消防炮的要求与规定如表 5-10 所示。

表 5-10 固定消防炮的要求与规定

项目	解说
室外固定消防炮	室外固定消防炮的要求与规定如下： （1）消防炮的射流，需要完全覆盖被保护场所、被保护物，并且其喷射强度需要满足灭火或冷却的要求。 （2）消防炮需要设置在被保护场所常年主导风向的上风侧。 （3）炮塔需要采取防雷击措施，并且设置防护栏杆、防护水幕，以及防护水幕的总流量应大于或等于 6L/s
固定水炮灭火系统	固定水炮灭火系统的水炮射程、供给强度、流量、连续供水时间等需要符合的要求与规定如下： （1）灭火用水的连续供给时间，对于室内火灾，应大于或等于 1 h。 （2）灭火用水的连续供给时间，对于室外火灾，应大于或等于 2h。 （3）灭火及冷却用水的供给强度，需要满足完全覆盖被保护区域和灭火、控火的要求。 （4）水炮灭火系统的总流量，需要大于或等于系统中需要同时开启的水炮流量之和、灭火用水计算总流量与冷却用水计算总流量之和两者的较大值

续表

项目	解说
固定泡沫炮灭火系统	固定泡沫炮灭火系统的泡沫混合液流量、泡沫液储存量等需要符合的要求与规定如下： （1）泡沫混合液的总流量，需要大于或等于系统中需要同时开启的泡沫炮流量之和、灭火面积与供给强度的乘积两者的较大值。 （2）泡沫液的储存总量，需要大于或等于其计算总量的 1.2 倍。 （3）泡沫比例混合装置，需要具有在规定流量范围内自动控制混合比的功能
固定干粉炮灭火系统	固定干粉炮灭火系统的干粉存储量、连续供给时间等需要符合的要求与规定如下： （1）干粉的连续供给时间需要大于或等于 60s。 （2）干粉的储存总量需要大于或等于其计算总量的 1.2 倍。 （3）干粉储存罐应为压力储罐，并且应满足在最高使用温度下安全使用的要求。 （4）干粉驱动装置应为高压氮气瓶组，氮气瓶的额定充装压力应大于或等于 15MPa。 （5）干粉储存罐和氮气驱动瓶应分开设置

一点通

室内固定水炮灭火系统应采用湿式给水系统，并且消防炮安装处应设置消防水泵启动按钮。固定消防炮平台和炮塔，需要具有与环境条件相适应的耐腐蚀性能或防腐蚀措施，其结构应能同时承受消防炮喷射反力和使用场所最大风力，满足消防炮正常操作使用的要求。固定水炮、泡沫炮灭火系统从启动到炮口喷射水或泡沫的时间应小于或等于 5min，固定干粉炮灭火系统从启动到炮口喷射干粉的时间应小于或等于 2min。固定消防炮灭火系统中的阀门应设置工作位置锁定装置和明显的指示标志。

5.6.2 自动跟踪定位射流灭火系统的要求与规定

自动跟踪定位射流灭火系统的要求与规定如下：

（1）自动消防炮灭火系统中单台炮的流量，对于民用建筑，不应小于 20L/s。

（2）自动消防炮灭火系统中单台炮的流量，对于工业建筑，不应小于 30L/s。

（3）持续喷水时间不应小于 1h。

（4）系统应具有自动控制、消防控制室手动控制、现场手动控制的启动方式。消防控制室手动控制、现场手动控制相对于自动控制应具有优先权。

（5）自动消防炮灭火系统、喷射型自动射流灭火系统在自动控制状态下，当探测到火源后，需要至少有 2 台灭火装置对火源扫描定位和至少 1 台且最多 2 台灭火装置自动开启射流，并且射流需要能到达火源。

（6）喷洒型自动射流灭火系统在自动控制状态下，当探测到火源后，对应火源探测装置的灭火装置应自动开启射流，并且其中应至少有一组灭火装置的射流能到达火源。

一点通

固定消防炮、自动跟踪定位射流灭火系统的类型和灭火剂，需要满足控制和扑灭保护对象火灾的要求。水炮灭火系统和泡沫炮灭火系统不应用于扑救遇水发生化学反应会引起燃烧或爆炸等物质的火灾。

第6章 消防防排烟与防火卷帘门系统

6.1 消防防排烟系统

6.1.1 烟雾的特点

火灾往往伴随着烟雾的产生。烟雾是由烟和雾结合而成的一种固液混合态气溶胶，如图 6-1 所示。烟雾对灭火工作影响如下：

（1）烟气的高温性加大了火灾蔓延的途径、速度，会使人出现心跳速度加剧、出汗脱水等不利情况。

（2）烟气的减光性、遮蔽作用，会使得能见度降低，影响消防急救。

（3）烟雾会使人员产生恐惧、惊慌等心理方面的影响。

（4）烟气具有毒害性，当人体吸入大量热烟气时，会造成呼吸困难、血压急剧下降、毛细血管遭到破坏等危害。

图 6-1 烟雾

烟羽流是指火灾时烟气卷吸周围空气形成的混合烟气流。根据火焰与烟流动情形，烟羽流可以分为轴对称型烟羽流、阳台溢出型烟羽流、窗口型烟羽流、储烟仓等，如图 6-2 所示。

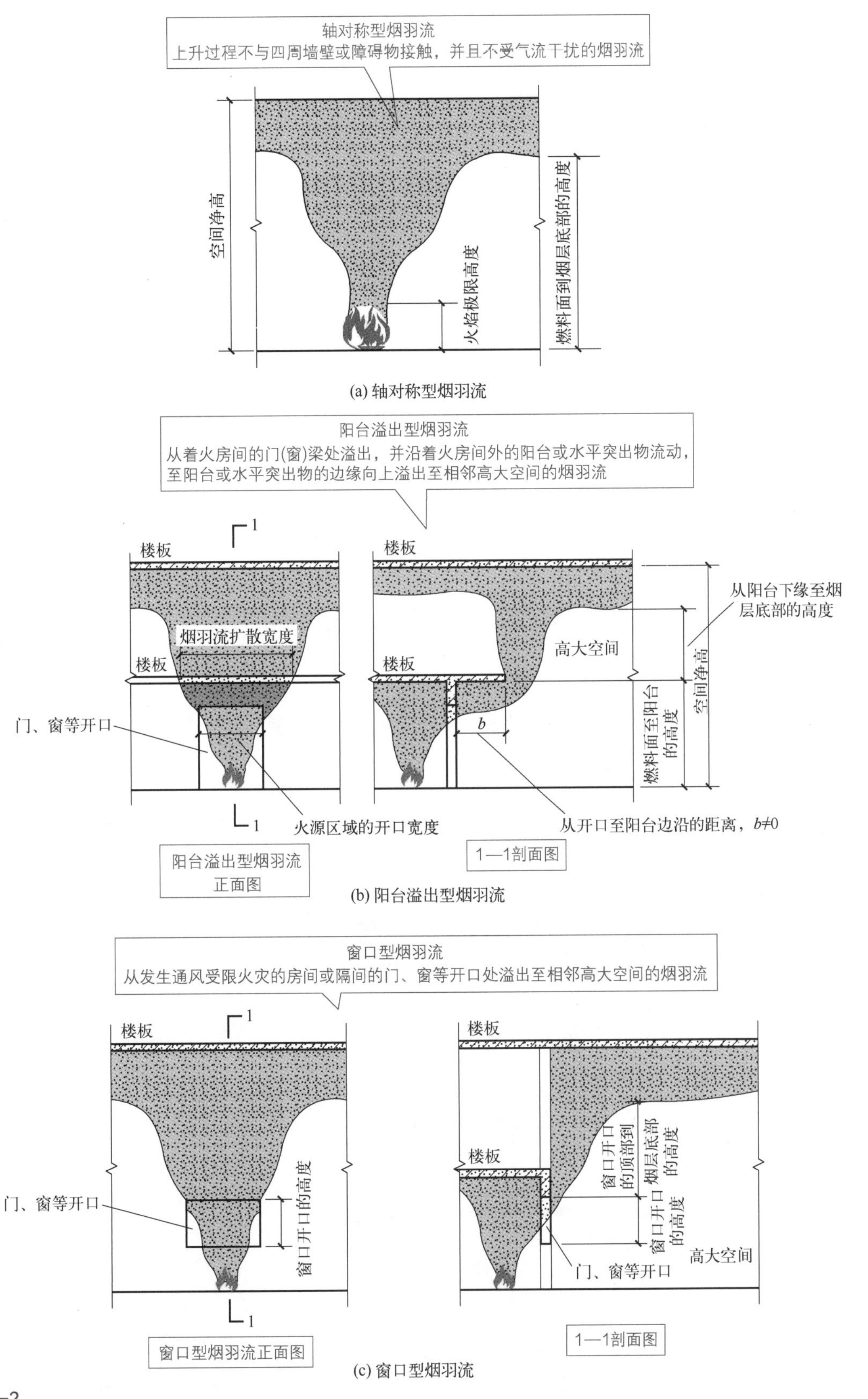

轴对称型烟羽流
上升过程不与四周墙壁或障碍物接触，并且不受气流干扰的烟羽流
空间净高
燃料面到烟层底部的高度
火焰极限高度
(a) 轴对称型烟羽流
阳台溢出型烟羽流
从着火房间的门(窗)梁处溢出，并沿着火房间外的阳台或水平突出物流动，至阳台或水平突出物的边缘向上溢出至相邻高大空间的烟羽流
楼板
烟羽流扩散宽度
楼板
门、窗等开口
火源区域的开口宽度
阳台溢出型烟羽流正面图
楼板
楼板
高大空间
b
从阳台下缘至烟层底部的高度
空间净高
燃料面至阳台的高度
从开口至阳台边沿的距离，b≠0
1—1剖面图
(b) 阳台溢出型烟羽流
窗口型烟羽流
从发生通风受限火灾的房间或隔间的门、窗等开口处溢出至相邻高大空间的烟羽流
楼板
门、窗等开口
窗口开口的高度
窗口型烟羽流正面图
楼板
楼板
窗口开口的顶部到烟层底部的高度
窗口开口的高度
高大空间
门、窗等开口
1—1剖面图
(c) 窗口型烟羽流

图 6-2

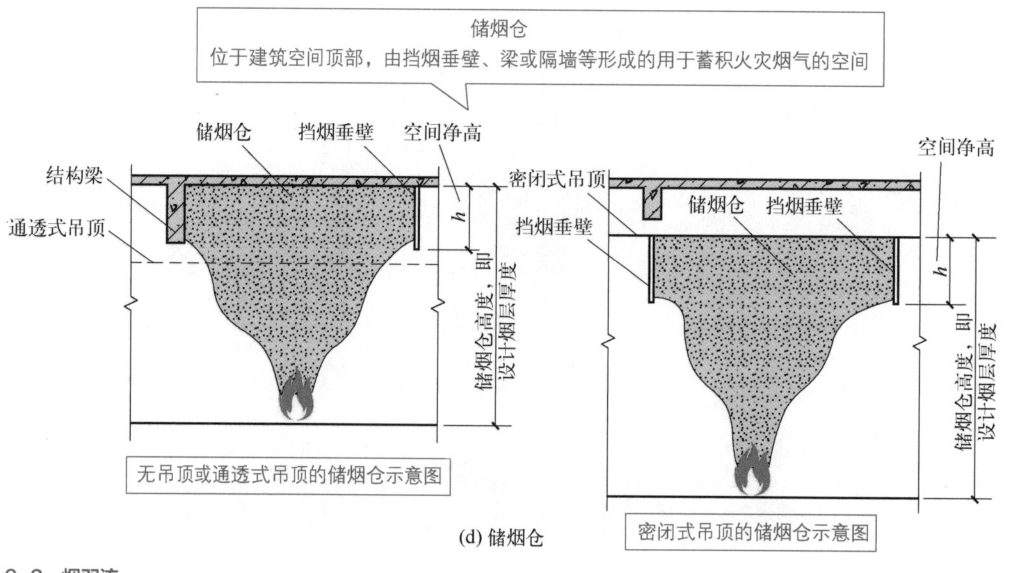

图 6-2　烟羽流

挡烟垂壁是用不燃材料制成，垂直安装在建筑顶棚、梁、吊顶下，能够在火灾时形成一定的蓄烟空间的挡烟分隔设施。烟羽流质量流量是单位时间内烟羽流通过某一高度的水平断面的质量，单位为 kg/s。

6.1.2　清晰高度的定义

清晰高度是指烟层下缘到室内地面的高度，如图 6-3 所示。

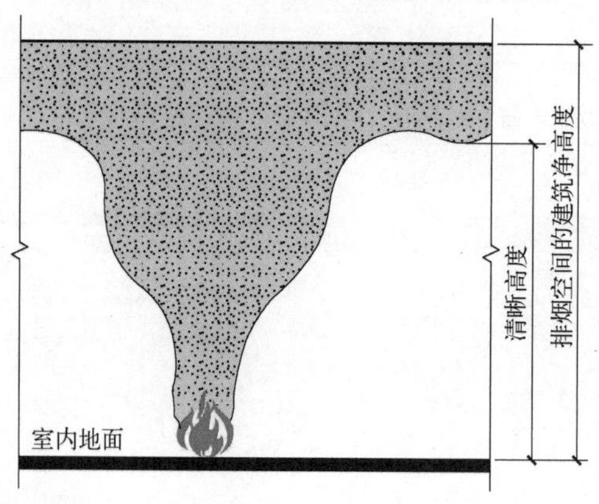

图 6-3　单个楼层空间清晰高度示意

6.1.3　防排烟系统的特点

防排烟系统是建筑物内设置的用以防止火灾烟气蔓延扩大的防烟系统与排烟系统的总称。

防烟系统是采用机械加压送风方式或自然通风方式，防止烟气进入疏散通道等区域的系统。排烟系统是采用机械排烟方式或自然排烟方式，将烟气排到建筑物外的系统。

消防防排烟的作用：

（1）及时排除有毒有害的烟气，为室内人员提供清晰高度、疏散时间。

（2）排烟排热，有利于消防人员进入火场开展对火灾事故的内攻处置。

（3）在火灾熄灭后，对残余的烟气进行排除，使环境恢复正常。

防排烟系统主要包括：正压送风阀、排烟阀、280℃防火阀、正压送风机、排烟机等。

防排烟系统的自动联动：当烟感探测器、温感探测器或者手动报警按钮报警时，自动联动打开本层与相邻层正压送风阀、排烟阀，自动启动相应正压送风机、排烟机；当 280℃防火阀动作时，自动联动停止正压送风机与排烟机。

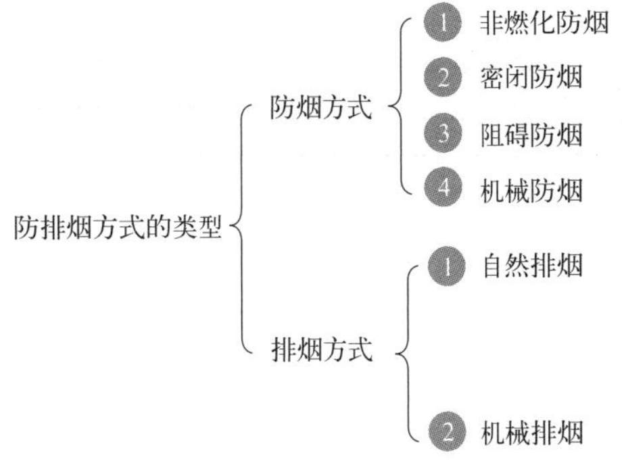

图 6-4 防排烟方式的类型

防排烟方式的类型如图 6-4 所示。其中，自然排烟方式是指利用火灾时产生的热烟气流的浮力和外部风力作用，通过建筑物的对外开口把烟气排到室外的一种排烟方式。机械排烟方式是指用机械设备强制送风或排烟的手段来排除烟气的方式。

一点通

机械加压送风管道、机械排烟管道，均需要采用不燃性材料，并且管道的内表面应光滑，管道的密闭性能应满足火灾时加压送风或排烟的要求。

6.1.4 消防排烟通风机的定义和尺寸要求

消防排烟通风机是设置于建筑物的机械排烟系统内，当建筑物发生火灾时，用以排除烟气的通风设备，起到通风换气作用。消防排烟通风机实物如图 6-5 所示。

图 6-5 消防排烟通风机

消防排烟通风机进出口法兰连接孔的位置度公差应小于或等于 1.5mm。轴流式消防排烟通风机叶轮的跳动公差应不超过表 6-1 的规定。轴流式消防排烟通风机机壳尺寸的极限偏差、形位公差应不超过表 6-2 的规定。

表 6-1 轴流式消防排烟通风机叶轮的跳动公差规定 单位：mm

项目	叶轮直径			
	≤ 630	＞630 ~ 800	＞800 ~ 1250	＞1250 ~ 2000
轮毂径向与端面圆跳动	1.0	1.5	2.0	3.0
叶轮外径径向圆跳动	1.0	1.5	2.0	3.0
叶轮外径端面圆跳动	2.0	3.0	4.0	5.0

表 6-2 轴流式消防排烟通风机机壳尺寸的极限偏差、形位公差规定 单位：mm

项目	叶轮直径			
	≤ 630	＞630 ~ 800	＞800 ~ 1250	＞1250 ~ 2000
不加工的筒内径极限偏差	+2.00 0	+3.00 0	+4.00 0	+4.50 0
两端法兰圈平行度公差	2.00	2.50	3.00	3.50
内径圆度公差	1.00	1.50	2.00	2.25

电动机空气冷却系统，就是电动机在较高环境温度下工作时，为了保护电动机而设置的强制通风系统。

一点通

防排烟系统需要满足控制建设工程内火灾烟气的蔓延、保障人员安全疏散、有利于消防救援的要求。防排烟系统，需要具有保证系统正常工作的技术措施，系统中的管道、阀门、组件的性能需要满足其在加压送风或排烟过程中正常使用的要求。

6.1.5 防排烟系统设备参考控制逻辑关系

防排烟系统设备参考控制逻辑关系如表 6-3 所示。

表 6-3 防排烟系统设备参考控制逻辑关系

<table>
<tr><th>消防设备</th><th>功能</th><th>控制方式</th><th>平时状态</th><th>安装位置</th><th>说明</th></tr>
<tr><td>排烟阀</td><td rowspan="2">排烟并启动排烟风机</td><td rowspan="2">火灾报警后，24V 电控开，送出信号，280℃熔断器控制关闭</td><td rowspan="2">常闭</td><td>排烟竖井旁，排烟风口旁</td><td rowspan="3">阀打开的同时，开启相关排烟风机及加压风机</td></tr>
<tr><td>电动排烟口</td><td>排烟风管入口</td></tr>
<tr><td>280℃防火阀</td><td>保护相关排烟风机</td><td>280℃熔断器控制关闭送出信号</td><td>常开</td><td>排烟风机入口处</td></tr>
<tr><td>排烟风机、加压送风机</td><td>排烟、加压送风</td><td>火灾报警模块自动控制开启；消防控制室硬线直接控制；280℃防火阀控制关闭</td><td>—</td><td>—</td><td>风机工作状态传至消防控制室</td></tr>
<tr><td>加压送风口</td><td>使所在空间保持正压</td><td>烟感报警后，24V 电控开，送出信号</td><td>常闭</td><td>消防电梯前室，楼梯前室</td><td>同时开启相关加压送风机</td></tr>
<tr><td>手动远控装置</td><td>手动开排烟阀、排烟口</td><td>手动控制</td><td>—</td><td>排烟阀或电动排烟口附近高 1.4m 左右</td><td>排烟阀、排烟口的控制线接至本装置</td></tr>
<tr><td>空调机、通风机</td><td>送回风</td><td>由火警模块自动控制关闭，控制风机（房）入口处防火阀关闭</td><td>—</td><td>空调机房、风机房</td><td>只要有探测器报警即可关闭</td></tr>
</table>

续表

消防设备	功能	控制方式	平时状态	安装位置	说明
70℃温控防火阀	关闭有关部位的送回风；实现防火分隔	70℃熔断器控制关闭，送出信号	常开	空调、通风风口中	同时关闭相关空调、送风机
电控防火阀		火灾报警后，24V 电控关闭或 70℃温控关闭，送出信号	常开	空调、通风风口中	同时关闭相关空调、送风机

一点通

加压送风机和排烟风机的公称风量，在计算风压条件下不应小于计算所需风量的 1.2 倍。下列建筑的防烟楼梯间及其前室、消防电梯的前室和合用前室需要设置机械加压送风系统：建筑高度大于 100m 的住宅；建筑高度大于 50m 的公共建筑；建筑高度大于 50m 的工业建筑。

6.1.6 常见防火阀、排烟阀控制关系

常见防火阀、排烟阀控制关系如表 6-4 所示。

表 6-4 常见防火阀、排烟阀控制关系

名称	图例	平时状态	控制方式	安装位置	联动控制关系
防火阀	70℃ 或 70℃	常开	70℃熔断器控制关闭，送出信号	空调通风风管中	同时关闭相关空调，通风机
	E 70℃ 或 E70℃	常开	烟感报警后，24V 电控关或 70℃温控关，送出信号	空调通风风管中	同时关闭相关空调，通风机
	280℃ 或 280℃	常开	280℃熔断器控制关闭，送出信号	排烟风机房	阀门关闭后，控制关闭相关排烟风机
防烟防火阀	280℃ 或 280℃	常闭	烟感报警后，24V 电控开，送出信号 280℃熔断器再控阀关闭	排烟竖井旁 排烟风口旁	阀打开的同时，开启相关排烟风机
排烟口	SE	常闭	烟感报警后，24V 电控开，送出信号	排烟风管中或风口旁	阀打开的同时，开启相关排烟风机
增压送风口		常闭	烟感报警后，24V 电控开，送出信号	消防电梯前室 楼梯前室 正压送风口	同时开启相关前室正压送风机

6.1.7 避难层的防烟

采用自然通风方式防烟的避难层中的避难区，应具有不同朝向的可开启外窗或开口，其可开启有效面积需要大于或等于避难区地面面积的 2%，并且每个朝向的面积均应大于或等于 $2m^2$。

避难间需要至少有一侧外墙具有可开启外窗，其可开启有效面积应大于或等于该避难间地面面积的 2%，并且应大于或等于 $2m^2$。

避难层的防烟图例如图 6-6 所示。

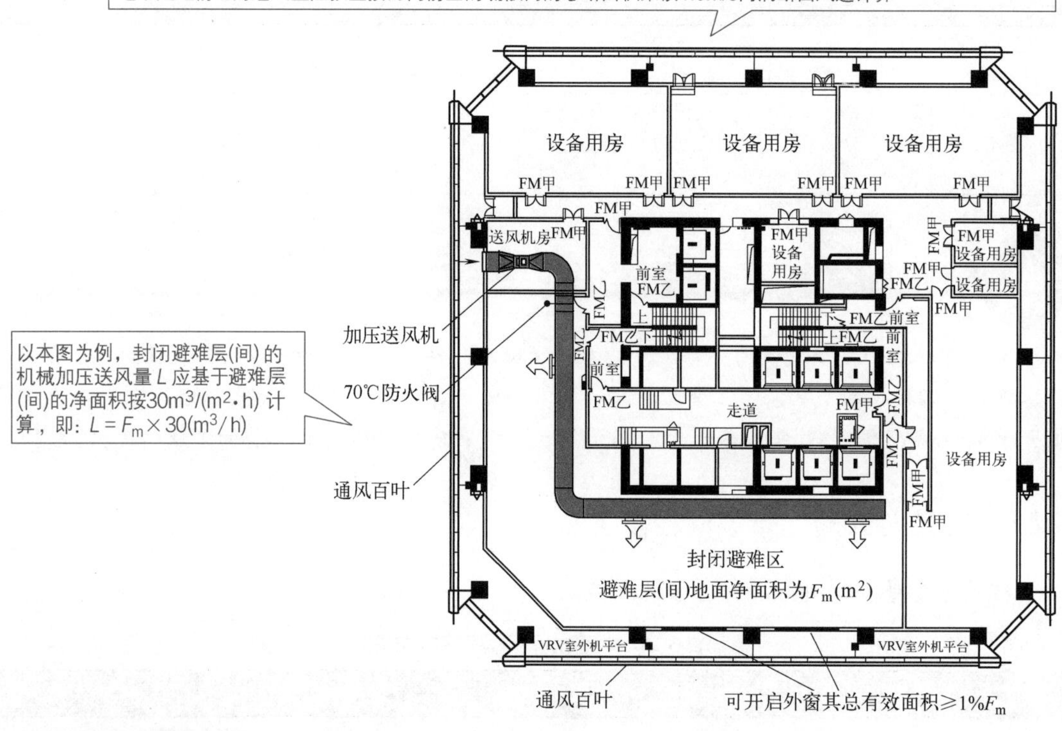

图 6-6 避难层的防烟图例

一点通

采用自然通风方式防烟的防烟楼梯间前室、消防电梯前室应具有面积大于或等于 2m² 的可开启外窗或开口，共用前室和合用前室应具有面积大于或等于 3m² 的可开启外窗或开口。

6.1.8 排烟系统的分类和要求

排烟系统是指采用机械排烟或自然排烟的方式，将房间、走道等空间的烟气排到建筑物外的系统。

排烟系统可以分为机械排烟系统、自然排烟系统。同一个防烟分区，应采用同一种排烟系统。设置机械排烟系统的场所，需要结合该场所的空间特性和功能分区划分防烟分区。防烟分区及其分隔需要满足有效蓄积烟气和阻止烟气向相邻防烟分区蔓延的要求。

排烟系统设置部位：超过一定长度的走道；超过一定面积的房间等。

兼作排烟的通风或空气调节系统，其性能需要满足机械排烟系统的要求。

机械排烟系统需要符合的要求与规定如下：

（1）沿水平方向布置时，需要根据不同防火分区独立设置。

（2）建筑高度大于 50m 的公共建筑和工业建筑、建筑高度大于 100m 的住宅建筑，其机械排烟系统需要竖向分段独立设置，并且公共建筑和工业建筑中每段的系统服务高度应小于或等于 50m，住宅建筑中每段的系统服务高度应小于或等于 100m，如图 6-7 所示。

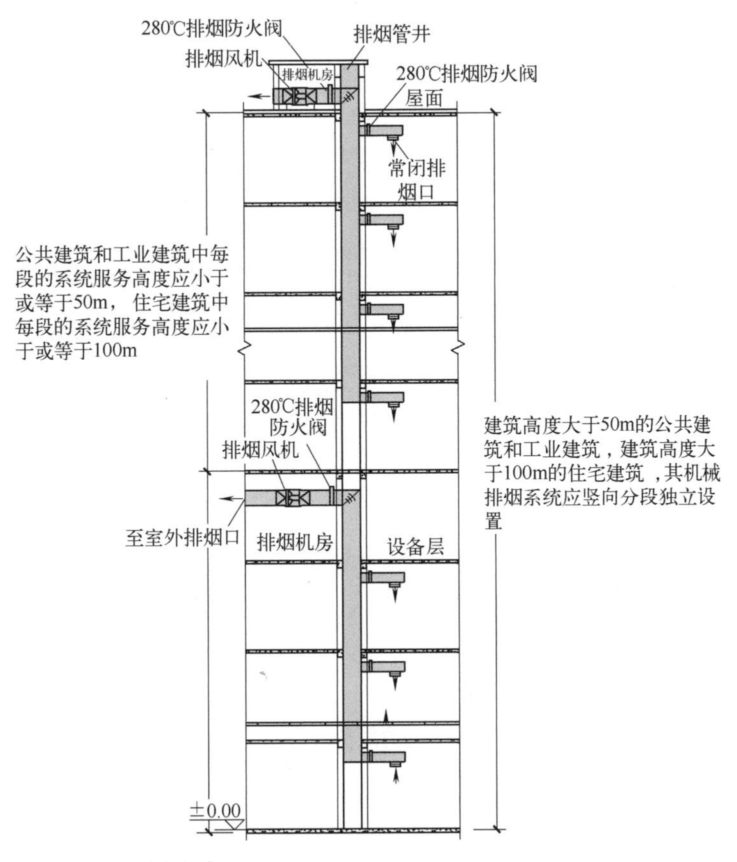

图 6-7 机械排烟系统需要符合的要求与规定

机械排烟设施如图 6-8 所示。

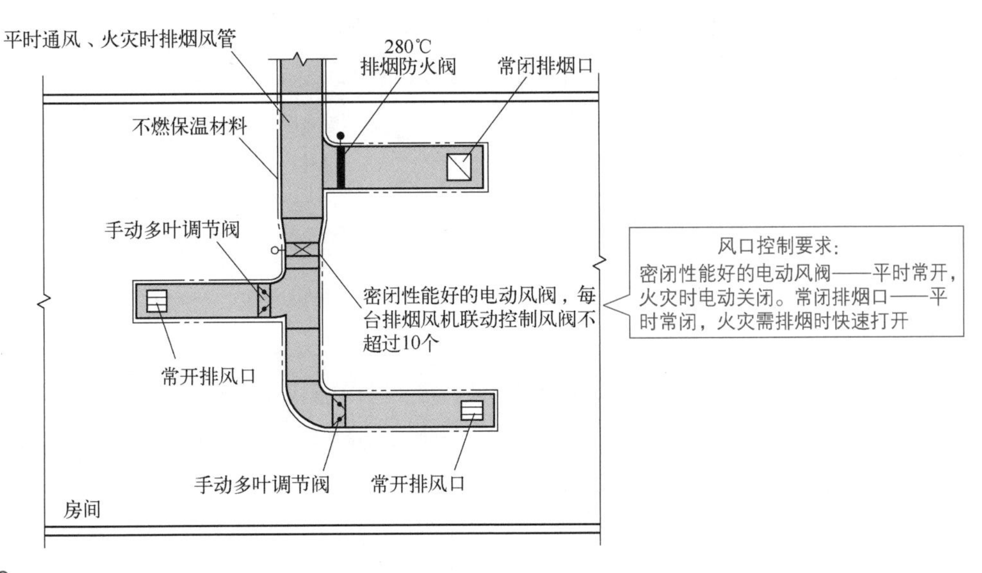

图 6-8

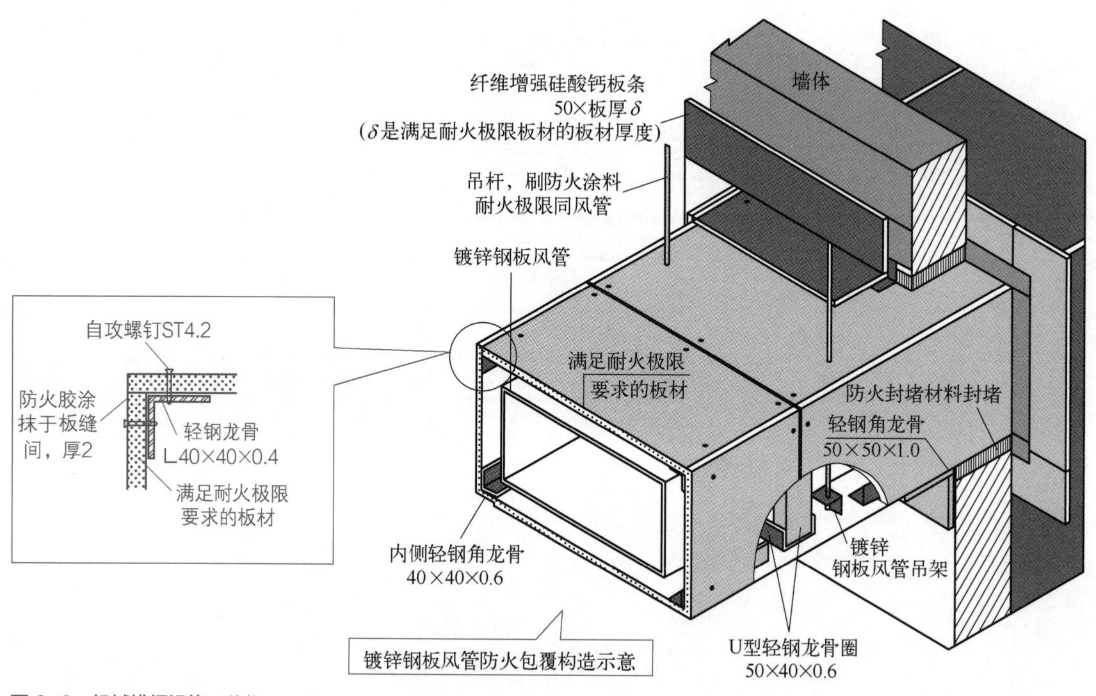

图 6-8 机械排烟设施（单位：mm）

一点通

加压送风机、排烟风机、补风机应具有现场手动启动、与火灾自动报警系统联动启动和在消防控制室手动启动的功能。当系统中任一常闭加压送风口开启时，相应的加压风机均应能联动启动；当任一排烟阀或排烟口开启时，相应的排烟风机、补风机均应能联动启动。

6.1.9 排烟系统排烟防火阀的设置

排烟防火阀需要具有在 280℃时自行关闭和联锁关闭相应排烟风机、补风机的功能。

需要设置排烟防火阀的部位如下：

（1）垂直主排烟管道与每层水平排烟管道连接位置的水平管段上应设置防火阀。

（2）一个排烟系统负担多个防烟分区的排烟支管上应设置防火阀。

（3）排烟风机入口处应设置防火阀。

（4）排烟管道穿越防火分区处应设置防火阀。

排烟系统排烟防火阀检修口的设置如图 6-9 所示。

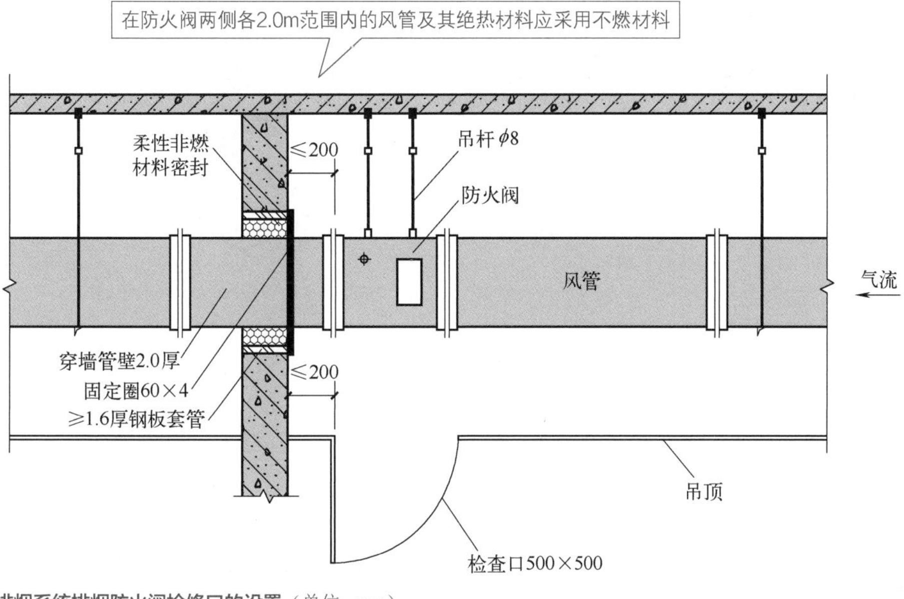

图 6-9　排烟系统排烟防火阀检修口的设置（单位：mm）

一点通

除了地上建筑的走道或地上建筑面积小于 500m² 的房间外，设置排烟系统的场所应能够直接从室外引入空气补风，并且补风量与补风口的风速需要满足排烟系统有效排烟的要求。

6.1.10　防火门与防火窗的安装要求

防火门是指在一定时间内，连同框架能够满足耐火完整性、隔热性等要求的门。防火窗是指在一定时间内，连同框架能够满足耐火完整性、隔热性等要求的窗。防火窗可以分为固定式防火窗、活动式防火窗。固定式防火窗是无可开启窗扇的防火窗。活动式防火窗是有可开启窗扇，并且装配有窗扇启闭控制装置的防火窗。

消防排烟天窗如图 6-10 所示。

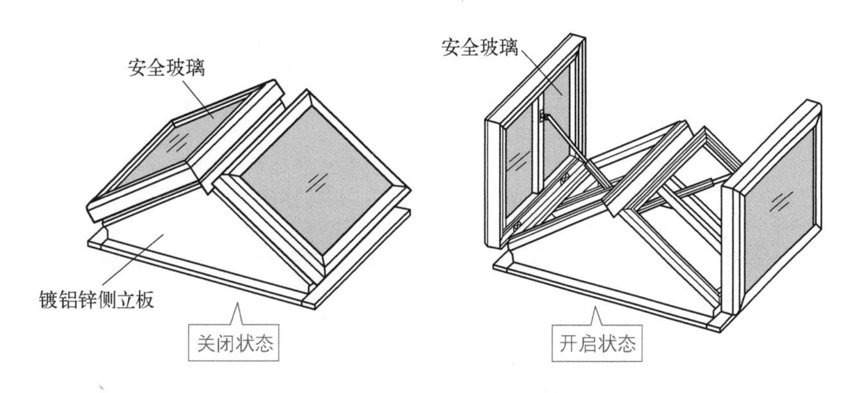

(a) 重型消防排烟天窗 (三角形)

图 6-10

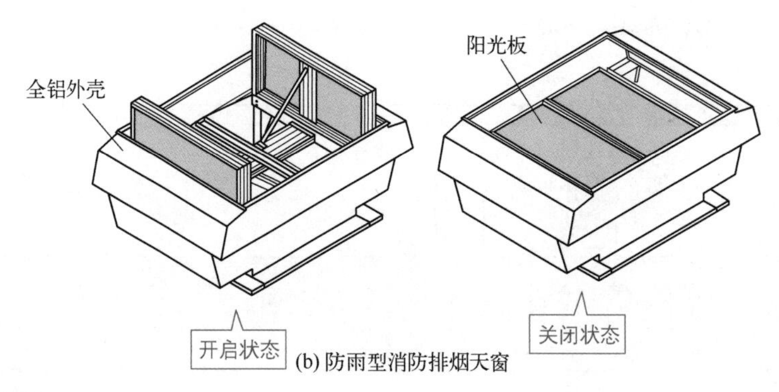

(b) 防雨型消防排烟天窗

图 6-10 消防排烟天窗

防火门与防火窗的安装要求如表 6-5 所示。

表 6-5 防火门与防火窗的安装要求

项目	解说
防火门	防火门的安装要求如下： （1）常开防火门需要安装火灾时能自动关闭门扇的控制装置、信号反馈装置、现场手动控制装置，并且符合产品说明书等有关要求。 （2）除了特殊情况外，防火门需要向疏散方向开启，防火门在关闭后应能从任何一侧手动开启。 （3）双扇、多扇防火门需要安装顺序器。 （4）常闭防火门需要安装闭门器。 （5）钢质防火门门框内需要充填水泥砂浆。门框与墙体应用预埋钢件或膨胀螺栓等连接牢固，其固定点间距不宜大于 600mm。 （6）防火门门扇与门框的搭接尺寸不应小于 12mm。 （7）除了特殊情况外，防火门门扇的开启力不应大于 80N。 （8）防火门电动控制装置的安装需要符合设计、产品说明书等有关要求。 （9）防火插销需要安装在双扇门或多扇门相对固定一侧的门扇上。 （10）防火门门框与门扇、门扇与门扇的缝隙位置嵌装的防火密封件需要牢固、完好。 （11）设置在变形缝附近的防火门，需要安装在楼层数较多的一侧，并且门扇开启后不应跨越变形缝。 （12）防火门安装完成后，其门扇需要启闭灵活，无反弹、翘角、卡阻、关闭不严等现象。 （13）门扇与门框有合页一侧的配合活动间隙不应大于设计图纸规定的尺寸公差。 （14）双扇、多扇门的门扇之间缝隙不应大于 3mm。 （15）门扇与下框或地面的活动间隙不应大于 9mm。 （16）门扇与门框贴合面间隙，门扇与门框有合页一侧、有锁一侧及上框的贴合面间隙，均不应大于 3mm。 （17）门扇与门框有锁一侧的配合活动间隙不应大于设计图纸规定的尺寸公差。 （18）门扇与上框的配合活动间隙不应大于 3mm
防火窗	防火窗的安装要求如下： （1）有密封要求的防火窗，其窗框密封槽内镶嵌的防火密封件需要牢固、完好。 （2）钢质防火窗窗框内需要充填水泥砂浆。窗框与墙体应用预埋钢件或膨胀螺栓等连接牢固，其固定点间距不宜大于 600mm。 （3）活动式防火窗需要装配火灾时能控制窗扇自动关闭的温控释放装置。温控释放装置的安装选用符合设计、产品说明书等有关要求

6.1.11 防火门与防火窗的调试要求

防火门与防火窗的调试要求如表 6-6 所示。

表 6-6　防火门与防火窗的调试要求

项目	解说
防火门的调试	防火门的调试要求与规定如下： （1）常开防火门，接到消防控制室手动发出的关闭指令后，应自动关闭，并且应将关闭信号反馈到消防控制室。 （2）常开防火门，其任意一侧的火灾探测器报警后，应自动关闭，并且需要将关闭信号反馈到消防控制室。 （3）常开防火门，接到现场手动发出的关闭指令后，应自动关闭，并且应将关闭信号反馈到消防控制室。 （4）常闭防火门，从门的任意一侧手动开启，应自动关闭。装有信号反馈装置时，开、关状态信号需要反馈到消防控制室
防火窗的调试	防火窗的调试要求与规定如下： （1）活动式防火窗，其任意一侧的火灾探测器报警后，应自动关闭，并且需要将关闭信号反馈到消防控制室。 （2）活动式防火窗，接到消防控制室发出的关闭指令后，应自动关闭，并且需要将关闭信号反馈到消防控制室。 （3）活动式防火窗，现场手动启动防火窗窗扇启闭控制装置时，活动窗扇需要灵活开启，并且需要完全关闭，同时应无启闭卡阻现象。 （4）安装在活动式防火窗上的温控释放装置动作后，活动式防火窗应在 60s 内自动关闭

6.2　防火卷帘门系统

6.2.1　防火卷帘门系统的特点、分类与组成

防火卷帘是指在一定时间内，连同框架能满足耐火完整性、隔热性等要求的卷帘。

防火卷帘有钢质防火卷帘、无机纤维复合防火卷帘等种类。防火卷帘门系统分为通道型、分区型等。

防火卷帘门系统的自动联动：对于通道型防火卷帘门系统，烟感探测器报警时，联动卷帘门降到中位，温感探测器报警时卷帘门降到底位；对于分区型防火卷帘门系统，当本层内烟感探测器报警时，卷帘门降到底位。

防火卷帘门的分类如图 6-11 所示。

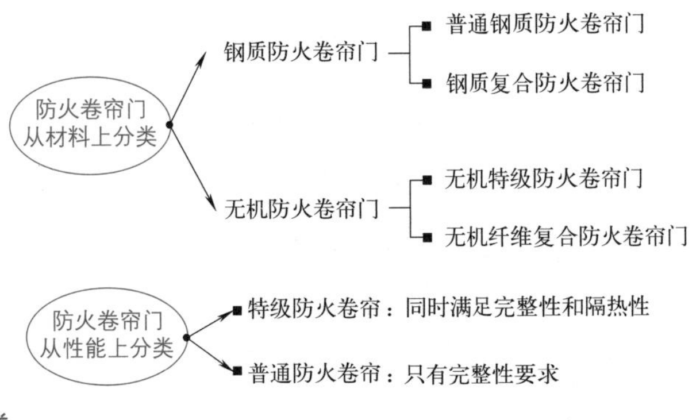

图 6-11　防火卷帘门的分类

无机特级防火卷帘门的组成与结构如图 6-12 所示。

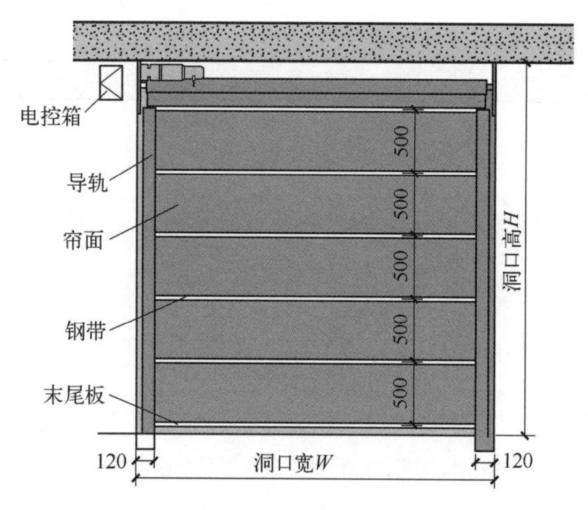

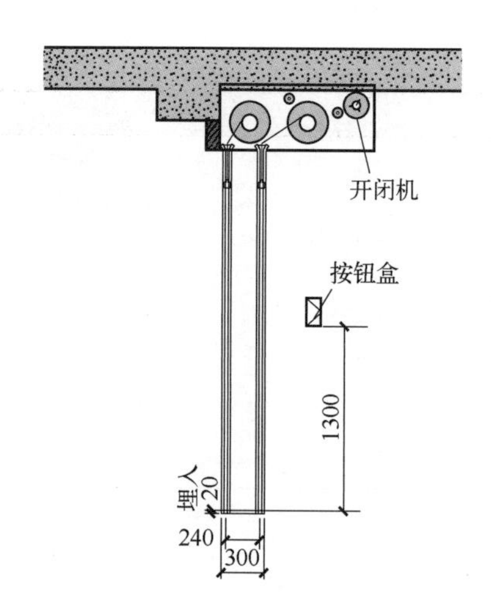

图 6-12 无机特级防火卷帘门的组成与结构（单位：mm）

6.2.2 帘面截面与防火卷帘耐火隔热原理

帘面截面如图 6-13 所示。

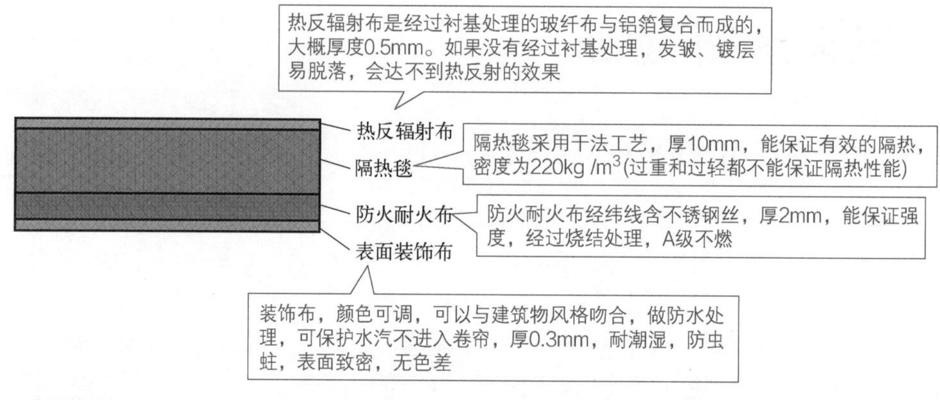

热反辐射布是经过衬基处理的玻纤布与铝箔复合而成的，大概厚度0.5mm。如果没有经过衬基处理，发皱、镀层易脱落，会达不到热反射的效果
热反辐射布
隔热毯
隔热毯采用干法工艺，厚10mm，能保证有效的隔热，密度为220kg /m3(过重和过轻都不能保证隔热性能)
防火耐火布
防火耐火布经纬线含不锈钢丝，厚2mm，能保证强度，经过烧结处理，A级不燃
表面装饰布
装饰布，颜色可调，可以与建筑物风格吻合，做防水处理，可保护水汽不进入卷帘，厚0.3mm，耐潮湿，防虫蛀，表面致密，无色差

图 6-13 帘面截面

特级防火卷帘耐火隔热原理如图 6-14 所示。

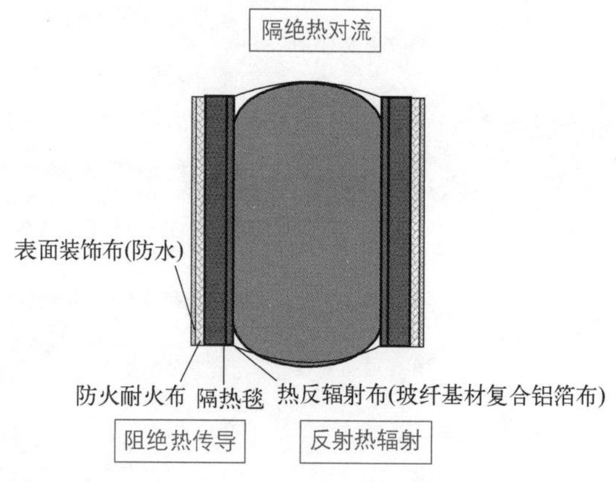

图 6-14 特级防火卷帘耐火隔热原理示意

6.2.3 防火卷帘帘板（面）的安装要求

防火卷帘帘板（面）的安装要求如下：

（1）钢质防火卷帘的帘板装配完毕后，需要满足平直、不应有孔洞、不应有缝隙等要求。

（2）钢质防火卷帘帘板两端挡板或防窜机构，需要装配牢固。卷帘运行时，相邻帘板窜动量一般不应大于 2mm。

（3）钢质防火卷帘相邻帘板串接后，需要满足转动灵活、摆动 90° 不脱落等要求。

（4）无机纤维复合防火卷帘帘面，需要通过固定件与卷轴相连。

（5）无机纤维复合防火卷帘帘面两端，需要安装防风钩。

防火卷帘帘板（面）的安装如图 6-15 所示。

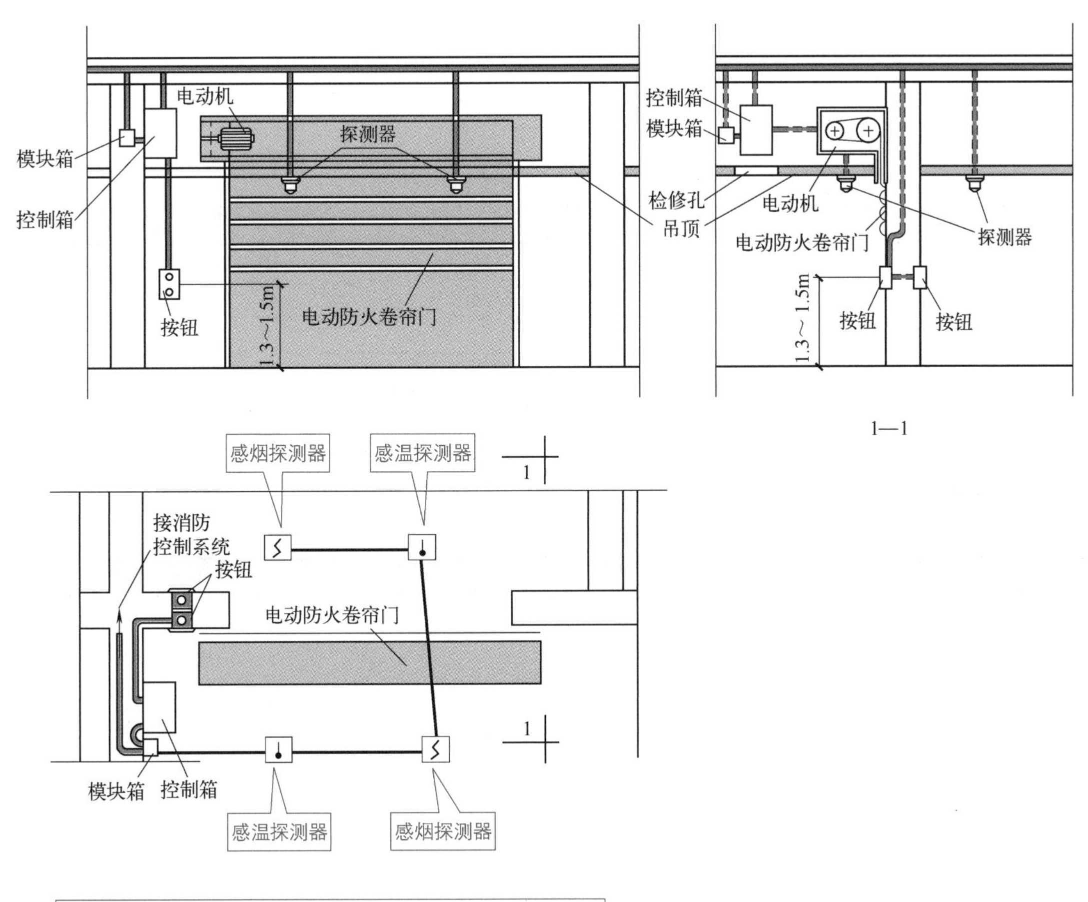

设置在疏散通道上的防火卷帘门，自动控制下降的程序为：
(1)感烟探测器动作后，卷帘下降至距地(楼)面1.8m；
(2)感温探测器动作后，卷帘下降到底

图 6-15　防火卷帘帘板（面）的安装图解

6.2.4 导轨安装要求

导轨安装要求如下：

（1）单帘面卷帘的两根导轨要互相平行。

（2）双帘面卷帘不同帘面的导轨要互相平行，并且其平行度误差一般均不应大于 5mm。

（3）导轨顶部要成弧形，并且其长度需要保证卷帘的正常运行。

（4）导轨的滑动面要平直光滑。帘片或帘面、滚轮在导轨内运行时，要顺畅平稳，不得有冲击碰撞等异常现象。

（5）卷帘的导轨安装后相对于基础面的垂直度误差一般不应大于 1.5mm/m，全长一般不应大于 20mm。

（6）防火卷帘的导轨要安装在建筑结构上，并且采用预埋螺栓、焊接或膨胀螺栓等通过正确方式连接。导轨安装要牢固可靠，并且固定点间距为 600 ～ 1000mm。

（7）卷帘的防烟装置与帘面贴合要均匀紧密，并且其贴合面长度一般不应小于导轨长度的 80% 。

（8）防火卷帘帘板或帘面嵌入导轨的深度需要符合的规定如表 6-7 所示。如果导轨间距大于该表的规定时，则导轨间距每增加 1000mm，每端嵌入深度应增加 10mm，并且卷帘安装后不得变形。

表 6-7　帘板或帘面嵌入导轨的深度要求　　单位：mm

导轨间距 B	每端最小嵌入深度
$B < 3000$	>45
$3000 \leqslant B < 5000$	>50
$5000 \leqslant B < 9000$	>60

6.2.5 其他装置、部件的安装要求

其他装置、部件的安装要求如表 6-8 所示。

表 6-8　其他装置、部件的安装要求

项目	解说
座板	座板的安装要求如下： （1）座板与地面要平行，接触要均匀。 （2）座板与帘板或帘面间的连接要牢固。 （3）无机复合防火卷帘的座板要保证帘面下降顺畅，并且应保证帘面具有适当的悬垂度
门楣	门楣的安装要求如下： （1）门楣安装要牢固，并且固定点间距为 600 ～ 1000mm。 （2）门楣内的防烟装置与卷帘帘板或帘面表面要贴合均匀紧密，并且其贴合面长度不应小于门楣长度的 80%，非贴合部位的缝隙不应大于 2mm
传动装置	传动装置的安装要求如下： （1）卷轴与支架板要牢固地安装在混凝土结构或预埋钢件上。 （2）卷轴在正常使用时的挠度一般应小于卷轴的 1/400
卷门机	卷门机的安装要求如下： （1）卷门机要根据产品说明书、设计等要求安装，并且要可靠牢固。 （2）卷门机应设有手动拉链、手动速放装置，并且其安装位置要便于操作，以及应有明显标志。 （3）卷门机的手动拉链和手动速放装置不应加锁，并且应采用不燃或难燃材料制作
防护罩（箱体）	防护罩（箱体）的安装要求如下： （1）防护罩尺寸的大小需要与防火卷帘洞口宽度、卷帘卷起后的尺寸相适应，并且保证卷帘卷满后与防护罩仍保持一定的距离，不应出现相互碰撞等异常现象。 （2）防护罩靠近卷门机位置，应留有检修口。 （3）防护罩的耐火性能应与防火卷帘相同

续表

项目	解说
防火卷帘控制器	防火卷帘控制器的安装要求如下： （1）防火卷帘的控制器、手动按钮盒，需要分别安装在防火卷帘内外两侧的墙壁上。当卷帘一侧为无人场所时，可安装在一侧墙壁上，并且符合设计等有关要求。 （2）防火卷帘的控制器、手动按钮盒要安装在便于识别的位置，并且应标出上升、下降、停止等功能。 （3）防火卷帘控制器、手动按钮盒的安装要可靠牢固，并且其底边距地面高度宜为 1.3 ～ 1.5m。 （4）防火卷帘控制器的金属件要有接地点，并且接地点需要有明显的接地标志，以及连接地线的螺钉不应作其他紧固用

6.2.6 防火卷帘控制器、防火卷帘用卷门机的调试要求

防火卷帘控制器、防火卷帘用卷门机的调试要求如表 6-9 所示。

表 6-9 防火卷帘控制器、防火卷帘用卷门机的调试要求

项目	解说
防火卷帘控制器	防火卷帘控制器应进行通电功能、备用电源、故障报警功能、自动控制功能、手动控制功能、火灾报警功能、自重下降功能等有关调试，并且需要符合如下要求与规定： （1）通电功能调试——将防火卷帘控制器分别与消防控制室的火灾报警控制器或消防联动控制设备、相关的火灾探测器、卷门机等连接，并且通电，则防火卷帘控制器需要处于正常工作状态。 （2）备用电源调试——设有备用电源的防火卷帘，其控制器应有主、备电源转换功能。主、备电源的工作状态要有指示。主、备电源的转换不应使防火卷帘控制器发生误动作。备用电源的电池容量需要保证防火卷帘控制器在备用电源供电条件下能够正常可靠工作 1h，并且应提供控制器控制卷门机速放控制装置完成卷帘自重垂降、控制卷帘降到下限位所需的电源。 （3）火灾报警功能调试——防火卷帘控制器需要直接或间接地接收来自火灾探测器组发出的火灾报警信号，并且能够发出声、光报警信号。 （4）故障报警功能调试——防火卷帘控制器的电源缺相或相序有误，以及防火卷帘控制器与火灾探测器间的连接线断线或发生故障，则防火卷帘控制器均能够发出故障报警信号。 （5）手动控制功能调试——手动操作防火卷帘控制器上的按钮、手动按钮盒上的按钮，可以控制防火卷帘的上升、下降、停止。 （6）自重下降功能调试——将卷门机电源设置于故障状态，则防火卷帘应在防火卷帘控制器的控制下，依靠自重下降到全闭。 （7）自动控制功能调试——防火卷帘控制器接收到火灾报警信号后，能够输出控制防火卷帘完成相应动作的信号，并且符合如下要求： ①控制分隔防火分区的防火卷帘由上限位自动关闭到全闭。 ②防火卷帘控制器接到感烟火灾探测器的报警信号后，控制防火卷帘能够自动关闭到中位（1.8m）处停止，接到感温火灾探测器的报警信号后，能够继续关闭到全闭。 ③防火卷帘半降、全降的动作状态信号能够反馈到消防控制室
防火卷帘用卷门机	防火卷帘用卷门机的调试要求如下： （1）卷门机手动操作装置（手动拉链）需要可靠灵活，安装位置需要便于操作。 （2）使用手动操作装置（手动拉链）操作防火卷帘启、闭运行时，不应出现撞击滑行等异常现象。 （3）卷门机需要具有电动启闭、依靠防火卷帘自重恒速下降（手动速放）等功能。 （4）启动防火卷帘自重下降（手动速放）所需臂力不应大于 70N。 （5）卷门机需要设有自动限位装置，当防火卷帘启、闭到上、下限位时能够自动停止，其重复定位误差一般应小于 20mm

第7章

消防广播电话、电气控制与火灾自动报警系统

7.1 消防广播电话系统

7.1.1 消防广播系统的特点、类型与接线

消防广播系统，又叫作应急广播系统，主要用于火灾逃生疏散与灭火的指挥，也就是发生火灾时，应急广播信号通过音源设备发出，经过功率放大后，由广播切换模块切换到广播指定区域的音箱实现应急广播。

消防广播系统的自动联动是指当烟感探测器、温感探测器、手动报警按钮报警时，自动启动本层与相邻层（区）广播控制模块。

消防广播系统主要包括音源设备、音箱、卡座、模块、功放、话筒、火灾报警控制器（联动型）、输出模块等。

消防火灾应急广播系统的类型与接线如图 7-1 所示。

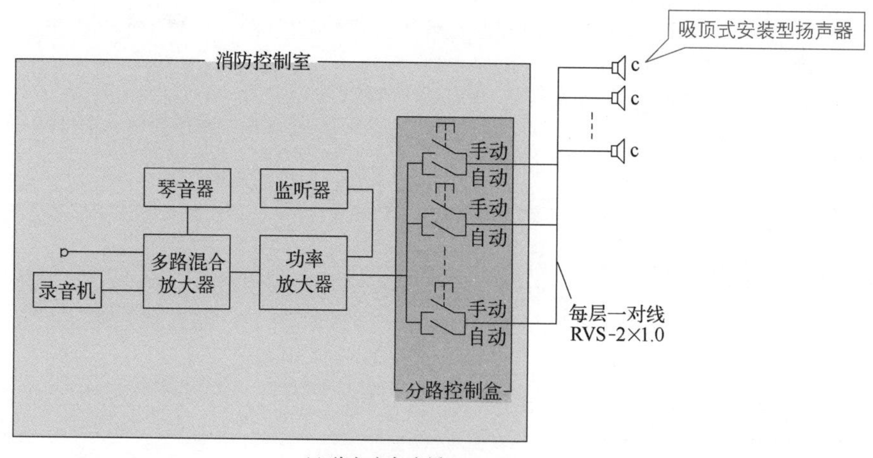

(a) 独立应急广播

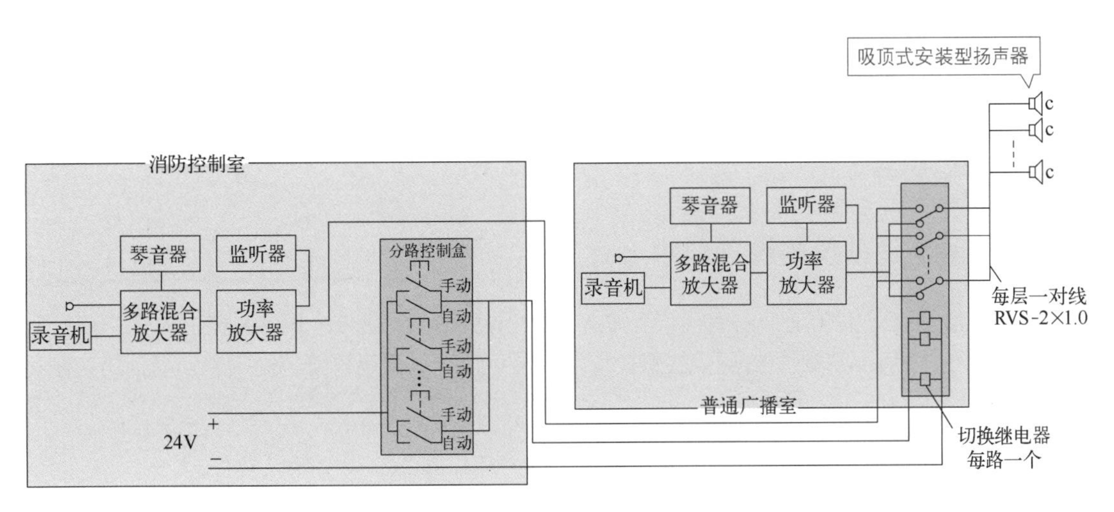

(b) 集中控制切换方式

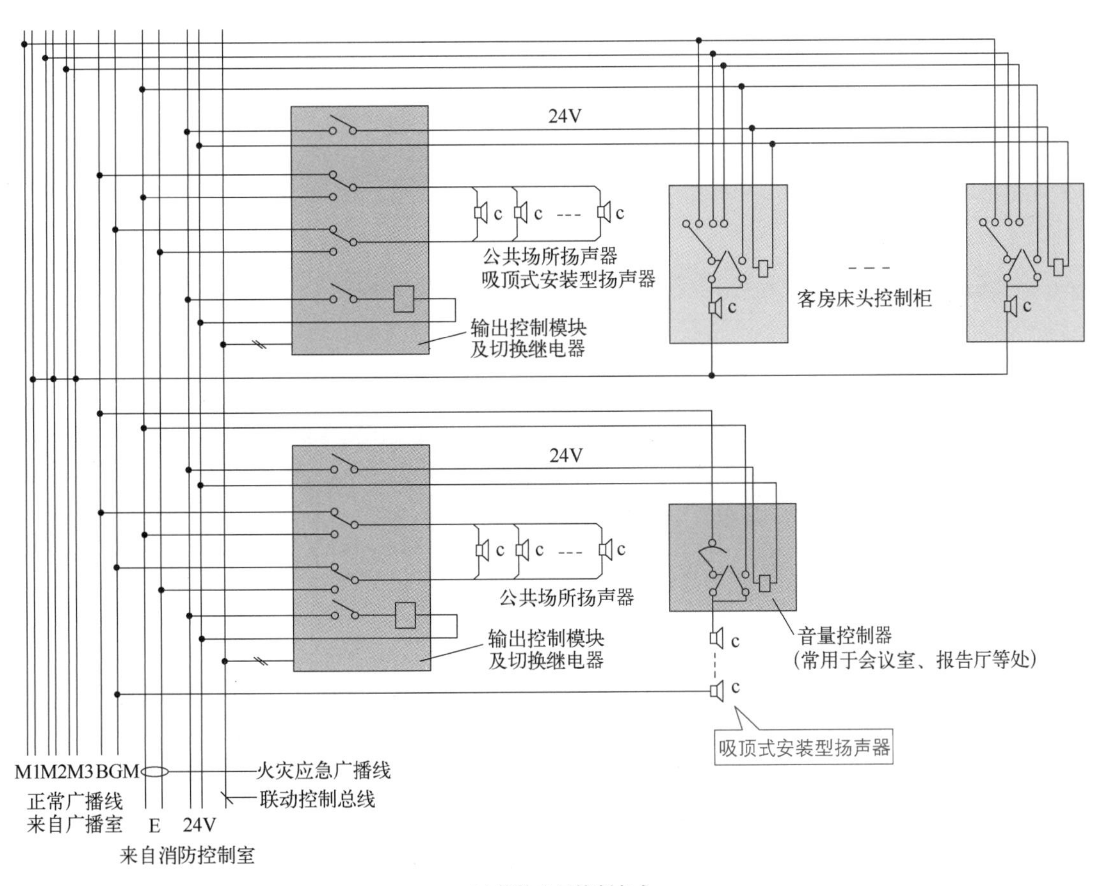

(c) 模块分层控制方式

图 7-1 消防火灾应急广播系统的类型与接线

火灾自动报警系统总线上，需要设置总线短路隔离器，并且每只总线短路隔离器保护的火灾探测器、手动火灾报警按钮、模块等设备的总数不应大于32点。总线在穿越防火分区位置，需要设置总线短路隔离器。

7.1.2 消防电话系统的设置要求

消防电话系统是消防通信的专用设备系统，当发生火灾报警时，其可以提供方便快捷的通信手段。消防电话系统有专用的通信线路，现场人员可以通过现场设置的固定电话与消防控制室进行通话。

消防电话设置要求如图 7-2 所示。

1 消防专用电话网络需要为独立的消防通信系统

2 消防控制室需要设置消防专用电话总机并且宜选择共电式电话总机或对讲通信电话设备

图 7-2 消防电话设置要求

消防电话安装点的要求如图 7-3 所示。

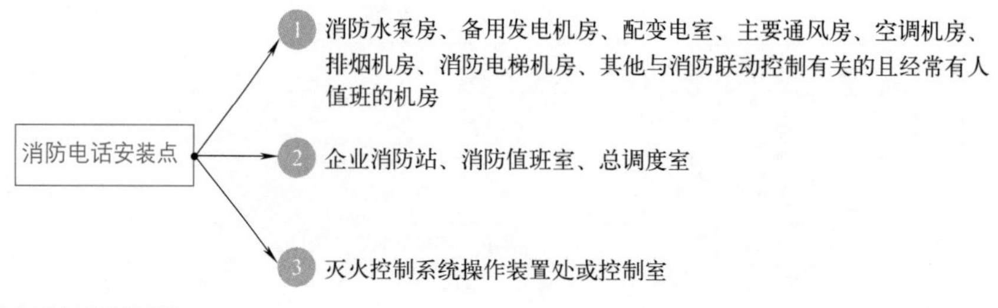

1 消防水泵房、备用发电机房、配变电室、主要通风房、空调机房、排烟机房、消防电梯机房、其他与消防联动控制有关的且经常有人值班的机房
2 企业消防站、消防值班室、总调度室
3 灭火控制系统操作装置处或控制室

图 7-3 消防电话安装点的要求

消防电话分机或塞孔设置要求如图 7-4 所示。

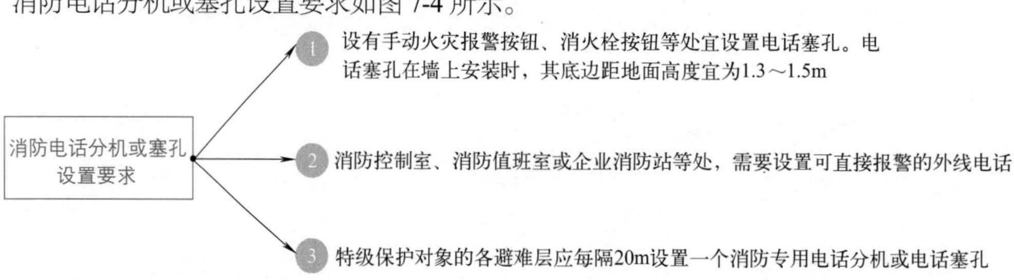

消防电话分机或塞孔设置要求
1 设有手动火灾报警按钮、消火栓按钮等处宜设置电话塞孔。电话塞孔在墙上安装时，其底边距地面高度宜为1.3～1.5m
2 消防控制室、消防值班室或企业消防站等处，需要设置可直接报警的外线电话
3 特级保护对象的各避难层应每隔20m设置一个消防专用电话分机或电话塞孔

图 7-4 消防电话分机或塞孔设置要求

一点通

集中报警系统、控制中心报警系统需要设置消防应急广播。具有消防应急广播功能的多用途公共广播系统，要具有强制切入消防应急广播的功能。消防控制室内，要设置消防专用电话总机与可直接报火警的外线电话。

7.2 消防电气控制系统

7.2.1 消防设备配线

消防设备的配电线路应选用耐火配线或耐热配线。火灾自动报警系统的报警线路可采用耐热配线。火灾自动报警系统的联动线路可采用耐火配线。

水泵房供电电源应采用双电源末端切换，一般是由建筑物变配电所低压配电柜直接提供和自备发电机房供给。

消防供电电源干线可采用耐火配线。水泵电动机配电支线路可采用耐热配线，条件许可时也可采用耐火配线。

防排烟装置配电线路应选用耐火配线。联动和控制线路也可采用耐火配线。

常开防火门配电一般应采用耐火配线。当防火卷帘门水平配电线路较长时，可采用耐火配线，以确保火灾时仍能可靠供电并使防火卷帘门有效动作，以防火势蔓延。

高层建筑的火灾应急照明线路应采用耐火配线。消防电话、火灾事故广播、火灾警铃等设备的电气配线可采用耐热配线。

消防设备配线的方式与固定点要求如图 7-5 所示。

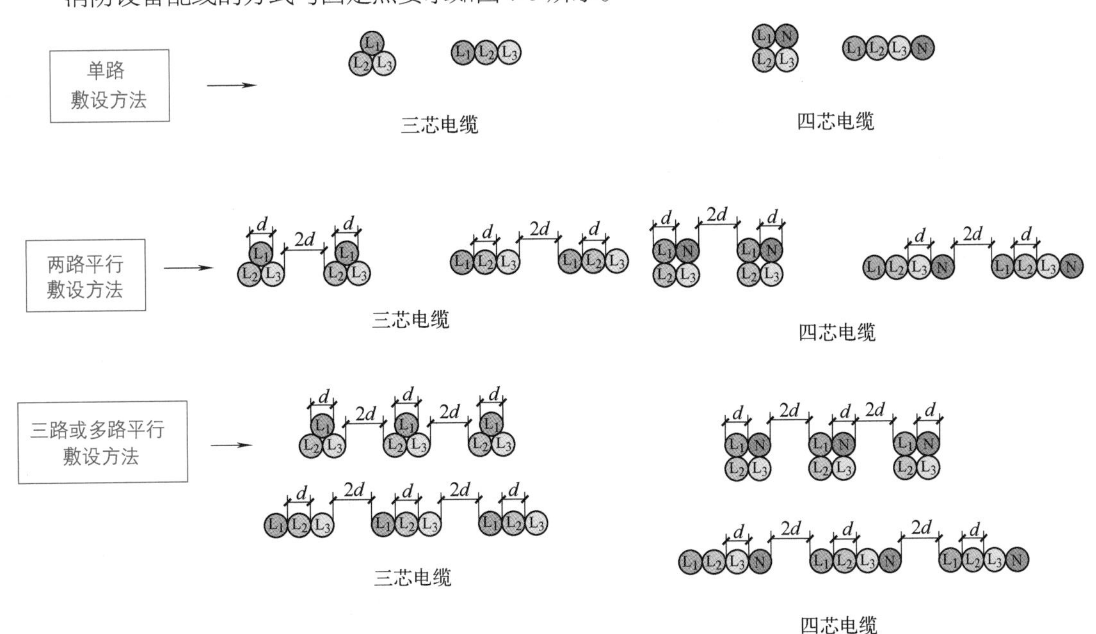

(a) 消防设备配线方式

图 7-5

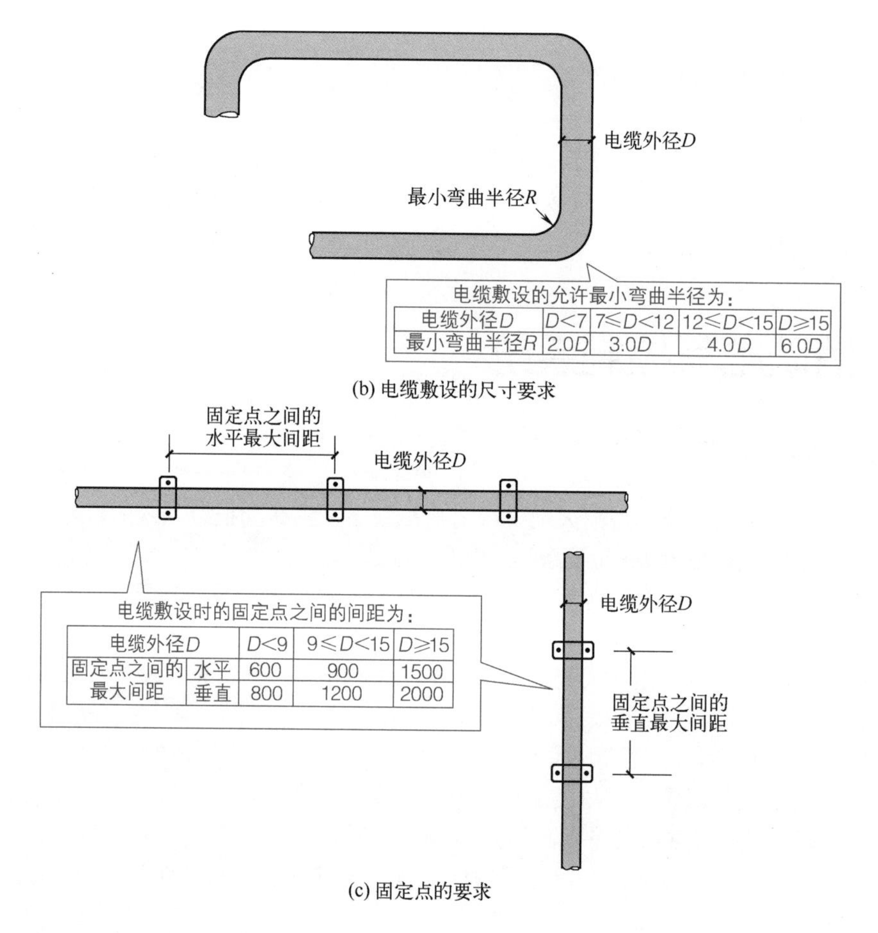

电缆敷设的允许最小弯曲半径为：

电缆外径D	$D<7$	$7 \leqslant D<12$	$12 \leqslant D<15$	$D \geqslant 15$
最小弯曲半径R	$2.0D$	$3.0D$	$4.0D$	$6.0D$

(b) 电缆敷设的尺寸要求

电缆敷设时的固定点之间的间距为：

电缆外径D		$D<9$	$9 \leqslant D<15$	$D \geqslant 15$
固定点之间的最大间距	水平	600	900	1500
	垂直	800	1200	2000

(c) 固定点的要求

图 7-5 消防设备配线的方式与固定点要求（单位：mm）

目前，消防设备配线往往是通过消防井布置来实现的，如图 7-6 所示。

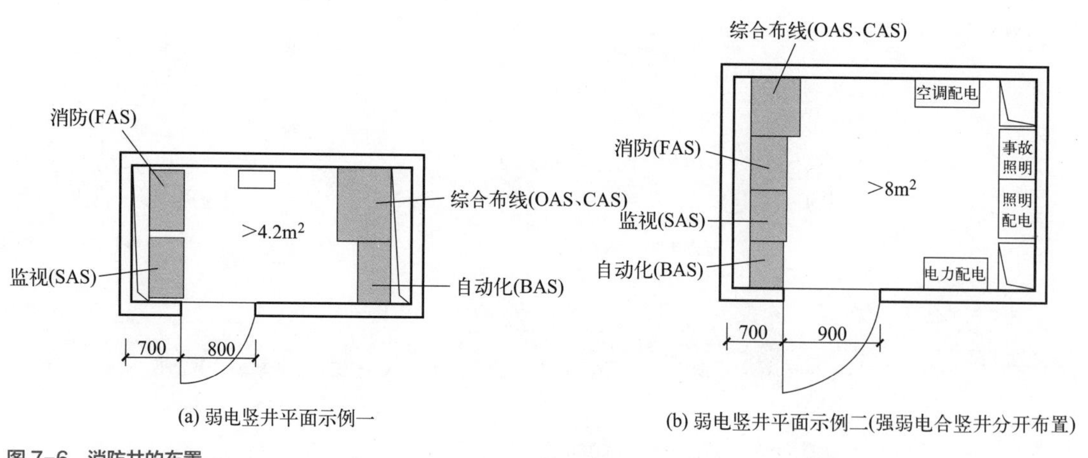

(a) 弱电竖井平面示例一

(b) 弱电竖井平面示例二(强弱电合竖井分开布置)

图 7-6 消防井的布置

7.2.2 消防泵控制方案及特点

消防泵控制方案与其特点如图 7-7 所示。

消火栓泵一用一备自耦降压起动控制电路
- 两台水泵互为备用，工作泵故障备用泵延时投入。
- 消火栓箱内按钮及消防联动模块自动控制；现场手动控制；消防中心应急控制。
- 水源水位低、两台泵均故障报警。
- 自耦降压起动

消火栓泵一用一备星三角起动器控制电路
- 两台水泵互为备用，工作泵故障备用泵延时投入。
- 消火栓箱内按钮及消防联动模块自动控制；现场手动控制；消防中心应急控制。
- 水源水位低、两台泵均故障报警。
- 星三角起动器起动

消火栓泵一用一备星三角降压起动控制电路
- 两台水泵互为备用，工作泵故障备用泵延时投入。
- 消火栓箱内按钮及消防联动模块自动控制；现场手动控制；消防中心应急控制。
- 水源水位低、两台泵均故障报警。
- 星三角降压起动

消火栓泵一用一备全压起动控制电路
- 两台水泵互为备用，工作泵故障备用泵延时投入。
- 消火栓箱内按钮及消防联动模块自动控制；现场手动控制；消防中心应急控制。
- 水源水位低、两台泵均故障报警

消火栓泵一用一备全压起动变频巡检控制电路
- 两台水泵互为备用，工作泵故障备用泵延时投入。
- 消火栓箱内按钮及消防联动模块自动控制；现场手动控制；消防中心应急控制。
- 水源水位低、两台泵均故障报警。
- 工频巡检

消火栓泵一用一备全压起动工频巡检控制电路
- 两台水泵互为备用，工作泵故障备用泵延时投入。
- 消火栓箱内按钮及消防联动模块自动控制；现场手动控制；消防中心应急控制。
- 水源水位低、两台泵均故障报警。
- 变频巡检

自动喷洒消防泵一用一备自耦降压起动控制电路
- 两台水泵互为备用，工作泵故障备用泵延时投入。
- 自动由消防联动模块、水流继电器及压力开关共同控制；现场手动控制；消防中心应急控制。
- 水源水位低、两台泵均故障报警。
- 自耦降压起动

自动喷洒消防泵一用一备星三角降压起动控制电路
- 两台水泵互为备用，工作泵故障备用泵延时投入。
- 自动由消防联动模块、水流继电器及压力开关共同控制；现场手动控制；消防中心应急控制。
- 水源水位低、两台泵均故障报警。
- 星三角降压起动

自动喷洒消防泵一用一备全压起动控制电路
- 两台水泵互为备用，工作泵故障备用泵延时投入。
- 自动由消防联动模块、水流继电器及压力开关共同控制；现场手动控制；消防中心应急控制。
- 水源水位低、两台泵均故障报警

消火栓泵两用一备全压起动控制电路
- 消防水泵两用一备，工作泵故障备用泵延时投入。
- 消火栓箱内按钮、消防联动模块及水压自动控制，现场手动控制；当水压低时先起一台水泵，压力仍不够再起另一台水泵；消防中心应急控制。
- 水源水位低、水泵故障报警

消防稳压泵一用一备控制电路
- 两台水泵互为备用，工作泵故障备用泵延时投入。
- 自动由消防联动模块、电接点压力表共同控制；现场手动控制；消防中心应急控制。
- 两台泵均故障报警

信号屏控制电路
- 集中音响信号，各系统分散的灯光信号

消防稳压泵一用一备自动轮换控制电路
- 两台水泵自动轮换工作，工作泵故障备用泵延时投入。
- 自动由消防联动模块、电接点压力表共同控制；现场手动控制；消防中心应急控制。
- 两台泵均故障报警

图 7-7 消防泵控制方案与其特点

7.2.3 消防稳压泵一用一备部分控制电路

消防稳压泵一用一备部分控制电路如图 7-8 所示。

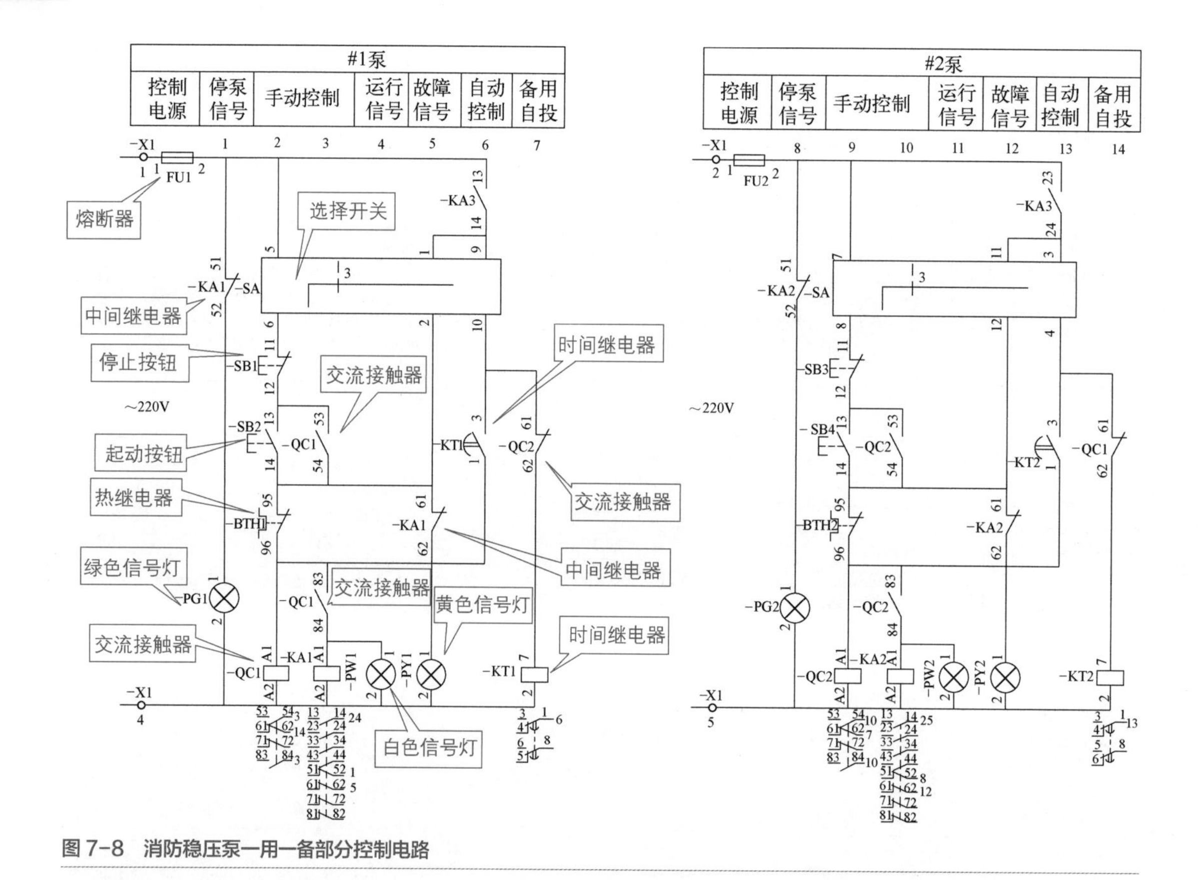

图 7-8 消防稳压泵一用一备部分控制电路

一点通

水泵控制柜、风机控制柜等消防电气控制装置一般不应采用变频启动方式。

7.2.4 双电源切换自投自复控制电路

双电源切换自投自复控制电路如图 7-9 所示。

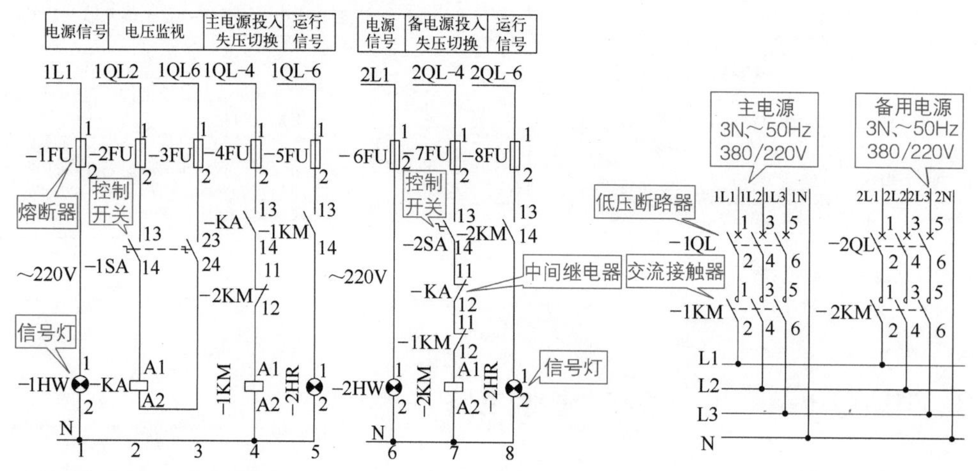

图 7-9 双电源切换自投自复控制电路

7.2.5 消防控制中心主要功能

消防控制中心主要功能如图 7-10 所示。

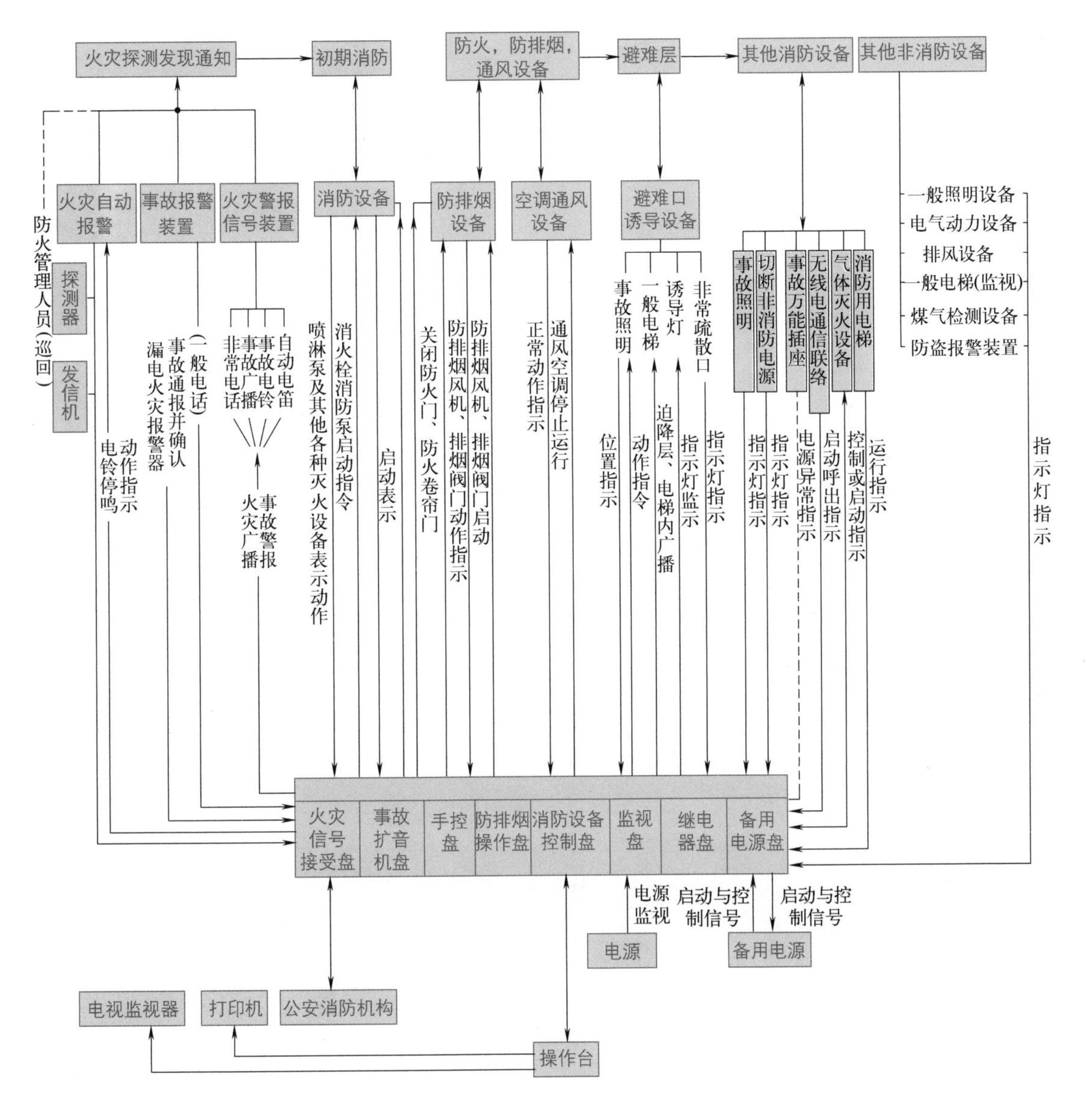

图 7-10 消防控制中心主要功能

7.2.6 控制中心火灾报警与消防联动控制

控制中心火灾报警与消防联动控制如图 7-11 所示。

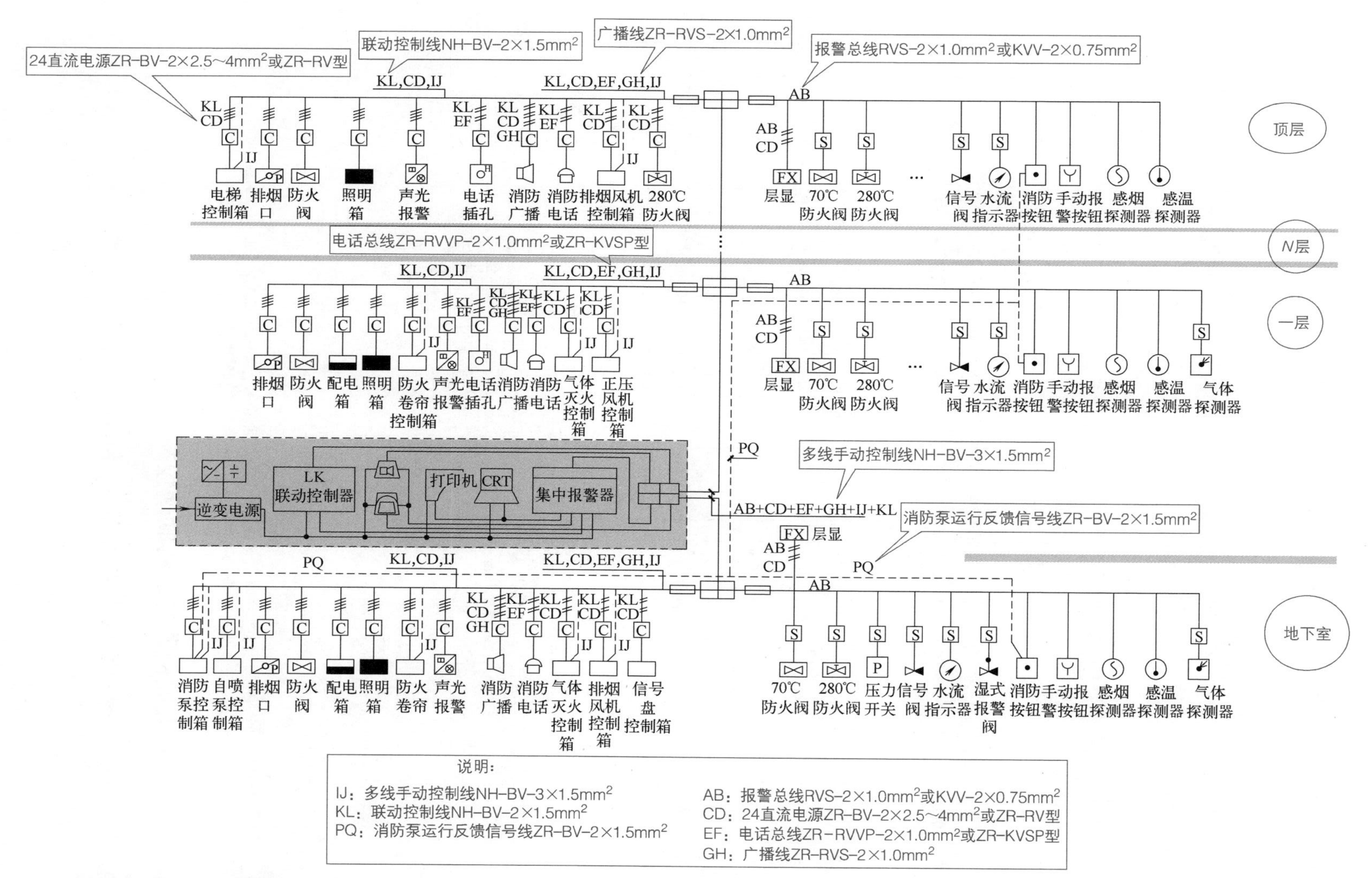

图 7-11 控制中心火灾报警与消防联动控制

7.3 火灾自动报警系统

7.3.1 火灾自动报警系统与消防控制的关系

火灾自动报警系统是探测火灾早期特征、发出火灾报警信号，为人员疏散、防止火灾蔓延、启动自动灭火设备提供控制与指示的一种消防系统。

火灾自动报警系统可以用于人员居住与经常有人滞留、存放重要物资、燃烧后产生严重污染需要及时报警的场所。

火灾自动报警系统常见的区域包括报警区域、探测区域等。报警区域是将火灾自动报警系统的警戒范围根据防火分区或楼层等划分的单元。探测区域是将报警区域根据探测火灾的部位划分的单元。

火灾自动报警系统框架图如图 7-12 所示。

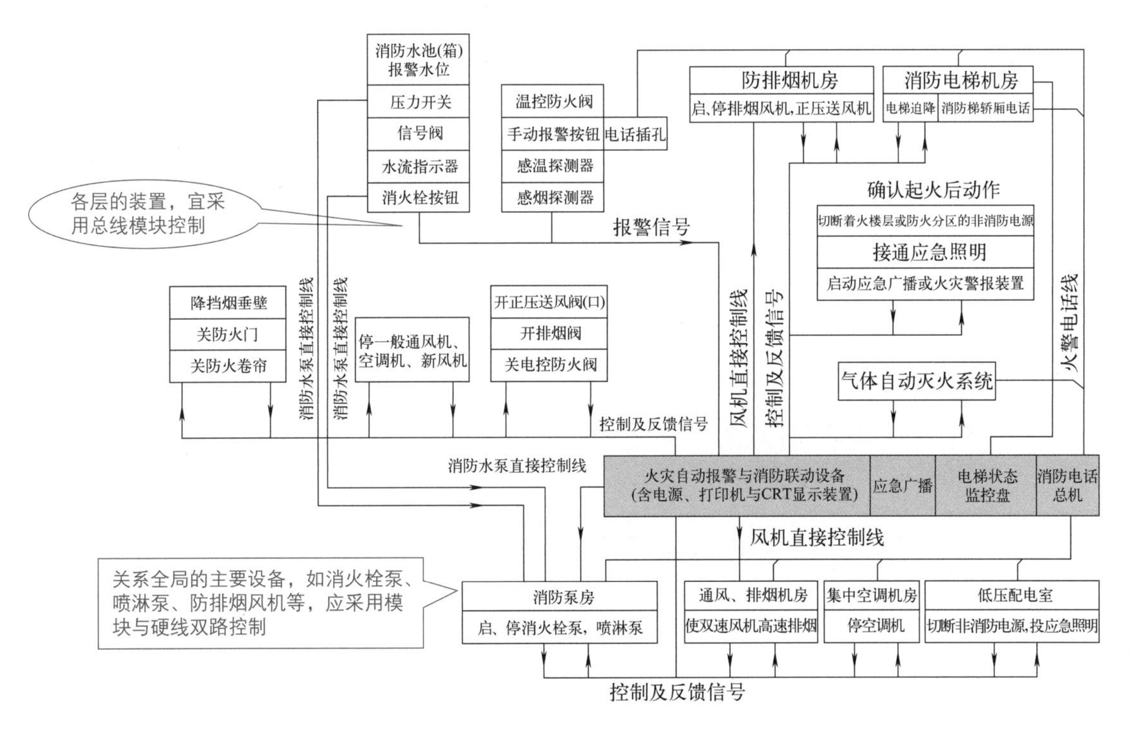

图 7-12 火灾自动报警系统框架图

火灾自动报警系统的常见信号如图 7-13 所示。

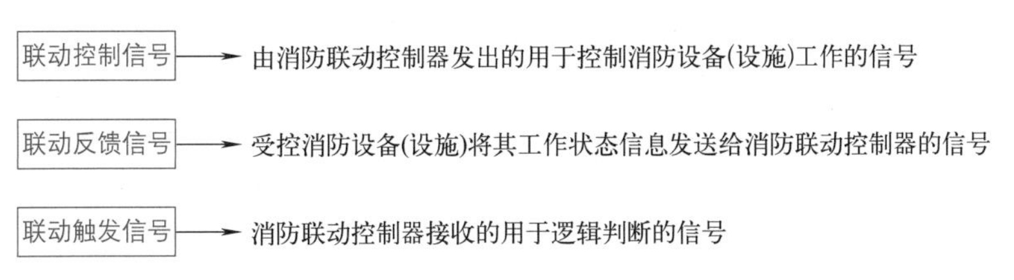

图 7-13 火灾自动报警系统的常见信号

一点通

火灾自动报警系统需要设置自动和手动触发报警装置，系统需要具有火灾自动探测报警或人工辅助报警、控制相关系统设备应急启动并接收其动作反馈信号的功能。火灾自动报警系统各设备间，需要具有兼容的通信接口和通信协议。

7.3.2 火灾自动报警系统的类型

火灾自动报警系统的类型有区域报警系统、集中报警系统、控制中心报警系统等，如图 7-14 所示。

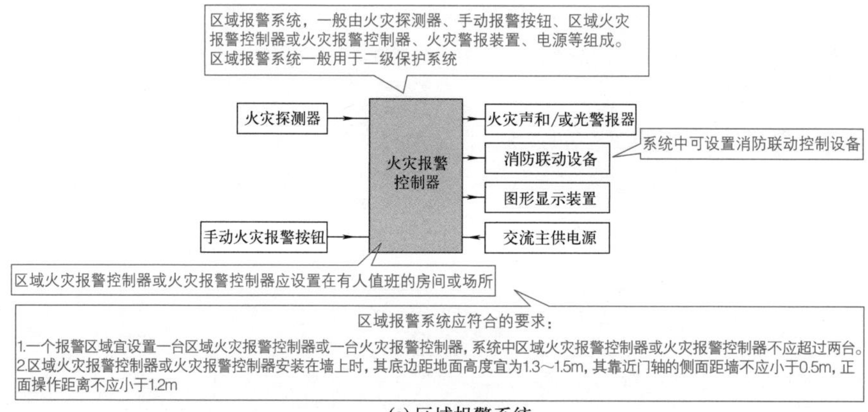

(a) 区域报警系统

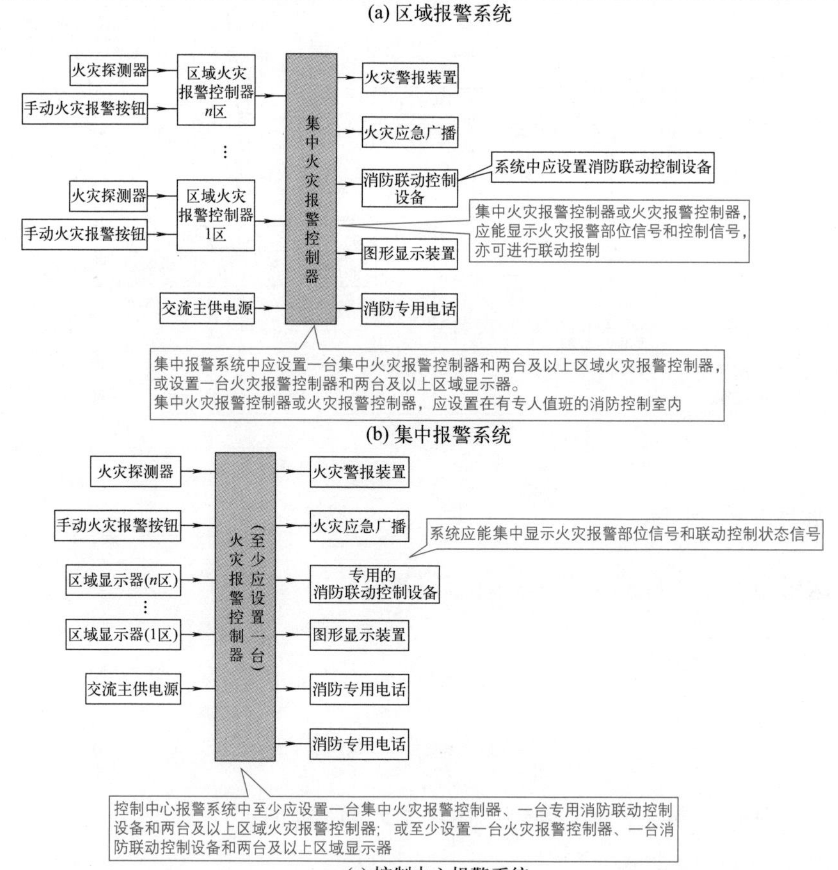

(c) 控制中心报警系统

图 7-14 火灾自动报警系统的类型

火灾自动报警系统的选择需要符合的要求与规定如图 7-15 所示。

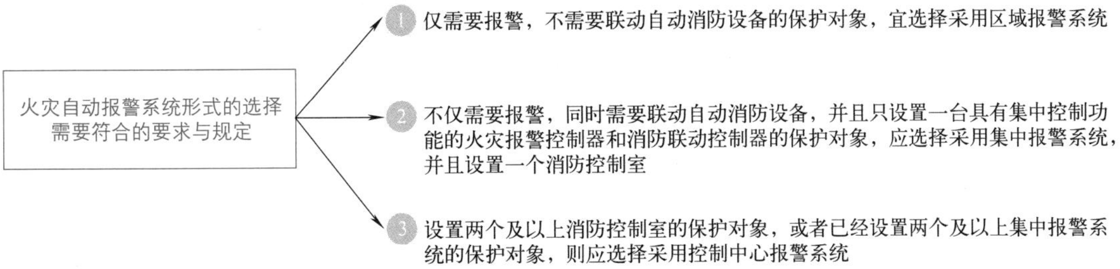

火灾自动报警系统形式的选择需要符合的要求与规定

1 仅需要报警，不需要联动自动消防设备的保护对象，宜选择采用区域报警系统

2 不仅需要报警，同时需要联动自动消防设备，并且只设置一台具有集中控制功能的火灾报警控制器和消防联动控制器的保护对象，应选择采用集中报警系统，并且设置一个消防控制室

3 设置两个及以上消防控制室的保护对象，或者已经设置两个及以上集中报警系统的保护对象，则应选择采用控制中心报警系统

图 7-15 火灾自动报警系统的选择需要符合的要求与规定

火灾自动报警系统的选择要点如表 7-1 所示。

表 7-1 火灾自动报警系统的选择要点

名称	解说
区域报警系统	区域报警系统的要求与规定如下： （1）区域报警系统应由火灾探测器、手动火灾报警按钮、火灾声光警报器、火灾报警控制器等组成。区域报警系统中可包括消防控制室图形显示装置、指示楼层的区域显示器。 （2）火灾报警控制器应设置在有人值班的场所。 （3）区域报警系统设置消防控制室图形显示装置时，该装置应具有传输有关规定的有关信息的功能。如果区域报警系统没有设置消防控制室图形显示装置，则可以设置火警传输设备
集中报警系统	集中报警系统的要求与规定如下： （1）集中报警系统一般由火灾探测器、手动火灾报警按钮、消防应急广播、火灾声光警报器、消防专用电话、火灾报警控制器、消防联动控制器、消防控制室图形显示装置等组成。 （2）集中报警系统中的火灾报警控制器、消防应急广播的控制装置、消防联动控制器、消防控制室图形显示装置、消防专用电话总机等起集中控制作用的消防设备，需要设置在消防控制室内。 （3）集中报警系统设置的消防控制室图形显示装置，需要具有传输有关规定有关信息的功能
控制中心报警系统	控制中心报警系统的要求与规定如下： （1）有两个及以上消防控制室时，需要确定一个主消防控制室。 （2）主消防控制室应能够显示所有火灾报警信号、联动控制状态信号，并且能够控制重要的消防设备。 （3）各分消防控制室内消防设备间可互相传输、显示状态信息，但是不应互相控制。 （4）控制中心报警系统设置的消防控制室图形显示装置，需要具有传输相关规定所要求的有关信息的功能

一点通

火灾报警区域的划分需要满足相关受控系统联动控制的工作要求。火灾探测区域的划分需要满足确定火灾报警部位的工作要求。

7.3.3 报警区域和探测区域的划分

报警区域和探测区域划分的要求与规定如表 7-2 所示。

表 7-2 报警区域和探测区域划分的要求与规定

项目	解说
报警区域	报警区域划分的要求与规定如下： （1）报警区域需要根据防火分区或者楼层来划分。 （2）可以将一个防火分区或一个楼层划分为一个报警区域，也可以将发生火灾时需要同时联动消防设备的相邻几个防火分区或楼层划分为一个报警区域

续表

项目	解说
探测区域	探测区域划分的要求与规定如下： （1）探测区域需要根据独立房（套）间来划分。 （2）一个探测区域的面积不宜超过 500m²。 （3）从主要入口能够看清其内部，并且面积不超过 1000m² 的房间，也可以划为一个探测区域。 （4）红外光束感烟火灾探测器、缆式线型感温火灾探测器的探测区域的长度，不宜超过 100m。 （5）空气管差温火灾探测器的探测区域长度一般宜为 20 ～ 100m
应单独划分探测区域的场所	应单独划分探测区域的场所如下： （1）敞开或封闭楼梯间、防烟楼梯间。 （2）防烟楼梯间前室、消防电梯前室、消防电梯与防烟楼梯间合用的前室、走道、坡道。 （3）通信管道井、电气管道井、电缆隧道。 （4）建筑物夹层、闷顶

7.3.4 消防控制室的要求与规定

消防控制室的要求与规定如下：

（1）消防控制室内设置的消防设备，往往包括消防联动控制器、火灾报警控制器、消防控制室图形显示装置、消防应急广播控制装置、消防专用电话总机、消防电源监控器、消防应急照明与疏散指示系统控制装置等，或具有相应功能的组合设备。

（2）消防控制室内设置的消防控制室图形显示装置，需要能够显示有关规范规定的建筑物内设置的全部消防系统、相关设备的动态信息与消防安全管理信息，并且能够为远程监控系统预留接口，同时具有向远程监控系统传输有关信息的功能。

（3）消防控制室需要设有用于火灾报警的外线电话。

（4）消防控制室送风管、回风管的穿墙位置需要设防火阀。

（5）消防控制室不得设置在电磁场干扰较强或在其他方面影响消防控制室设备工作的设备用房附近。

（6）消防控制室内设备的布置需要符合的要求与规定如图 7-16 所示。

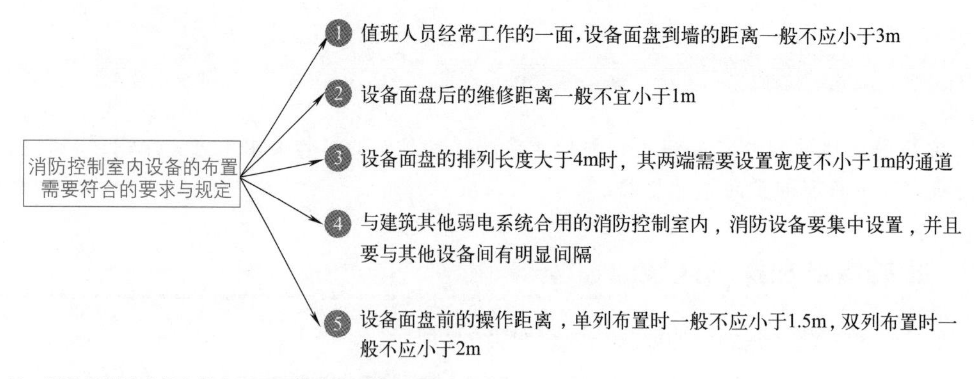

图 7-16 消防控制室内设备的布置需要符合的要求与规定

一点通

火灾自动报警系统设备的防护等级需要满足在设置场所环境条件下正常工作的要求。

7.3.5 火灾自动报警系统的有关设备与装置

火灾自动报警系统一般是由触发装置、火灾警报装置、火灾报警装置、电源等组成，复杂的火灾自动报警系统还包括消防联动控制装置。

火灾自动报警系统的组成如图 7-17 所示。火灾自动报警系统需要设有自动、手动两种触发装置。火灾自动报警系统的设备、装置需要选择符合国家有关标准与有关市场准入制度的产品。

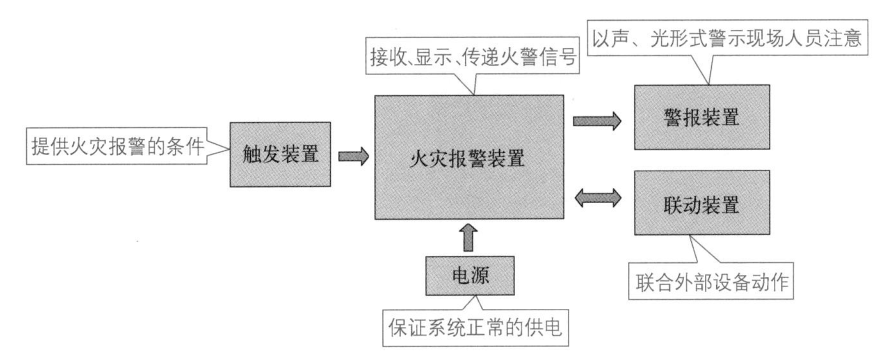

图 7-17 火灾自动报警系统的组成

火灾自动报警系统设备、装置的有关介绍如表 7-3 所示。

表 7-3 火灾自动报警系统设备、装置的有关介绍

项目	解说
火灾自动报警系统火灾声、光警报器	（1）火灾自动报警系统应设置火灾声警报器、光警报器。 （2）火灾声、光警报器需要符合的要求与规定如下： ①火灾声、光警报器的设置需要满足人员及时接受火警信号的要求，并且每个报警区域内的火灾警报器的声压级应高于背景噪声 15dB，以及不应低于 60dB。 ②确认火灾后，系统要能够启动所有火灾声、光警报器。 ③系统应能够同时启动、关闭所有火灾声警报器。 ④具有语音提示功能的火灾声警报器要具有语音同步等功能
火灾报警装置	（1）火灾报警装置是指在火灾自动报警系统中，用以接收、显示、传递火灾报警信号，并且能发出控制信号与具有其他辅助功能的控制指示设备。 （2）火灾报警装置包括火灾报警控制器、火灾显示盘等。根据安装方式，火灾报警控制器可以分为壁挂式、立柜式、琴台式等种类。火灾报警控制器如图 7-18 所示 火灾报警控制器是火灾报警系统中的核心组成部分。火灾自动报警系统中，火灾报警控制器用以接收、显示、传递火灾报警信号，并且能够发出控制信号与具有其他辅助功能。 火灾报警控制器还担负着为火灾探测器等外设提供稳定的工作电源，监视外设与系统自身的工作状态，接受、转换、处理火灾探测器输出的报警信号，进行声光报警，指示报警的具体部位、时间，同时执行相应的辅助控制等任务 图 7-18 火灾报警控制器

续表

项目	解说
火灾警报装置	（1）火灾警报装置是在火灾自动报警系统中，用以发出区别于环境声、光的火灾警报信号的装置。 （2）火灾警报装置有声光警报器、警铃等种类。声光警报器如图 7-19 所示 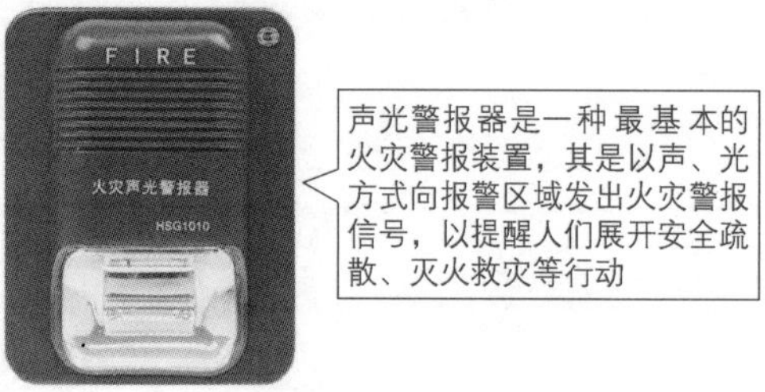 图 7-19　声光警报器
电源	（1）火灾自动报警系统属于消防用电设备，往往设有主电源、直流备用电源。 （2）主电源往往采用消防电源。备用电源往往采用蓄电池组。 （3）火灾自动报警系统要单独布线，相同用途的导线颜色要一致，并且不同电压等级、不同电流类别的线路需要在不同线管内或同一线槽的不同槽孔内。 （4）火灾自动报警系统的供电线路、消防联动控制线路，要采用燃烧性能不低于 B2 级的耐火铜芯电线电缆。 （5）报警总线、消防应急广播、消防专用电话等传输线路，要采用燃烧性能不低于 B2 级的铜芯电线电缆。 （6）火灾自动报警系统中控制与显示类设备的主电源，要直接与消防电源连接，不得使用电源插头
消防联动控制装置	（1）消防联动控制装置是指火灾自动报警系统中，当接受到来自触发器件的火灾信号后，能够自动或手动启动相关消防设备，并且显示其工作状态的设备。 （2）火灾报警控制器与联动装置间可以通过输出类型的模块来连接。 （3）消防联动控制装置有：电梯追降控制装置；自动灭火系统；防烟排烟系统与空调通风系统；常开防火门、防火卷帘；室内消火栓系统；非消防电源控制装置；火灾应急广播的控制装置等。 （4）消防联动控制装置如图 7-20 所示。  图 7-20　消防联动控制装置 （5）消防联动控制需要符合的要求与规定如下： ①需要火灾自动报警系统联动控制的消防设备，其联动触发信号应为两个独立的报警触发装置报警信号的“与”逻辑组合。 ②消防联动控制器需要能够根据设定的控制逻辑向各相关受控设备发出联动控制信号，并且接受其联动反馈信号。 ③受控设备接口的特性参数需要与消防联动控制器发出的联动控制信号匹配。 （6）联动控制模块严禁设置在配电柜（箱）内，一个报警区域内的模块不应控制其他报警区域的设备

7.3.6 火灾自动报警系统的安装要求

火灾自动报警系统的安装要求如表 7-4 所示。

表 7-4 火灾自动报警系统的安装要求

项目	解说
火灾报警线路	火灾报警线路安装要求如下： （1）线缆不允许存在中间接头，以免影响信号的接收。 （2）从接线盒、线槽等处引到探测器底座、控制设备、扬声器的线路，采用金属软管保护时，其长度一般不应大于 2m。 （3）火灾自动报警系统导线敷设后，要用 500V 兆欧表测量每个回路导线对地的绝缘电阻，并且该绝缘电阻值一般不应小于 20MΩ
手动火灾报警按钮	手动火灾报警按钮安装要求如下： （1）手动火灾报警按钮安装在墙上时，其底边距地面高度宜为 1.3 ～ 1.5m。 （2）光警报器与消防应急疏散指示标志不宜在同一面墙上。如果安装在同一面墙上，则距离应大于 1m。 （3）消防电话、电话插孔、带电话插孔的手动报警按钮，宜安装在明显、便于操作的位置。如果在墙面上安装，则其底边距地（楼）面高度宜为 1.3 ～ 1.5m
火灾探测器	火灾探测器安装要求如下： （1）探测器到墙壁、梁边的水平距离，一般不应小于 0.5m。 （2）探测器周围水平距离 0.5m 内，一般不应有遮挡物。 （3）探测器到空调送风口最近的水平距离，一般不应小于 1.5m。 （4）探测器到多孔送风顶棚孔口的水平距离，一般不应小于 0.5m。 （5）探测器宜水平安装。如果确需倾斜安装时，则倾斜角一般不应大于 45°
泡沫消火栓	泡沫消火栓安装要求如下： （1）地上式泡沫消火栓的大口径出液口，一般要朝向消防车道。 （2）室内泡沫消火栓的栓口方向，一般宜向下或与设置泡沫消火栓的墙成 90° ，并且栓口离地面或操作基面的高度宜为 1.1 m，允许偏差为 ±20mm。 （3）泡沫混合液管道设置在地上时，则控制阀的安装高度宜为 1.1 ～ 1.5m。 （4）泡沫灭火系统调试，需要在系统施工结束和与系统有关的火灾自动报警装置及联动控制设备调试合格后进行

一点通

报警系统调试要求：（1）使控制器与探测器间的连线断路和短路，控制器应在 100s 内发出故障信号；（2）多数联动控制信号为 DC 24V 电平，当联动设备中间继电器的线圈电压不是 DC 24V 时，则需要使用直流 / 交流电平转换器转换。

7.3.7 自动喷水灭火系统的联动控制

自动喷水灭火系统的联动控制的要求与规定如表 7-5 所示。

表 7-5 自动喷水灭火系统的联动控制的要求与规定

项目	解说
湿式系统与干式系统的联动控制	湿式系统与干式系统的联动控制的要求与规定如下： （1）联动控制方式——应由湿式报警阀压力开关的动作信号作为触发信号，直接控制启动喷淋消防泵。联动控制不应受消防联动控制器处于自动或手动状态的影响。 （2）手动控制方式——应将喷淋消防泵控制箱（柜）的启动按钮、停止按钮用专用线路直接连接到设置在消防控制室内的消防联动控制器的手动控制盘，直接手动控制喷淋消防泵的启动、停止。 （3）水流指示器、信号阀、压力开关、喷淋消防泵的启动与停止的动作信号，应反馈到消防联动控制器

续表

项目	解说
预作用系统的联动控制	预作用系统的联动控制的要求与规定如下： （1）联动控制方式——应由同一报警区域内两个及以上独立的感烟火灾探测器或一个感烟火灾探测器与一个手动火灾报警按钮的报警信号，作为预作用阀组开启的联动触发信号。由消防联动控制器控制预作用阀组的开启，使系统转变为湿式系统。当系统设有快速排气装置时，则应联动控制排气阀前的电动阀的开启。 （2）手动控制方式——应将喷淋消防泵控制箱（柜）的启动与停止按钮、预作用阀组和快速排气阀入口前的电动阀的启动与停止按钮，用专用线路直接连接到设置在消防控制室内的消防联动控制器的手动控制盘，直接手动控制喷淋消防泵的启动、停止及预作用阀组和电动阀的开启。 （3）信号阀、水流指示器、压力开关、喷淋消防泵的启动和停止的动作信号，有压气体管道气压状态信号与快速排气阀入口前电动阀的动作信号，应反馈到消防联动控制器
雨淋系统的联动控制	雨淋系统的联动控制的要求与规定如下： （1）联动控制方式——应由同一报警区域内两个及以上独立的感温火灾探测器或一个感温火灾探测器与一个手动火灾报警按钮的报警信号，作为雨淋阀组开启的联动触发信号。 （2）手动控制方式——应将雨淋消防泵控制箱（柜）的启动与停止按钮、雨淋阀组的启动与停止按钮，用专用线路直接连接到设置在消防控制室内的消防联动控制器的手动控制盘，直接手动控制雨淋消防泵的启动、停止与雨淋阀组的开启。 （3）压力开关、水流指示器、雨淋阀组、雨淋消防泵的启动与停止的动作信号应反馈到消防联动控制器
自动控制的水幕系统的联动控制	自动控制的水幕系统的联动控制的要求与规定如下： （1）联动控制方式——当自动控制的水幕系统用于防火卷帘的保护时，应由防火卷帘下落到楼板面的动作信号与本报警区域内任一火灾探测器或手动火灾报警按钮的报警信号作为水幕阀组启动的联动触发信号，并且应由消防联动控制器联动控制水幕系统相关控制阀组的启动。仅用水幕系统作为防火分隔时，则应由该报警区域内两个独立的感温火灾探测器的火灾报警信号作为水幕阀组启动的联动触发信号，并且应由消防联动控制器联动控制水幕系统相关控制阀组的启动。 （2）手动控制方式——应将水幕系统相关控制阀组、消防泵控制箱（柜）的启动、停止按钮用专用线路直接连接到设置在消防控制室内的消防联动控制器的手动控制盘，并且应直接手动控制消防泵的启动、停止及水幕系统相关控制阀组的开启。 （3）压力开关、水幕系统相关控制阀组、消防泵的启动、停止的动作信号，应反馈到消防联动控制器

7.3.8 消火栓系统联动控制的要求与规定

消火栓系统联动控制的要求与规定如表 7-6 所示。

表 7-6 消火栓系统联动控制的要求与规定

项目	解说
联动控制方式	（1）应由消火栓系统出水干管上设置的低压压力开关、高位消防水箱出水管上设置的流量开关或报警阀压力开关等信号作为触发信号，直接控制启动消火栓泵。联动控制不应受消防联动控制器处于自动或手动状态影响。 （2）当设置消火栓按钮时，消火栓按钮的动作信号应作为报警信号及启动消火栓泵的联动触发信号，由消防联动控制器联动控制消火栓泵的启动
手动控制方式	应将消火栓泵控制箱（柜）的启动、停止按钮用专用线路直接连接到设置在消防控制室内的消防联动控制器的手动控制盘，并且应直接手动控制消火栓泵的启动、停止

一点通

消火栓泵的动作信号应反馈到消防联动控制器。

实战篇

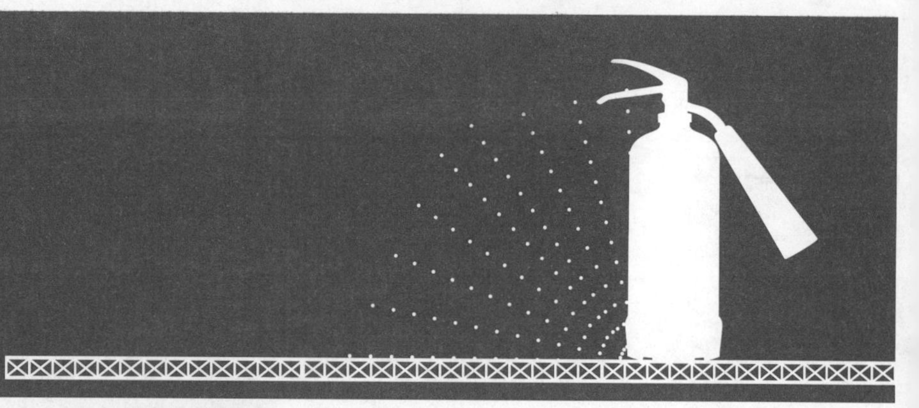

消防识图

8.1 消防图常见图例

8.1.1 管道图例与含义对照

管道图例与含义对照如图 8-1 所示。

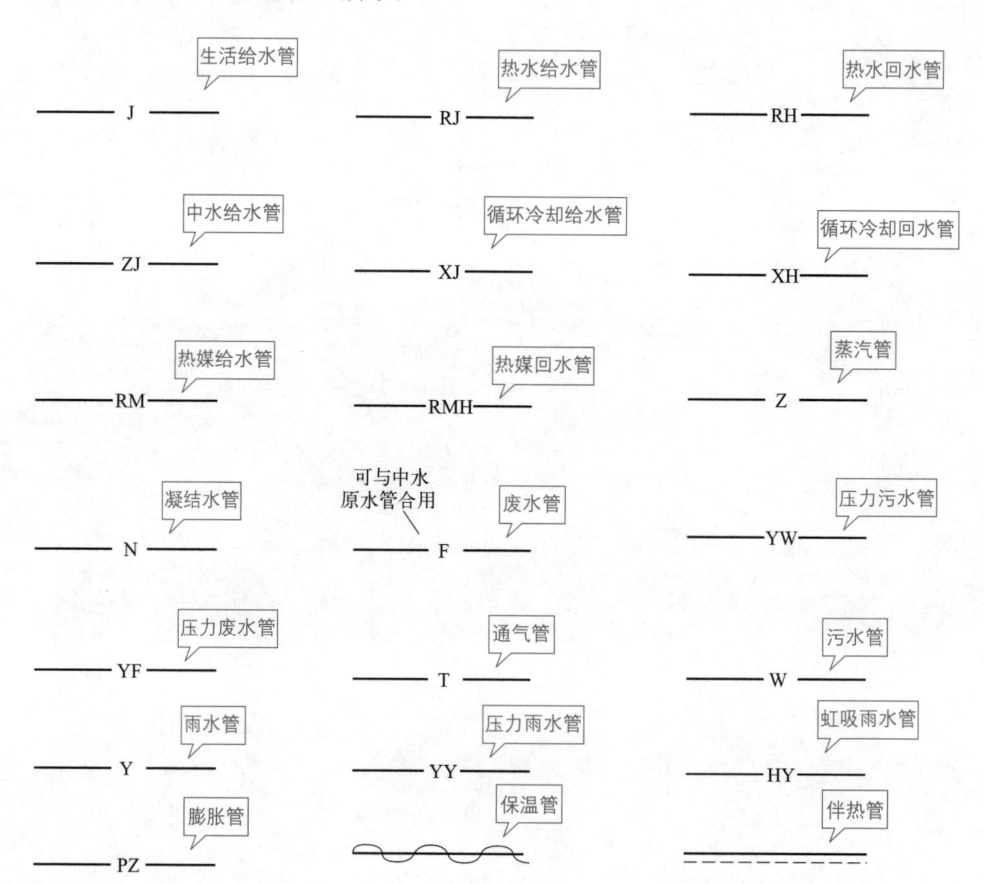

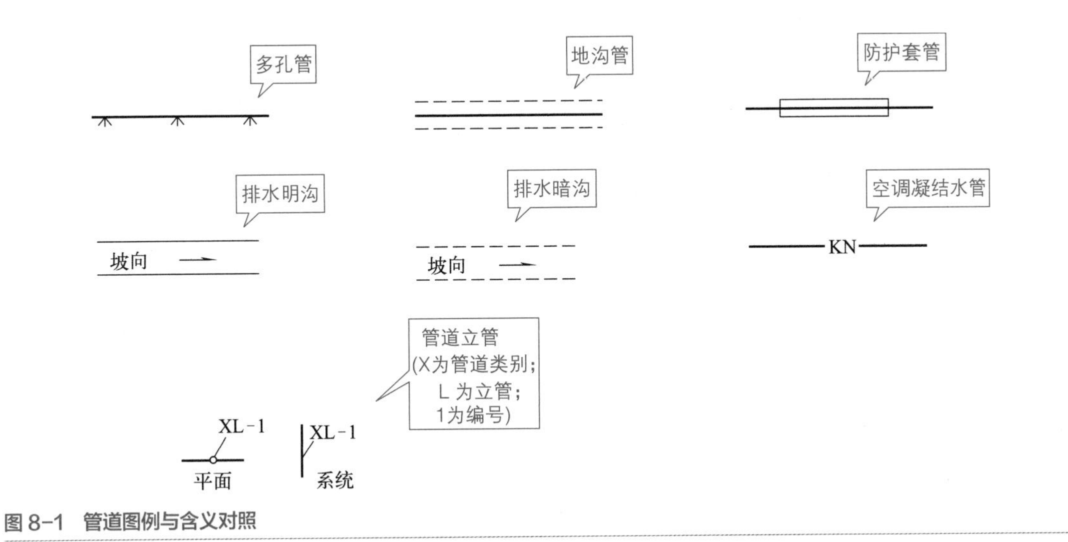

图 8-1　管道图例与含义对照

8.1.2　管道附件图例与含义对照

管道附件图例与含义对照如图 8-2 所示。

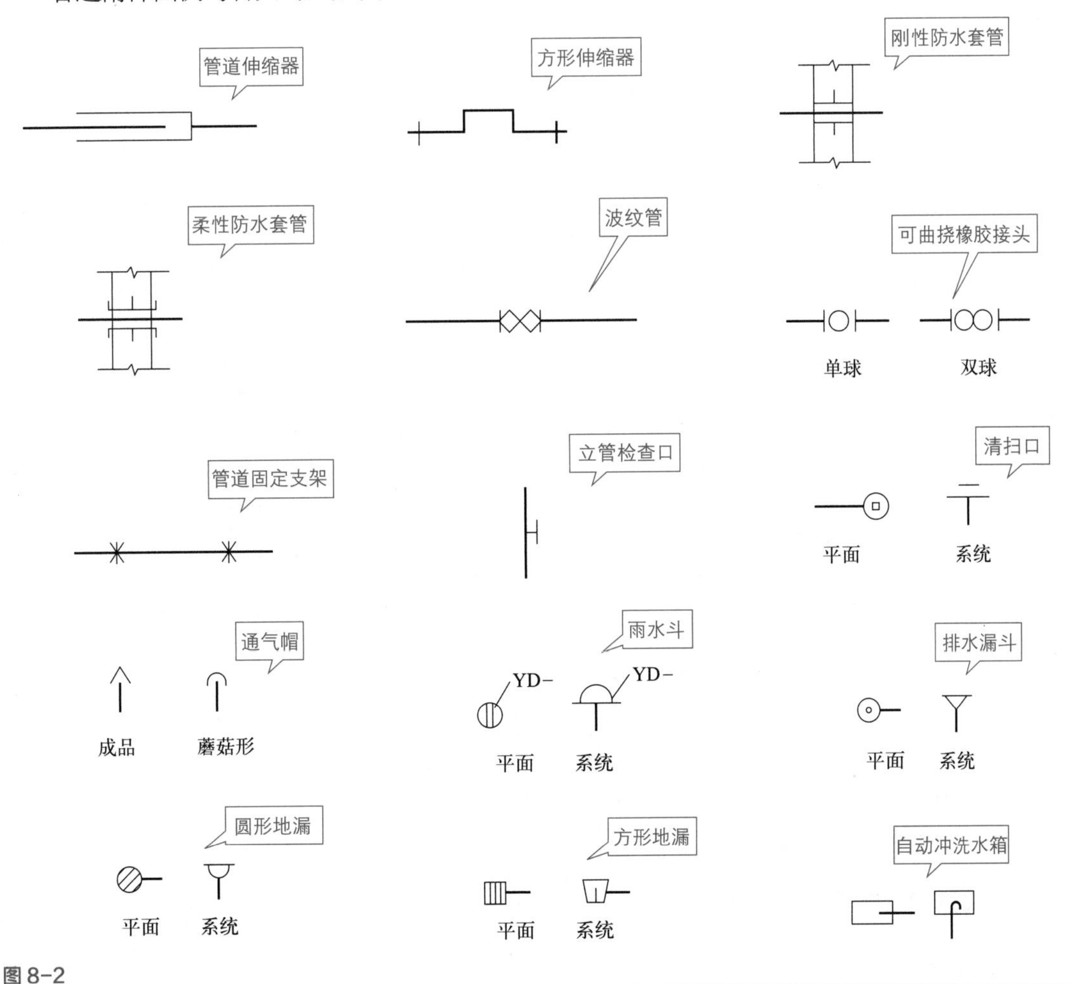

图 8-2

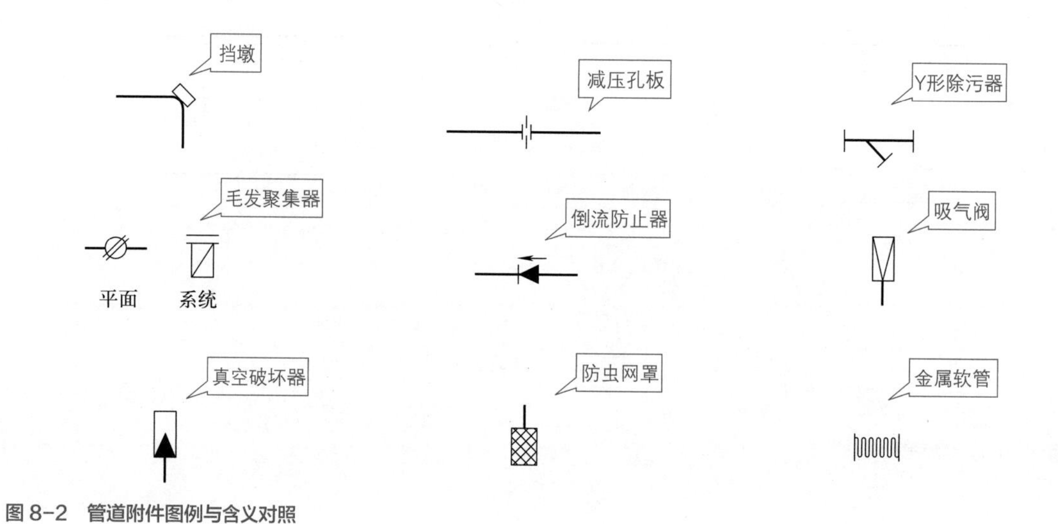

图 8-2 管道附件图例与含义对照

8.1.3 管道连接图例与含义对照

管道连接图例与含义对照如图 8-3 所示。

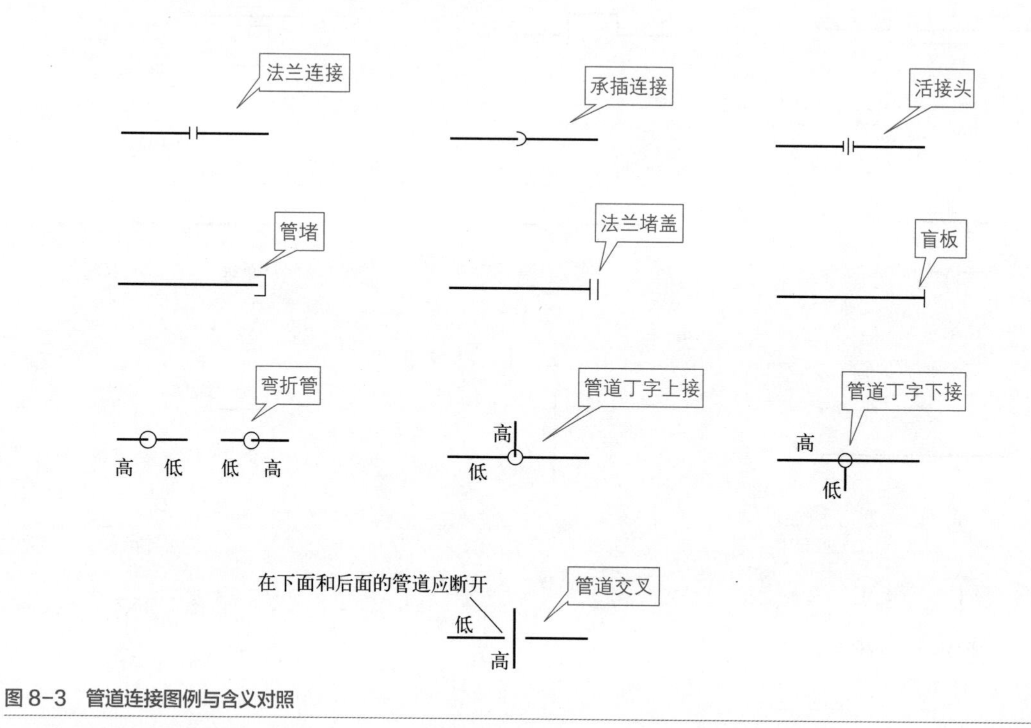

图 8-3 管道连接图例与含义对照

8.1.4 管件图例与含义对照

管件图例与含义对照如图 8-4 所示。

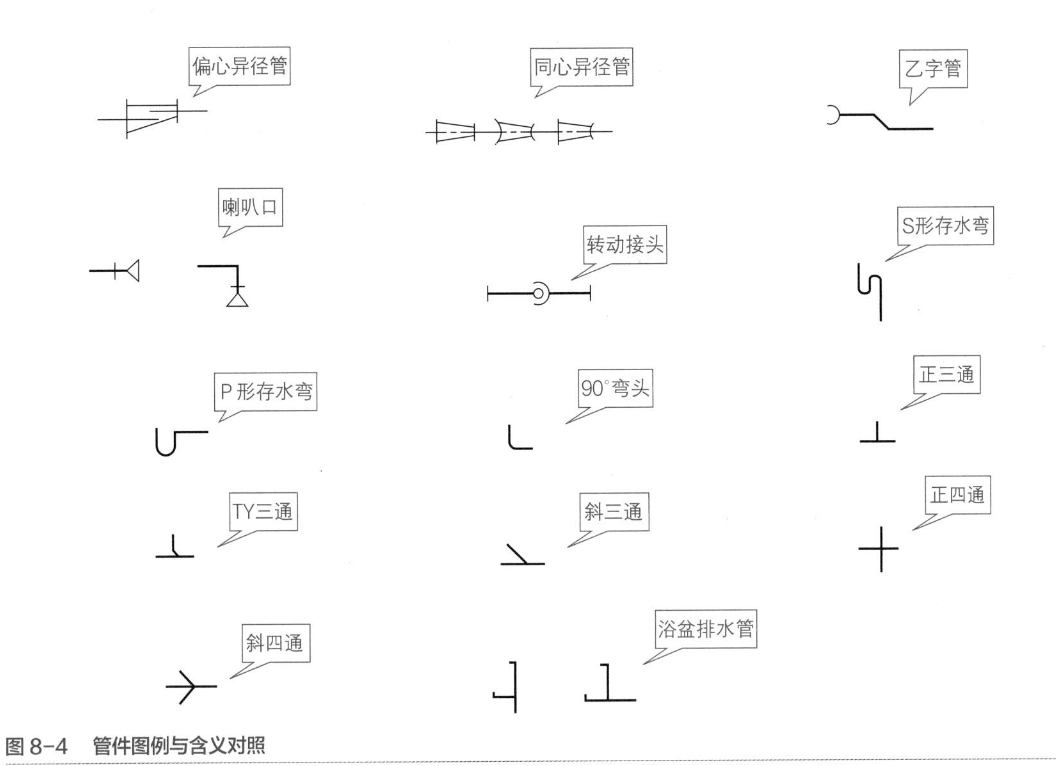

图 8-4 管件图例与含义对照

8.1.5 阀门图例与含义对照

阀门图例与含义对照如图 8-5 所示。

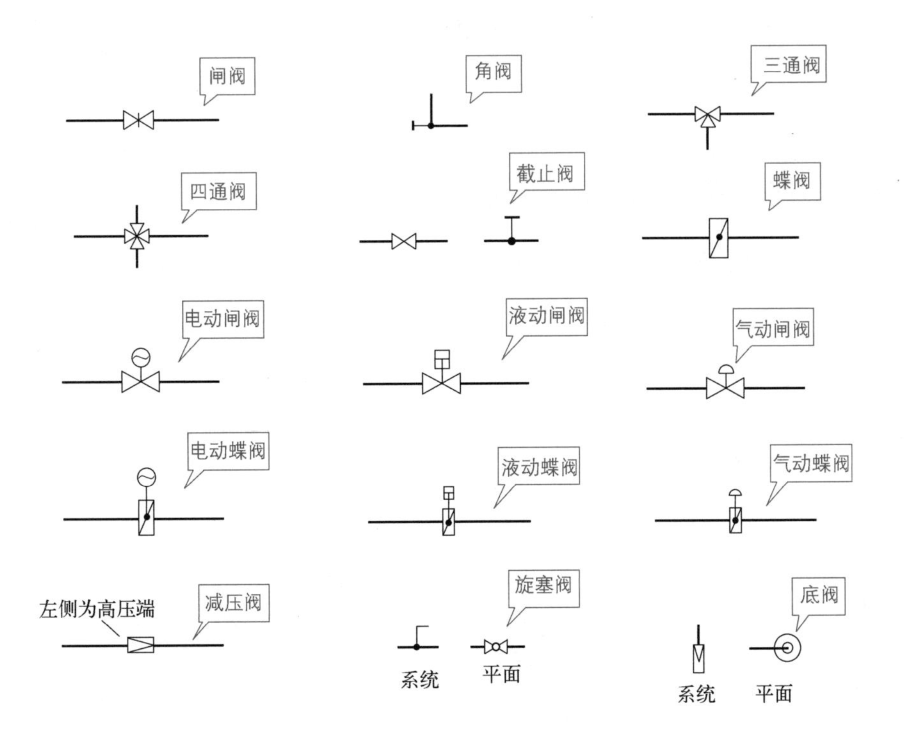

图 8-5

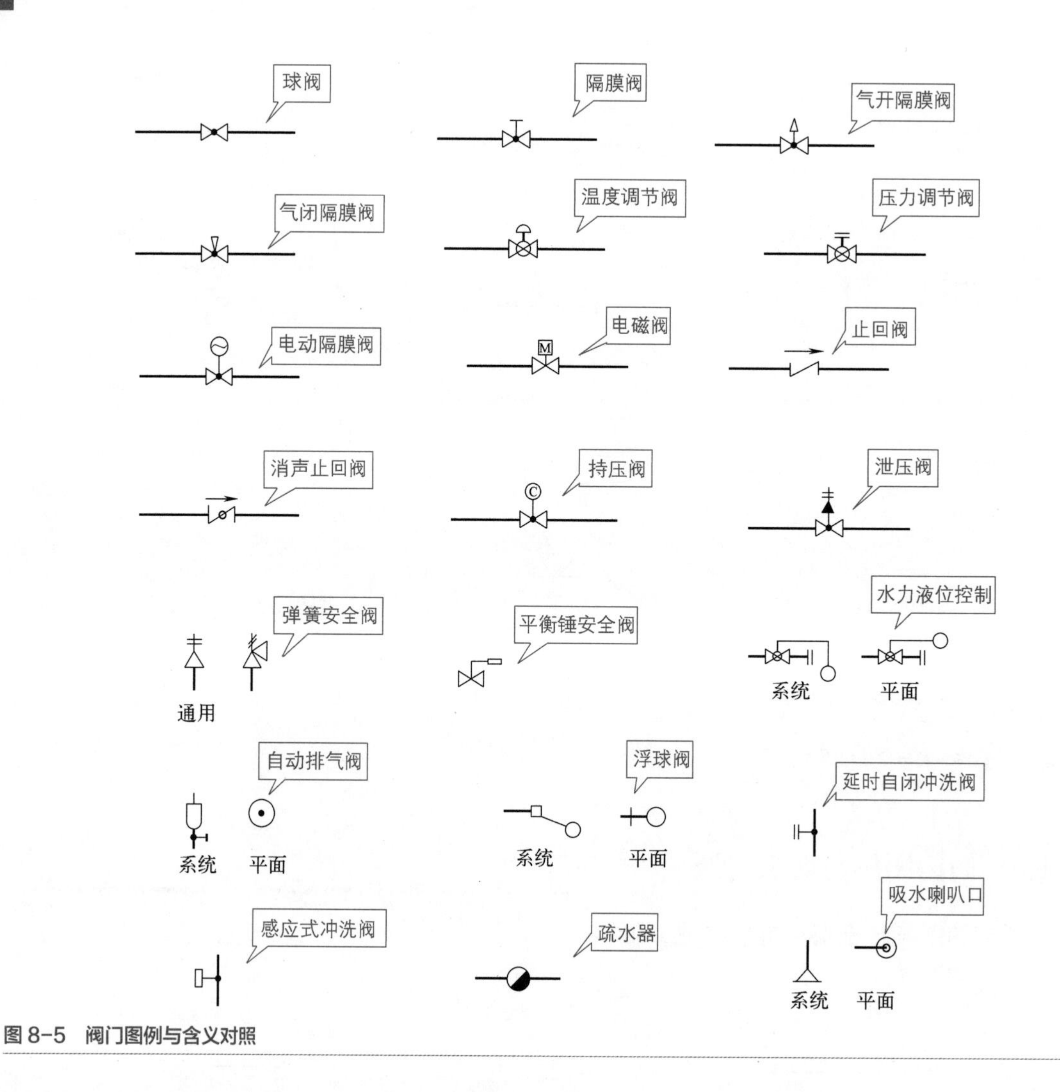

图 8-5 阀门图例与含义对照

8.1.6 给水排水设备图例与含义对照

给水排水设备图例与含义对照如图 8-6 所示。

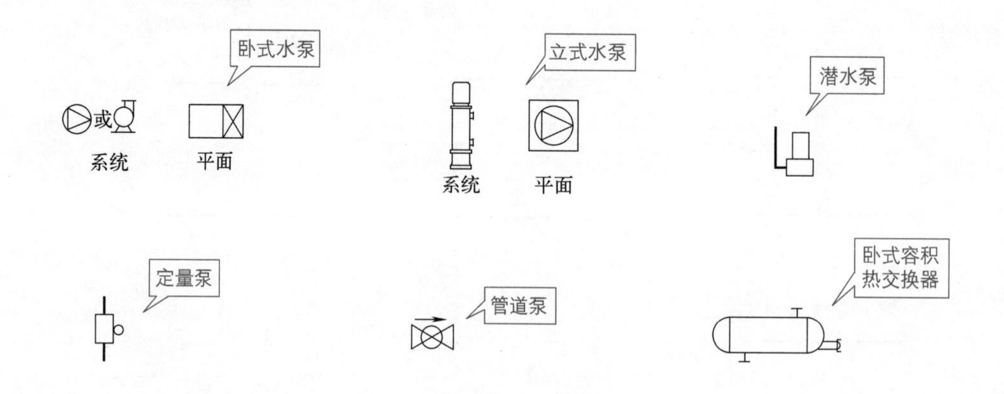

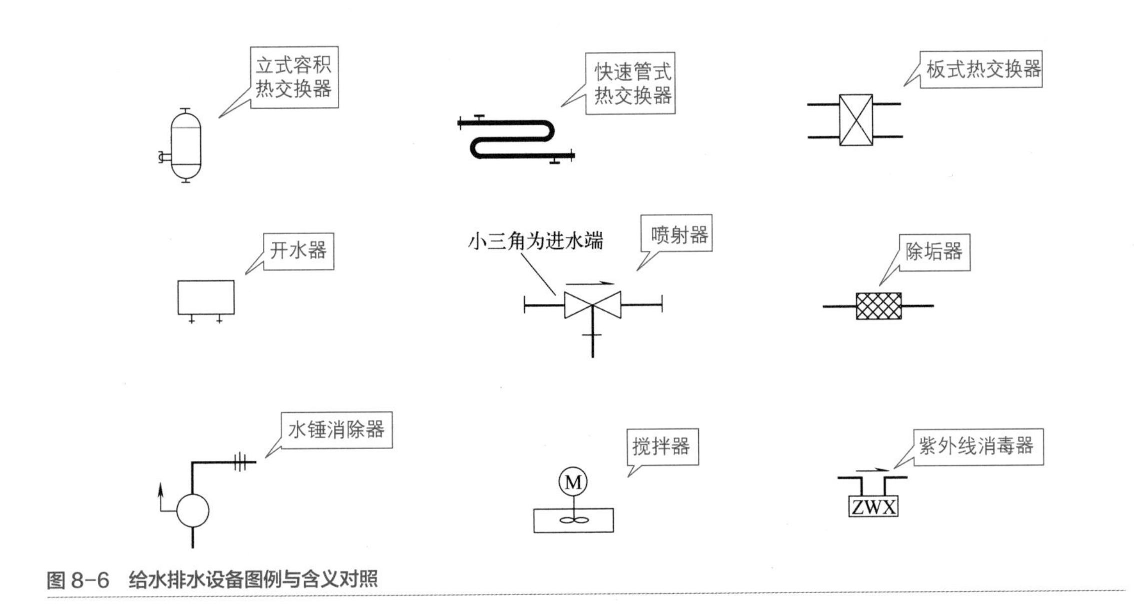

图 8-6 给水排水设备图例与含义对照

8.1.7 给水排水系统所用仪表图例与含义对照

给水排水系统所用仪表图例与含义对照如图 8-7 所示。

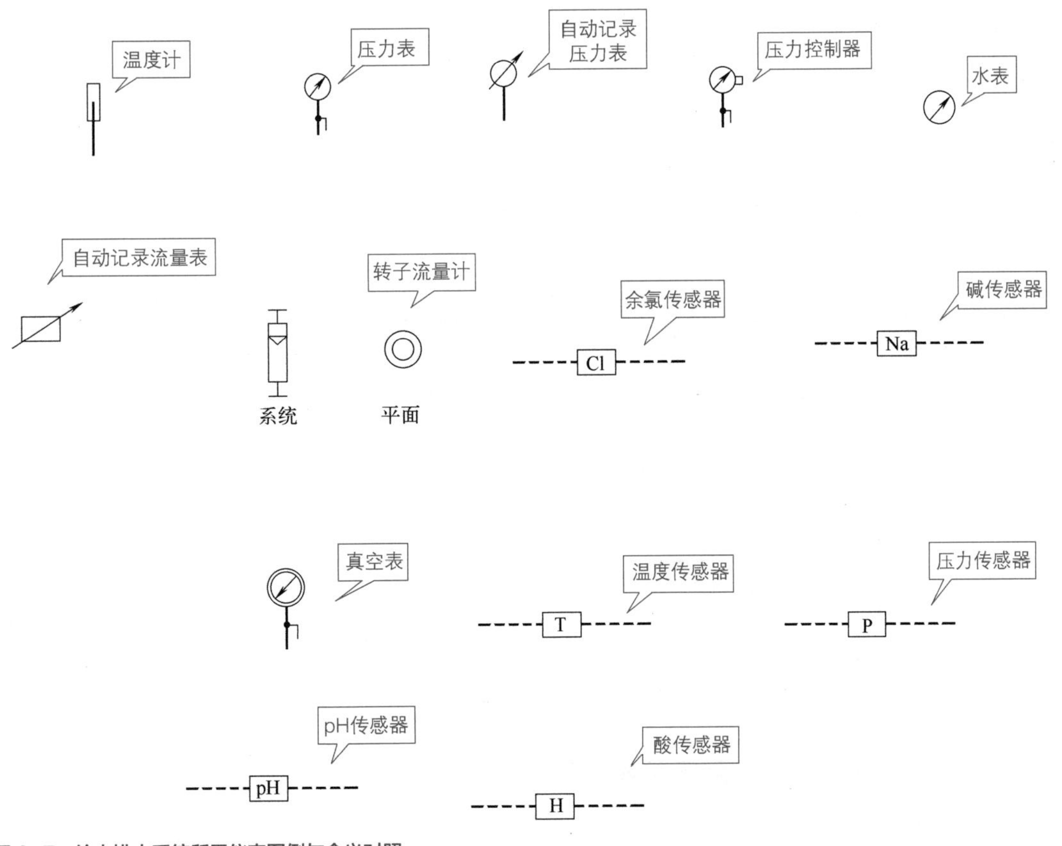

图 8-7 给水排水系统所用仪表图例与含义对照

8.1.8 消防图图例与含义对照

消防图图例与含义对照如图 8-8 所示。

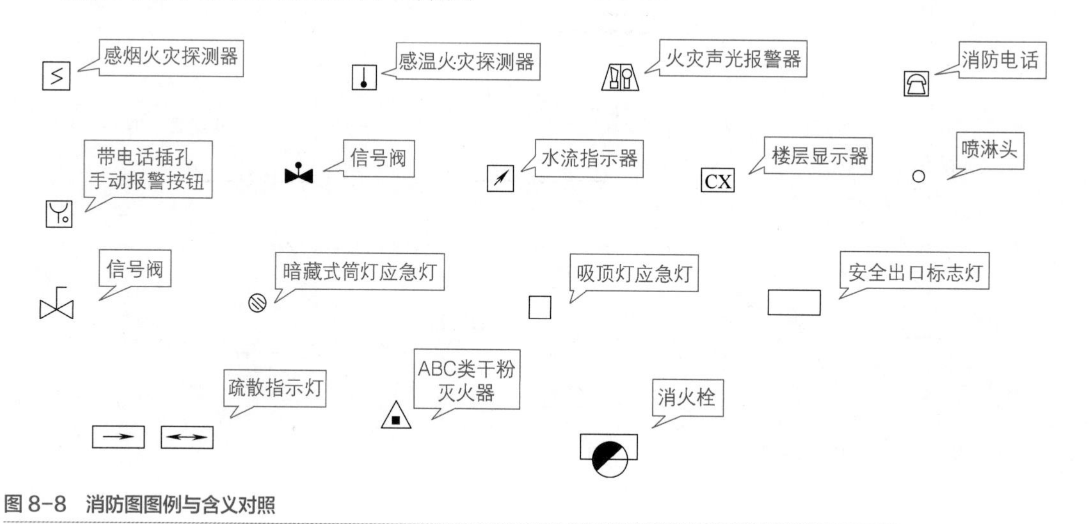

图 8-8 消防图图例与含义对照

8.1.9 消防基本符号

消防基本符号是表示消防设备的类型的符号。消防基本符号图例与含义对照如图 8-9 所示。

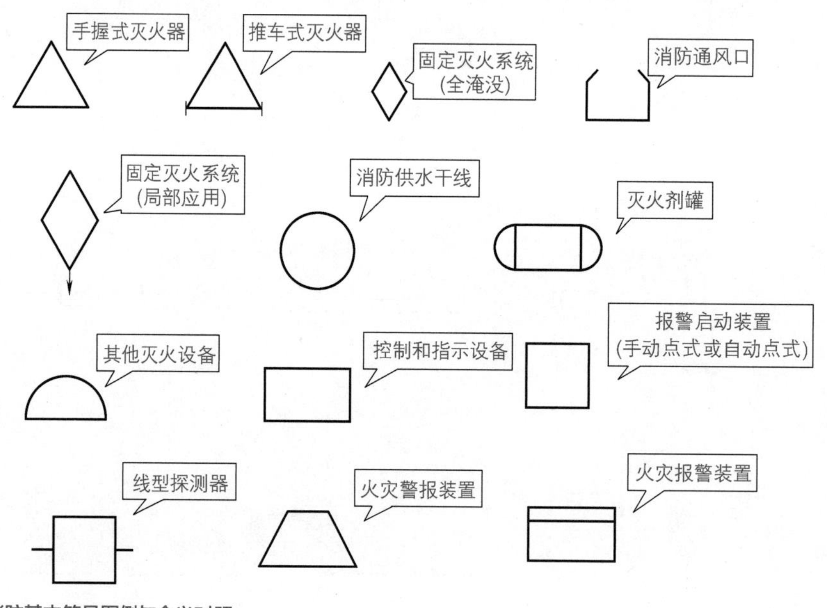

图 8-9 消防基本符号图例与含义对照

8.1.10 消防辅助符号与含义对照

消防辅助符号一般放在消防基本符号内，是表示消防设备的种类、性质的符号，如图 8-10 所示。

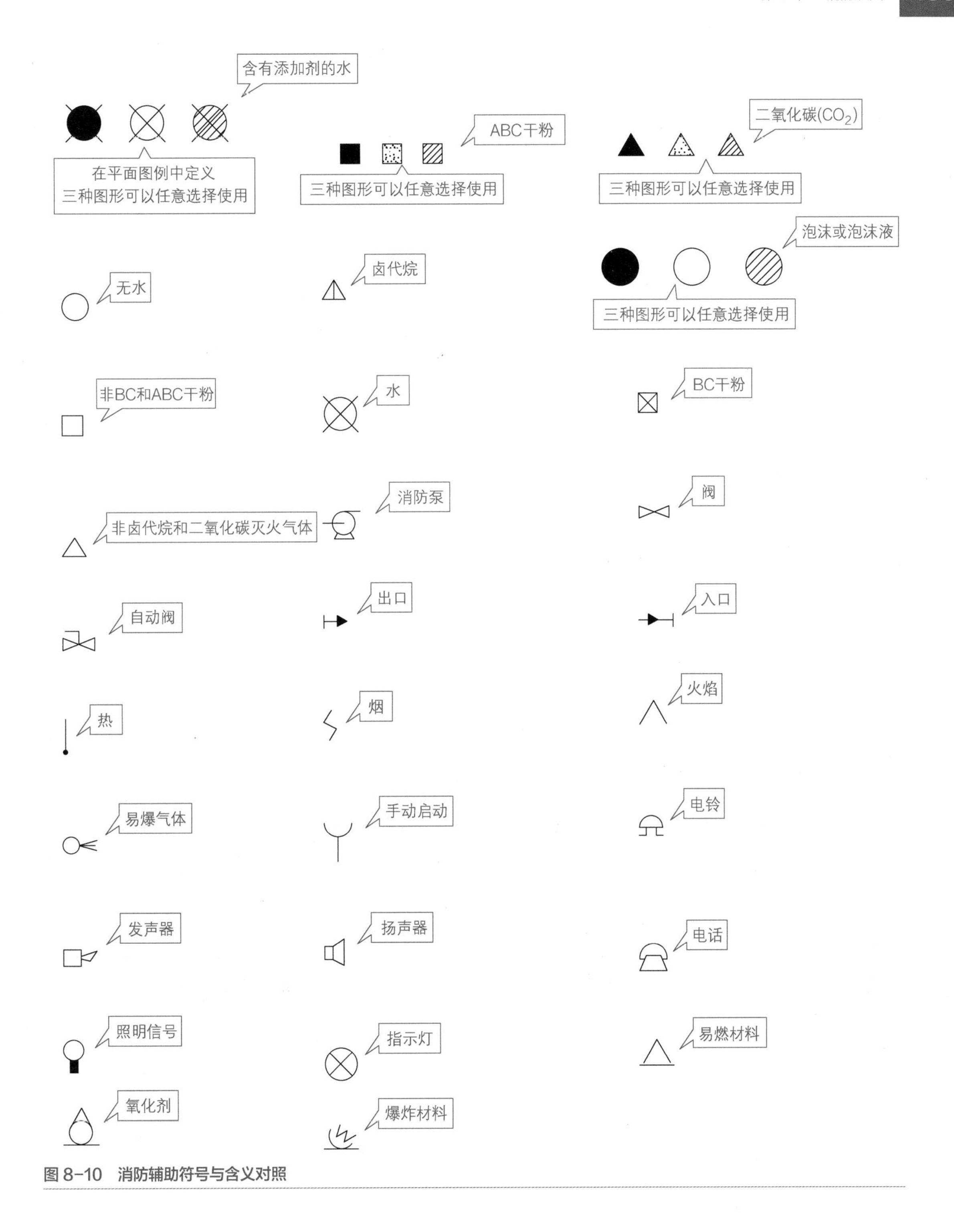

图 8-10 消防辅助符号与含义对照

8.1.11 消防单独使用的符号与含义对照

消防单独使用的符号，是非消防基本符号与消防辅助符号合成的符号，如图 8-11 所示。

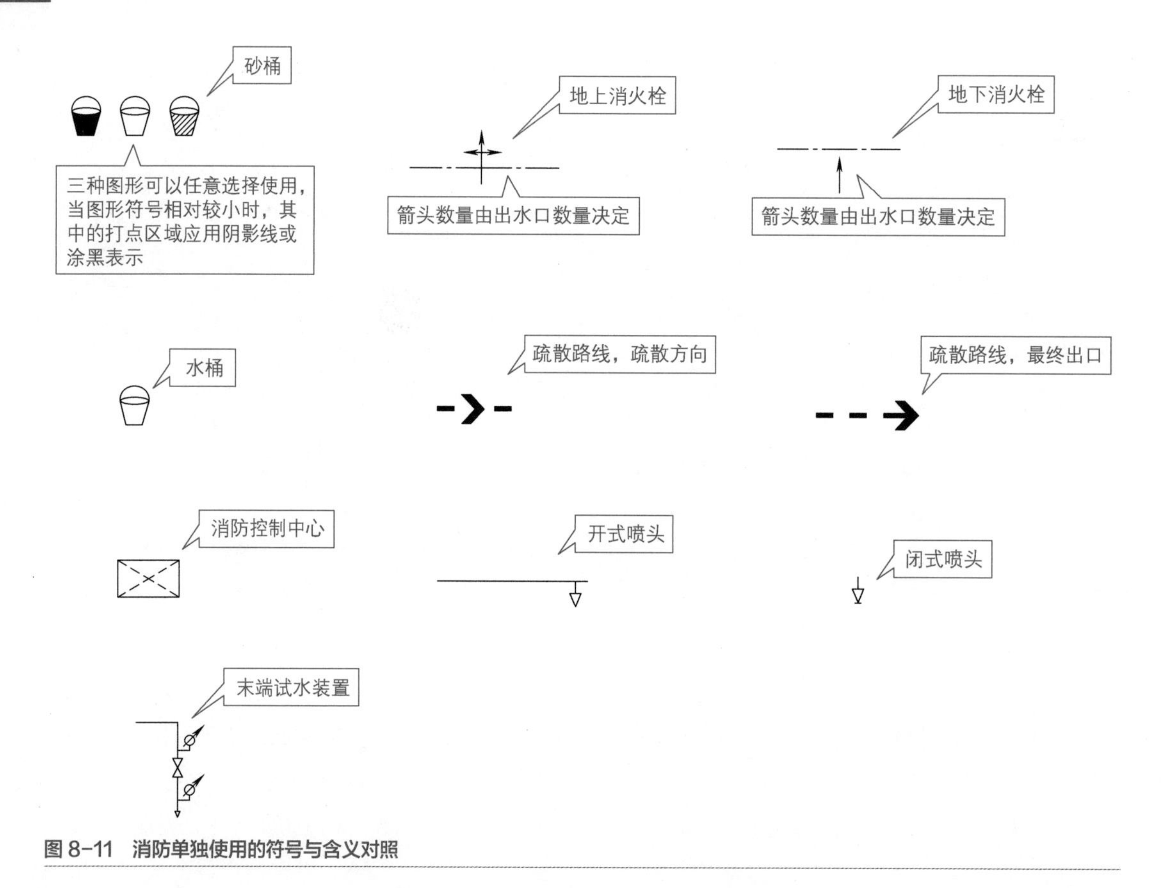

图 8-11 消防单独使用的符号与含义对照

8.1.12 消防组合图形符号与含义对照

消防组合图形符号是根据不同的需要组合基本符号与辅助符号，表示不同品种设备的图形符号。基本符号与辅助符号的组合，可以有多种形式。一些消防组合图形符号与含义对照如图 8-12 所示。

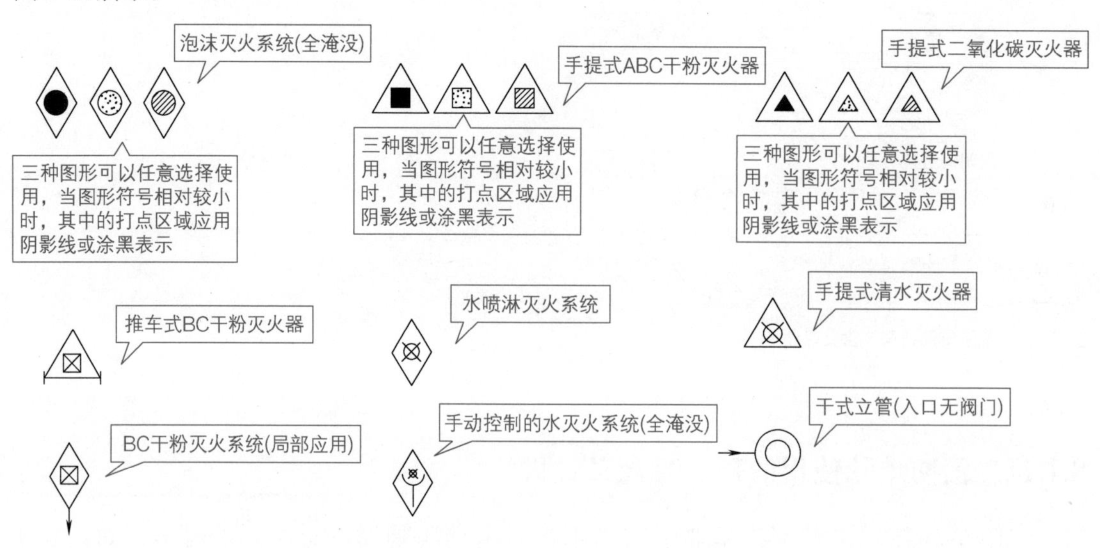

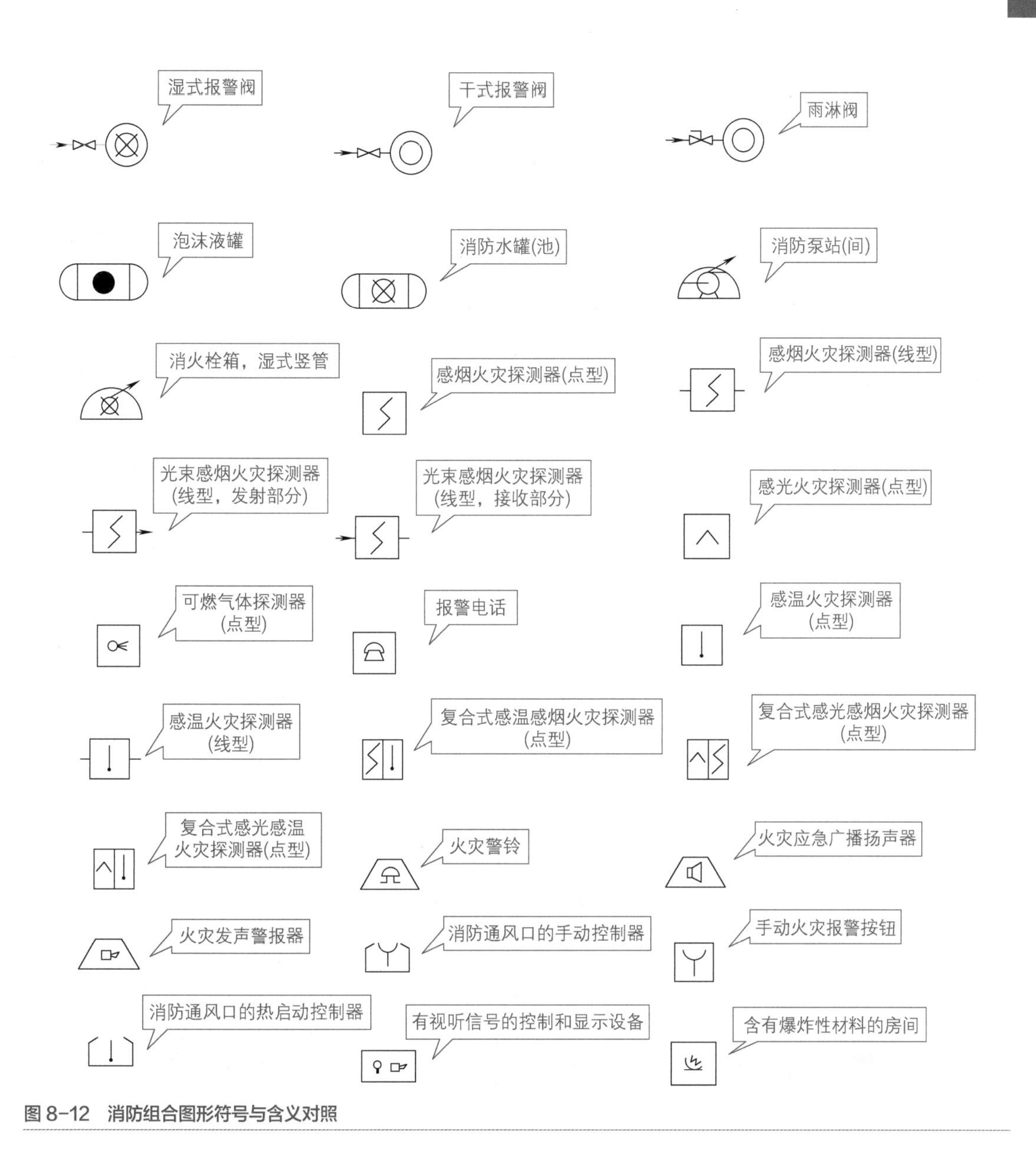

图 8-12 消防组合图形符号与含义对照

8.1.13 消防设施的图例与含义对照

消防设施的图例与含义对照如图 8-13 所示。

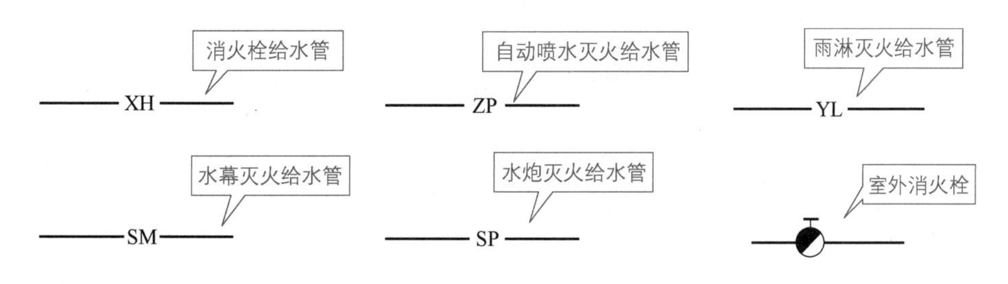

图 8-13

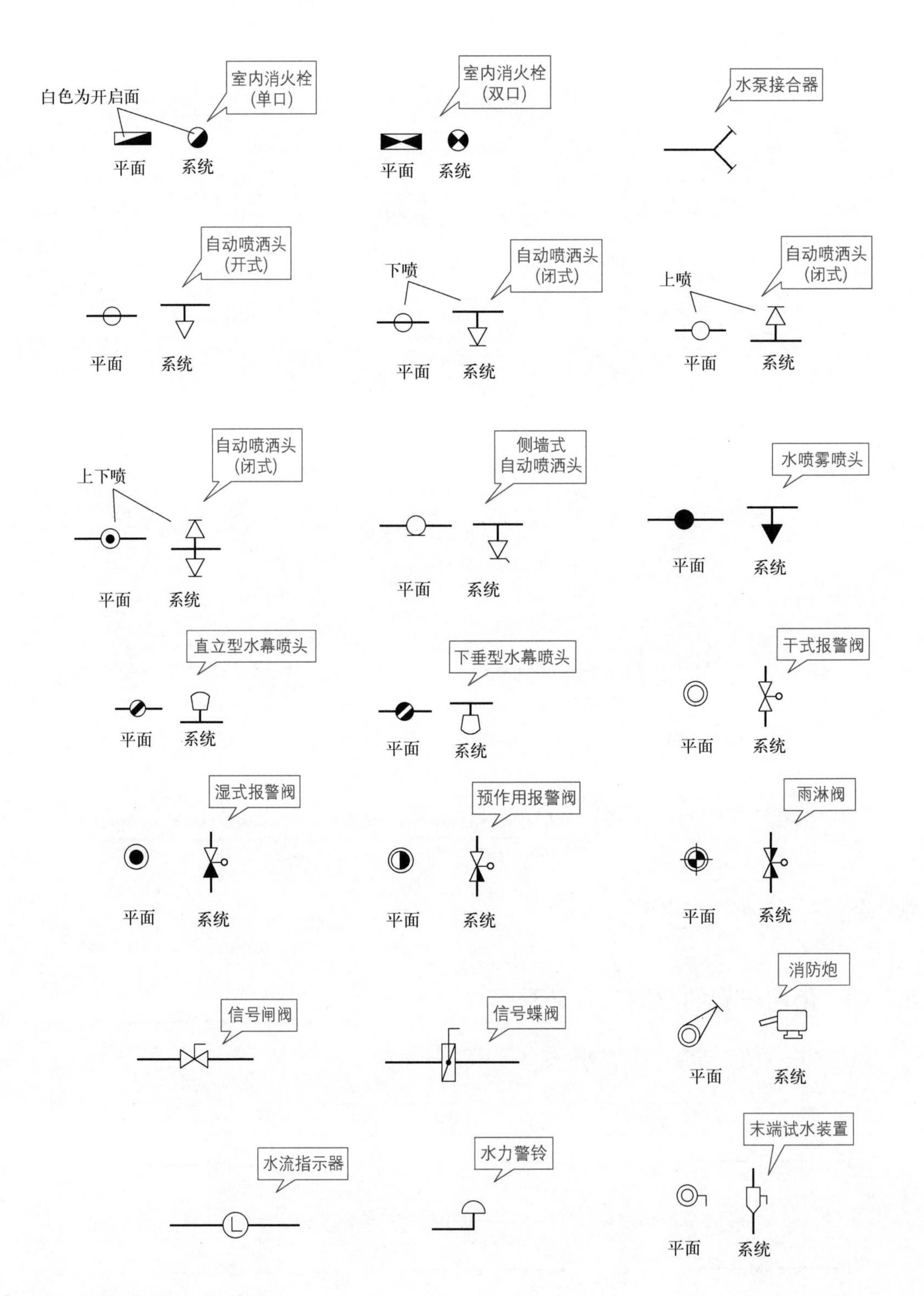

图 8-13 消防设施的图例与含义对照

8.2 识图图解

8.2.1 吊支架设置条件简图

吊支架设置条件简图的识读图解案例如图 8-14 所示。

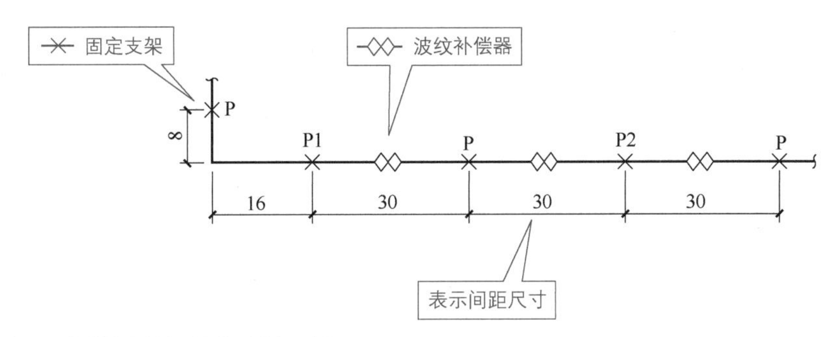

图 8-14 吊支架设置条件简图的识读图解案例（单位：m）

8.2.2 消防给水系统图的识读

消防给水系统图的识读案例如图 8-15 所示。

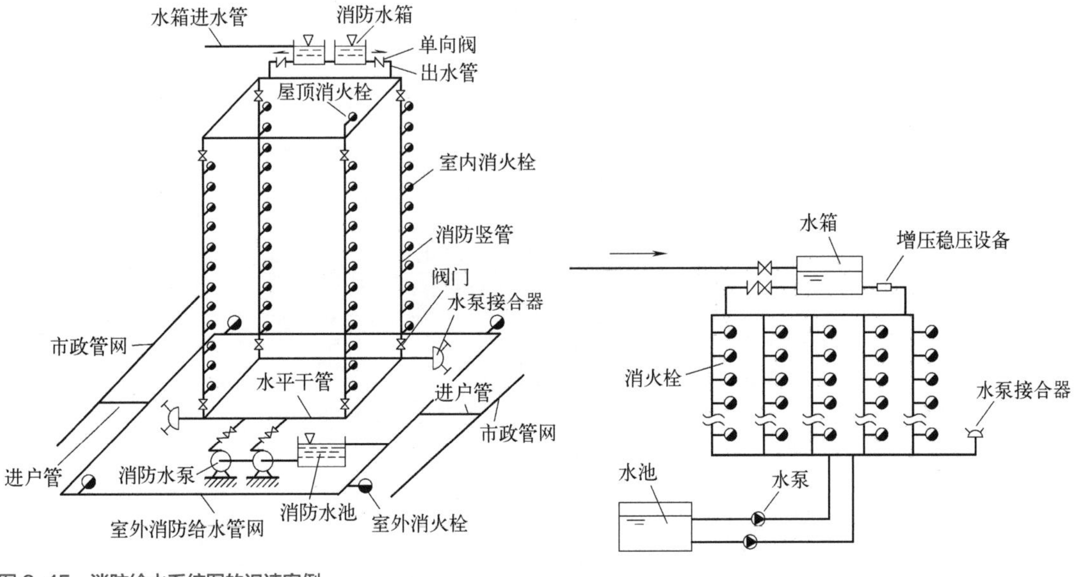

图 8-15 消防给水系统图的识读案例

8.2.3 不分区消防给水系统图的识读

消防给水系统最低点消火栓栓口处的压力不超过 800kPa 时，可以采用不分区给水方式。不分区消防给水系统适用于小区统一消防给水系统。

不分区消防给水系统图的识读案例如图 8-16 所示。

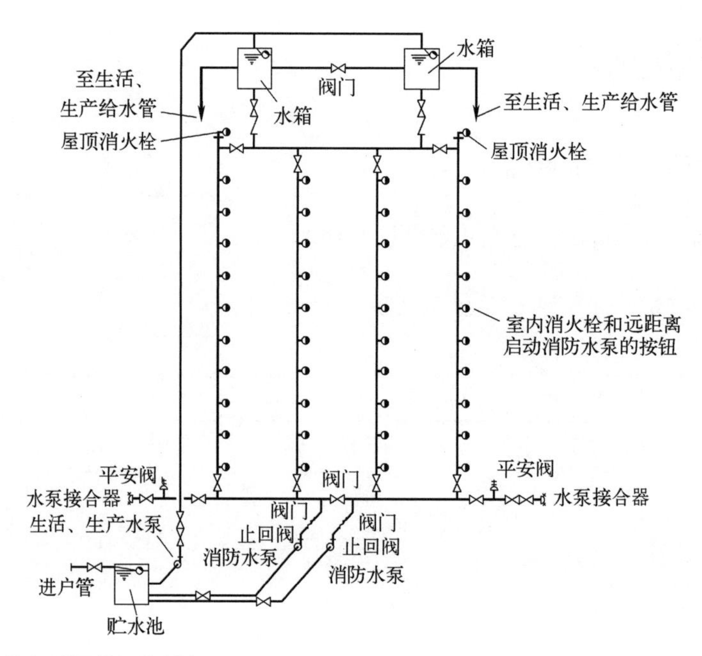

图 8-16 不分区消防给水系统图的识读案例

8.2.4 分区消防给水系统图的识读

消防给水系统中消火栓栓口处压力超过 800kPa 或建筑高度超过 50m，消防车已难以协助灭火，应采用分区的室内消防给水系统。

分区消防给水系统图的识读案例如图 8-17 所示。

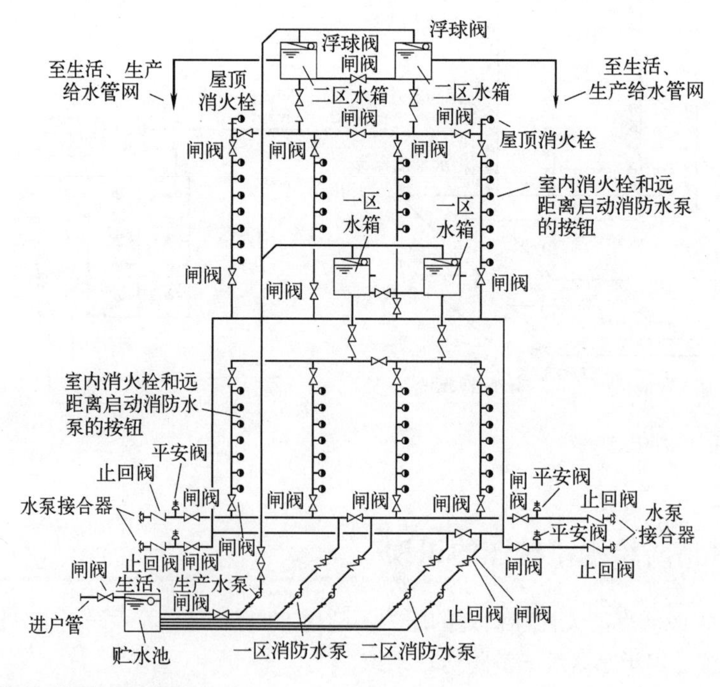

图 8-17 分区消防给水系统图的识读案例

8.2.5 湿式自动喷水灭火系统图与动作原理

湿式自动喷水灭火系统图与动作原理如图 8-18 所示。

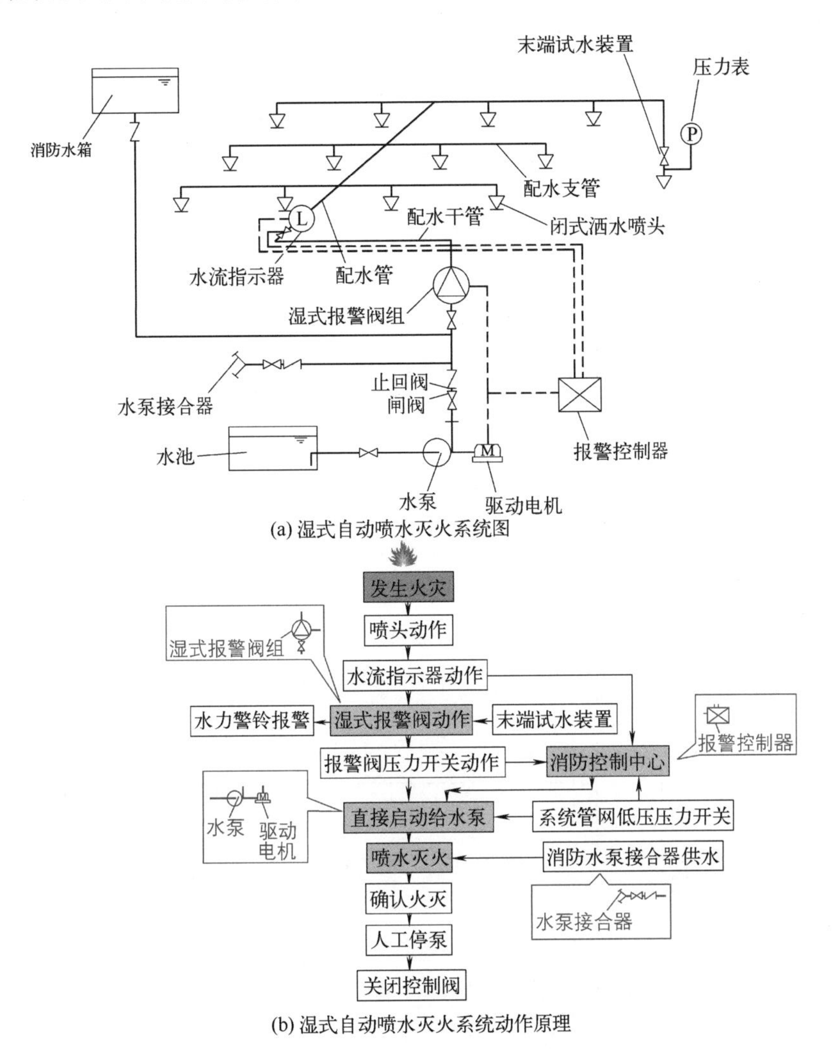

(a) 湿式自动喷水灭火系统图

(b) 湿式自动喷水灭火系统动作原理

图 8-18 湿式自动喷水灭火系统图与动作原理

一点通

消防水池需要符合的要求与规定如下：

（1）消防水池的有效容积，需要满足设计持续供水时间内的消防用水量要求。

（2）消防水池采用两路消防供水且在火灾中连续补水，能够满足消防用水量要求时，在仅设置室内消火栓系统的情况下，有效容积应大于或等于 50m³，其他情况下应大于或等于 100m³。

（3）消防用水与其他用水共用的水池，需要采取保证水池中的消防用水量不作他用的技术措施。

（4）消防水池的出水管，需要保证消防水池有效容积内的水能被全部利用。水池的最低有效水位或消防水泵吸水口的淹没深度，需要满足消防水泵在最低水位运行安全与实现设计出水量的要求。

（5）消防水池的水位，需要能够就地和在消防控制室显示。

（6）消防水池需要设置高低水位报警装置。

（7）消防水池需要设置溢流水管、排水设施，并且应采用间接排水。

（8）高层民用建筑、3 层及以上单体总建筑面积大于 10000m^2 的其他公共建筑，当室内采用临时高压消防给水系统时，则应设置高位消防水箱。

8.2.6 湿式自动喷水灭火系统图的识读

湿式自动喷水灭火系统为喷头常闭的灭火系统，管网中充满有压水。当建筑物发生火灾，火点温度达到闭式喷头动作温度时，喷头出水灭火。

湿式自动喷水灭火系统图的识读案例如图 8-19 所示。

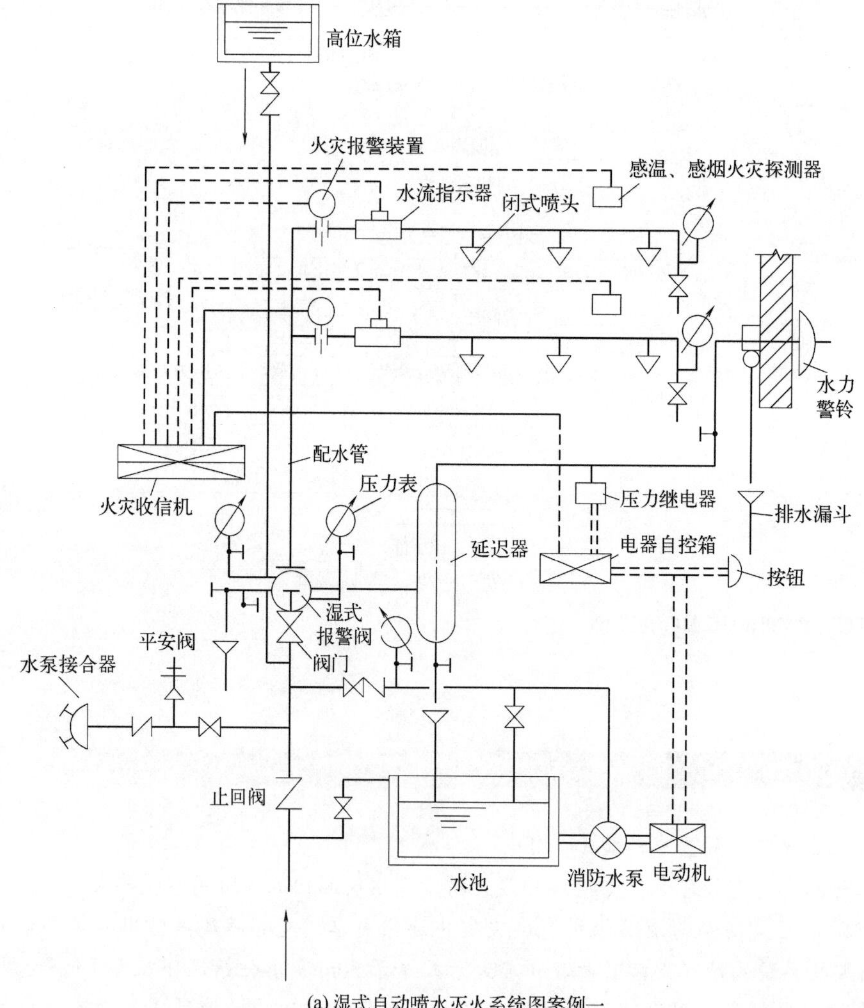

(a) 湿式自动喷水灭火系统图案例一

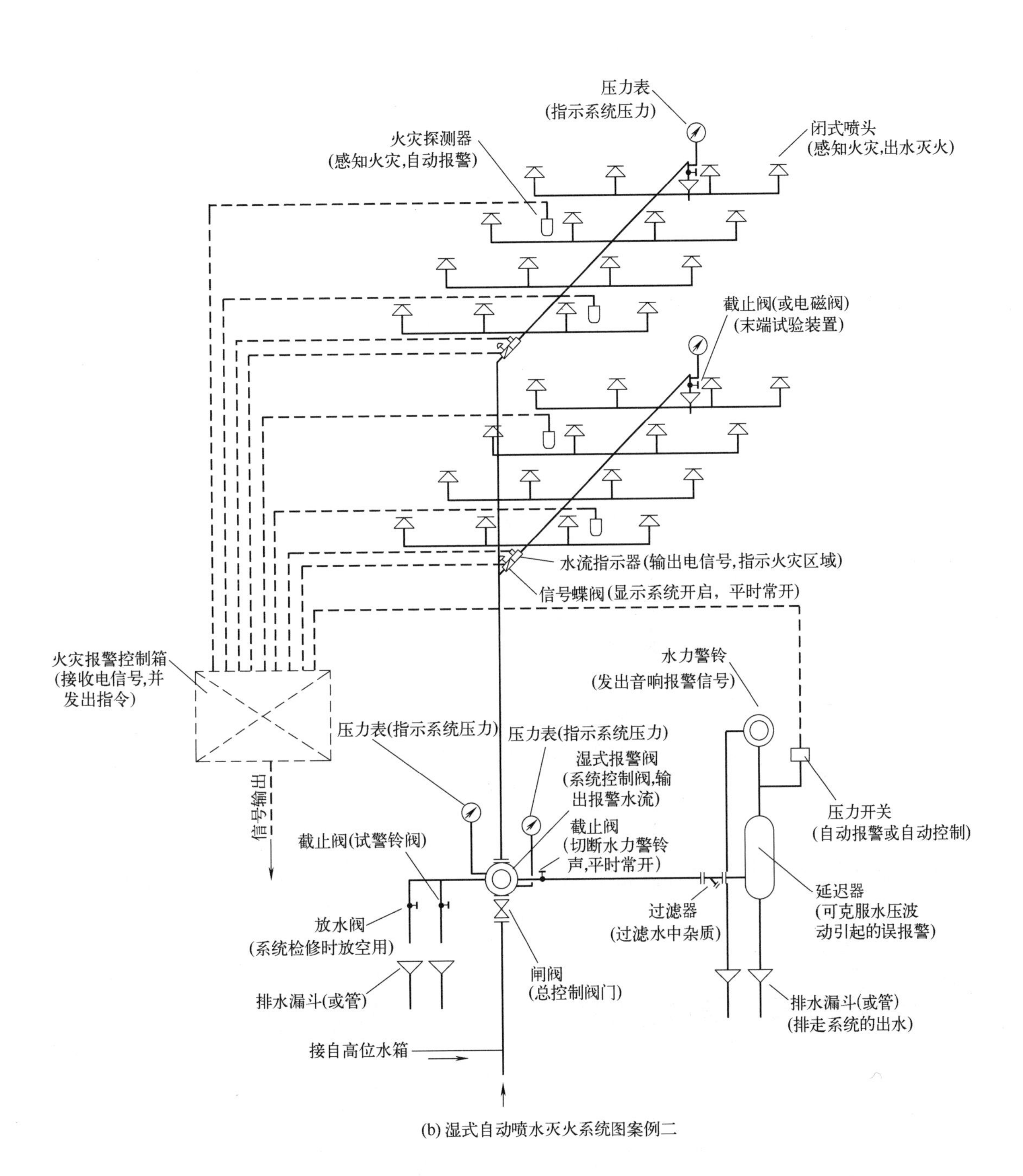

(b) 湿式自动喷水灭火系统图案例二

图 8-19

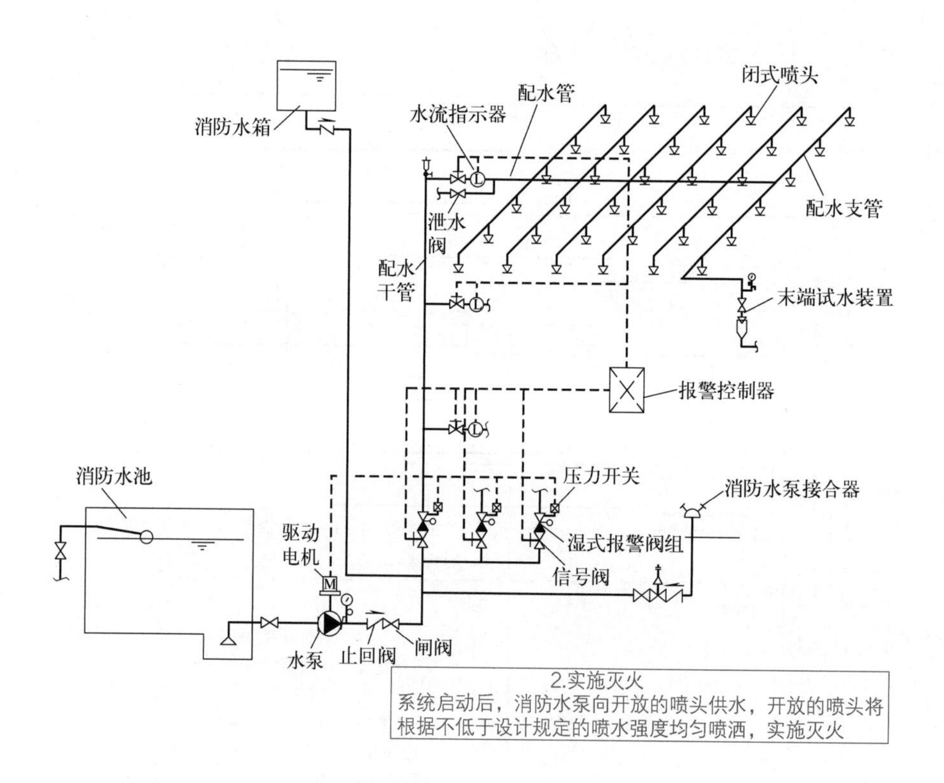

(c) 湿式自动喷水灭火系统图案例三

图 8-19　湿式自动喷水灭火系统图的识读案例

一点通

自动喷水灭火系统中，湿式系统、干式系统的喷头动作后，应由报警阀压力开关直接联锁自动启动消防水泵。预作用系统、雨淋系统、自动控制的水幕系统应根据系统类型由火灾探测器、闭式喷头作为探测元件，分别启动预作用装置或雨淋报警阀，自动向配水管道供水。

8.2.7　干式自动喷水灭火系统图与动作原理

干式自动喷水灭火系统图与动作原理如图 8-20 所示。

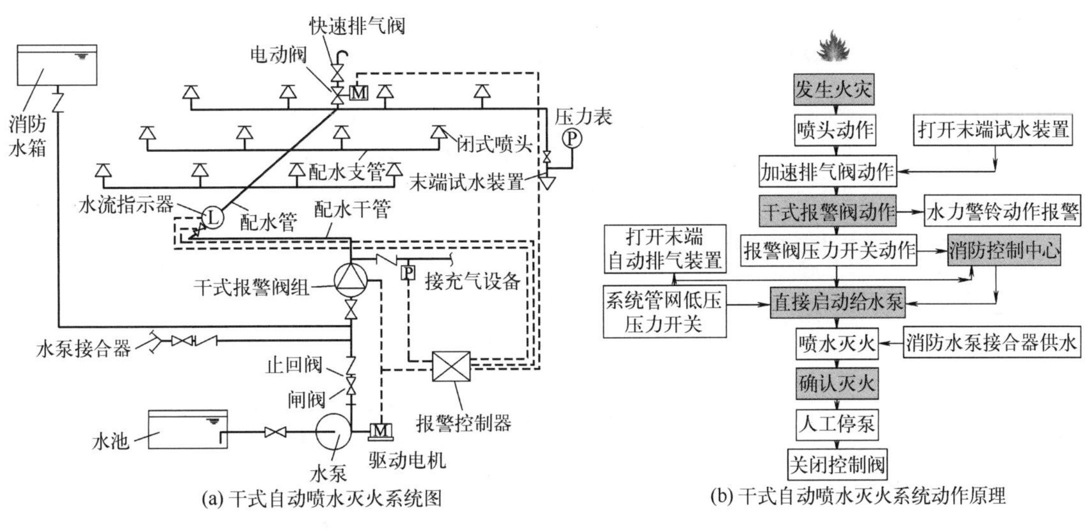

(a) 干式自动喷水灭火系统图　　(b) 干式自动喷水灭火系统动作原理

图 8-20　干式自动喷水灭火系统图与动作原理

8.2.8　干式自动喷水灭火系统图的识读

干式自动喷水灭火系统是由闭式喷头、管网、干式报警阀、充气设备、报警装置、供水设备等组成。干式自动喷水灭火系统平时不充水。

干式自动喷水灭火系统图的识读案例如图 8-21 所示。

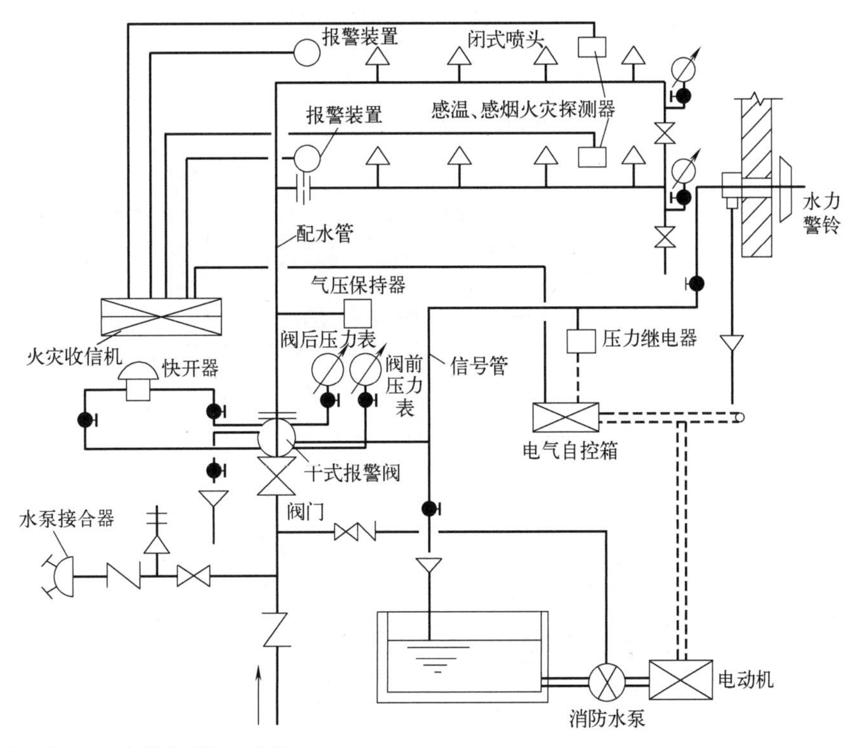

图 8-21　干式自动喷水灭火系统图的识读案例

一点通

干式系统与湿式系统的区别在于干式系统采用干式报警阀组，准工作状态时配水管道内充以压缩空气等有压气体。为了保持气压，需要配套设置补气设施。干式系统配水管道中维持的气压，根据干式报警阀入口前管道需要维持的水压，结合干式报警阀的工作性能确定。

8.2.9 消防水泵管路系统图的识读

消防水泵管路系统图的识读案例如图 8-22 所示。

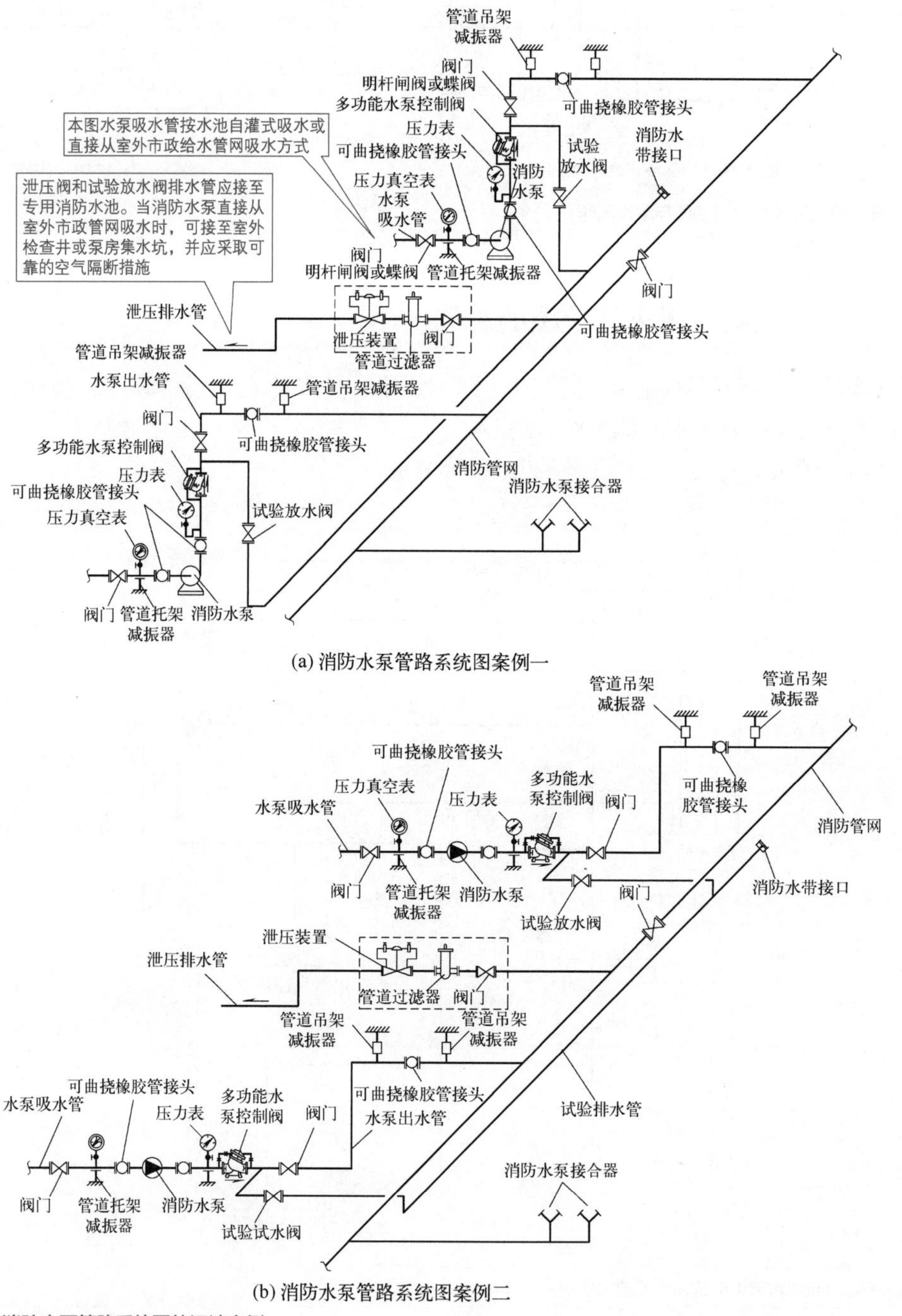

图 8-22 消防水泵管路系统图的识读案例

8.2.10 自动喷水水幕系统图的识读

自动喷水水幕系统图的识读案例如图 8-23 所示。

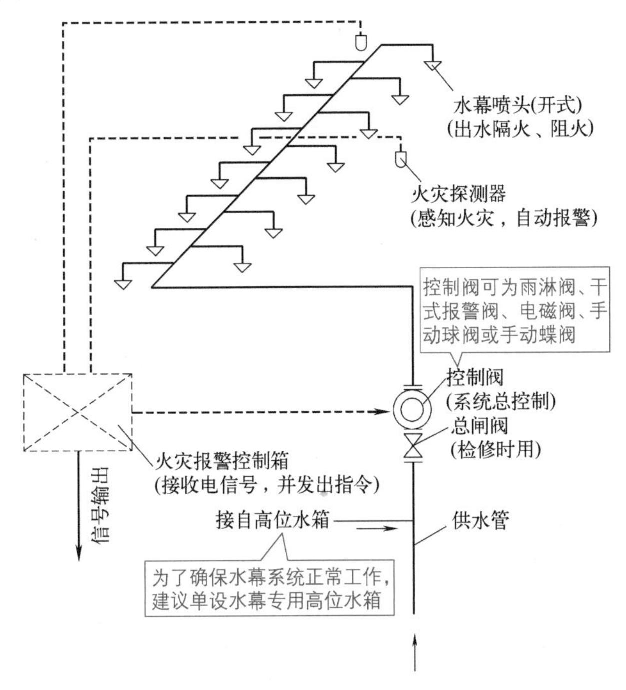

图 8-23 自动喷水水幕系统图的识读案例

8.2.11 预作用自动喷水灭火系统图与动作原理

预作用自动喷水灭火系统图与动作原理如图 8-24 所示。

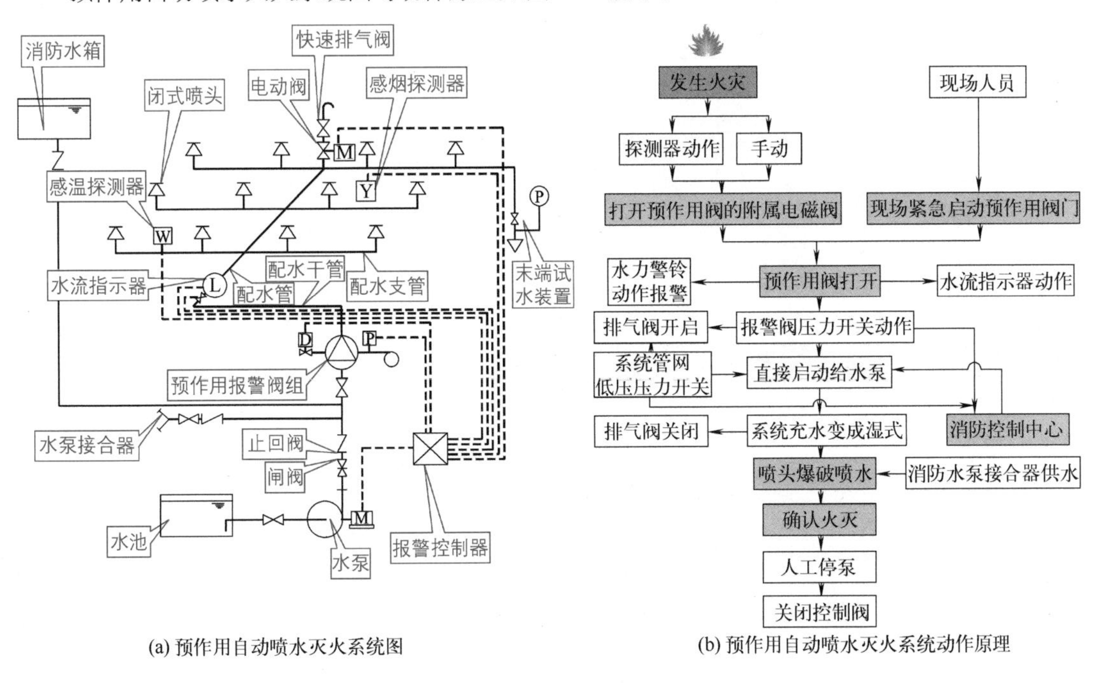

图 8-24 预作用自动喷水灭火系统图与动作原理

8.2.12 自动喷水预作用系统图的识读

自动喷水预作用系统图的识读案例如图 8-25 所示。

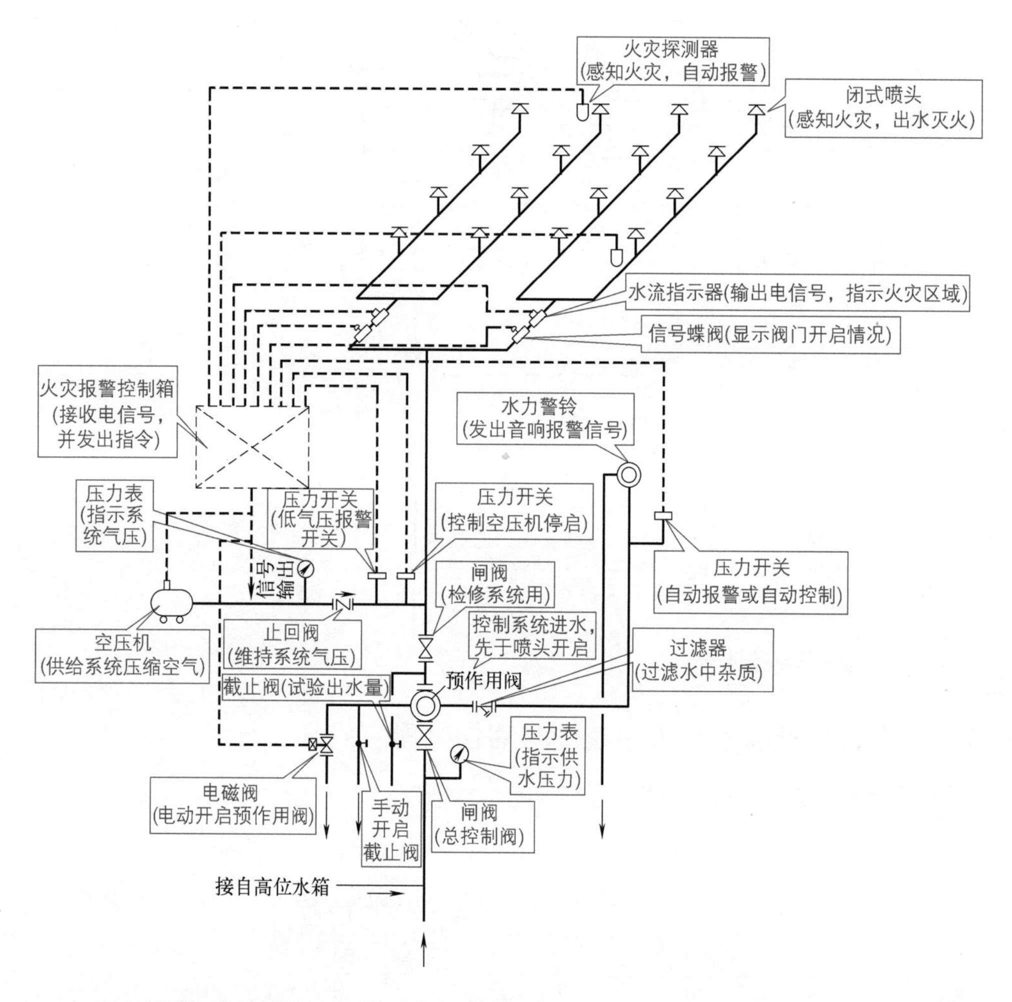

图 8-25 自动喷水预作用系统图的识读案例

一点通

自动喷水灭火系统中，预作用系统、雨淋系统和自动控制的水幕系统，应同时具备下列三种启动消防水泵和开启预作用装置或雨淋报警阀的控制方式：消防控制室（盘）手动远程控制；自动控制；泵房水泵控制柜、预作用装置或雨淋报警阀处现场应急操作。

8.2.13 雨淋自动喷水灭火系统图与动作原理

雨淋自动喷水灭火系统图与动作原理如图 8-26 所示。

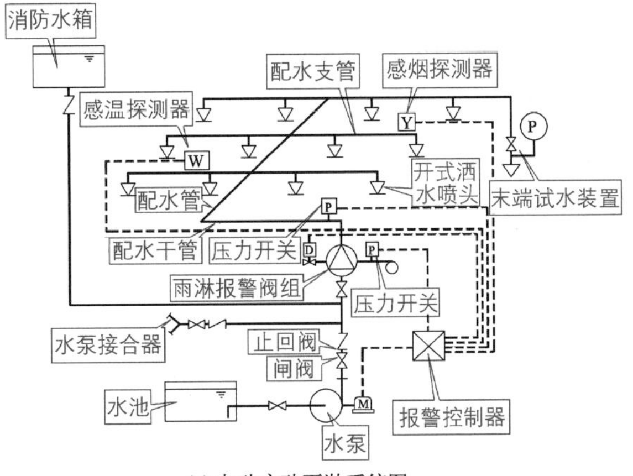

(a) 电动启动雨淋系统图

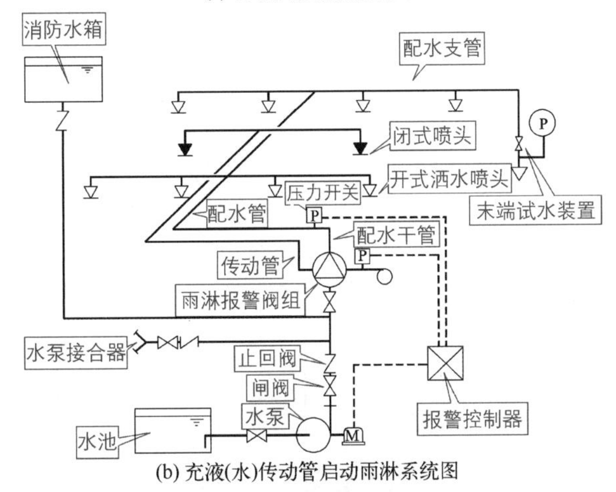

(b) 充液(水)传动管启动雨淋系统图

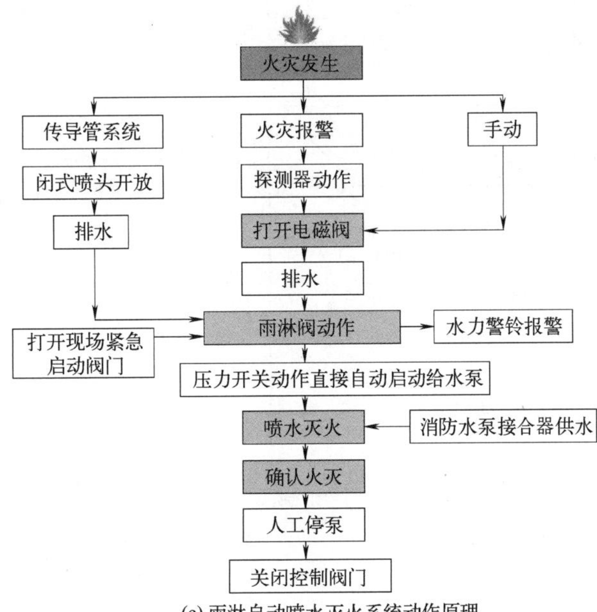

(c) 雨淋自动喷水灭火系统动作原理

图 8-26　雨淋自动喷水灭火系统图与动作原理

一点通

控制柜的安装需要符合的要求如下：

（1）控制柜的基座其水平度误差不大于 ±2mm，并且需要做防腐、防水处理措施。

（2）控制柜与基座应采用不小于 ϕ12mm 的螺栓固定，并且每只柜不应少于 4 只螺栓。

（3）做控制柜的上下进出线口时，不应破坏控制柜的防护等级。

8.2.14 自动喷水雨淋系统图的识读

自动喷水雨淋系统图的识读案例如图 8-27 所示。

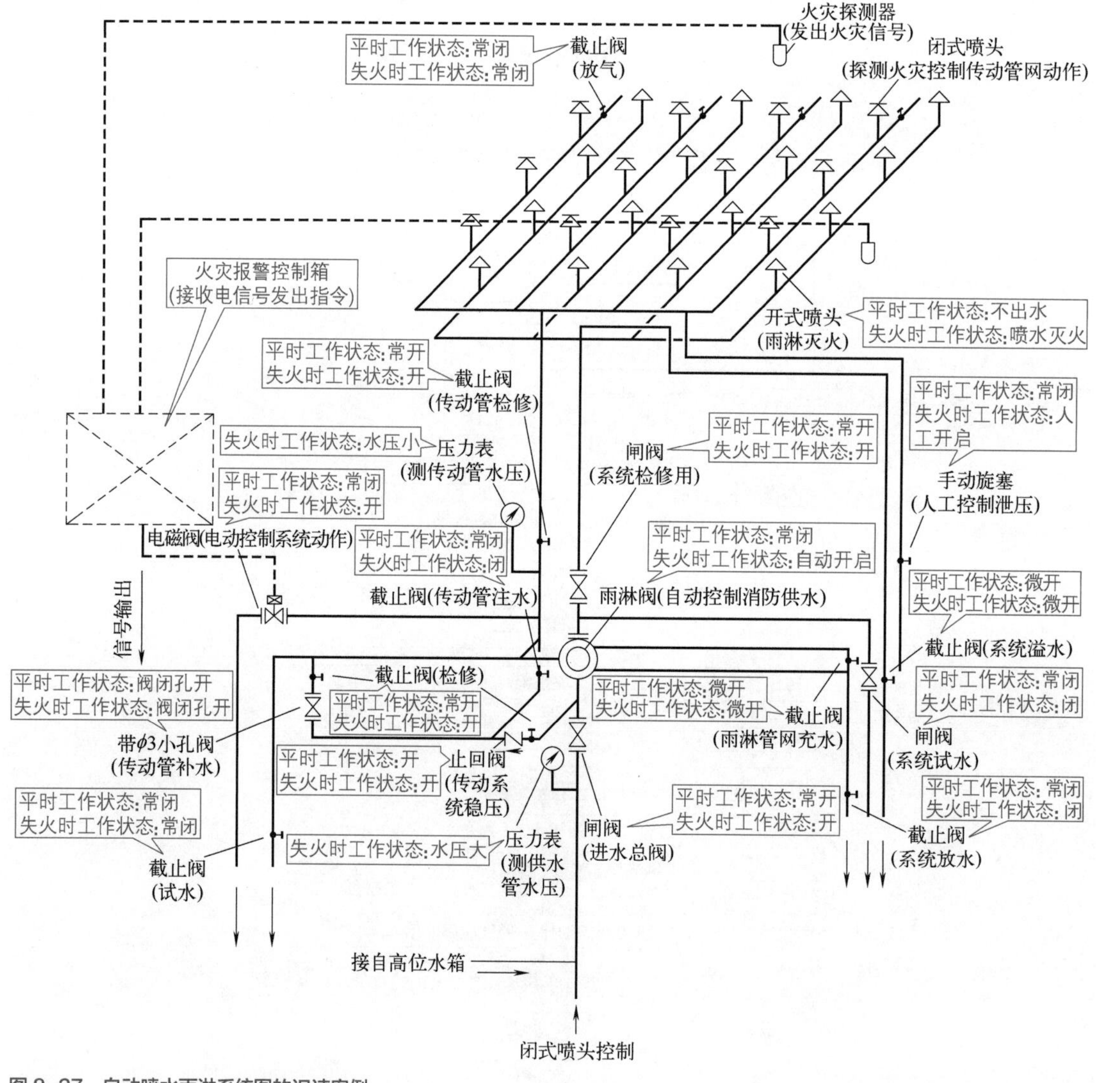

图 8-27 自动喷水雨淋系统图的识读案例

一点通

自动喷水灭火系统中，雨淋报警阀的自动控制方式可采用电动、液（水）动或气动。当雨淋报警阀采用充液（水）传动管自动控制时，闭式喷头与雨淋报警阀间的高程差需要根据雨淋报警阀的性能来确定。

8.2.15 水喷雾灭火系统图的识读

水喷雾灭火系统图的识读案例如图 8-28 所示。

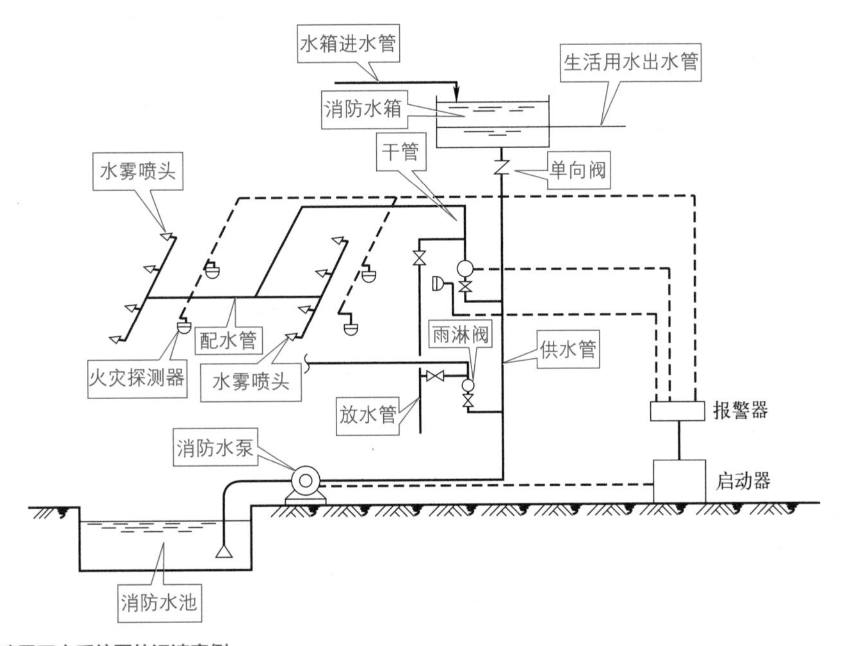

图 8-28 水喷雾灭火系统图的识读案例

一点通

消防水泵控制柜应位于消防水泵控制室或消防水泵房内，其性能需要符合的要求与规定如下：

（1）消防水泵控制柜位于消防水泵控制室内时，其防护等级不应低于 IP30。

（2）消防水泵控制柜位于消防水泵房内时，其防护等级不应低于 IP55。

（3）消防水泵控制柜在平时，应使消防水泵处于自动启泵状态。

（4）消防水泵控制柜应具有机械应急启泵功能，并且机械应急启泵时，消防水泵应能够在接到火警后 5min 内进入正常运行状态。

消防工程一线施工与安装

9.1 工程一线施工、安装基础与要求

9.1.1 消防工程施工与验收规范的适用范围

《消防设施通用规范》(GB 55036—2022)，适用于建设工程中消防设施的设计、施工、验收、使用、维护。

《建筑防火通用规范》(GB 55037—2022)，适用于除生产和储存民用爆炸物品的建筑外，新建、改建、扩建建筑在规划、设计、施工、使用、维护中的防火，以及既有建筑改造、使用、维护中的防火。

《建筑给水排水及采暖工程施工质量验收规范》(GB 50242—2002)，适用于室内、居住小区室外消火栓消防给水管，以及给水、排水、采暖等工程的管道施工。

《给水排水管道工程施工及验收规范》(GB 50268—2008)，适用于城镇公共设施、工业企业的室外给排水管道工程的施工及验收。

《自动喷水灭火系统施工及验收规范》(GB 50261—2017)，适用于工业与民用建筑中设置的自动喷水灭火系统的施工、验收、维护管理。

《工业金属管道工程施工规范》(GB 50235—2010)，适用于设计压力不大于42MPa，设计温度不超过材料允许的使用温度的工业金属管道工程的施工、验收。

《现场设备、工业管道焊接工程施工规范》(GB 50236—2011)，适用于工程建设施工现场设备、工业金属管道焊接工程中的碳素钢、合金钢、铝及铝合金、铜及铜合金、工业纯钛镍及镍合金的手工电弧焊、氩弧焊、二氧化碳气体保护焊、埋弧焊、氧乙炔焊的焊接工程施工及验收。

本章主要对消防工程一线施工与安装相关内容进行介绍。消防工程一线施工人员平时应加强对管道施工与验收规范要求的掌握，以及理解设计等要求，这样施工与安装才能够顺畅、达标与验收合格。

一点通

自动喷水灭火系统配水管道的工作压力不应大于 1.2MPa，并且不应设置其他用水设施。自动喷水灭火系统配水管道需采用内外壁热镀锌钢管或涂覆钢管、铜管、不锈钢管、氯化聚氯乙烯（PVC-C）消防专用管。涂覆钢管与氯化聚氯乙烯（PVC-C）消防专用管仅用于自动喷水灭火系统湿式系统。

9.1.2 消防管道施工工具

消防管道施工常见的工具有虎钳、电动弯管机、液压弯管机等，如图 9-1 所示。

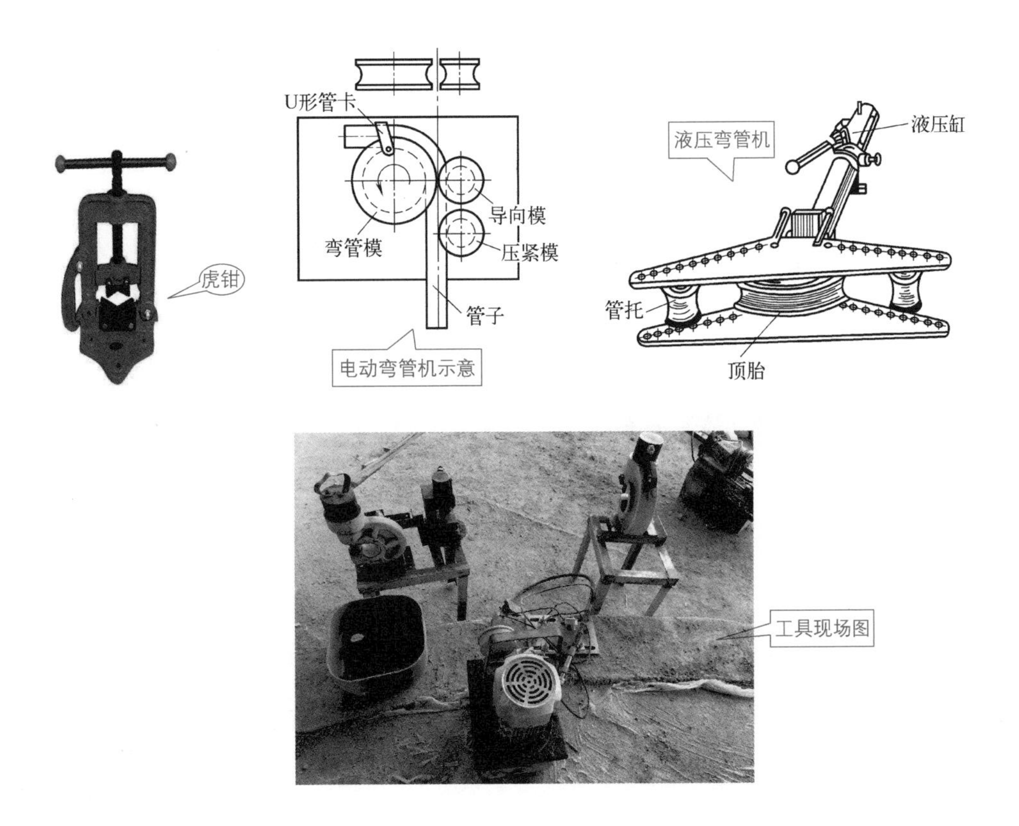

图 9-1 消防管道施工常见的工具

9.1.3 消防工程施工材料要求

消防工程施工前，应明确材料要求，并且检查其是否合格。

民用与一般工业建筑的消防自动喷洒系统、消火栓系统的管道与设备安装工程中的消防喷洒管材，需要根据设计等要求选用确认，一般采用镀锌碳素钢管与管件，管壁外镀锌均匀、无飞刺、无锈蚀，零件无角度不准、无丝扣不全等。

民用与一般工业建筑的消防自动喷洒系统、消火栓系统的材料要求如表 9-1 所示。

表 9-1 材料要求

项目	解说
消火栓系统管材要求	消火栓系统管材要求如下： （1）消火栓系统管材需要根据设计等要求选用。 （2）消火栓系统管材一般采用碳素钢管或无缝钢管，并且要求管材不得有弯曲、锈蚀、重皮、凹凸不平等异常现象
消防自动喷洒系统主要组件的要求	消防自动喷洒系统主要组件的要求如下： （1）消防喷洒系统的作用阀、报警阀、延迟器、控制阀、水流指示器、水泵接合器等主要组件的规格型号需要符合设计等要求。 （2）消防自动喷洒系统的主要组件的配件要齐全，铸造要规矩，表面要光洁，不得出现裂纹、启闭不灵活、无出厂合格证等异常现象
喷洒头的要求	喷洒头的要求如下： （1）喷洒头的规格、类型、动作温度需要符合设计等要求。 （2）喷洒头的外形要规矩，丝扣要完整，感温包要无破碎和无松动，易熔片要无脱落和无松动。 （3）喷洒头要有产品出厂合格证
消火栓箱体的要求	消火栓箱体的要求如下： （1）消火栓箱体的规格类型需要符合设计等要求。 （2）消火栓箱体表面要平整光洁。 （3）消火栓金属箱体要无锈蚀、无划伤，箱门开启要灵活。 （4）消火栓箱体要方正，箱配件要齐全。 （5）消火栓栓阀外形要规矩，要无裂纹，启闭要灵活，关闭要严密，密封填料要完好。 （6）消火栓体等要有产品出厂合格证

一点通

消防给水系统试验装置处需要设置专用排水设施。试验排水可回收部分，宜排入专用消防水池循环再利用，排水管径需要符合的要求如下：

（1）自动喷水灭火系统等自动水灭火系统末端试水装置处的排水立管管径，需要根据末端试水装置的泄流量来确定，并且不宜小于 DN75。

（2）报警阀处的排水立管，宜为 DN100。

（3）减压阀处的压力试验排水管道直径，需要根据减压阀流量来确定，但一般不应小于 DN100。

9.1.4 自动喷水灭火系统配水管道的选择

自动喷水灭火系统配水管道，需要选择采用内外壁热镀锌钢管或涂覆钢管、铜管、不锈钢管、氯化聚氯乙烯（PVC-C）消防专用管等，如图 9-2 所示。

自动喷水灭火系统配水管道采用氯化聚氯乙烯（PVC-C）消防专用管时，需要符合的要求与规定如下：

（1）仅适用于轻危险级或中危险级 I 级场所。

（2）应用于公称直径不超过 50mm 的配水管、配水支管。

（3）应隐蔽安装在吊顶内，并且吊顶内应无可燃物。如果吊顶采用不燃材料，则其耐火极限不应小于 0.25h。

图 9-2 自动喷水灭火系统配水钢管

自动喷水灭火系统喷头与配水管道采用消防洒水软管连接时，需要符合的要求与规定如图 9-3 所示。

自动喷水灭火系统喷头与配水管道采用消防洒水软管连接时，需要符合的要求与规定

1. 消防洒水软管需要隐蔽安装在吊顶内
2. 消防洒水软管仅适用于轻危险级或中危险级 I 级场所，并且系统应为湿式系统
3. 消防洒水软管的长度一般不应超过1.8m

图 9-3 自动喷水灭火系统喷头与配水管道采用消防洒水软管连接时的要求

自动喷水灭火系统配水管道的直径，应经水力计算来确定。自动喷水灭火系统短立管、末端试水装置的连接管，其管径不应小于 25mm。

自动喷水灭火系统配水管道的布置，应使配水管入口的压力均衡。轻危险级、中危险级场所中各配水管入口的压力均不宜大于 0.40MPa。

一点通

自动喷水灭火系统干式系统、预作用系统的供气管道，采用钢管时，管径不宜小于 15mm；采用铜管时，则管径不宜小于 10mm。

9.2 施工安装连接

9.2.1 管道咬接咬口形状

管道咬接的咬口形状有多种，如图 9-4 所示。

9.2.2 法兰与管道安装连接及检查

法兰与管道安装连接常采用平焊、对焊、翻边活套的方式，如图 9-5 所示。

法兰与管道安装连接后，应采用角尺、靠尺等进行法兰垂直度检查，如图 9-6 所示。

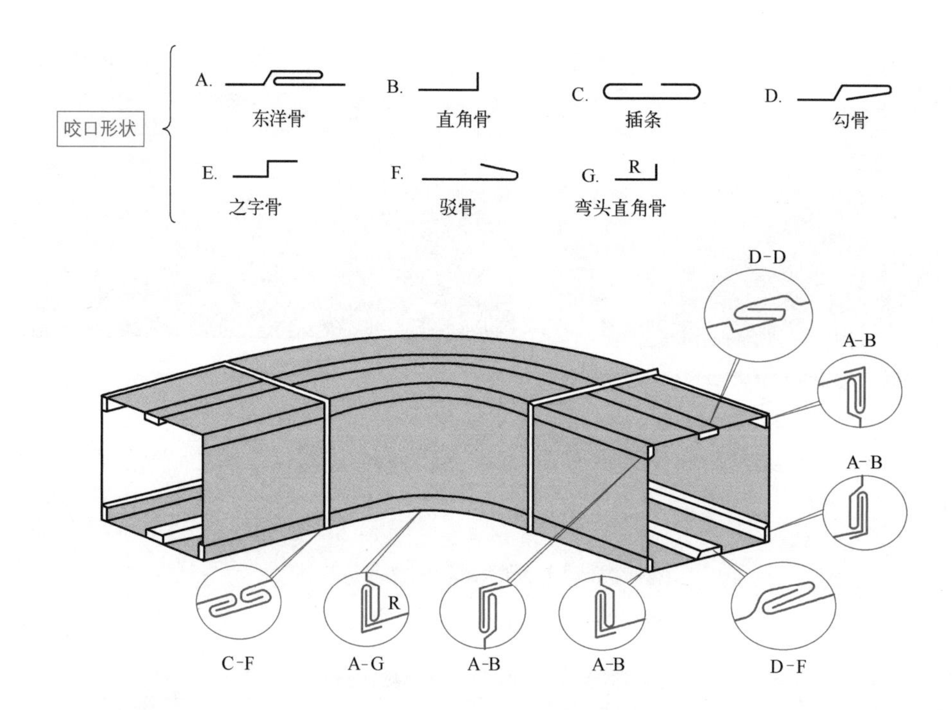

图 9-4 管道咬接的咬口形状

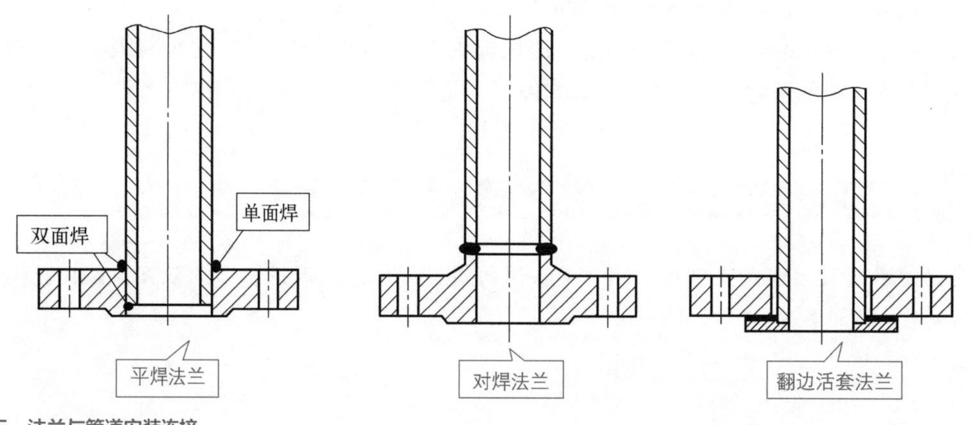

图 9-5 法兰与管道安装连接

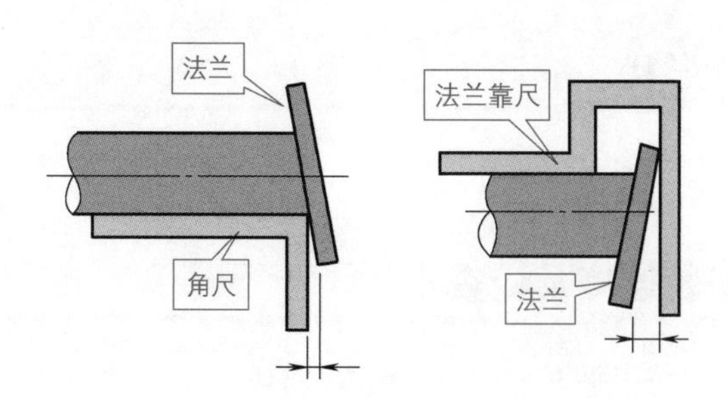

图 9-6 法兰垂直度检查

9.2.3 消防系统管材的连接方式

消防系统管材的连接方式可由表 9-2 进行速查。

表 9-2 消防系统管材的连接方式速查　　单位：mm

<table>
<tr><th>系统类别</th><th colspan="4">管材</th><th>连接方式</th></tr>
<tr><td rowspan="8">消火栓系统</td><td rowspan="2">室内明设或暗设</td><td>DN ≥ 75</td><td colspan="2">宜采用热浸镀锌钢管</td><td>卡箍连接、法兰连接、焊接</td></tr>
<tr><td>DN < 75</td><td colspan="2">焊接钢管或无缝钢管</td><td>螺纹连接</td></tr>
<tr><td rowspan="6">室外埋地</td><td rowspan="2">DN < 100</td><td colspan="2">热浸镀锌钢管、钢塑复合管</td><td>螺纹连接</td></tr>
<tr><td colspan="2">塑料给水管（PE、PPR、PVC）</td><td>热熔连接、法兰连接、粘接</td></tr>
<tr><td rowspan="4">DN ≥ 100</td><td colspan="2">宜采用球墨铸铁管</td><td>承插连接、法兰连接</td></tr>
<tr><td colspan="2">埋地聚乙烯（PE）给水管</td><td>热熔连接、法兰连接</td></tr>
<tr><td colspan="2">硬聚氯乙烯给水管</td><td>承插连接、法兰连接、粘接</td></tr>
<tr><td colspan="2">焊接钢管或无缝钢管</td><td>焊接</td></tr>
<tr><td rowspan="2">气体灭火系统</td><td>输送气体灭火剂</td><td>DN > 80</td><td colspan="2">无缝钢管或不锈钢管</td><td>宜采用法兰连接</td></tr>
<tr><td>输送启动气体</td><td>DN ≤ 80</td><td colspan="2">铜管</td><td>宜采用中、高压螺纹连接</td></tr>
<tr><td rowspan="5">自动喷水灭火系统</td><td rowspan="2">报警阀后</td><td>DN ≥ 100</td><td colspan="2" rowspan="2">内外壁热浸镀锌钢管或热浸镀锌无缝钢管</td><td>卡箍连接或法兰连接</td></tr>
<tr><td>DN < 100</td><td>螺纹连接</td></tr>
<tr><td rowspan="3">报警阀前</td><td rowspan="3">DN ≥ 75</td><td rowspan="2">室内</td><td>内外壁热浸镀锌钢管</td><td>卡箍连接、法兰连接或螺纹连接</td></tr>
<tr><td>焊接钢管</td><td>焊接</td></tr>
<tr><td>室外</td><td>球墨铸铁管</td><td>承插连接、法兰连接</td></tr>
<tr><td rowspan="2">细水雾灭火系统</td><td colspan="4">不锈钢管</td><td>丝扣、法兰、焊接、球形连接、限位活接、卡压式连接</td></tr>
<tr><td colspan="4">铜管</td><td>沟槽式连接件（卡箍）、丝扣、法兰连接</td></tr>
</table>

9.2.4 消防管道与设备安装工程的工艺流程

民用与一般工业建筑的消防自动喷洒系统、消火栓系统的管道与设备安装工程的工艺流程如图 9-7 所示。

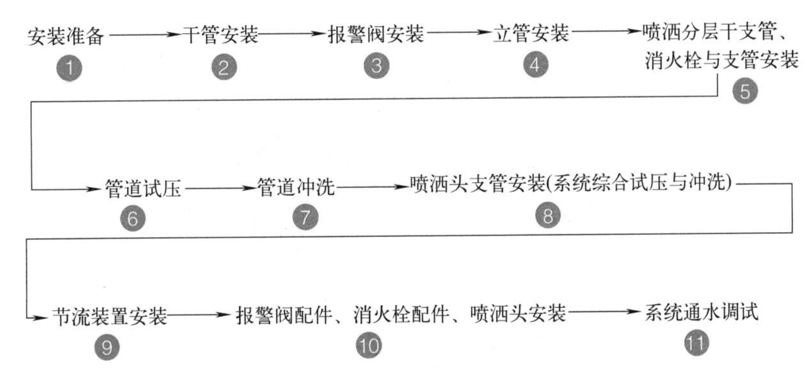

图 9-7 工艺流程

一点通

自动喷水灭火系统干式系统、由火灾自动报警系统和闭式喷头联动开启的预作用系统，其配水管道充水时间不宜大于 1min；仅由火灾自动报警系统联动开启的预作用系统，其配水管道充水时间不宜大于 2min。

扫码看视频

消防管道的加工

9.2.5 消防管道的加工

消防管道的加工主要包括调直、切割、套螺纹、煨弯、管件制作等操作，如图 9-8 所示。

(a) 切割现场

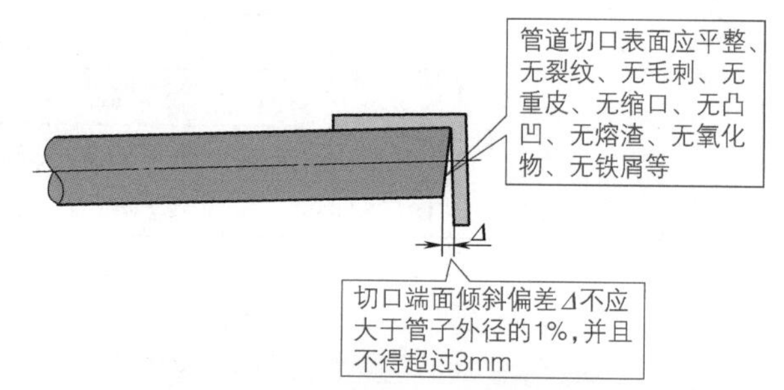
管道切口表面应平整、无裂纹、无毛刺、无重皮、无缩口、无凸凹、无熔渣、无氧化物、无铁屑等
Δ
切口端面倾斜偏差Δ不应大于管子外径的1%，并且不得超过3mm

(b) 管子切口质量要求

管道套螺纹

(c) 套丝机一

(d) 套丝机二

(e) 管道套螺纹

图 9-8 消防管道加工

管子切断前应移植原有标记。低温钢管、钛管严禁使用钢印。镀锌钢管宜采用钢锯或机械方法切割。碳素钢管、合金钢管宜采用机械方法切割。管子切口需要满足质量要求。

9.2.6 管道坡口与坡度

管道壁厚大于 4mm 时，需要在焊接前对管道端部进行坡口加工，如图 9-9 所示。

图 9-9 管道坡口加工

管道坡口加工一般宜采用机械方法，也可以采用等离子弧、氧乙炔焰等进行热加工。采用热加工方法加工坡口后，则需要除去坡口表面的氧化皮、熔渣、影响接头质量的表面层，以及需要将凹凸不平部位打磨平整。

管道组成件组对时，对坡口、其内外表面进行的清理要符合规定，并且清理合格后需要及时焊接。

坡口加工是指现场加工坡口或修理坡口。消防管道坡口一般采用坡口机等机械方法来实现。

管道坡度也称为管道倾斜度。其是指管道在水平方向上每一段长度的高差与长度之比。管道坡度影响管道内部水的流通与流向。

自动喷水灭火系统水平安装的管道也需要有坡度，并且需要坡向泄水阀。充水管道的坡度一般不宜小于 0.2%，准工作状态不充水管道的坡度一般不宜小于 0.4%。

9.2.7 管道的连接

9.2.7.1 管道连接概述

管道连接是指把管子、管件等相接以构成管道系统。管道连接方法有螺纹连接、焊接、法兰连接等种类。

自动喷水灭火系统镀锌钢管、涂覆钢管应采用沟槽式连接件（卡箍）、螺纹或法兰连接。报警阀前采用内壁不防腐钢管时，可焊接连接。铜管、不锈钢管应采用配套的支架、吊架。除了镀锌钢管外，其他管道的水头损失取值需要根据检测或生产厂家提供的数据来确定。

自动喷水灭火系统中直径等于或大于 100mm 的管道，应分段采用法兰或沟槽式连接件（卡箍）连接。水平管道上法兰间的管道长度不宜大于 20m；立管上法兰间的距离不应跨越 3 个及以上楼层。净空高度大于 8m 的场所内，立管上应有法兰。

灭火系统管道连接图例如图 9-10 所示。

9.2.7.2 管道的螺纹连接

管道的螺纹连接要求如下：

（1）管道宜采用机械切割，并且切割面不得有飞边、不得有毛刺。

（2）管道接口紧固后，宜露出 2 ～ 3 扣螺纹。

（3）螺纹连接的密封填料，要均匀附着在管道的螺纹部分。

（4）拧紧螺纹时，不得将填料挤入管道内。连接后，要将连接位置外部清理干净。

（5）管道变径时，宜采用异径接头，如图 9-11 所示。

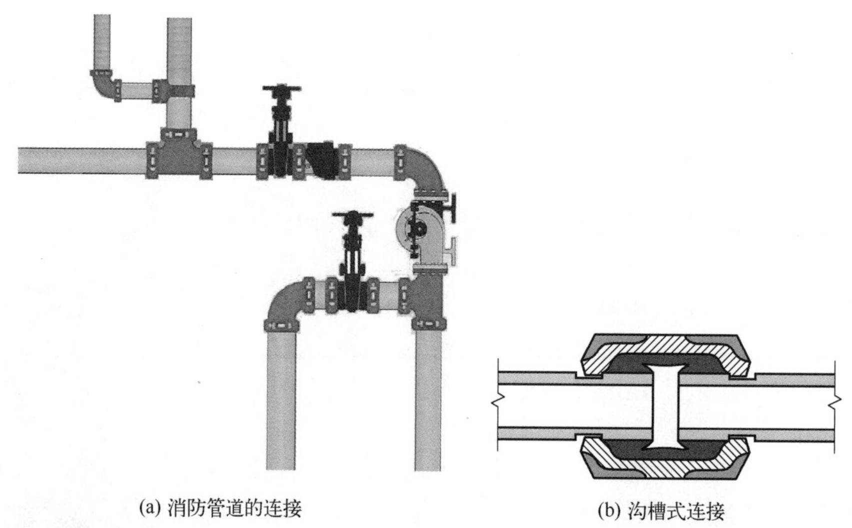

图 9-10 灭火系统管道连接图例

（6）管道弯头位置，不宜采用补芯。当需要采用补芯时，三通上可用 1 个，四通上不应超过 2 个。

（7）公称直径大于 50mm 的管道，不宜采用活接头。

管道的螺纹如图 9-12 所示。

图 9-11 异径接头

图 9-12 管道的螺纹

管螺纹制作时，管节的切口断面要平整，并且要求偏差不得超过一扣。螺纹需要光洁，不得有毛刺，不得乱扣、断扣，缺扣总长不得超过螺纹全长的 10%，并且螺纹要有一定的锥度。

管螺纹参考加工尺寸如表 9-3 所示。

表 9-3 管螺纹参考加工尺寸

公称直径 /mm	连接阀门螺纹长度 /mm	短螺纹		长螺纹	
		长度 /mm	螺纹数 / 牙	长度 /mm	螺纹数 / 牙
15	12	14	8	50	28
20	12.5	16	9	55	30
25	15	18	8	60	26

续表

公称直径 /mm	连接阀门螺纹长度 /mm	短螺纹		长螺纹	
		长度 /mm	螺纹数 / 牙	长度 /mm	螺纹数 / 牙
32	17	20	9	65	28
40	19	22	10	70	30
50	21	24	11	75	33
65	23.5	27	12	85	37
80	26	30	13	100	44

9.2.7.3 镀锌钢管螺纹连接

镀锌钢管螺纹连接要求如下：

（1）消防系统管道小于 DN100 采用镀锌钢管，螺纹连接，则管道安装时螺纹要光滑、完整、无断丝。丝口填料可以采用四氟乙烯生料带或白漆麻丝。

（2）镀锌钢管螺纹连接管道要一次装紧。螺纹外露部分要涂刷防锈漆加以保护，并且螺纹填料不得进入管道。

（3）管道螺纹连接采用电动套丝机进行加工，螺纹的加工要端正、清晰、完整光滑，不得有断丝、毛刺，缺丝总长度不得超过螺纹长度的 10%。

（4）螺纹连接时，填料采用白厚漆麻丝或生料带，并且要一次拧紧，不得回拧，拧紧后留有螺纹 2~3 圈。

（5）管道连接后，把挤到螺纹外面的填料清理干净，填料不得挤入管腔，以免阻塞管路，同时对裸露的螺纹进行防腐处理。

9.2.7.4 管道的法兰连接

管道的法兰连接要求如下：

（1）法兰焊缝与其他连接件的设置，要便于检修，并且不得紧贴墙壁、楼板、管架。

（2）预制管道，要根据管道系统号和预制顺序号进行安装。

（3）管道安装时，要检查法兰密封面、密封垫片，不得有影响密封性能的斑点、划痕等缺陷。

（4）当大直径垫片需要拼接时，要采用斜口搭接或迷宫式拼接，不得采用平口对接。

（5）法兰连接要与管道同心，并且保证螺栓自由穿入。

（6）法兰螺栓孔要跨中安装。

（7）法兰间要保持平行，其偏差不得大于法兰外径的 1.5%，并且不得大于 2mm。

（8）法兰螺栓安装，不得用强紧螺栓的方法消除安装歪斜。

（9）法兰连接，要使用同一规格螺栓，并且安装方向要一致。

（10）法兰螺栓紧固后，要与法兰紧贴，不得有楔缝。

（11）法兰螺栓紧固需加垫圈时，每个螺栓不应超过一个。法兰与垫圈如图 9-13 所示。

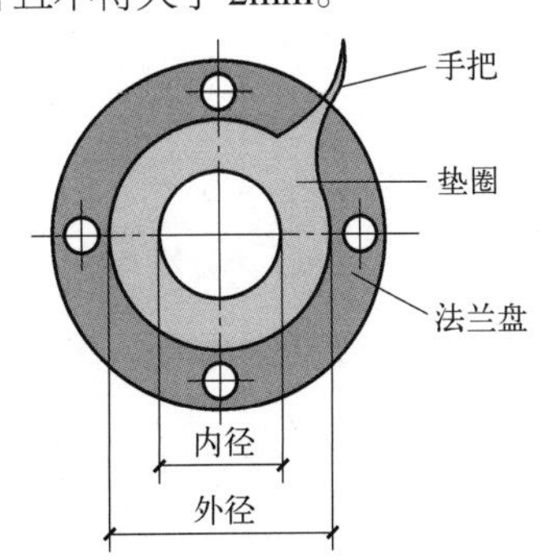

图 9-13 法兰与垫圈

（12）法兰螺栓紧固后的螺栓与螺母宜齐平。

（13）法兰软垫片的周边要整齐，垫片尺寸要与法兰密封面相符，其允许偏差如表 9-4 所示。

表 9-4 垫片尺寸允许偏差

单位：mm

法兰密封面形式 / 公称直径	榫槽型		平面型		凹凸型	
	内径	外径	内径	外径	内径	外径
＜ 125	+1.0	−1.0	+2.5	−2.0	+2.0	−1.5
⩾ 125	+1.5	−1.5	+3.5	−3.5	+3.0	−3.0

（14）与法兰接口两侧相邻的第一到第二个刚性接口或焊接接口，等法兰螺栓紧固后方可施工。

（15）法兰接口埋入土中时，要采取防腐措施。

（16）管子对口时，要在距接口中心 200mm 位置测量平直度。管子公称直径小于 100mm 时，允许偏差为 1mm。管子公称直径大于或等于 100mm 时，允许偏差为 2mm。但是，全长允许偏差均为 10mm。管子对口时平直度要求如图 9-14 所示。

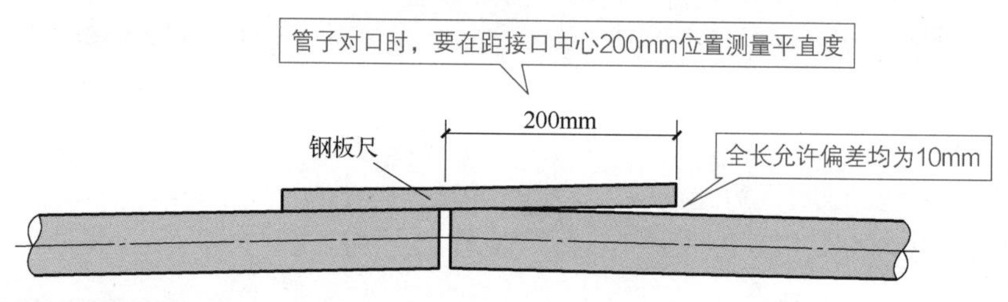

图 9-14 管子对口时平直度要求

（17）管道连接时，不得用强力对口、加偏垫、加多层垫等方法来消除接口端面的偏斜、错口、空隙、不同心等缺陷。

（18）管道安装工作有间断时，要及时封闭敞开的管口。

（19）法兰螺钉拧紧需要根据一定顺序进行，如图 9-15 所示。

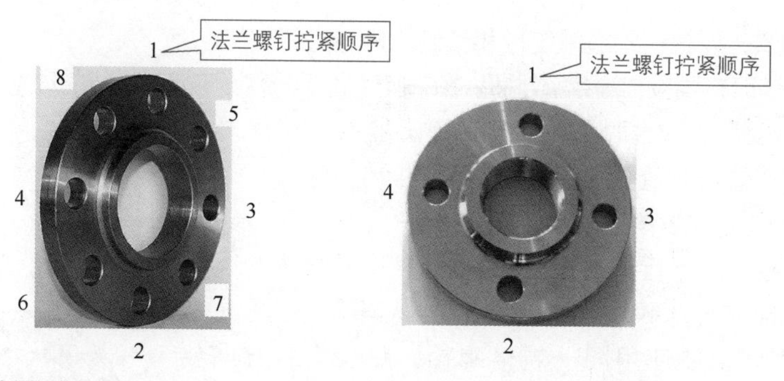

图 9-15 法兰螺钉拧紧顺序

9.2.7.5 管道的焊接连接

管道的焊接连接要求如下：

（1）直管段上两对接焊口中心面间的距离要求——当公称直径大于或等于 150mm 时，不应小于 150mm；当公称直径小于 150mm 时，则不应小于管子外径。

（2）焊缝距离弯管（不包括压制、热推、中频弯管）起弯点一般不得小于 100mm，并且不得小于管子外径。

（3）卷管的纵向焊缝，需要置于易检修的位置，并且不宜在底部。

（4）环焊缝距支架、吊架净距一般不应小于 50mm。需要热处理的焊缝距支架、吊架不得小于焊缝宽度的 5 倍，并且不得小于 100mm。

管道的焊接连接如图 9-16 所示。

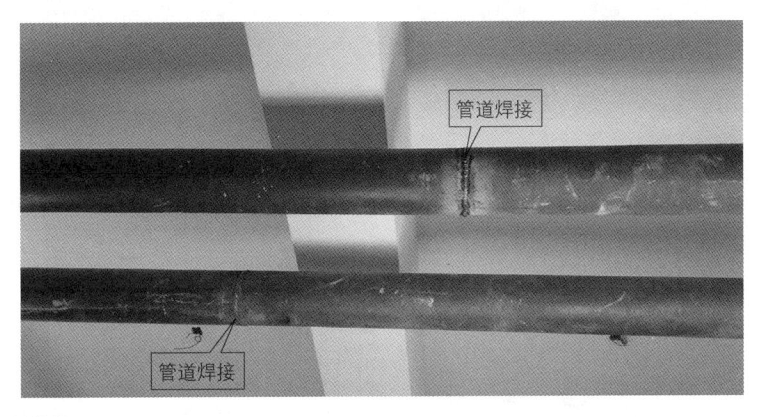

图 9-16　管道的焊接连接

9.2.8　管道支架、吊架的选择与安装

9.2.8.1　管道支架、吊架概述

管道支架是用于地上架空敷设管道支承的一种结构件，其作用是承托管道，并且限制管道变形、位移。

根据材料，支架、吊架可以分为钢结构、钢筋混凝土结构、砖木结构等。根据形状，可以分为三脚架、U 形卡等。金属支架与吊架的材料如图 9-17 所示。

图 9-17

图 9-17 金属支架与吊架的材料

支架、吊架示意及实物如图 9-18 所示。管道支架、吊架安装方法有埋栽式安装、焊接式安装、抱柱式安装、胀锚螺栓安装、射钉安装等。

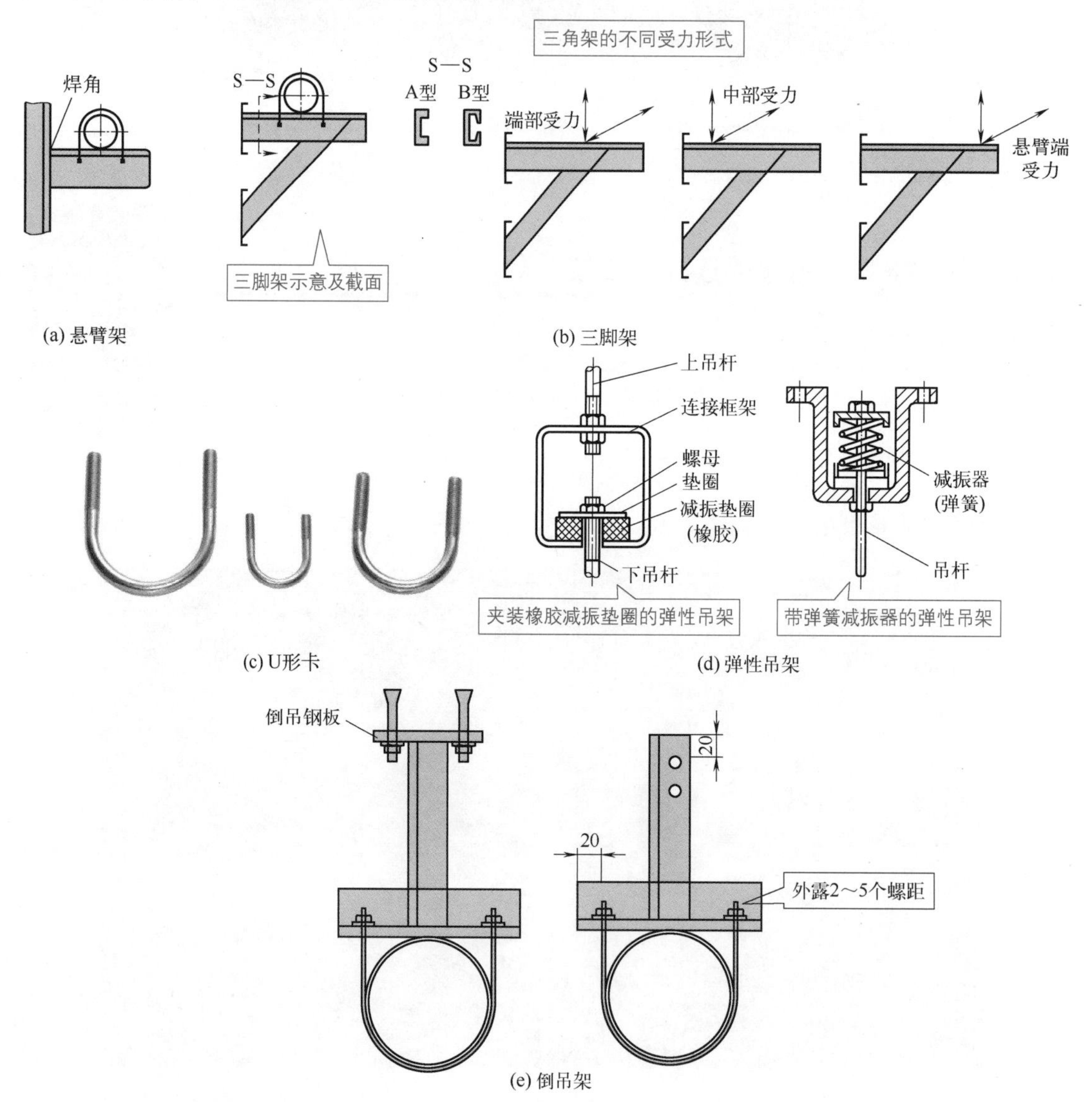

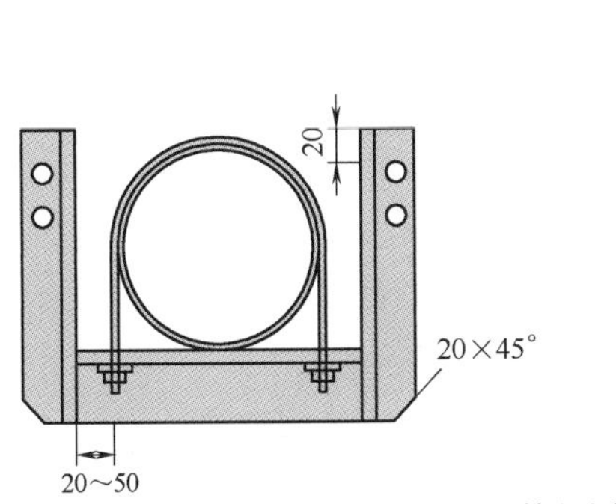

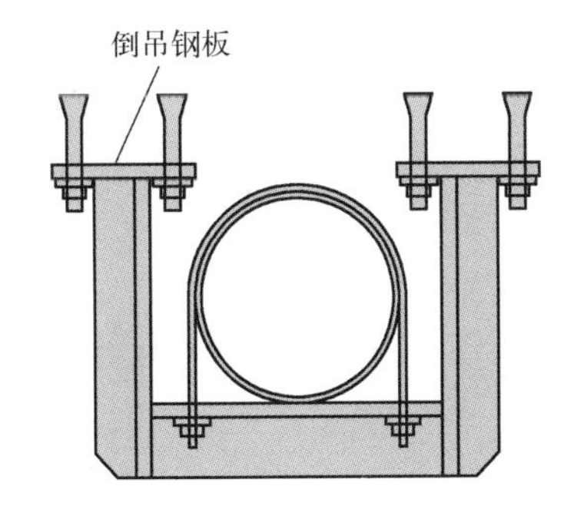

(f) 龙门式管道支架、吊架

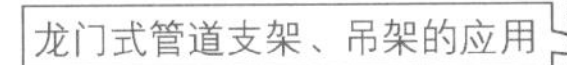

(g) 龙门式管道支架、吊架实物图

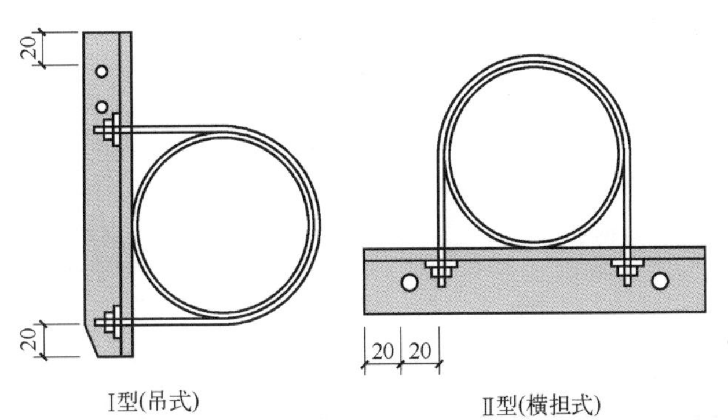

I型(吊式)　　II型(横担式)

(h) 单支角钢支架

(i) 单支角钢支架实物图

图 9-18　支架、吊架示意及实物

9.2.8.2 水平式支架的形式与材料规格选用

水平式支架的形式如图 9-19 所示，其材料规格选用如表 9-5 所示。

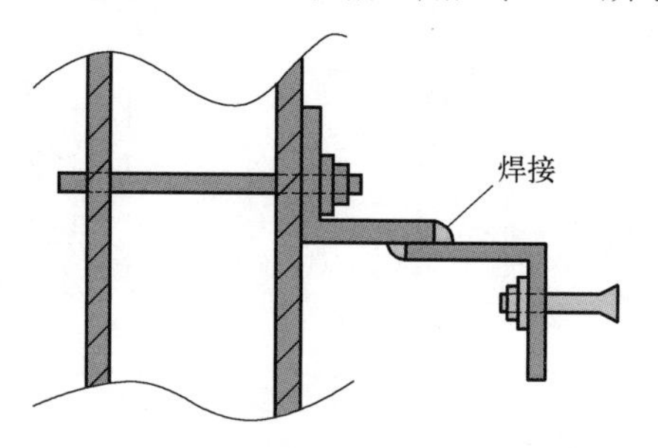

图 9-19 水平式支架的形式

表 9-5 水平式支架材料规格的选用 单位：mm

支架型材	适用管道	支架底板	膨胀螺栓
∟40×40×5	DN65~DN80	8 ×110×110	M10×85
∟40×40×5	≤ DN50	8 ×110×110	M10×85
∟50×50×6	DN60~DN100	8 ×110×110	M10×100

9.2.8.3 挂墙式支架的形式与材料规格选用

挂墙式支架宜固定在混凝土墙体上与墙体结实的砖墙上。挂墙式支架的形式如图 9-20 所示。挂墙式支架材料的选用如表 9-6 所示。

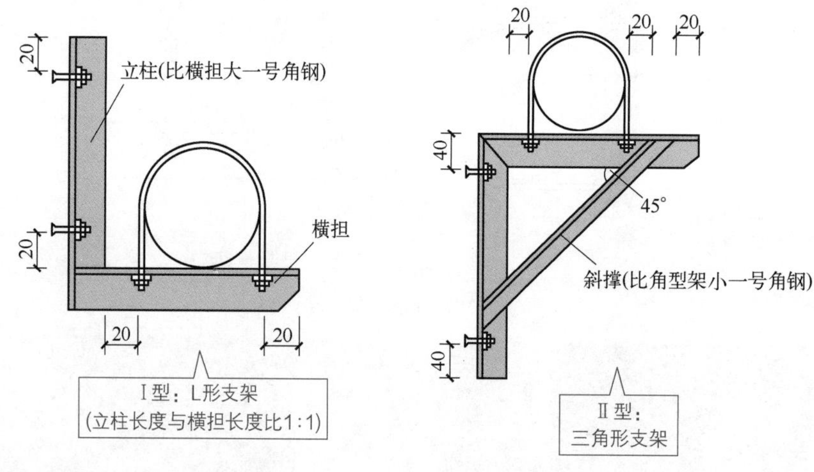

图 9-20 挂墙式支架的形式（单位：mm）

表 9-6 挂墙式支架材料规格的选用 单位：mm

支架型材	适用管道	膨胀螺栓	说明
∟40×40×5	≤ DN50	M10×100	适用于Ⅰ型及空调的冷凝水、冷媒支架
∟50×50×6	DN60~DN100	M12×100	适用于Ⅱ型三角形支架

9.2.8.4 立管支架的形式

立管支架的形式如图 9-21 所示。

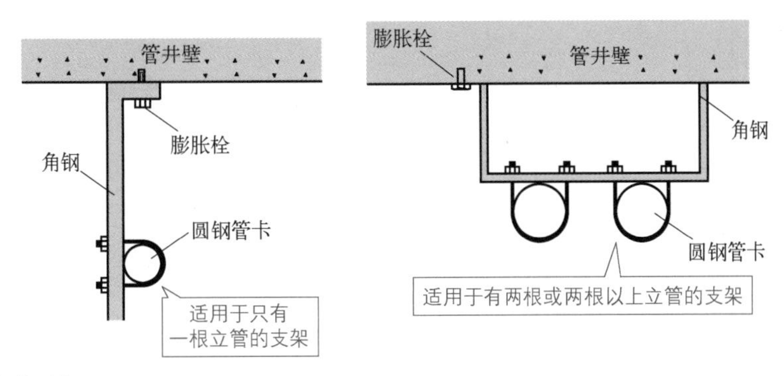

图 9-21　立管支架的形式

9.2.8.5　管卡的形式

管卡的形式如图 9-22 所示。

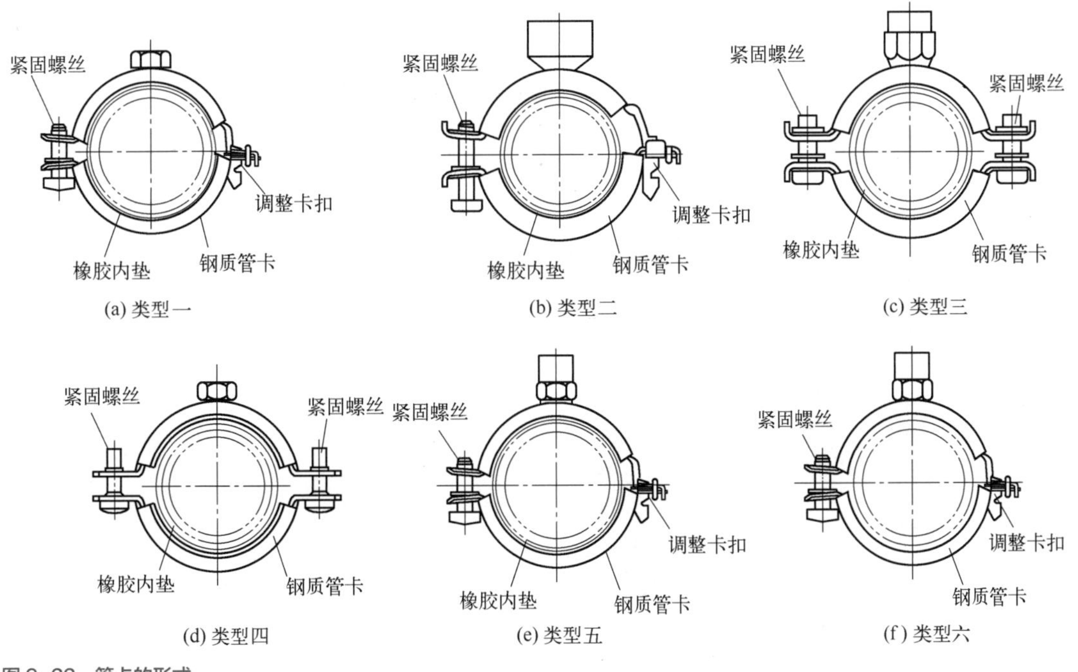

图 9-22　管卡的形式

9.2.8.6　不保温型管卡的应用与尺寸

不保温型管卡的应用与尺寸如图 9-23 所示。

9.2.8.7　双杆吊架的应用与尺寸

双杆吊架的应用与尺寸如图 9-24 所示。

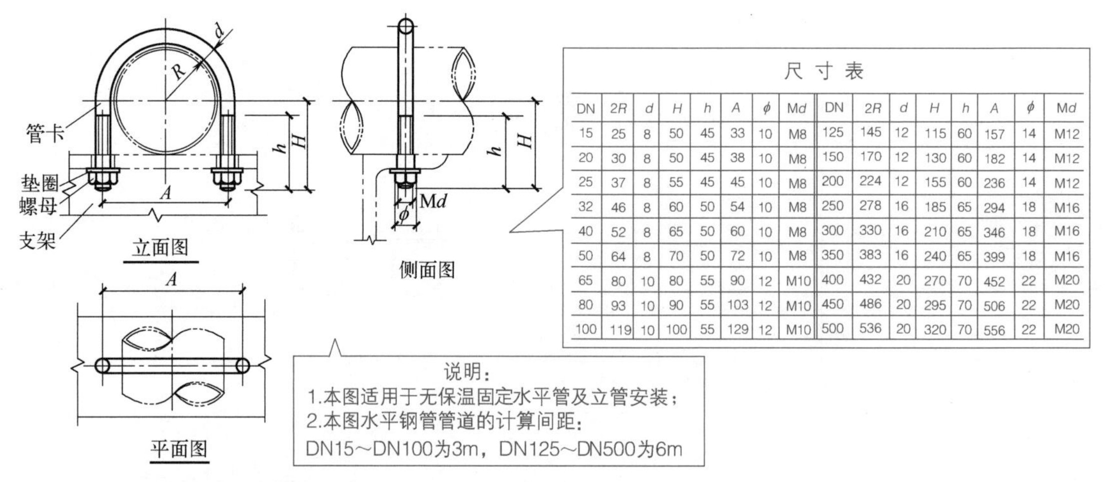

尺寸表

DN	2R	d	H	h	A	ϕ	Md	DN	2R	d	H	h	A	ϕ	Md
15	25	8	50	45	33	10	M8	125	145	12	115	60	157	14	M12
20	30	8	50	45	38	10	M8	150	170	12	130	60	182	14	M12
25	37	8	55	45	45	10	M8	200	224	12	155	60	236	14	M12
32	46	8	60	50	54	10	M8	250	278	16	185	65	294	18	M16
40	52	8	65	50	60	10	M8	300	330	16	210	65	346	18	M16
50	64	8	70	50	72	10	M8	350	383	16	240	65	399	18	M16
65	80	10	80	55	90	12	M10	400	432	20	270	70	452	22	M20
80	93	10	90	55	103	12	M10	450	486	20	295	70	506	22	M20
100	119	10	100	55	129	12	M10	500	536	20	320	70	556	22	M20

说明：
1.本图适用于无保温固定水平管及立管安装；
2.本图水平钢管管道的计算间距：
DN15～DN100为3m，DN125～DN500为6m

图 9-23 不保温型管卡的应用与尺寸（单位：mm）

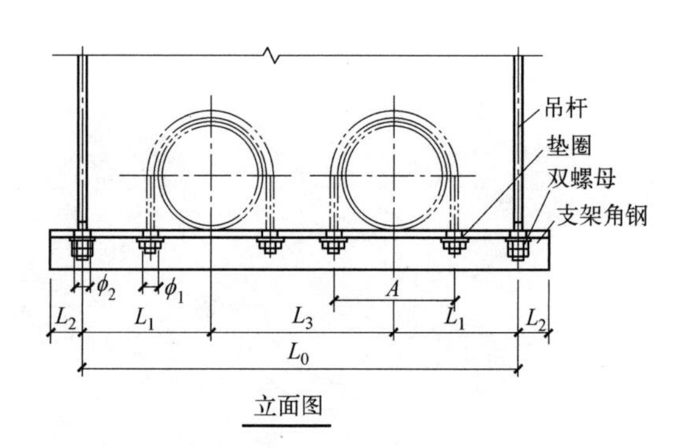

尺寸表

DN	保温(一)/不保温(二)	L_0	L_1	L_2	L_3	A	ϕ_1
50	(一)	510	140	30	230	192	12
	(二)	370	100		170	72	
65	(一)	550	150	30	250	210	12
	(二)	410	110		190	90	
80	(一)	560	150	30	260	223	12
	(二)	470	130		210	103	
100	(一)	630	170	30	290	249	12
	(二)	520	140		240	129	
125	(一)	700	190	30	320	277	14
	(二)	580	160		260	157	
150	(一)	750	200	30	350	302	14
	(二)	640	170		300	182	
200	(一)	840	220	40	400	356	14
	(二)	750	200	30	350	236	
250	(一)	1020	270	40	480	414	18
	(二)	870	230		410	294	
300	(一)	1120	290	50	540	466	18
	(二)	1000	270	40	460	346	

侧面图

a

吊杆直径与ϕ_2值

吊杆直径	10	12	16	20
ϕ_2	12	14	18	22

*a*值

角钢规格	L45×4	L50×5	L63×6	L75×7	L90×8	L100×10	L110×10
a	25	30	35	45	50	55	60

(a) 应用形式一

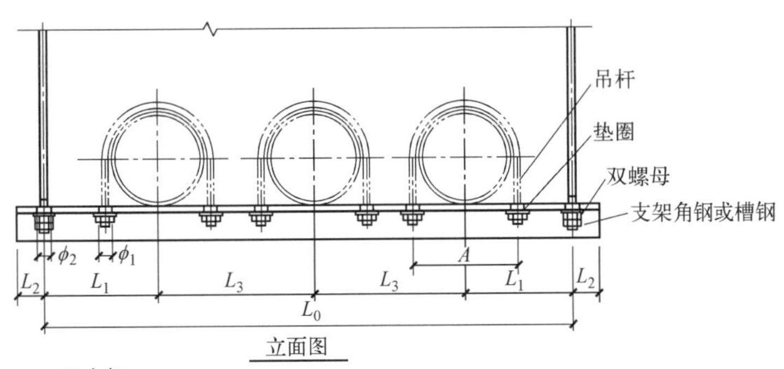

尺寸表

DN	保温(一) 不保温(二)	L_0	L_1	L_2	L_3	A	ϕ_1
15	(一)	620	120	30	190	153	10
	(二)	340	70		100	33	
20	(一)	620	120	30	190	158	10
	(二)	360	70		110	38	
25	(一)	640	120	30	200	165	10
	(二)	400	80		120	45	
32	(一)	680	130	30	210	174	10
	(二)	460	90		140	54	
40	(一)	680	130	30	210	180	10
	(二)	500	100		150	60	
50	(一)	740	140	30	230	192	10
	(二)	540	100		170	72	
65	(一)	800	150	30	250	210	12
	(二)	600	110		190	90	
80	(一)	820	150	30	260	223	12
	(二)	680	130		210	103	
100	(一)	920	170	30	290	249	12
	(二)	760	140		240	129	
125	(一)	1020	190	30	320	277	14
	(二)	840	160		260	157	
150	(一)	1100	200	40	350	302	14
	(二)	940	170	30	300	182	
200	(一)	1260	220	40	410	356	14
	(二)	1100	200		350	236	
250	(一)	1520	280	50	480	414	18
	(二)	1280	230		410	294	

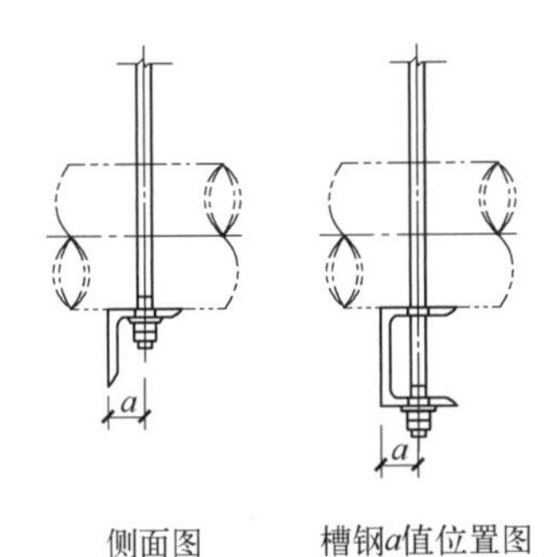

吊杆直径与ϕ_2值

吊杆直径	10	12	16	20
ϕ_2	12	14	18	22

a值

角钢规格	∟45×4	∟50×5	∟63×6	∟75×7	∟80×8	∟90×8	⊏12.6	⊏16a
a	25	30	35	45	45	50	30	35

(b) 应用形式二

图 9-24 双杆吊架的应用与尺寸（单位：mm）

9.2.8.8 抗震支吊架与连接构件的特点

抗震支吊架与建筑结构体牢固连接，其是以地震力为主要荷载的抗震支撑设施。抗震支吊架一般是由锚固体、加固吊杆、抗震连接构件、抗震斜撑等组成，如图 9-25 所示。抗震连接构件如图 9-26 所示。

组成抗震支吊架的所有构件，需要采用装配式成品构件，连接紧固件的构造要便于安装。

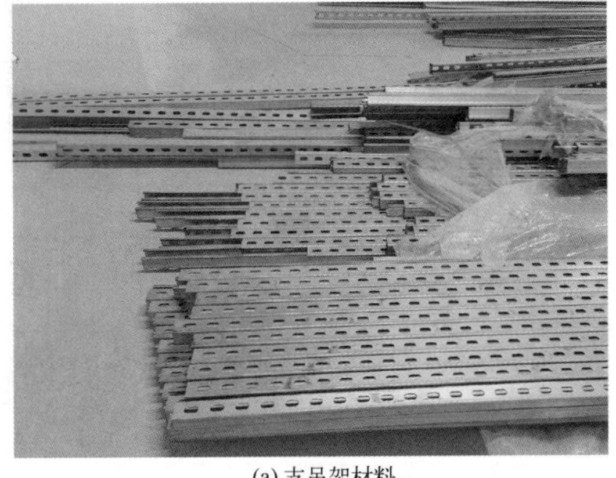

(a) 支吊架材料

图 9-25

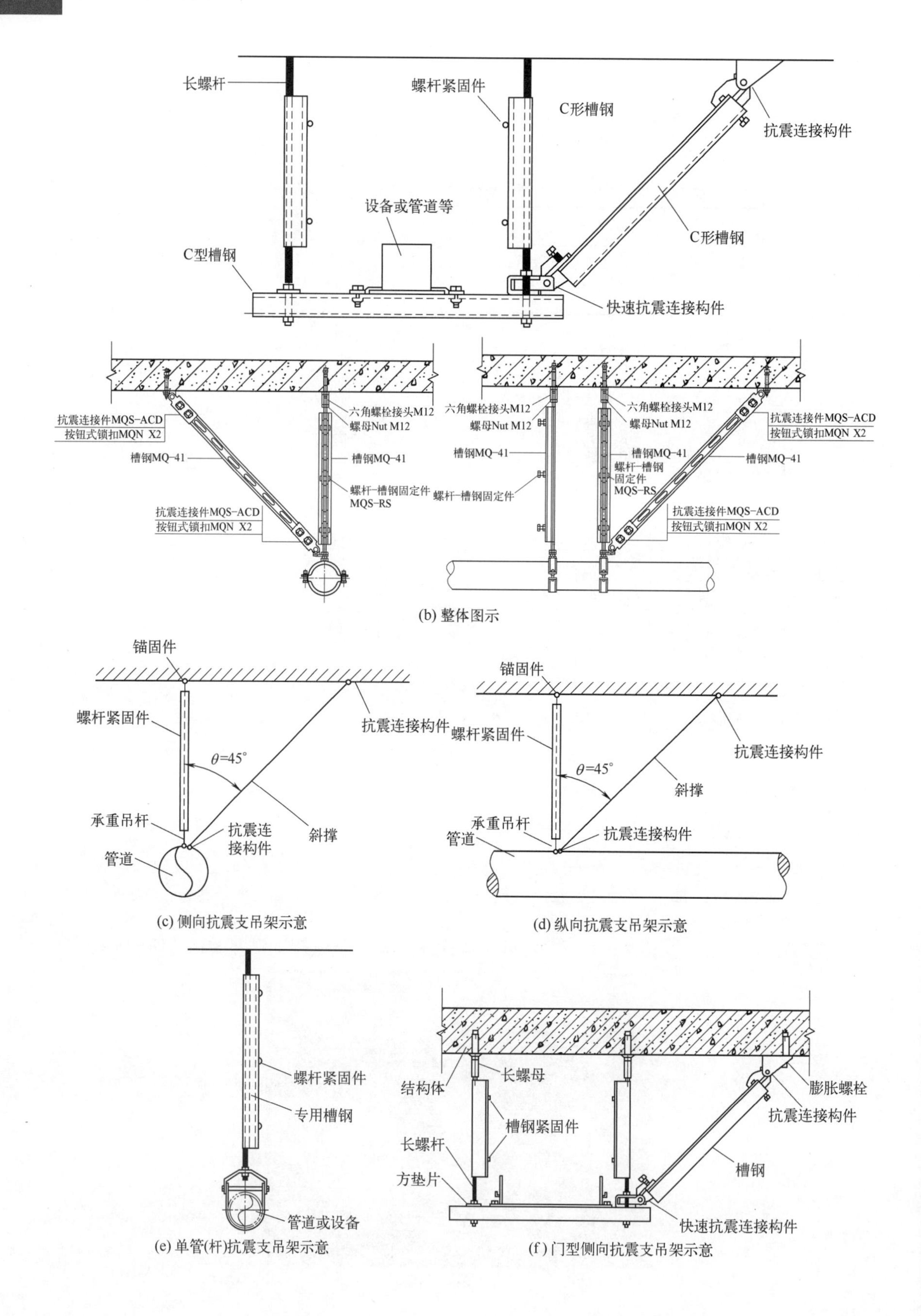

(b) 整体图示

(c) 侧向抗震支吊架示意

(d) 纵向抗震支吊架示意

(e) 单管(杆)抗震支吊架示意

(f) 门型侧向抗震支吊架示意

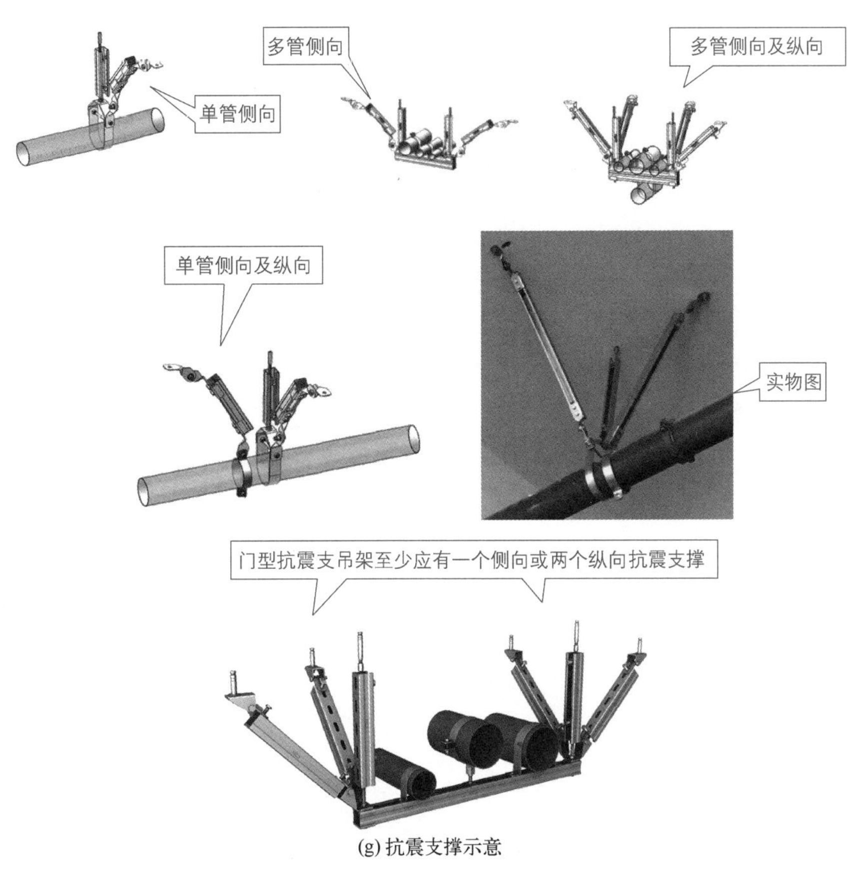

(g) 抗震支撑示意

图 9-25 抗震支吊架

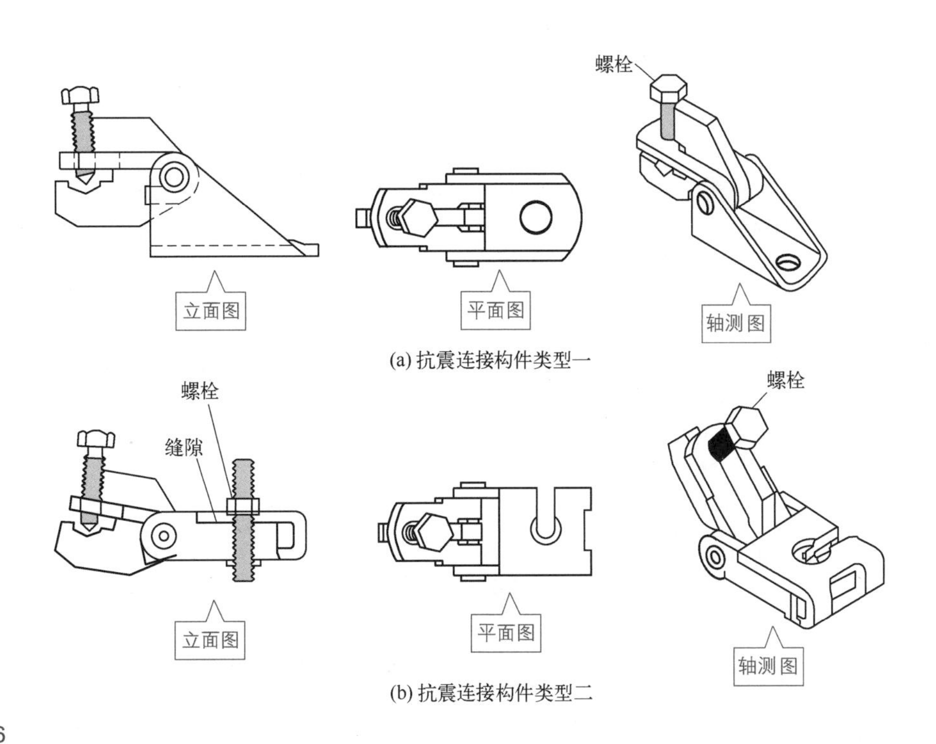

(a) 抗震连接构件类型一

(b) 抗震连接构件类型二

图 9-26

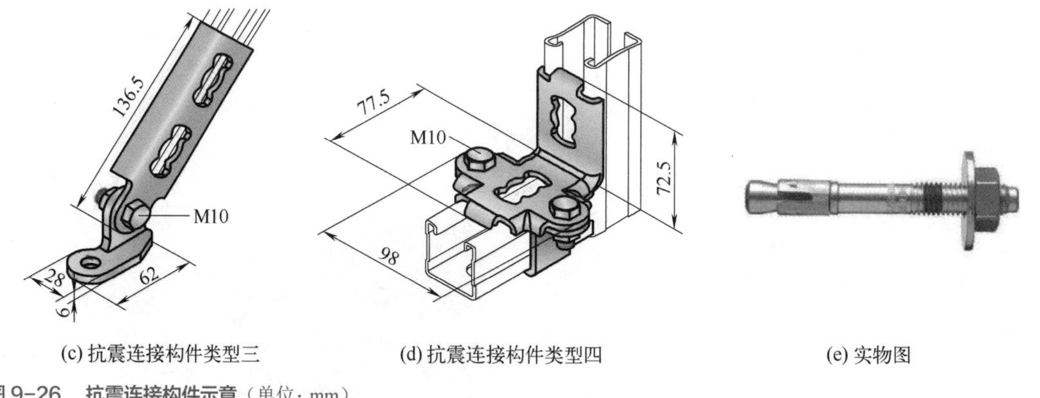

(c) 抗震连接构件类型三　(d) 抗震连接构件类型四　(e) 实物图

图 9-26　抗震连接构件示意（单位：mm）

9.2.8.9　抗震支吊架的设置要求

消防管道抗震支吊架的最大间距如图 9-27 所示。

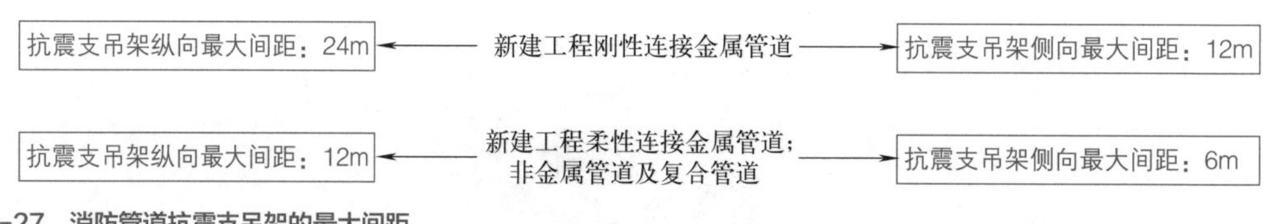

图 9-27　消防管道抗震支吊架的最大间距

每段水平直管道应在两端设置侧向抗震支吊架。当抗震支吊架吊杆长细比大于 100 或斜撑杆件长细比大于 200 时需要采取加固措施。

所有抗震支吊架需要和结构主体可靠连接，当抗震支吊架固定于非结构主体时，需要采取补强措施与可靠的锚固连接。当管道穿越建筑沉降缝时，需要考虑不均匀沉降的影响。

水平管道在安装柔性补偿器与伸缩节的两端，需要设置侧向及纵向抗震支吊架，并且纵向支撑需要满足管道伸缩位移。

侧向、纵向抗震支吊架的斜撑设计，垂直角度宜为 45°，并且不得小于 30°。抗震支吊架斜撑安装不应偏离其中心线 2.5°。

单管（杆）与门型抗震支吊架的设置要求如表 9-7 所示。

表 9-7　单管（杆）与门型抗震支吊架的设置要求

项目	解说
单管（杆）抗震支吊架的设置要求	单管（杆）抗震支吊架的设置要求如下： （1）连接立管的水平管道，需要在靠近立管 0.6m 范围内设置第一个抗震支吊架。 （2）立管长度超过 1.8m 时，需要在其顶部及底部的水平管道上设置四向抗震支吊架。长度大于 7.6m 时，需要在中间加设抗震支吊架。 （3）立管通过套管穿越结构楼层时，可不设置抗震支吊架。 （4）管道中安装的附件自身质量超过 25kg 时，需要设置侧向、纵向抗震支吊架
门型抗震支吊架的设置要求	门型抗震支吊架的设置要求如下： （1）门型抗震支吊架至少应有一个侧向或两个纵向抗震支撑。 （2）同一承重吊架悬挂多层门型吊架，需要对承重部分分别独立加固，并且设置抗震斜撑。 （3）门型抗震支吊架侧向、纵向斜撑，需要安装在上层横梁或承重支吊架连接位置。 （4）管道上的附件质量超过 25kg 且与管道采用刚性连接时，或附件质量为 9 ～ 25kg 且与管道采用柔性连接时，需要设置侧向、纵向抗震节点

9.2.8.10 管道支架、吊架的制作要求

管道支架、吊架的制作要求如下：

（1）支架、吊架在制作时，其长度必须把装修吊顶的高度考虑进去。

（2）平支架安装高度：4m 楼层以下支架离地面 1.5 ～ 1.8m，以 1.65m 为宜；超过 4m 楼层，则可以根据比例均匀分布。

（3）管道卡码螺栓处以露出 2 ～ 5 个螺距为宜，并且安装平介子，螺母要紧固。

（4）管架所有孔必须采用钻孔，不得使用气割开孔。

（5）对大面积使用的一些支架宜先做样板，以点带面。

（6）管道支架的水平度、垂直度，误差以 ±1mm/m 为宜。

9.2.8.11 管道支架、吊架的安装要求

管道支架、吊架的安装要求如下：

（1）管道安装时，需要根据不同管径、要求设置管卡或吊架。位置要准确，埋设要平齐，管卡与管道接触要紧密，不得损伤管道表面，如图 9-28 所示。

根据不同管径、要
求设置管卡或吊架

图 9-28 根据不同管径、要求设置管卡或吊架

（2）管道安装时，采用金属管卡、金属支架、金属吊架时，与管道接触部位要安装塑料或橡胶软垫，如图 9-29 所示。

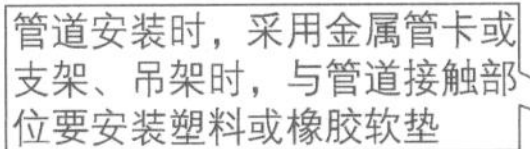
管道安装时，采用金属管卡或
支架、吊架时，与管道接触部
位要安装塑料或橡胶软垫

图 9-29 安装塑料或橡胶软垫

图 9-30 采取可靠的固定措施

（3）管道支架安装前，需要刷防锈漆两道，面漆两道，严禁出现漏刷、流淌等现象。

（4）管道安装时，采用金属管卡、金属支架、金属吊架时，在金属管道配件与聚丙烯管道连接位置，管卡要设在金属管道配件一侧，并且要采取防止接口松动的技术措施。

（5）明敷管道的支架、吊架作防膨胀措施时，要根据固定点要求施工。管道的各配水点、受力点、穿墙支管节点位置，要采取可靠的固定措施，如图 9-30 所示。

（6）管道支架均为钢制，并可调节高度，管道支架涂上底漆、面漆，以防止生锈、腐蚀，并且加装托臂支架端盖塑料堵头，如图 9-31 所示。

图 9-31 钢制管道支架高度可调节

（7）支架、吊架管卡的最小尺寸，要根据管径来确定。公称外径小于等于 63mm 时，则管卡最小宽度为 16mm。公称外径为 90mm 时，则管卡最小宽度为 20mm。公称外径为 110mm 时，则管卡最小宽度为 22mm。

（8）采取可靠的固定措施固定支架，保证管道不因水、气的流动而产生位移，支架要牢固地固定在可靠的结构上。在管道无垂直位移或垂直位移很小的地方，装设活动支架或刚性支架。系统的支管道也应设置吊架，主管的每条分支管道处应设置一个防晃支架。DN100 及以上的阀门处单独设置支架、吊架。

（9）管道支架、吊架的最大允许间距，主要是由所承受垂直方向载荷来决定，其需要满足强度条件、刚度条件。

（10）管道的支架、吊架的安装位置，不应妨碍喷头的喷水效果，如图 9-32 所示。

（11）管道支架、吊架与喷头间的距离不宜小于 300mm，与末端喷头间的距离不得大于 750mm，如图 9-33 所示。

（12）大口径的阀门，需要设专门支架、吊架，不得以管道承重，如图 9-34 所示。

（13）配水支管上每一管段、相邻两喷头间的管段设置的支架均不宜少于 1 个，如图 9-35 所示。

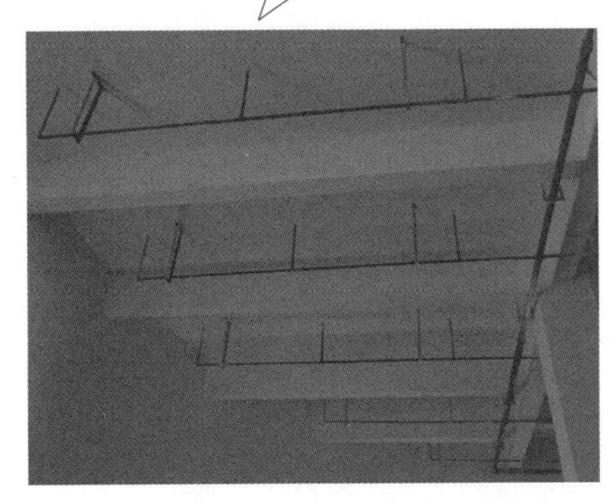

图 9-32　支架、吊架安装位置不应妨碍喷头的喷水效果

图 9-33　管道支架、吊架与末端喷头间的距离要求

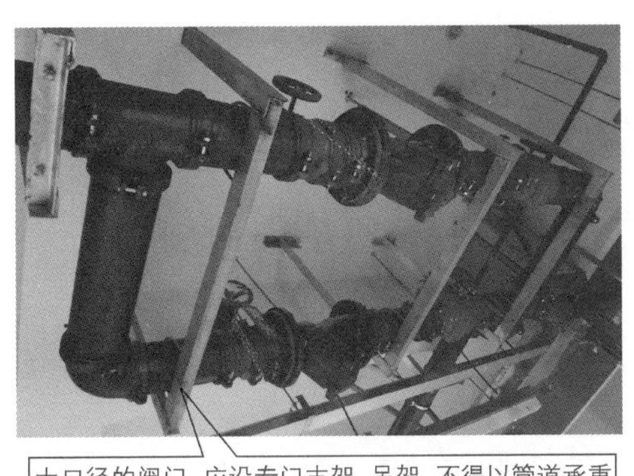

图 9-34　大口径的阀门不得以管道承重

图 9-35　相邻两喷头间的管段设置的支架不宜少于 1 个

（14）喷头间的距离小于 1.8m 时，可隔段设置吊架，但是吊架的间距不宜大于 3.6m。

（15）管道转弯位置，需要增设支架，如图 9-36 所示。

（16）管子的公称直径等于或大于 50mm 时，每段配水干管或配水管设置防晃支架不应少于一个，如图 9-37 所示。管道改变方向时，要增设防晃支架。

图 9-36　管道转弯位置要增设支架

图 9-37　配水干管或配水管设置防晃支架

（17）竖直安装的配水干管，需要在其始端与终端设防晃支架或采用管卡固定，其安装位置距地面或楼面的距离宜为 1.5~1.8m。

（18）支架、吊架、防晃支架的安装要与管道安装同步进行。

（19）支架、吊架、防晃支架安装时，必须保持在同一水平线上。确保管道走正、走直。

（20）管道与管道间的接口焊缝，不能置于支架、吊架上，需距离支架、吊架 150~200mm。

（21）支架吊架的焊接，应由合格焊工施焊，并且不得有漏焊、欠焊、焊接裂纹等缺陷。

（22）管道与支架焊接时，管道不得有咬边、烧穿等异常现象。

（23）膨胀螺栓的深度，需要充分考虑到批荡层的厚度。

（24）如果采用角钢代替支架底板，则应采用比主型材大一号角钢并旋转 90° 安装。

（25）横管吊架 (托架) 的设置及安装图解如图 9-38 所示。

横管吊架(托架)应设置在接头两侧和三通、四通、弯头、异径管等管件上下游连接接头的两侧。吊架(托架)与接头的净间距不宜小于150mm和大于300mm

图 9-38　横管吊架（托架）的设置及安装图解

（26）防晃吊架的安装要求如图 9-39 所示。

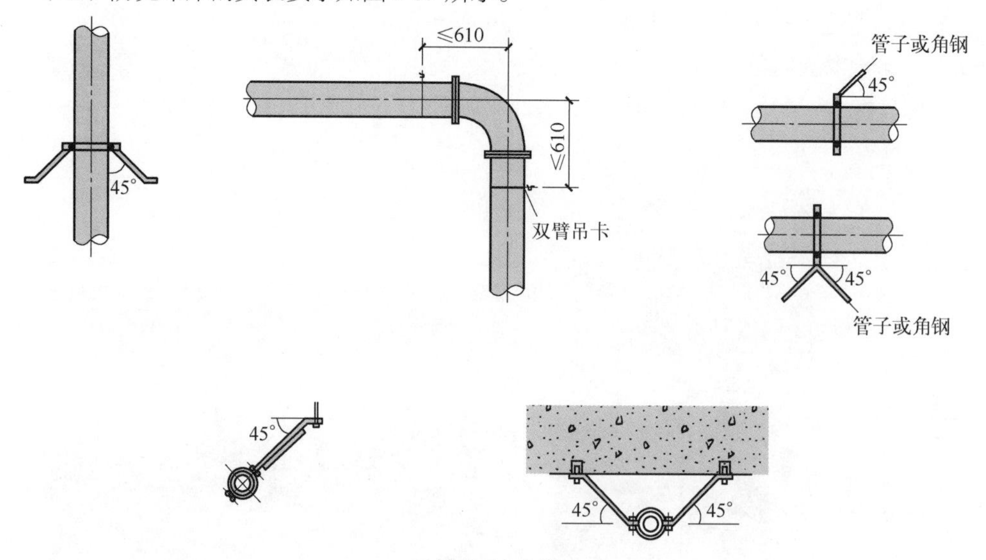

(a) 防晃吊架安装图示

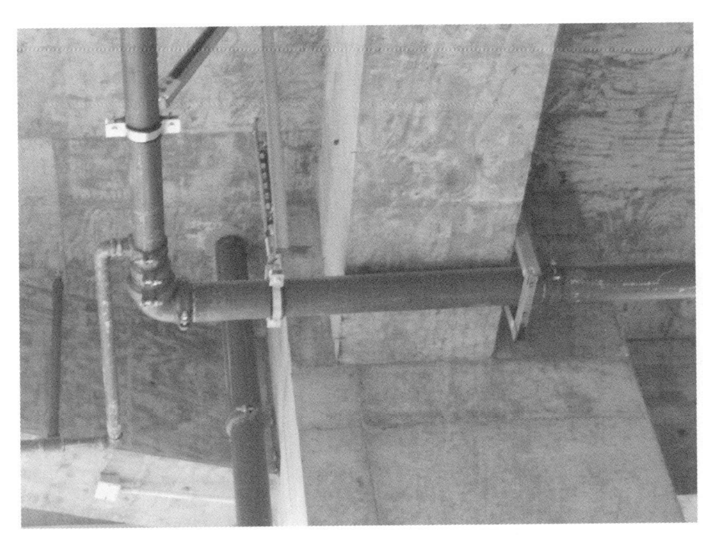

(b) 防晃吊架的应用

图 9-39 防晃吊架的安装要求

9.2.9 锚栓的选择与安装

锚栓的选择与安装如表 9-8 所示。

表 9-8 锚栓的选择与安装

锚栓图示	锚栓名称	拉力设计值 /kN			剪力设计值 /kN			锚栓特点
	化学锚栓 HVA/ HVZ	M10	M12	M16	M10	M12	M16	该锚栓专门用于裂缝混凝土基材的锚固，可用于承受疲劳和地震冲击荷载，高抗腐，适用于小边，间距安装，具有一定的防火性能，对于裂缝混凝土基材可采用 HVZ
		16.6 /11.9	23.8 /22.2	34.7 /27.7	12.6 /14.9	18.3 /21.6	34.6 /40.2	
	化学锚栓 HY 50 辅以 HIT-AN 螺杆	M8	M10	M12	M8	M10	M12	该锚栓专门用于实心砌体基材的锚固，锁扣式连接，硬化速度快，适用于小边，间距安装，具有一定的防火性能
		3.4	4.2	4.9	4.2	4.9	5.6	
	化学锚栓 HY 20 辅以 HIT-AN 螺杆	M8	M10	M12	M8	M10	M12	该锚栓专门用于空心砌体基材的锚固，锁扣式连接，硬化速度快
		1.1	1.1	1.1	1.1	1.1	1.1	

续表

锚栓图示	锚栓名称	拉力设计值 /kN			剪力设计值 /kN			锚栓特点
	锚栓 HHD-S	M5/25×65	M6/40×80	M8/40×83	M5/25×65	M6/40×80	M8/40×83	该锚栓专门用于石膏板等轻质墙体基材的锚固，锁扣式连接
		1.25	1.1	1.25	1.5	2.5	2.4	
	金属锚栓 HST	M10	M12	M16	M10	M12	M16	该锚栓可用于裂缝混凝土基材的锚固，具有较高承载力，具有一定的防火性能，高抗腐，适用于小边，间距安装，能承受冲击荷载
		10.7	13.3	23.3	16	24	40	
	金属锚栓 HKD-S	M10×40	M12	M16	M10×40	M12	M16	该锚栓专门用于混凝土基材的锚固，具有内螺牙，可直接连接螺杆，具有一定的防火性能，高抗腐
		7.1	9.9	17.6	6.9	12.3	21.1	
	金属锚栓 HSA 标准埋深 / 浅埋	M10×140	M12×300	M16×240	M10×140	M12×300	M16×240	该锚栓专门用于混凝土基材的锚固，安装简便，长螺杆可用于锚固大截面槽钢，具有一定的防火性能，高抗腐，适用于小边，间距安装
		6.7/6.7	11.9/7.6	23.3/13.3	9.9	14.2	26.5	
	金属锚栓 HSL-3	M10	M12	M16	M10	M12	M16	该锚栓可用于裂缝混凝土基材的锚固，具有较高承载力，具有一定的防火性能，高抗腐，适用于小边，间距安装，能承受疲劳和冲击荷载
		19.7	24.1	33.6	39.4	57.4	80.9	

9.3 常见的管道安装附件及要求

9.3.1 常见的管道安装附件

常见的管道安装附件如表 9-9 所示。

表 9-9 常见的管道安装附件

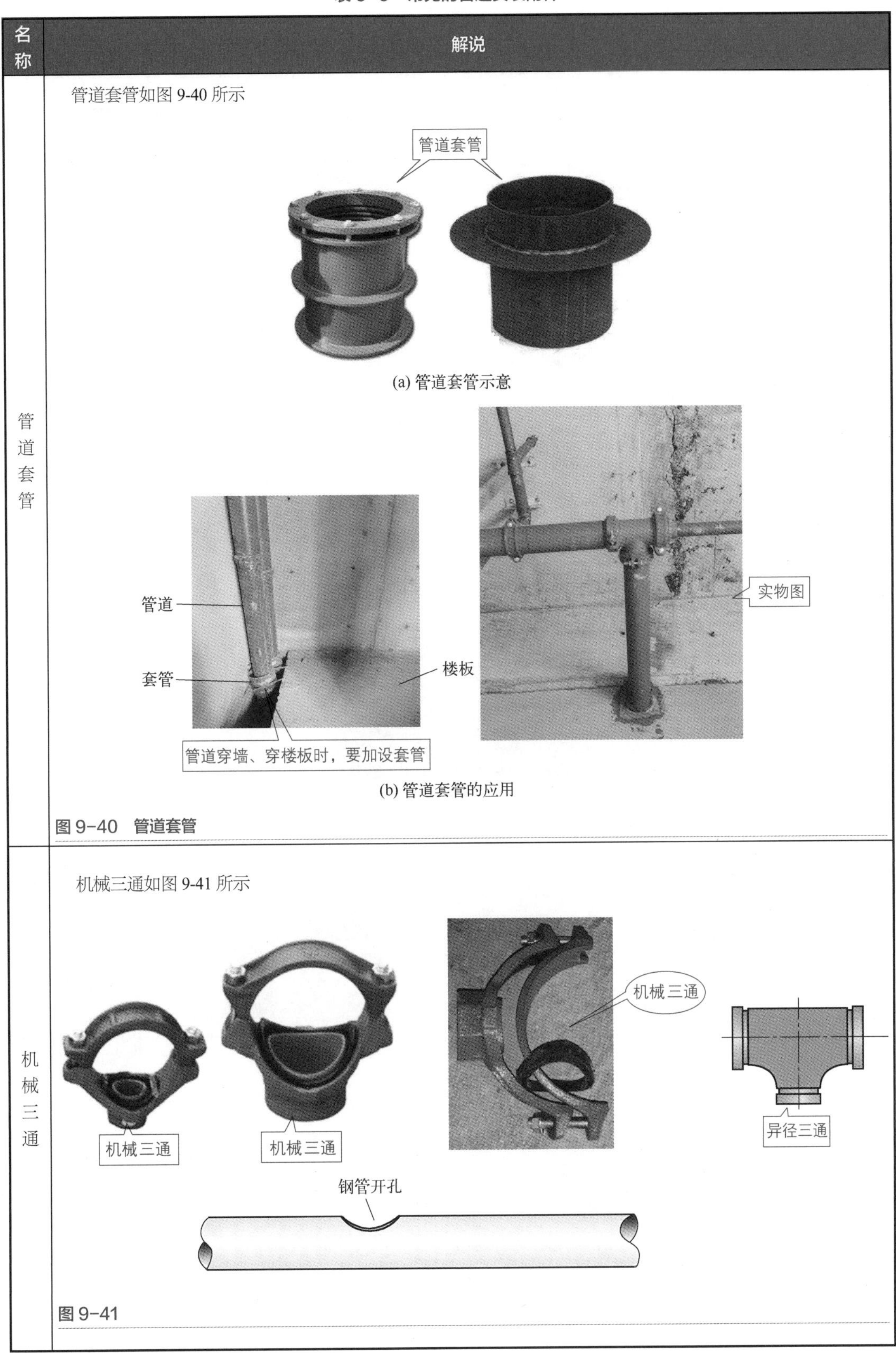

名称	解说
管道套管	管道套管如图 9-40 所示 (a) 管道套管示意 (b) 管道套管的应用 **图 9-40 管道套管**
机械三通	机械三通如图 9-41 所示 **图 9-41**

续表

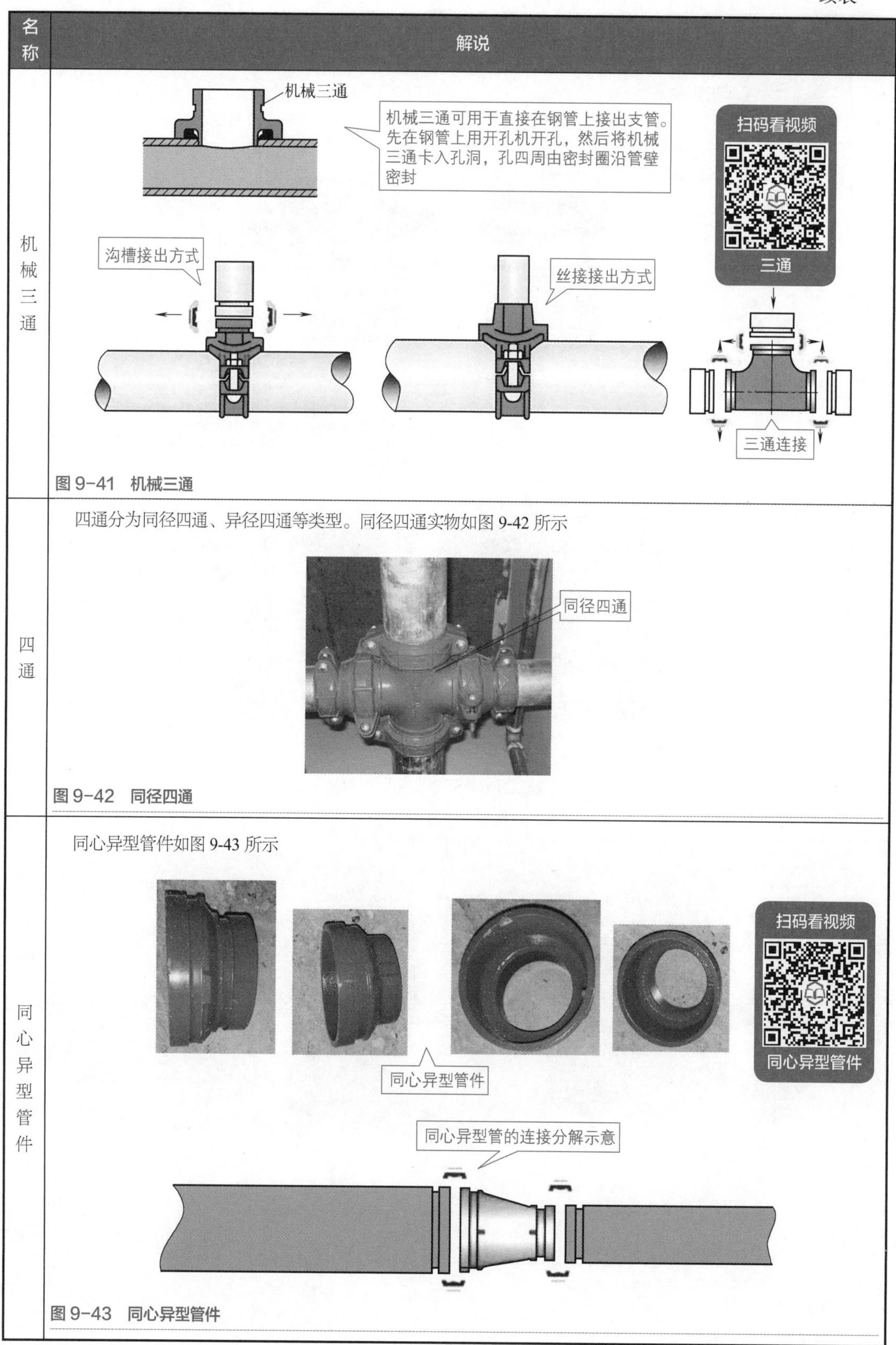

名称	解说
机械三通	图 9-41 机械三通
四通	四通分为同径四通、异径四通等类型。同径四通实物如图 9-42 所示 图 9-42 同径四通
同心异型管件	同心异型管件如图 9-43 所示 图 9-43 同心异型管件

续表

名称	解说
弯头	弯头如图 9-44 所示 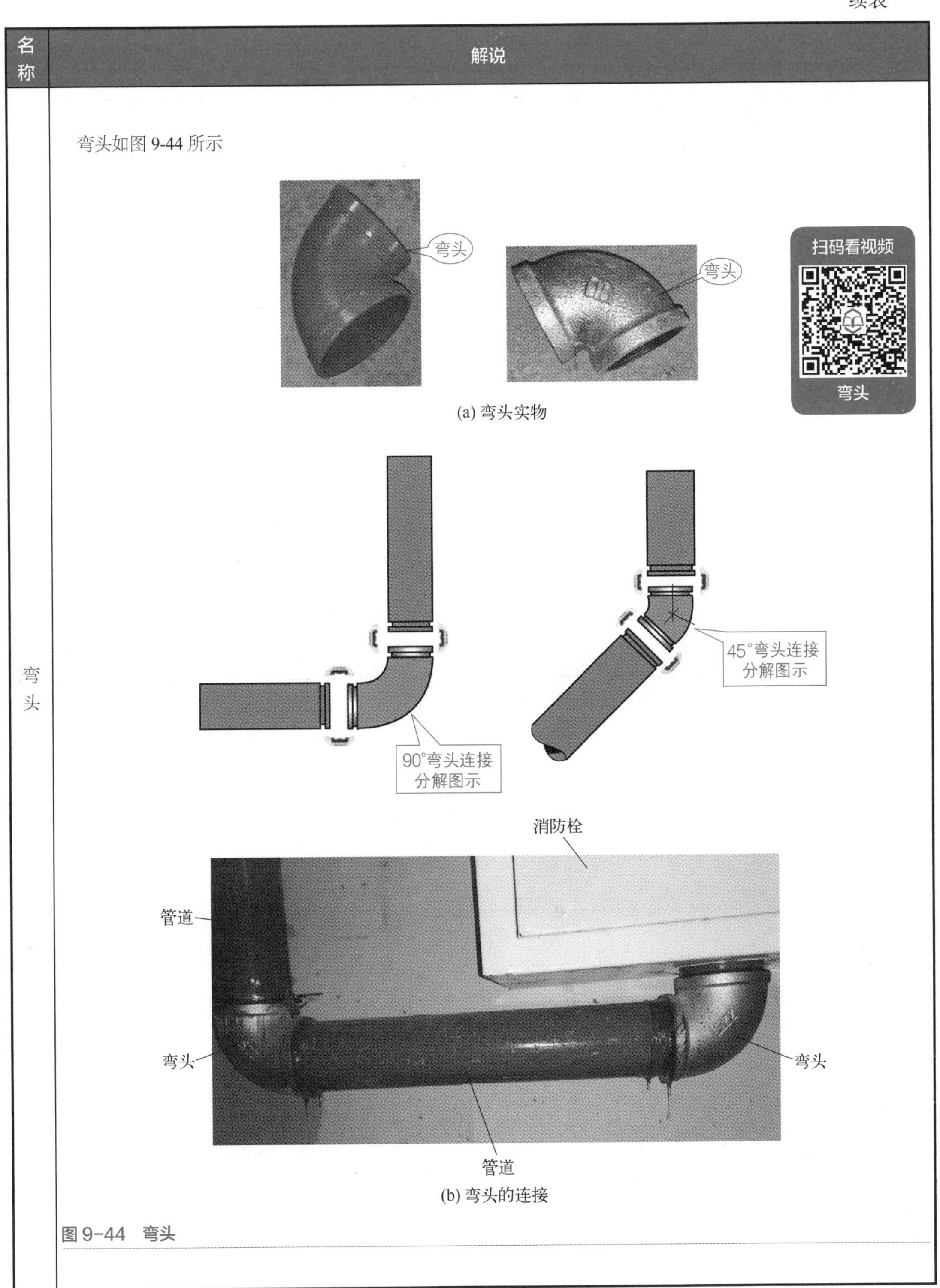 (a) 弯头实物 (b) 弯头的连接 图 9-44 弯头

9.3.2 常见管件和阀门的当量长度

镀锌钢管件和阀门的当量长度（摩阻损失当量长度）如表 9-10 所示。不锈钢和 PVC-C 管件的当量长度如表 9-11 所示。

表 9-10 镀锌钢管件和阀门的当量长度

单位：m

管件和阀门名称	公称直径								
	25mm	32mm	40mm	50mm	65mm	80mm	100mm	125mm	150mm
45°弯头	0.3	0.3	0.6	0.6	0.9	0.9	1.2	1.5	2.1
90°弯头	0.6	0.9	1.2	1.5	1.8	2.1	3	3.7	4.3
90°长弯头	0.6	0.6	0.6	0.9	1.2	1.5	1.8	2.4	2.7
三通或四通	1.5	1.8	2.4	3	3.7	4.6	6.1	7.6	9.1
蝶阀	—	—	—	1.8	2.1	3.1	3.7	2.7	3.1
闸阀	—	—	—	0.3	0.3	0.3	0.6	0.6	0.9
止回阀	1.5	2.1	2.7	3.4	4.3	4.9	6.7	8.2	9.3
	公称直径								
异径接头	32mm/25mm	40mm/32mm	50mm/40mm	65mm/50mm	80mm/65mm	100mm/80mm	125mm/100mm	150mm/125mm	200mm/150mm
	0.2	0.3	0.3	0.5	0.6	0.8	1.1	1.3	1.6

注：1. 当异径接头的出口直径不变而入口直径提高 1 级时，其当量长度要增大 0.5 倍；提高 2 级或 2 级以上时，其当量长度要增大 1.0 倍。

2. 当采用铜管或不锈钢管时，则当量长度应乘以系数 1.16。

表 9-11 不锈钢和 PVC-C 管件的当量长度

单位：m

管件名称	当量长度			
	公称直径 25mm	公称直径 32mm	公称直径 40mm	公称直径 50mm
45°弯头	0.3	0.6	0.6	0.6
90°弯头	2.1	2.4	2.7	3.3
三通侧向	1.5	1.8	2.4	3.0
三通直向	0.3	0.3	0.3	0.3
异径三通	1.5	1.8	2.4	3.0
直通	0.3	0.3	0.3	0.3

9.4 沟槽式连接

9.4.1 管卡的特点与应用

钢管连接后，两钢管管端间留有间隙可适应管道的膨胀、收缩。钢管往往采用管卡连接。

管卡分为柔性管卡、刚性管卡。柔性管卡连接方式使系统具有柔性，允许钢管有一定的角度偏差、相对错位，如图 9-45 所示。

刚性管卡连接方式使系统不具柔性。管干卡紧后可与钢管形成刚性一体，在吊具跨度较大时，使管道依靠自身刚性支撑连接，如图 9-46 所示。

管卡根据应用还可以分为异径管卡、法兰管卡等种类。其中，法兰管卡可以用于沟槽式管道与带法兰的设备阀门的过渡性连接，连接螺栓需要采用国标螺栓。法兰管卡的螺栓直径、位置尺寸，均应与国标相配，如图 9-47 所示。异径管卡的特点与应用如图 9-48 所示。

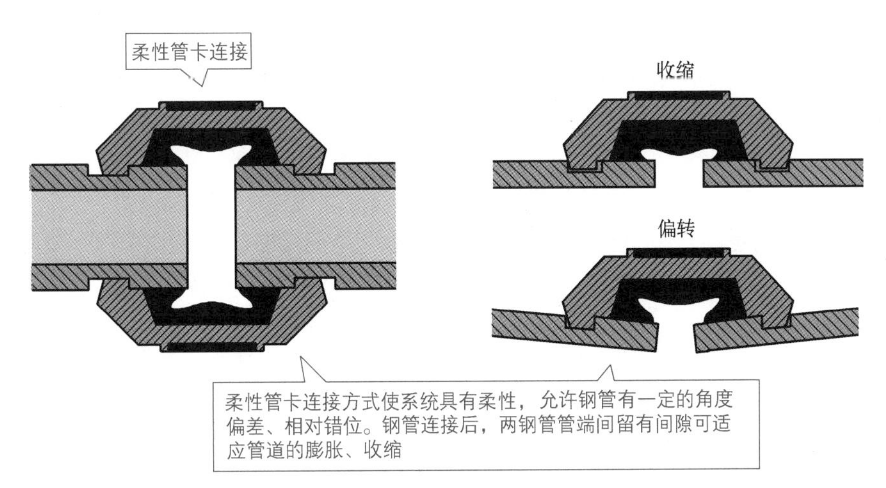
柔性管卡连接
收缩
偏转
柔性管卡连接方式使系统具有柔性，允许钢管有一定的角度偏差、相对错位。钢管连接后，两钢管管端间留有间隙可适应管道的膨胀、收缩

图 9-45　柔性管卡

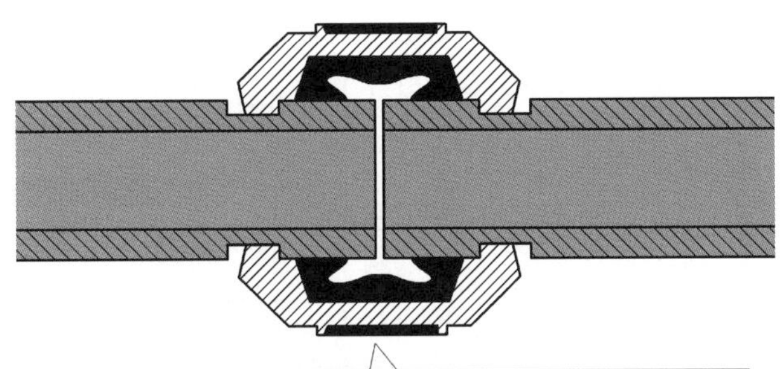
刚性管卡连接方式使系统不具柔性。管干干紧后可与钢管形成刚性一体，在吊具跨度较大时，使管道依靠自身刚性支撑连接

图 9-46　刚性管卡

(a) 法兰管卡示意

法兰

(b) 法兰管卡现场图

图 9-47　法兰管卡

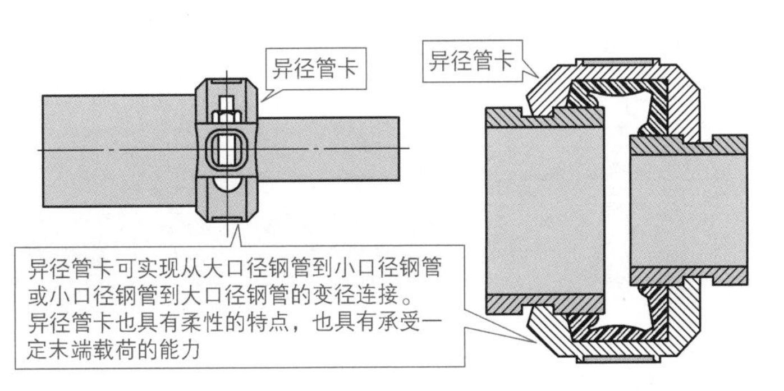
异径管卡
异径管卡
异径管卡可实现从大口径钢管到小口径钢管或小口径钢管到大口径钢管的变径连接。异径管卡也具有柔性的特点，也具有承受一定末端载荷的能力

图 9-48　异径管卡的特点与应用

9.4.2 消防管道沟槽加工

消防管道沟槽加工往往采用滚槽机、电动机械压槽机来实现，如图 9-49 所示。加工前，往往先进行管道的切割，镀锌钢管的切割要采用砂轮切割机。管道断口要平整，要无毛刺等缺陷，并且用角向砂将基础打磨光洁，清除氧化物。

利用电动机械压槽机进行管道的沟槽加工，在管道压槽预制时，需要根据管道口径大小配置（调正）相应的压槽模具，以及调整好管道滚动托架的高度，注意保持被加工管道的水平，保证与电动机械压槽机中心对直，保证管道加工时旋转平稳，这样以便确保沟槽加工的质量。

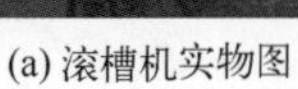
(a) 滚槽机实物图

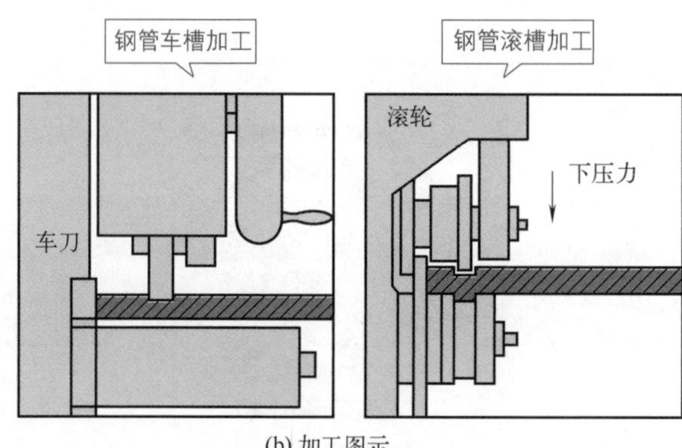

(b) 加工图示

(c) 加工效果

图 9-49 滚槽机

消防管道的加工预制，一般集中在加工棚（平台）内，以及根据施工用料、经现场测绘后绘制的单线图进行预制加工。消防管道加工预制用料及加工效果如图 9-50 所示。

消防管道的加工预制需要严格控制质量，并且不定期地对已加工的管道进行抽样检验、试压检验。如果发现问题应及时整改调整，从而确保管道预制加工质量、安装质量处于受控状态。

(a) 用料

(b) 加工效果

图 9-50 消防管道加工预制用料与加工效果

一点通

管道进行预制前，需要对管口的平整度进行检查，即平整度要符合有关规范要求。管道穿墙、穿楼板时，需要加设套管。管道与套管间的间隙要填塞柔性不燃材料。

9.4.3 沟槽式管路连接

沟槽式管路连接系统，是用压力响应式密封圈套入两连接钢管端部，两片卡件包裹密封圈，并且卡入钢管沟槽，上紧两圆头椭圆颈螺栓，从而实现钢管密封连接，如图 9-51 所示。具体的连接操作案例如图 9-52 所示。

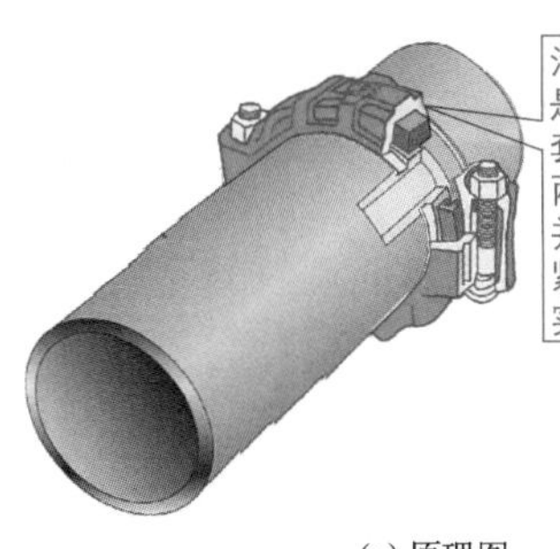
沟槽式管路连接系统，是用压力响应式密封圈套入两连接钢管端部，两片卡件包裹密封圈，并且卡入钢管沟槽，上紧两圆头椭圆颈螺栓，实现钢管密封连接

(a) 原理图

(b) 卡件

(c) 实拍图

图 9-51 沟槽式管路连接系统

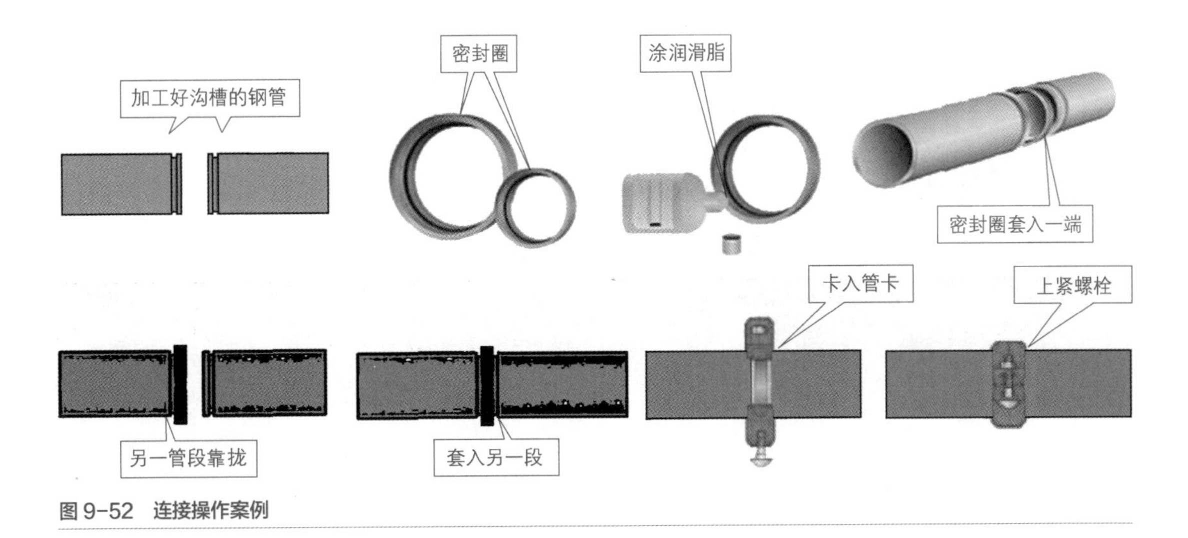
加工好沟槽的钢管
密封圈
涂润滑脂
密封圈套入一端
卡入管卡
上紧螺栓
另一管段靠拢
套入另一段

图 9-52 连接操作案例

一点通

管道采用螺纹、法兰、承插、卡压等方式连接时，需要符合的要求如下：

（1）螺纹连接时螺纹需要符合现行国家标准《55° 密封管螺纹》（GB 7306 系列）的有关规定，并且宜采用密封胶带进行螺纹接口的密封，以及密封带应在阳螺纹上施加。

（2）法兰连接时法兰的密封面形式、压力等级，需要与消防给水系统技术要求相符合。

（3）热浸镀锌钢管采用法兰连接时，需要选用螺纹法兰。

（4）管径大于DN50的管道不应使用螺纹活接头，在管道变径位置需要采用单体异径接头。

9.4.4 沟槽式管接件

常见的沟槽式管接件概念及术语如表9-12所示。

表9-12 常见的沟槽式管接件概念及术语

名称	解说
沟槽式管接件	主要包括沟槽式管接头和沟槽式管件
沟槽式管接头	用拼合式卡箍件、橡胶密封圈和紧固件组成的快速拼装接头
沟槽式管件	沟槽式连接管道系统上采用的弯头、三通、四通、异径管等管件的通称。其平口端的接头部位均加工成与管材接头部位相同的环形形状
刚性（沟槽）接头	在接头处，相邻管端不允许有相对角变位和轴线位移的拼合式卡箍件
挠性（沟槽）接头	在接头处，相邻管端允许有一定量的相对角变位和相应的轴向挠动，允许角变位与管径有关，但不允许有轴向线位移。挠性接头是一种柔性接头

9.4.5 轧制沟槽尺寸规格

轧制沟槽尺寸规格如图9-53、表9-13所示。

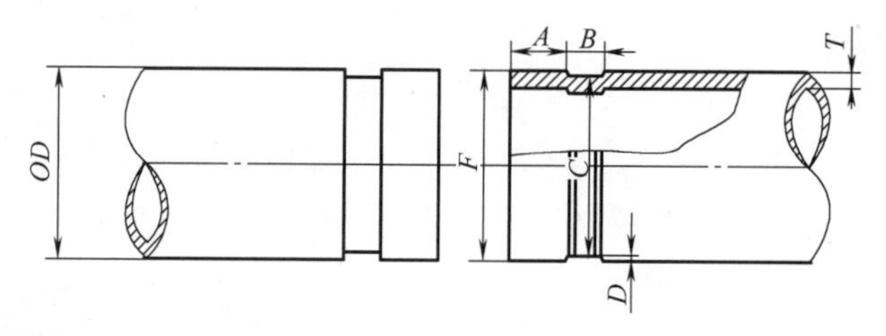

图9-53 轧制沟槽尺寸规格图

表9-13 轧制沟槽尺寸规格 单位：mm

管道公称直径 DN	管道外径 OD			管端至沟槽边尺寸 $A\pm0.76$	沟槽宽度 $B\pm0.76$	沟槽直径 C		沟槽深度 D	管壁最小壁厚 T	最大伸展面外径 F
	实际尺寸	公差				实际尺寸	公差			
25	33.7	+0.41	−0.68	15.88	7.14	30.23	−0.38	1.60	1.8	34.5
32	42.4	+0.50	−0.60	15.88	7.14	38.99	−0.38	1.60	1.8	43.3
40	48.3	+0.44	−0.52	15.88	7.14	45.09	−0.38	1.60	1.8	49.4
50	60.3	+0.61	−0.61	15.88	8.74	57.15	−0.38	1.60	1.8	62.2
65	73.0	+0.74	−0.74	15.88	8.74	69.09	−0.46	1.98	2.3	75.2
	76.1	+0.76	−0.76	15.88	8.74	72.26	−0.46	1.98	2.3	77.7
80	88.9	+0.89	−0.79	15.88	8.74	84.94	−0.46	1.98	2.3	90.6
90	101.6	+1.02	−0.79	15.88	8.74	97.38	−0.51	2.11	2.3	103.4
100	108.0	+1.07	−0.79	15.88	8.74	103.73	−0.51	2.11	2.3	109.7
	114.3	+1.14	−0.79	15.88	8.74	110.08	−0.51	2.11	2.3	116.2
125	133.0	+1.32	−0.79	15.88	8.74	129.13	−0.51	2.11	2.9	134.9
	139.7	+1.40	−0.79	15.88	8.74	135.48	−0.51	2.11	2.9	141.7

续表

管道公称直径 DN	管道外径 *OD*			管端至沟槽边尺寸 *A*±0.76	沟槽宽度 *B*±0.76	沟槽直径 *C*		沟槽深度 *D*	管壁最小壁厚 *T*	最大伸展面外径 *F*
	实际尺寸	公差				实际尺寸	公差			
125	141.3	+1.42	−0.79	15.88	8.74	137.03	−0.56	2.13	2.9	143.5
150	159.0	+1.60	−0.79	15.88	8.74	154.50	−0.56	2.16	2.9	161.0
	165.1	+1.60	−0.79	15.88	8.74	160.90	−0.56	2.16	2.9	167.1
	168.3	+1.60	−0.79	15.88	8.74	163.96	−0.56	2.16	2.9	170.7
200	219.1	+1.60	−0.79	19.05	11.91	214.40	−0.64	2.34	2.9	221.5
250	273.0	+1.60	−0.79	19.05	11.91	268.28	−0.69	2.39	3.6	275.4
300	323.9	+1.60	−0.79	19.05	11.91	318.29	−0.76	2.77	4.0	326.2

9.4.6 切割沟槽尺寸规格

切割沟槽尺寸规格如图 9-54、表 9-14 所示。

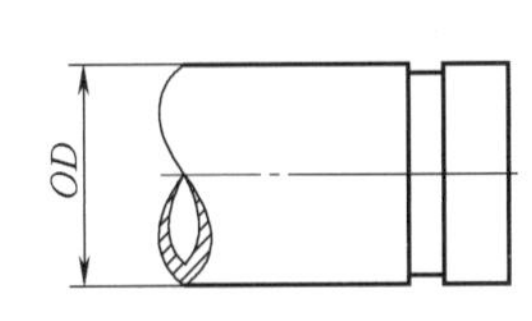

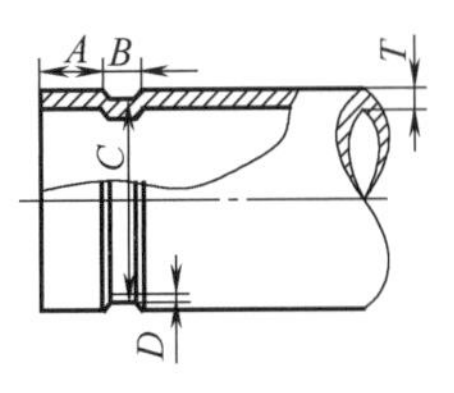

图 9-54 切割沟槽尺寸规格图

表 9-14 切割沟槽尺寸规格

单位：mm

管道公称直径 DN	管道外径 *OD*			管端至沟槽边尺寸 *A*±0.76	沟槽宽度 *B*±0.76	沟槽直径 *C*		沟槽深度 *D*	管壁最小壁厚 *T*
	实际尺寸	公差				实际尺寸	公差		
25	33.7	+0.41	−0.68	15.88	7.93	30.23	−0.38	1.70	3.3
32	42.4	+0.50	−0.60	15.88	7.93	38.99	−0.38	1.70	3.5
40	48.3	+0.44	−0.52	15.88	7.93	45.09	−0.38	1.58	3.6
50	60.3	+0.61	−0.61	15.88	7.93	57.15	−0.38	1.58	3.6
65	73.0	+0.74	−0.74	15.88	7.93	69.09	−0.46	1.98	4.0
	76.1	+0.76	−0.76	15.88	7.93	72.26	−0.46	1.98	4.0
80	88.9	+0.89	−0.79	15.88	7.93	84.94	−0.46	1.98	4.5
90	101.6	+1.02	−0.79	15.88	7.93	97.38	−0.51	2.11	5.0
100	108.0	+1.07	−0.79	15.88	9.53	103.73	−0.51	2.11	5.0
	114.3	+1.14	−0.79	15.88	9.53	110.08	−0.51	2.11	5.0
125	133.0	+1.32	−0.79	15.88	9.53	129.13	−0.51	2.11	5.0
	139.7	+1.40	−0.79	15.88	9.53	135.48	−0.51	2.11	5.0
	141.3	+1.42	−0.79	15.88	9.53	137.03	−0.56	2.13	5.0
150	159.0	+1.60	−0.79	15.88	9.53	154.50	−0.56	2.16	5.4
	165.1	+1.60	−0.79	15.88	9.53	160.90	−0.56	2.16	5.4
	168.3	+1.60	−0.79	15.88	9.53	163.96	−0.56	2.16	5.4
200	219.1	+1.60	−0.79	19.05	11.10	214.40	−0.64	2.34	5.4
250	273.0	+1.60	−0.79	19.05	12.70	268.28	−0.69	2.39	6.3
300	323.9	+1.60	−0.79	19.05	12.70	318.29	−0.76	2.77	7.1

9.4.7 铸造件沟槽尺寸规格

铸造件沟槽尺寸规格如表 9-15 所示。

表 9-15 铸造件沟槽尺寸规格

单位：mm

管道公称直径 DN	管件实际外径尺寸	公差		沟槽直径	公差		管端至沟槽边尺寸	公差		沟槽宽度	公差	
		+	−		+	−		+	−		+	−
25	33.7	0.37	0.37	30.2	0.00	0.89	15.88	0.76	0.76	7.93	0.00	0.38
32	42.4	0.37	0.37	39.0	0.00	0.89	15.88	0.76	0.76	7.93	0.00	0.38
40	48.3	0.37	0.37	45.1	0.00	0.89	15.88	0.76	0.76	7.93	0.00	0.38
50	60.3	0.40	0.40	57.2	0.00	0.89	15.88	0.76	0.76	7.93	0.00	0.38
65	73.0	0.49	0.49	69.1	0.00	0.97	15.88	0.76	0.76	7.93	0.00	0.46
	76.1	0.50	0.50	72.3	0.00	0.97	15.88	0.76	0.76	7.93	0.00	0.46
80	88.9	0.54	0.54	84.9	0.00	0.97	15.88	0.76	0.76	7.93	0.00	0.46
90	101.6	0.58	0.58	97.4	0.00	1.07	15.88	0.76	0.76	7.93	0.00	0.51
100	108.0	0.59	0.59	103.7	0.00	1.07	15.88	0.76	0.76	9.53	0.00	0.51
	114.3	0.61	0.61	110.1	0.00	1.07	15.88	0.76	0.76	9.53	0.00	0.51
125	133.0	0.66	0.66	129.1	0.00	1.07	15.88	0.76	0.76	9.53	0.00	0.51
	139.7	0.68	0.68	135.5	0.00	1.07	15.88	0.76	0.76	9.53	0.00	0.51
150	159.0	0.74	0.74	154.5	0.00	1.07	15.88	0.76	0.76	9.53	0.00	0.56
	165.1	0.74	0.74	160.8	0.00	1.07	15.88	0.76	0.76	9.53	0.00	0.56
	168.3	0.74	0.74	164.4	0.00	1.07	15.88	0.76	0.76	9.53	0.00	0.56
200	219.1	0.76	0.76	214.4	0.00	1.52	19.05	0.76	0.76	11.10	0.00	0.64
250	273.0	0.77	0.77	268.3	0.00	1.57	19.05	0.76	0.76	12.70	0.00	0.69
300	323.9	0.79	0.79	318.3	0.00	1.65	19.05	0.76	0.76	12.70	0.00	0.76

9.4.8 机械沟槽式刚性接口管道安装要点

机械沟槽式刚性接口管道安装要点包括管道检验、管道镀锌检验、管道下料、管道的沟槽加工、管端检查、管道组对、管道夹箍衬垫的检查与润滑、管道的夹箍外壳安装、管道夹附件安装等方面，具体如表 9-16 所示。

表 9-16 机械沟槽式刚性接口管道安装要点

项目	解说
管端检查	管端检查要点如下： （1）管道的沟槽压制加工后，需要检查沟槽加工的深度、宽度等是否符合要求，以及沟槽、孔洞位置不应有毛刺、破损性裂纹、脏物等情况。管道连接前，也应检查沟槽、孔洞尺寸及加工质量。 （2）管端与沟槽外部必须无划痕、凸起等缺陷，以便保证管道的密封性能。 （3）对管道内壁的沟槽挤压加工部位，需要涂刷防锈漆与进行保护
管道组对、夹箍衬垫的检查与润滑	管道组对、夹箍衬垫的检查与润滑的要点如下： （1）管道在组对安装前，需要检查使用的夹箍衬垫的型号、规格等是否符合要求。 （2）夹箍的衬垫安装时，需要在衬垫的凸缘与外侧涂抹薄层润滑剂，然后将衬垫套在一侧管道上，并且衬垫不伸出管端，等另一侧管道对口到位后，再将衬垫安装到位。 （3）夹箍的衬垫不应延伸到任何一个槽中
管道的夹箍外壳安装	管道的夹箍外壳安装要点如下： （1）管道、管件在组对安装前，需要检查使用的夹箍外壳的型号、规格等是否符合要求。 （2）夹箍外壳安装时，需要先拆下夹箍外壳上其中一端的一个螺栓，再套在管道上衬垫的外面，移动夹箍外壳，使夹箍外壳的两条筋与沟槽吻合，然后插入螺栓定位，等检查管道安装的同心度或管道的三通、弯头与阀类安装、开启方向均符合要求时，才可轮流、均匀地上紧两侧螺栓，并且确保管道的夹箍外壳两条筋与管道沟槽均匀、紧密接触，从而保证管道夹箍接口的密封性、刚度、强度达到要求

管道夹箍式机械三通 的安装要求如下：

（1）管道安装到位后，根据要求设置的坐标、位置，以及现场定位，采用专用配套的电动机械钻孔机钻孔，其孔径比机械三通的定向器安装环稍大一点。

（2）机械三通安装时，需要检查其产品规格、尺寸是否符合要求。

（3）机械三通连接时，需要检查机械三通与孔洞的间隙，各部位要均匀，如图9-55所示。

（4）安装定向器与安装环时，需要确保与开孔口对准。

（5）安装定位后，需要均匀带紧两侧螺栓，使机械三通与管道紧密、均匀地结合。

图9-55 机械三通的连接

（6）机械三通的安装需要保证接口部位的严密性、刚度、强度等达到要求。

（7）机械三通连接时，开孔间距不应小于1m，机械四通开孔间距不应小于2m。机械三通、机械四通连接时支管直径需要满足的有关规定如表9-17所示。

（8）配水干管（立管）与配水管（水平管）连接，需要采用沟槽式管件，不应采用机械三通。

表9-17 机械三通、机械四通连接时支管直径 单位：mm

主管直径	65	80	100	125	150	200	250	300
机械三通支管直径	40	40	65	80	100	100	100	100
机械四通支管直径	32	32	50	65	80	100	100	100

注：当主管与支管连接不符合表中要求时，则需要采用沟槽式三通、四通管件连接。

沟槽连接件（卡箍）连接需要符合的要求如下：

（1）有振动的场所、埋地管道，需要采用柔性接头，其他场所宜采用刚性接头。当采用刚性接头时，每隔4～5个刚性接头需要设置一个挠性接头。

（2）埋地连接时螺栓、螺母需要采用不锈钢件。

（3）沟槽式管件连接时，其管道连接沟槽、开孔需要采用专用滚槽机、开孔机加工，并且做好防腐处理。

（4）沟槽式管件的凸边应卡进沟槽后再紧固螺栓，两边需要同时紧固。如果紧固时发现橡胶圈起皱，则需要更换新橡胶圈。

（5）埋地的沟槽式管件的螺栓、螺帽，需要做防腐处理。

（6）水泵房内的埋地管道连接，需要采用挠性接头。

（7）采用沟槽连接件连接管道变径、转弯时，则宜采用沟槽式异径管件、弯头。当需要采用补芯时，三通上可用一个，四通上不应超过两个。公称直径大于50mm的管道，不宜采用活接头。

（8）沟槽连接件应采用三元乙丙橡胶（EDPM）C型密封胶圈，要采用弹性良好、无破损、无变形的产品。

（9）沟槽连接件安装压紧后C型密封胶圈中间应有空隙。

一点通

管道施工顺序如图9-56所示。

管道施工顺序

1. 管道检验合格
2. 做好管道镀锌加工检验
3. 根据管道的预制加工单线图，进行管道的下料、压槽预制
4. 根据管道的坐标、标高、走向，进行管道的支(吊)架预制加工、安装
5. 等已加工预制的管道检验合格后，可以投入管道安装

图 9-56 管道施工顺序

9.5 管道要求

扫码看视频

管道的安装要求

9.5.1 管道的安装要求

管道的安装要求如下：

（1）将卡箍套在下端承插管口，拧松螺栓把卡箍放下，将橡胶圈套牢，再把橡胶圈上部翻下，安装时需要 2 人上下配合，一个在上一层楼板上，由管洞内设下一个绳头，另一人将预制好的立管上半部拴牢，上拉下托将立管下部插入下层橡胶圈内。翻回橡胶圈后，套上卡箍，旋紧螺栓。

（2）上螺栓时要使胶圈均匀受力，2 个螺栓同时拧，一次不要拧得太紧，逐个逐次拧紧。

（3）管道安装的敞口位置要在管口设封堵，以免杂物进入堵塞管道。

（4）雨水管道上的检查口间距，需要根据规范要求执行。

（5）管道安装要横平竖直。转弯位置要安装弯头，并且转弯半径要一致。弯头的应用如图 9-57 所示。

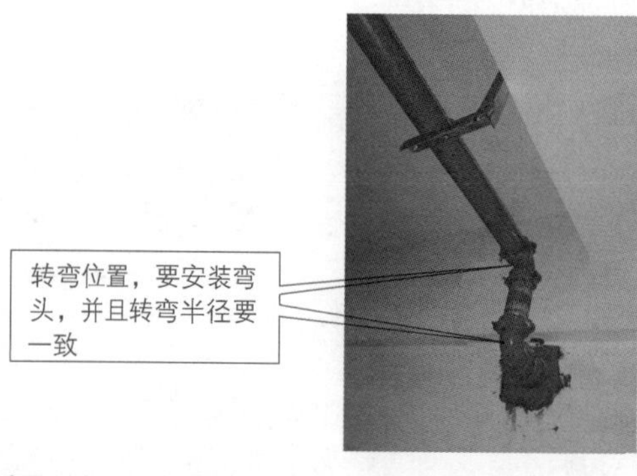

图 9-57 弯头的应用

（6）管道支吊架形式一致，吊杆超出螺帽长度不应大于吊杆直径的 1/2。吊架要与管道垂直，不得歪斜。

（7）消火栓、喷淋管道，均用油漆涂为红色，并且标记清楚管道类型、水流方向，如图 9-58 所示。

（8）管道穿墙、穿楼板时，均要设置套管。安装在楼板内的套管，其顶部要高出装饰地面 20mm。

（9）安装在卫生间、厨房内的管道套管，其顶部要高出装饰地面 50mm，底部要与楼板地面相平。

（10）管道与阀门、设备连接时，宜采用短管先进行法兰连接，定位焊接成型后经镀锌加工再安装到位，再与系统管道连接。

（11）消防给水管穿过地下室外墙、构筑物墙壁、屋面等有防水要求处时，需要设防水套管。

（12）消防给水管穿过建筑物承重墙或基础时，需要预留洞口，并且洞口高度需要保证管顶上部净空不小于建筑物的沉降量，一般不宜小于 0.1m，以及需要填充不透水的弹性材料。

图 9-58 消火栓涂红色油漆

（13）消防给水管穿过墙体或楼板时，需要加设套管，套管长度一般不应小于墙体厚度，或应高出楼面或地面 50mm。套管与管道的间隙需要采用不燃材料填塞，管道的接口不应位于套管内。

（14）消防给水管必须穿过伸缩缝、沉降缝时，则需要采用波纹管、补偿器等技术措施，如图 9-59 所示。

图 9-59 采用波纹管、补偿器等技术措施

（15）消防给水管可能发生冰冻时，需要采取防冻技术措施。

（16）通过及敷设在有腐蚀性气体的房间内时，管外壁需要刷防腐漆或缠绕防腐材料。

一点通

管道吊钩或卡箍安装要求如图 9-60 所示。

管道吊钩或卡箍安装要求

1. 立管管卡安装高度，一般为距地面1.5～1.8m
2. 2个以上管卡，要匀称安装
3. 同一房间管卡要安装在同一高度上
4. 立管底部的弯管位置，要设支墩或采取固定措施
5. 管道上的吊钩或卡箍应固定在承重结构上。固定件间距要求如下：
   (1)楼层高度大于5m，每层不得少于2个；
   (2)楼层高度小于或等于5m，立管可安装1个固定件，每层必须安装1个；
   (3)横管不大于2m

图 9-60 管道吊钩或卡箍安装要求

9.5.2 架空管道的安装要求

架空管道的安装要求如下：

（1）架空管道应采用热浸镀锌钢管，并且宜采用沟槽连接件、螺纹、法兰、卡压等方式连接。

（2）架空管道不应安装使用钢丝网骨架塑料复合管等非金属管道。

（3）架空管道的安装不应影响建筑功能的正常使用，不应妨碍通行、不应影响门窗等开启。

（4）当管道穿梁安装时，穿梁处宜作为一个吊架。

（5）架空管道支架、吊架、防晃或固定支架的安装，需要固定牢固。

（6）架空管道支架、吊架、防晃或固定支架的型式、材质、施工，需要符合要求。

图 9-61 架空管道外应刷红色油漆或涂红色环圈标志

（7）吊架在管道的每一支撑点位置，应能够承受 5 倍于充满水的管重，并且管道系统支撑点应支撑整个消防给水系统。

（8）架空管道每段管道设置的防晃支架不应少于 1 个。

（9）架空管道改变方向时，需要增设防晃支架。

（10）架空立管应在其始端和终端设防晃支架或采用管卡固定。

（11）架空管道外应刷红色油漆或涂红色环圈标志（如图 9-61 所示），并且注明管道名称和水流方向标识。红色环圈标志，宽度不应小于 20mm，间隔不宜大于 4m，在一个独立的单元内环圈不宜少于 2 处。

（12）对于架空管道的安装，当设计无要求时，管道的中心线与梁、柱、楼板等的最小距离如表 9-18 所示。

表 9-18 管道的中心线与梁、柱、楼板等的最小距离　　单位：mm

公称直径	25	32	40	50	70	80	100	125	150	200
距离	40	40	50	60	70	80	100	125	150	200

（13）管道支架的支撑点宜设在建筑物的结构上，其结构在管道悬吊点应能够承受充满水的管道重量另加至少 114kg 的阀门、法兰、接头等附加荷载。充水管道的参考重量如表 9-19 所示。

表 9-19 充水管道的参考重量

公称直径 /mm	25	32	40	50	70	80	100	125	150	200
保温管道 /（kg/m）	15	18	19	22	27	32	41	54	66	103
不保温管道 /（kg/m）	5	7	7	9	13	17	22	33	42	73

注：1. 计算管重量按 10kg 化整，不足 20kg 按 20kg 计算；
2. 表中管重不包括阀门重量。

（14）管道支架或吊架的设置间距要求如表 9-20 所示。

表 9-20 管道支架或吊架的设置间距要求

管径 /mm	25	32	40	50	70	80
间距 /m	3.5	4.0	4.5	5.0	6.0	6.0
管径 /mm	100	125	150	200	250	300
间距 /m	6.5	7.0	8.0	9.5	11.0	12.0

9.6 其他安装与试验

9.6.1 防火门水幕系统的安装

防火门水幕系统的安装如图 9-62 所示。

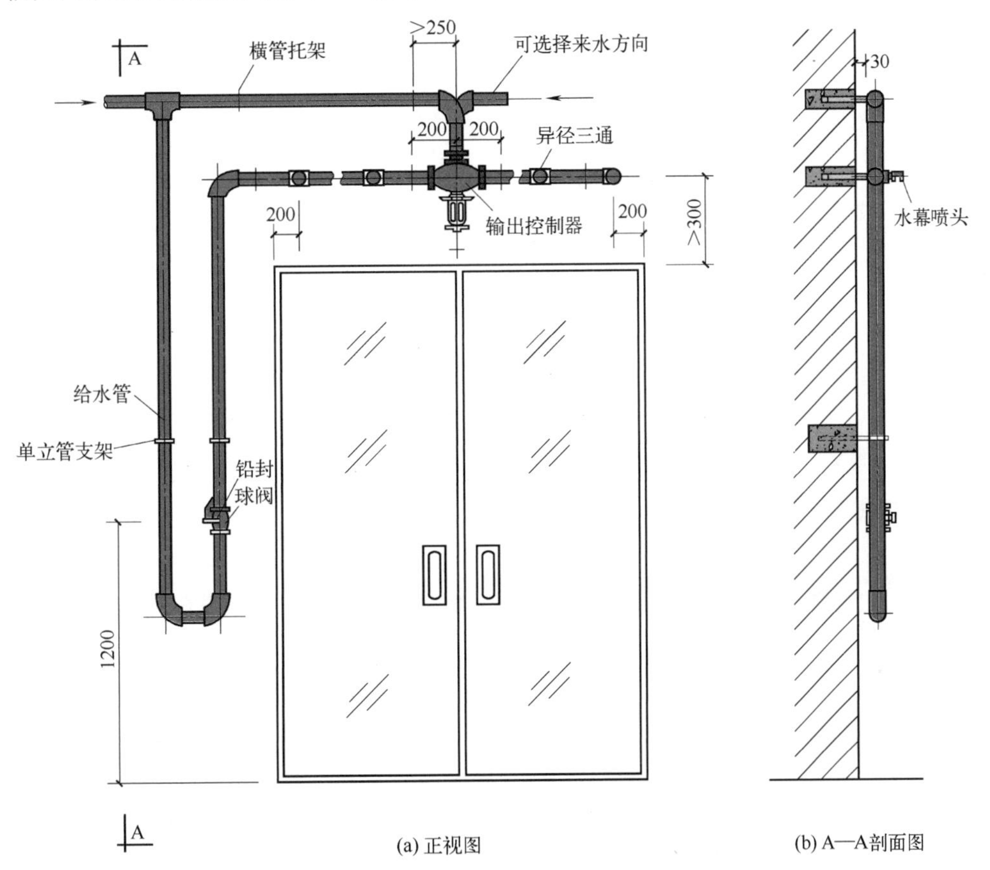

图 9-62 防火门水幕系统的安装 (单位：mm)

9.6.2 消防增压稳压设备的安装

消防增压稳压设备的安装如图 9-63 所示。

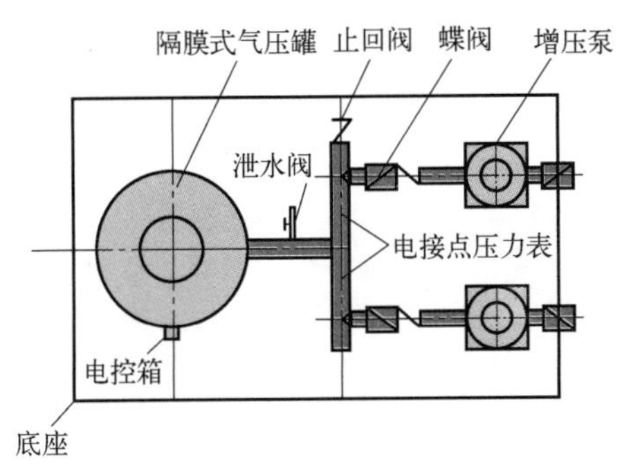

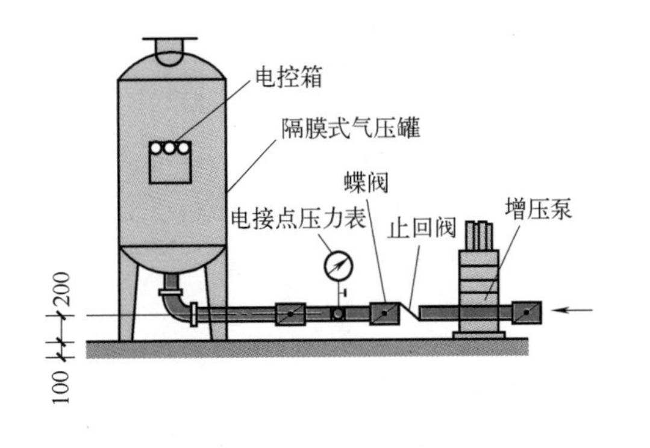

图 9-63 消防增压稳压设备的安装

一点通

稳压泵的公称流量不应小于消防给水系统管网的正常泄漏量，且应小于系统自动启动流量，公称压力需要满足系统自动启动和管网充满水的要求。

9.6.3 手动控制阀装置的安装

手动控制阀装置的安装如图 9-64 所示。

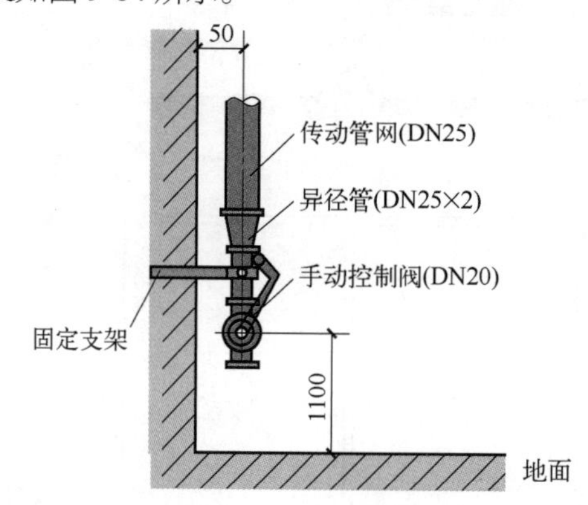

图 9-64 手动控制阀装置的安装（单位：mm）

一点通

消防给水系统阀门的安装要求如图 9-65 所示。

消防给水系统阀门的安装要求
1. 各类阀门型号、规格、公称压力需要符合设计要求
2. 阀门的设置选用便于安装维修、操作，并且安装空间需要能够满足阀门完全启闭的要求，以及应作出标志
3. 阀门需要有明显的启闭标志
4. 消防给水系统干管、水灭火系统连接处需要设置独立阀门，并需要保证各系统独立使用

图 9-65 消防给水系统阀门的安装要求

9.6.4 信号蝶阀的接线安装

信号蝶阀的接线安装如图 9-66 所示。

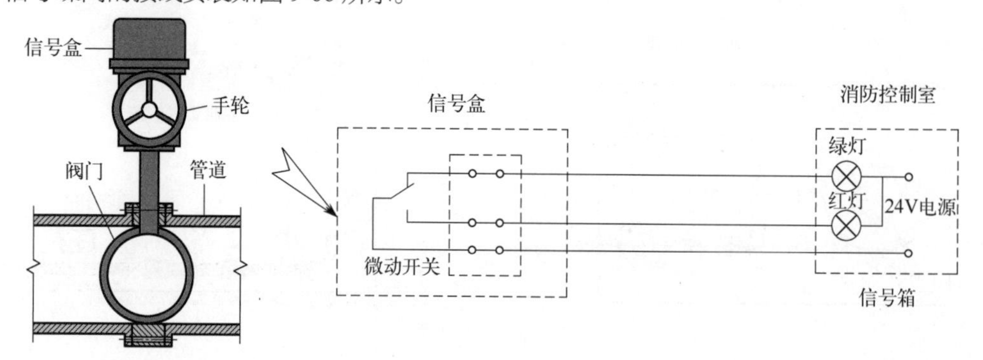

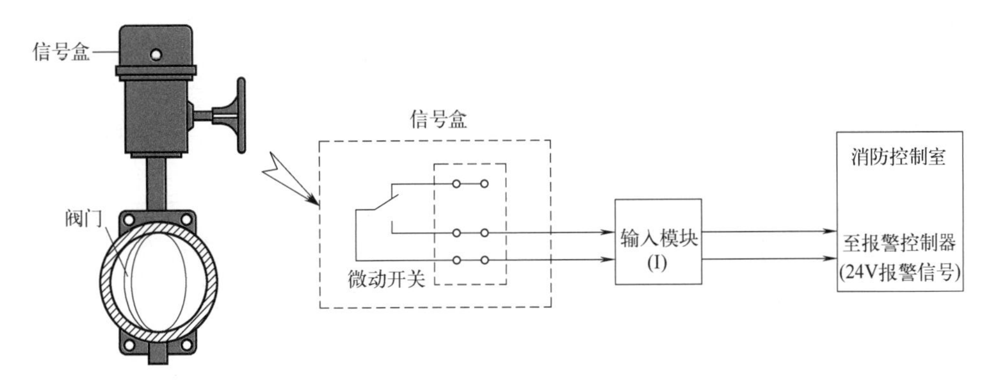

图 9-66 信号蝶阀的接线安装

一点通

消防给水系统减压阀的安装要求如图 9-67 所示。

消防给水系统减压阀的安装要求

1. 安装位置处的减压阀的型号、规格、压力、流量需要符合设计要求
2. 减压阀安装应在供水管网试压、冲洗合格后进行
3. 减压阀水流方向需要与供水管网水流方向一致
4. 减压阀前后需要安装压力表
5. 减压阀前应有过滤器
6. 减压阀处应有压力试验用排水设施

图 9-67 消防给水系统减压阀的安装要求

9.6.5 探测器的安装

探测器的安装如图 9-68 所示。

9.6.6 水流指示器的接线安装

水流指示器的接线安装如图 9-69 所示。

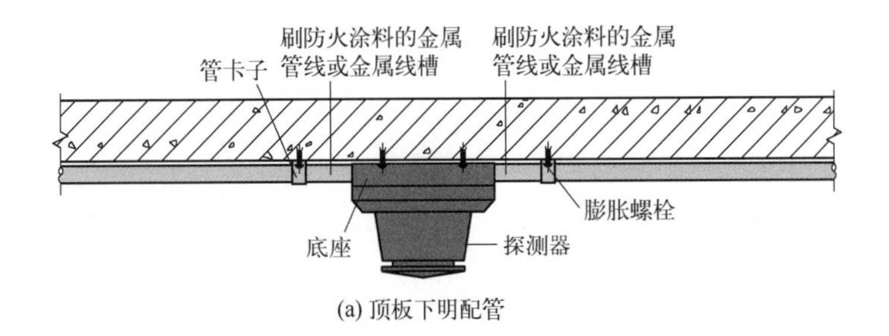

(a) 顶板下明配管

图 9-68

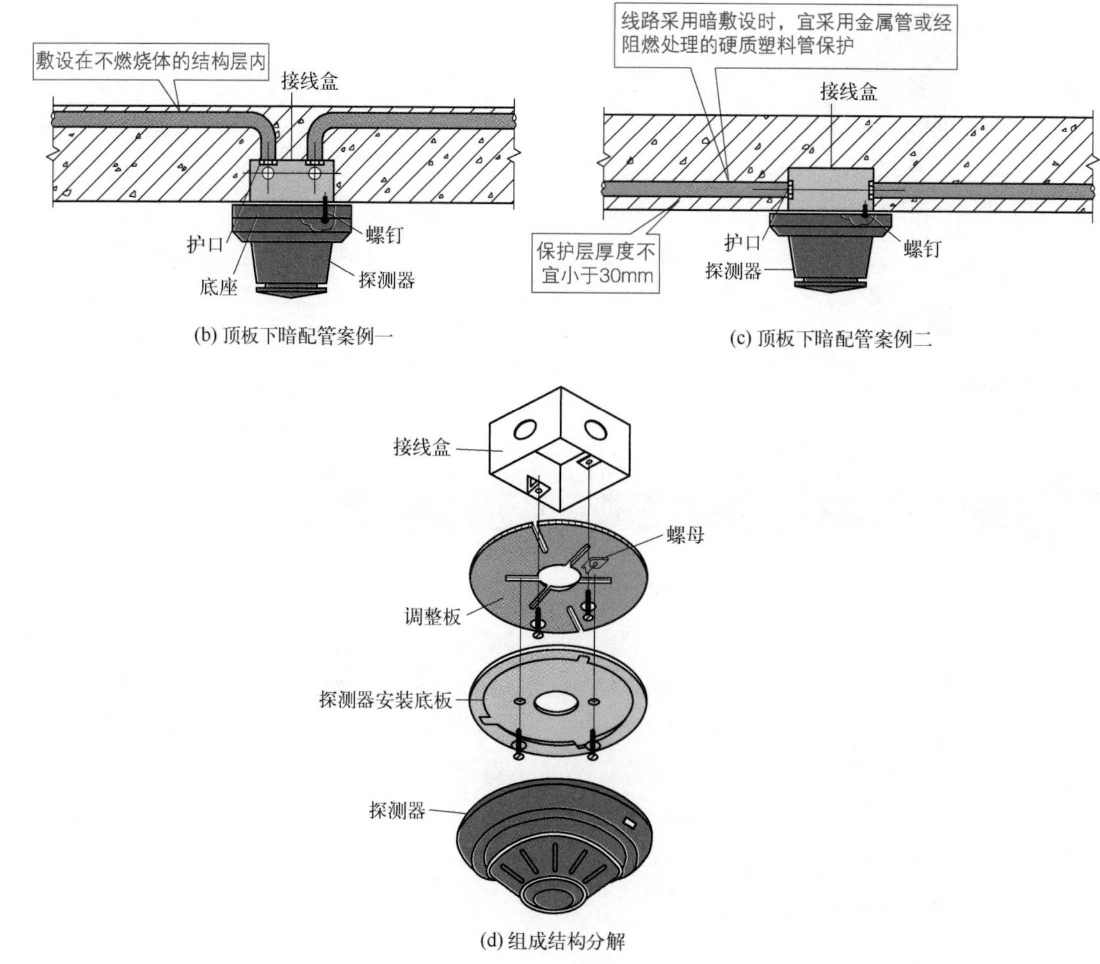

(b) 顶板下暗配管案例一

(c) 顶板下暗配管案例二

(d) 组成结构分解

图 9-68 探测器的安装

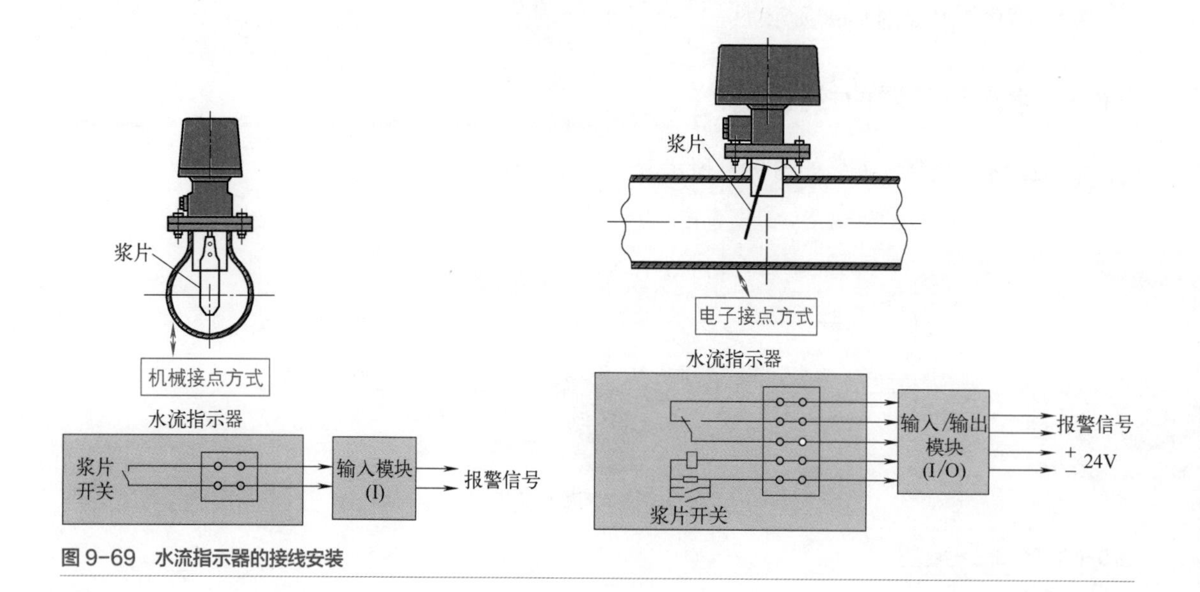

图 9-69 水流指示器的接线安装

水流指示器的安装要求如下：

（1）水流指示器的安装，需要在管道试压、冲洗合格后进行，水流指示器的规格、型号需要符合要求。

（2）水流指示器应使电器元件竖直安装在水平管道上侧，其动作方向需要与水流方向一致。安装后的水流指示器浆片、膜片，需要动作灵活，不得与管壁发生碰擦等异常现象。

（3）水流指示器的引出线应用防水套管锁定。

一点通

当水流指示器入口前设置控制阀时，应采用信号阀。仓库内顶板下喷头与货架内置喷头应分别设置水流指示器。除了报警阀组控制的喷头只保护不超过防火分区面积的同层场所外，每个防火分区、每个楼层均需要设水流指示器。

9.6.7 水压试验

水压试验的要求如下：

（1）热熔连接的管道，水压试验必须在管道连接 24h 后进行。

（2）水压试验宜分段进行，试验管段的总长度不宜超过 500m。

（3）试验前，管道要固定，接头要明敷，并且不得连接配水器具。

（4）压力表安装在试验管段的最低处，压力精度为 0.01MPa。

（5）从管段最低处缓缓地向管道内充水，充分排除管道内的空气，进行水密性试验。

（6）对管道缓缓升压，升压宜用手动，升压时间不小于 10min。

（7）升压到规定的试验压力后，稳压 1 h，压力降不得超过 0.06MPa。

（8）在工作压力的 1~1.5 倍状态下，稳压 2h，压力降不得超过 0.03MPa。

（9）试验过程中，各连接位置不得有渗漏现象。

（10）在 30min 内允许两次补压，升到规定试验压力。

（11）水压试验合格后，将管端与配水件接通，以管网设计工作压力供水，将配水件分批同时开启，各配水点应出水畅通。

附录　书中相关视频汇总

建筑防火应达到的目标要求	火灾报警装置标志	“安全出口”与方向辅助组合标志
防火卷帘	室内消火栓	水力警铃
自动喷水灭火系统湿式报警设备的安装	喷头的布置要求	自动喷水灭火系统配水管道的选择
消防管道的加工	管道的螺纹连接	管道支架、吊架
三通	同心异型管件	弯头
消防管道沟槽加工	管道的安装要求	架空管道的安装要求

—随看随扫、随扫随看—

参考文献

［1］ GB 55036—2022，消防设施通用规范［S］.
［2］ GB 55037—2022，建筑防火通用规范［S］.
［3］ GB 50084—2017，自动喷水灭火系统设计规范［S］.
［4］ GB 50116—2013，火灾自动报警系统设计规范［S］.
［5］ GB 13495.1—2015，消防安全标志　第 1 部分：标志［S］.
［6］ GB 50261—2017，自动喷水灭火系统施工及验收规范［S］.
［7］ GB 50231—2009，机械设备安装工程施工及验收通用规范［S］.
［8］ GB 50275—2010，风机、压缩机、泵安装工程施工及验收规范［S］.
［9］ GB 4717—2005，火灾报警控制器［S］.
［10］ GB 5135.1—2019，自动喷水灭火系统　第 1 部分：洒水喷头［S］.
［11］ GB 5135.3—2003，自动喷水灭火系统　第 3 部分：水雾喷头［S］.
［12］ GB 5135.5—2018，自动喷水灭火系统　第 5 部分：雨淋报警阀［S］.
［13］ GB 5135.6—2018，自动喷水灭火系统　第 6 部分：通用阀门［S］.
［14］ GB 5135.7—2018，自动喷水灭火系统　第 7 部分：水流指示器［S］.
［15］ GB 5135.11—2006，自动喷水灭火系统　第 11 部分：沟槽式管接件［S］.
［16］ GB 5135.21—2011，自动喷水灭火系统　第 21 部分：末端试水装置［S］.
［17］ GB 5135.22—2019，自动喷水灭火系统　第 22 部分：特殊应用喷头［S］.
［18］ GB 3445—2018，室内消火栓［S］.
［19］ GB 12514.1—2005，消防接口第 1 部分：消防接口通用技术条件［S］.
［20］ GB 12514.2—2006，消防接口第 2 部分：内扣式消防接口型式和基本参数［S］.
［21］ GB 12514.3—2006，消防接口第 3 部分：卡式消防接口型式和基本参数［S］.
［22］ GB 12514.4—2006，消防接口第 4 部分：螺纹式消防接口型式和基本参数［S］.
［23］ GB 16280—2014，线型感温火灾探测器［S］.
［24］ GB 4716—2005，点型感温火灾探测器［S］.
［25］ GB 12955—2008，防火门［S］.
［26］ GB 14102—2005，防火卷帘［S］.
［27］ GB 8181—2005，消防水枪［S］.
［28］ GB 6245—2006，消防泵［S］.
［29］ GB 6969—2005，消防吸水胶管［S］.
［30］ GB 29415—2013，耐火电缆槽盒［S］.
［31］ GB 17429—2011，火灾显示盘［S］.
［32］ GB 50974—2014，消防给水及消火栓系统技术规范［S］.
［33］ GB 50151—2021，泡沫灭火系统技术标准［S］.
［34］ GB 50370—2005，气体灭火系统设计规范［S］.
［35］ GB 50263—2007，气体灭火系统施工及验收规范［S］.
［36］ GB 15090—2005，消防软管卷盘［S］.
［37］ GB/T 4968—2008，火灾分类［S］.

[38] GB/T 25205—2010，雨淋喷头 [S].
[39] GB/T 4327—2008，消防技术文件用消防设备图形符号 [S].
[40] GB/T 5135.18—2010，自动喷水灭火系统　第 18 部分：消防管道支吊架 [S].
[41] GB/T 50106—2010，建筑给水排水制图标准 [S].
[42] JB/T 10281—2014，消防排烟通风机 [S].
[43] XF 304—2012，塑料管道阻火圈 [S].
[44] XF 93—2004，防火门闭门器 [S].
[45] XF 79—2010，消防球阀 [S].
[46] XF 630—2006，消防腰斧 [S].
[47] XF 138—2010，消防斧 [S].
[48] XF 180—2016，轻便消防水龙 [S].
[49] XF 137—2007，消防梯 [S].
[50] XF 139—2009，灭火器箱 [S].
[51] 陕 02S6，消防工程 [S].
[52] 15S202，室内消火栓安装 [S].
[53] 19S204-1，消防专用水泵选用及安装（一）[S].
[54] 22S204-2，消防专用水泵选用及安装（二）[S].